U0115040

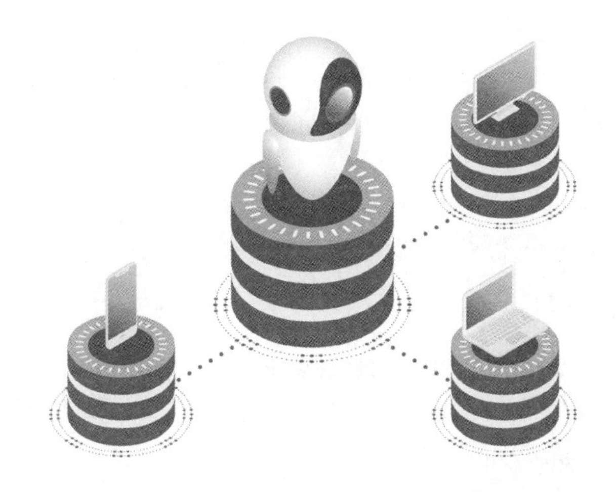

人工智能应用开发

基于LabVIEW
与百度飞桨（EasyDL）的设计与实现

杨帆　张彩丽　刘晋东　李宁◎编著

清華大学出版社
北京

内 容 简 介

本书将 LabVIEW 数据采集技术和 EasyDL 人工智能开发技术进行有机融合，探索并实践一种 AI 技术赋能传统数据采集技术的新方法。全书详细介绍了 LabVIEW 程序设计基础、基于 LabVIEW 的数值、声音、图像 3 种类型数据采集技术、百度飞桨 EasyDL 中数值、声音、图像有关智能应用的快速建模及应用测试基本方法，最后将前述内容融会贯通，以数值数据预测、时间序列预测、声音分类、语音识别、图像分类、物体检测、图像分割等典型人工智能应用程序设计为目标，给出了基于 LabVIEW 和 EasyDL 的 AI 应用技术原型实现的详细过程。

本书可作为应用型本科及高职院校电子信息类、自动化类、机电类专业学生综合实验、课程设计、毕业设计的参考教材，也可作为相关专业学生拓展视野的参考书，还可供测试测量工作相关技术人员学习与参考。

图书在版编目(CIP)数据

人工智能应用开发：基于 LabVIEW 与百度飞桨(EasyDL)的设计与实现/杨帆等编著. —北京：清华大学出版社，2023.8
(清华开发者书库)
ISBN 978-7-302-63636-6

Ⅰ. ①人… Ⅱ. ①杨… Ⅲ. ①人工智能－程序设计 ②软件工具－程序设计 Ⅳ. ①TP18 ②TP311.561

中国国家版本馆 CIP 数据核字(2023)第 098050 号

责任编辑：崔 彤
封面设计：李召霞
责任校对：李建庄
责任印制：丛怀宇

出版发行：清华大学出版社
网 址：http://www.tup.com.cn，http://www.wqbook.com
地 址：北京清华大学学研大厦 A 座 **邮 编**：100084
社 总 机：010-83470000 **邮 购**：010-62786544
投稿与读者服务：010-62776969，c-service@tup.tsinghua.edu.cn
质量反馈：010-62772015，zhiliang@tup.tsinghua.edu.cn
课件下载：http://www.tup.com.cn，010-83470236
印 装 者：三河市君旺印务有限公司
经 销：全国新华书店
开 本：186mm×240mm **印 张**：21 **字 数**：473 千字
版 次：2023 年 8 月第 1 版 **印 次**：2023 年 8 月第 1 次印刷
印 数：1～1500
定 价：79.90 元

产品编号：098907-01

前言

PREFACE

近年来，人工智能(Artificial Intelligence，AI)相关技术的应用和推广已成为当前最令人瞩目的热点方向之一。越来越多的企业都选择了将AI作为推动产品技术升级或创新的手段。但是在AI技术赋能传统技术的创新实践中，不可避免地面临人才成本巨大、研发投入高、落地周期长、业务场景高度定制化等问题，导致AI相关应用开发总是伴随着高成本与低适配的痛点，使得绝大部分工程技术人员不得不望而却步。

为了充分发挥AI技术对传统行业的赋能作用，消除应用开发中的痛点，国内外科技公司(Intel、Google、百度、讯飞等)也都纷纷推出了开放式AI开发平台，在提供算力服务的同时，也提供了语音识别、物体检测、自动驾驶等不同领域的解决方案。其中，百度公司推出的飞桨EasyDL基于百度在深度学习领域深厚的算法积累和全流程自动化处理机制，提供了包含数据服务、模型训练、部署应用等一站式、全流程功能，即使是零算法基础的用户也能在飞桨EasyDL引导下完成模型的训练并获得满意的结果。百度飞桨EasyDL因零门槛、专业性强、完美地化解用户痛点等优势，被众多中小企业所青睐，已在互联网、工业、农业、医疗、物流、零售、教育、交通等领域的多个行业场景得以广泛应用，成为AI技术赋能传统行业的重要技术平台之一。

众所周知，任何产品在其生命周期内，无论是原型设计、功能验证还是生产使用的任何一个环节，都存在以数据采集为核心的测试测量相关工作。通过数据采集技术的应用，用户可以获取并积累产品相关的测试测量数据，包括数值类型测量数据、声音类型测量数据、图像类型测量数据。而数据恰恰是现代AI应用开发的主要技术基础，鉴于数据在AI应用中的不可替代作用，我们有理由认为测试测量领域的数据采集技术与现代人工智能技术的集成应用，必然会成为各行各业实现智能化升级改造的主要突破点，也必然是AI赋能传统产业，促进跨领域技术创新的最佳路径。

本书将LabVIEW的数据采集优势和飞桨EasyDL的人工智能应用开发优势进行整合，在不同类型数据的高效率采集基础上，借助飞桨EasyDL深度挖掘测试测量数据的潜在应用价值，开发部署对应的AI模型，实现基于LabVIEW的高性能AI应用快速开发。这种AI应用的技术集成开发方案在不增加工程技术人员负担的前提下，赋能传统的数据采集应用，为工程技术人员进一步拓展数据采集技术应用维度，进一步扩大数据采集业务边界，建立基于AI技术解决问题的新思维习惯，提供了一种新的技术路线和实施途径。

本书遵循认知规律和开发能力逐步递进生成的基本原则，将数据采集及智能化应用系统开发所需的知识和技能分为前后衔接的10章内容。其中,第1章～第3章聚焦LabVIEW程序设计,介绍LabVIEW程序设计基础、程序设计扩展技术及数据采集技术(含数值、声音、图像3种不同类型数据的采集与存储技术);第4章～第7章着重于飞桨EasyDL AI建模技术,介绍飞桨EasyDL平台基本情况,针对数值、声音、图像3类数据的典型应用场景,进行AI建模、训练、部署和测试的一般方法和流程;第8章～第10章为相关技术的综合应用,介绍基于前期采集数据,利用飞桨EasyDL训练部署的AI模型,实现人工智能应用系统的技术实现过程。读者使用本书时既可选择通读全书以便形成完整技术链的开发能力,也可选择精读部分章节以便提高某一环节的实践能力。

本书第1章、第4章由张彩丽编写,第2章、第3章由刘晋东编写,第5章由李宁编写,第6章～第10章由杨帆编写,全书由杨帆统稿。马琳泽、周成勇、兀赛、汪湘涛、王志强、马佳、谢林睿等同学参与了部分建模与程序设计的实验,并对书稿进行了初步的校对。

在本书的编写过程中,得到了陕西成和电子、北京曾益慧创科技有限公司的鼓励和大力支持,在此表示衷心的感谢!此外,本书得到了2019年教育部产教合作协同育人项目(编号:201901198034、201901107061)、陕西省科技厅社会发展项目(编号:2016SF-418)的支持。

为了便于读者使用,本书提供全部范例的程序代码、关键技术的微视频、AI建模训练数据集及电子课件。本书内容涉及知识面比较宽泛,限于篇幅,部分内容可能存在以点带面、不够深入的问题,也难免会出现一些错误与疏漏,不当之处,恳请读者批评指正。

编　著

2023年7月

于西安 未央湖

视频目录

VEDIO CONTENTS

续表

视 频 名 称	时长	视频二维码插入书的位置
第 26 集　图像分割建模及应用测试	17 分 00 秒	7.3 节节首
第 27 集　表格数据预测应用程序设计	15 分 35 秒	8.1 节节首
第 28 集　时序数据预测应用程序设计	20 分 03 秒	8.2 节节首
第 29 集　声音分类应用程序设计	20 分 05 秒	9.1 节节首
第 30 集　语音识别应用程序设计	18 分 50 秒	9.2 节节首
第 31 集　图像分类应用程序设计	18 分 25 秒	10.1 节节首
第 32 集　物体检测应用程序设计	24 分 36 秒	10.2 节节首
第 33 集　图像分割应用程序设计	23 分 58 秒	10.3 节节首

目录

CONTENTS

第1章

LabVIEW 程序设计快速入门

主要内容：

- LabVIEW 开发平台的起源、特点、使用方法；
- LabVIEW 应用程序编写的基本流程、调试方法；
- LabVIEW 中提供的典型数据类型及其应用方法；
- LabVIEW 中提供的典型程序结构及其应用方法；
- LabVIEW 中子 VI 的概念、创建及调用方法；
- LabVIEW 中局部变量、全局变量的创建及应用；
- LabVIEW 中属性节点、功能节点的创建及应用。

1.1 LabVIEW 开发平台简介

本节主要介绍图形化程序设计的基本特点、LabVIEW 产生的背景、LabVIEW 2018 开发环境、LabVIEW 程序设计的基本方法、应用程序运行与调试的技巧。

1.1.1 图形化编程与 LabVIEW

1. 图形化编程与 G 语言

传统的程序设计语言如 C、Basic、Java、Python 等都属于字符式编程语言，在进行软件开发时，编程者不仅要熟悉基本语法规则和应用技巧，而且需要熟悉程序设计语言相关功能库及其调用方法。在这类编程环境中设计程序，虽然可以最大限度地欣赏编程的抽象美，但是经常会因为语法规则不熟悉、库函数功能不清楚、应用技巧不掌握而难以快速高效开展工作。

图形化编程语言(Graphical Programming Language，G 语言)以可视化的程序设计方式，尽可能地利用工程技术人员所熟悉的专业术语和概念，以图标表示程序中的对象，以图标之间的连线表示对象间的数据流向，进行程序设计类似于绘制程序流程图，从根本上改变了传统的编程环境和编程方式。G 语言的出现使得程序设计过程变得更加直观、简便和易学易用，开发效率得到了巨大提升。据报道，一般编程者用 G 语言开发软件的工作效率比 C、Java 等字符式编程语言高 4～10 倍。

LabVIEW 是 G 语言的典型产品，其完整的名称为 Laboratory Virtual Instrument

Engineering Workbench，即实验室虚拟仪器工程平台。LabVIEW 不仅具备一般字符式编程语言的基本功能，而且还提供强大的函数、仪器驱动等高级软件库支持，便于快速编写应用程序解决专业领域相关问题，尤其适合测试测量领域相关应用的快速开发。

2. NI 与 LabVIEW

美国国家仪器有限公司(National Instruments，NI)于 20 世纪 80 年代提出“软件就是仪器”的口号，开创了“虚拟仪器”的崭新概念。LabVIEW 正是 NI 公司针对虚拟仪器设计而推出的一种图形化开发平台。LabVIEW 集成 GPIB、VXI、RS-232 和 RS-485 协议的硬件及数据采集卡通信的全部功能，内置便于应用 TCP/IP、ActiveX 等软件标准的库函数，功能强大且应用方式灵活，可以快速建立虚拟仪器应用系统，能够帮助测试、控制、设计领域的工程师与科学家解决从原型开发到系统发布过程中遇到的种种挑战。

LabVIEW 一经诞生，就被工业界、学术界和研究实验室广泛接受，经过近半个世纪的发展与持续创新，LabVIEW 已经从最初单纯的仪器控制发展到包括数据采集、控制、通信、系统设计在内的各个领域，为科学家和工程师提供了高效、强大、开放的开发平台。目前 LabVIEW 的应用范围已经远远超出传统的测试测量行业范围，扩展到航空航天、自动控制、计算机视觉、嵌入式设计、集成电路测试、射频通信、机器人等领域。

1.1.2 LabVIEW 2018 开发环境

使用 LabVIEW 之前，首先需要完成 LabVIEW 开发平台的安装。可借助 NI 公司发布的光盘安装，也可以通过 NI 公司网站下载、安装最新版本试用版。本书使用 LabVIEW 2018 中文专业版。

1. LabVIEW 操作界面

安装完毕 LabVIEW，单击 Windows 操作系统菜单中“开始→所有程序→NI LabVIEW 2018”，启动 LabVIEW(亦可通过桌面快捷方式启动 LabVIEW)，首先出现如图 1-1 所示的启动界面。

图 1-1 LabVIEW 2018 启动界面

LabVIEW 启动完成初始化后，显示如图 1-2 所示的欢迎界面。

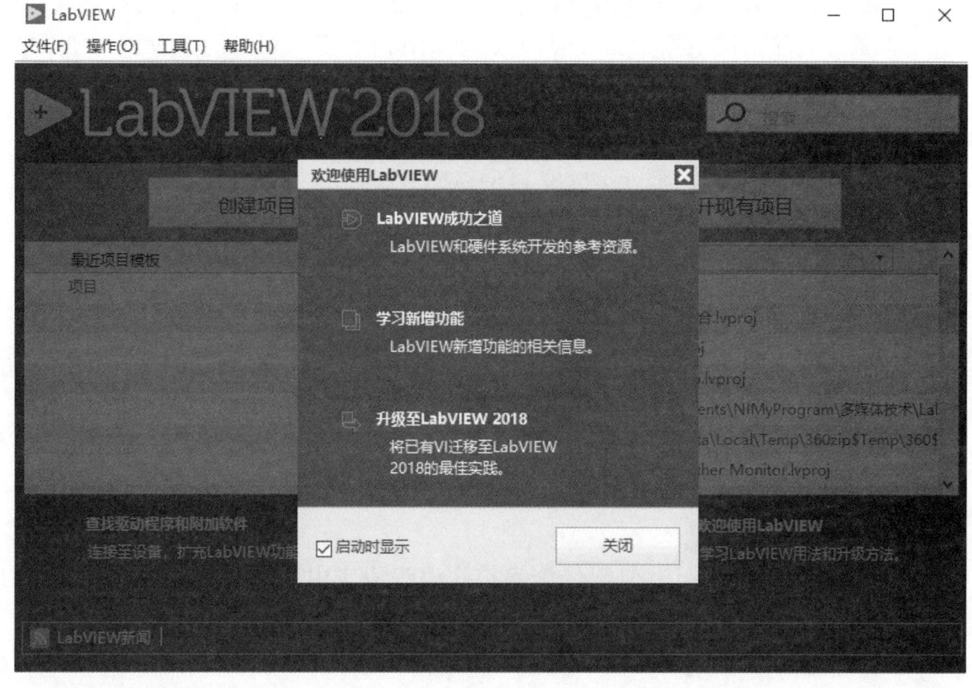

图 1-2　LabVIEW 2018 欢迎界面

在 LabVIEW 欢迎界面菜单栏中，选择“文件→新建 VI”，并在出现的窗口菜单栏中选择“窗口→左右两栏显示”，显示 LabVIEW 开发环境的操作界面，如图 1-3 所示。

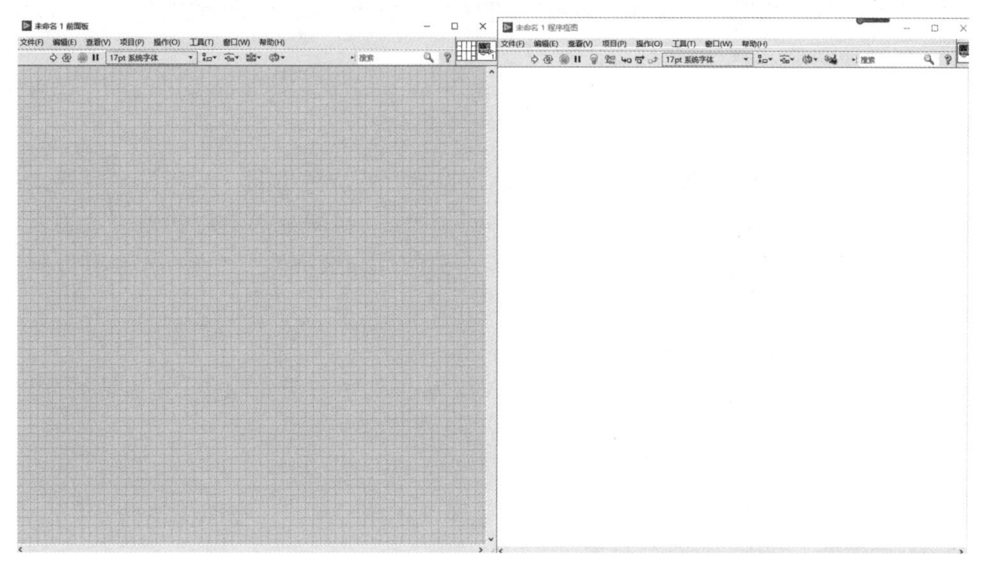

图 1-3　LabVIEW 开发环境的操作界面

界面左侧为 LabVIEW 程序前面板设计区域(类似于字符式程序设计中的程序界面设计环境),右侧为 LabVIEW 程序框图设计区域(类似于字符式程序设计中的程序代码设计环境)。前面板和程序框图虽然功能不同,但是却具有内容基本相同的菜单栏与工具栏,如图 1-4 所示。

图 1-4 LabVIEW 2018 主要菜单与工具栏

篇幅所限,各菜单选项的功能请读者自行查阅 LabVIEW 帮助系统进一步了解。

2. LabVIEW 中的主要术语

LabVIEW 作为一种图形化编程语言,与常用的字符式编程语言有很大的不同。开始使用前必须熟悉以下几个专业术语。

(1) 前面板。前面板指的是 LabVIEW 提供的图形化程序界面,是人机交互的窗口,类似于传统仪器的操作面板。前面板中以各种控件、对象完成人机交互功能,包括输入和输出两类对象。

(2) 程序框图。程序框图类似于传统字符式编程语言中的源代码,只不过 LabVIEW 中以图形化的形式呈现。程序框图由节点、端口、图框和连线构成。

(3) 图框。图框实际上是表征程序结构的图形化结构体,包括顺序结构图框、循环结构图框、条件结构图框、事件结构图框等。

(4) 连线。连线代表着程序中数据的流向,指的是数据或信号从宿主到目标的流经通道。

(5) 节点。节点是指程序框图中对于 LabVIEW 提供的函数、功能的调用。节点在程序框图中以对应功能、函数的图标形式出现。

(6) 端口。端口指的是程序设计中使用控件或者节点的输入参数或输出参数接线端子。

(7) 数据流。数据流是图形化语言中控制节点执行的一种机制。与传统的字符式编程语言顺序处理机制不同,数据流要求节点中可执行代码接收到全部必需的输入数据后才可以执行,否则将处于等待状态,而且当且仅当节点中的代码全部执行完毕,才会有数据流出节点。

3. LabVIEW 中的 3 个重要选板

针对程序设计频繁使用的编程对象,LabVIEW 提供了三类选项板,分别是控件选板、函数选板、工具选板。

1) 控件选板

控件选板位于前面板,提供前面板设计中需要的各类对象。在前面板空白处右击,即可查看 LabVIEW 提供的控件选板,如图 1-5 所示。

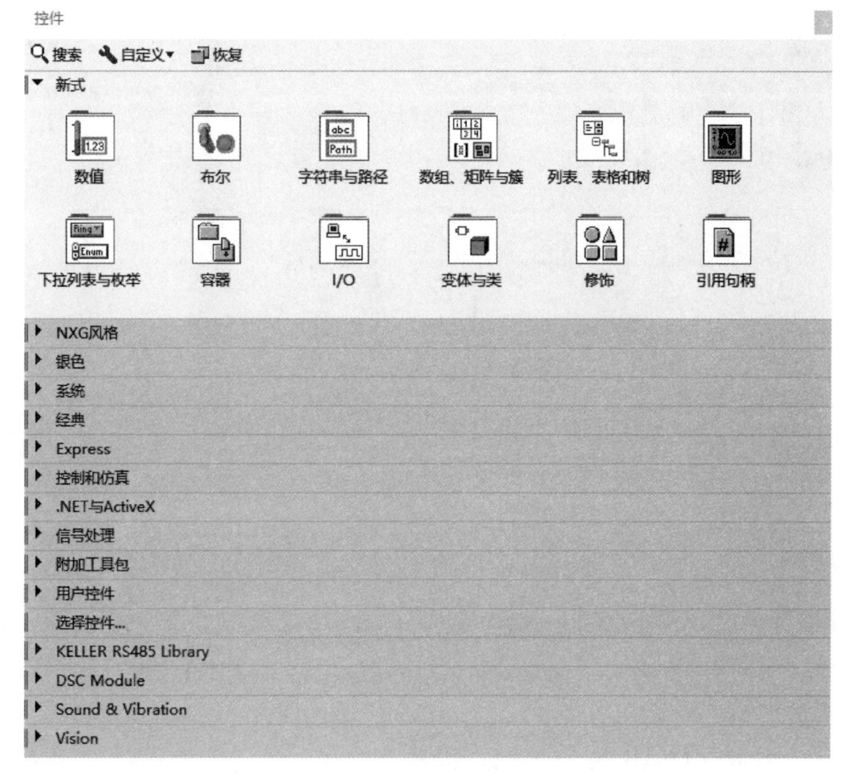

图 1-5 LabVIEW 控件选板

LabVIEW 提供的控件分为新式、NXG 风格、银色、系统、经典等多个类别(具体类别数量与安装过程中选配的工具包有关)。每个类别中都提供了若干子选板,每个子选板又包含多个控件或者子选板。

2) 函数选板

函数选板位于程序框图,提供了程序设计中需要的各类函数节点和 VI(类似于字符式编程语言中提供的函数)。右击程序框图空白处,即可查看 LabVIEW 提供的函数选板内容,如图 1-6 所示。

LabVIEW 提供的函数分为编程、测量 I/O、仪器 I/O、视觉与运动、数学、信号处理、数据通信、互连接口、控制和仿真等多个类别(具体类别数量与安装过程中选配的工具包有关)。

3) 工具选板

工具选板是 LabVIEW 提供给开发者用于程序开发过程中创建 VI、修改 VI、调试 VI 等工作的一系列工具。单击 LabVIEW 主菜单栏“查看→工具选板”,即可查看 LabVIEW 提供的工具选板,如图 1-7 所示。

工具选板中各类工具的详细信息请查阅 LabVIEW 帮助获取。

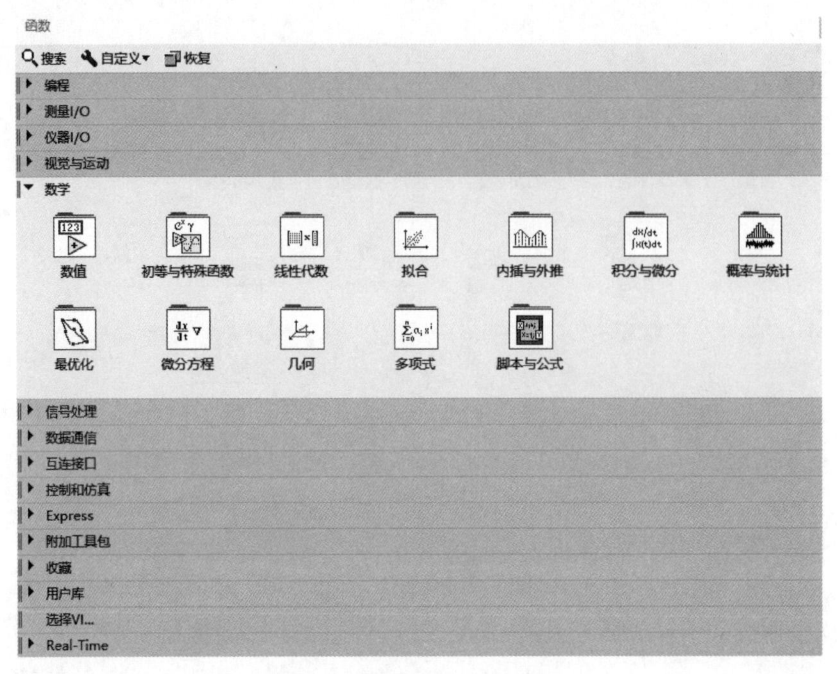

图 1-6　LabVIEW 函数选板

1.1.3　LabVIEW 程序设计初步

图 1-7　LabVIEW 工具选板

简单 LabVIEW 程序的设计包括前面板设计、程序框图设计两个方面的内容。

前面板设计又称界面设计，主要进行程序运行的人机交互方式设计，需要构思程序运行界面布局、人机交互所需各类控件及其呈现方式，包括大小、位置、颜色等，进一步地可根据需要设置控件的相关属性参数。

程序框图设计又称程序代码/功能设计。与字符式编程语言不同，LabVIEW 中程序设计是指将前面板中控件对应的数据，利用系统或者用户自定义的函数节点，按照特定的逻辑以连线的方式进行基于数据流的程序功能设计。

这里设计一个简单的 LabVIEW 程序，用以介绍 LabVIEW 程序设计基本流程。

设计目标为程序界面中用户输入字符串，并单击【确定】按钮，将输入的字符串进行反转并显示；用户单击【停止】按钮，结束程序运行。

为了实现上述目标，首先通过以下 4 个步骤完成前面板设计。

(1) 右击前面板，控件选板中选择“字符串控件”(控件→新式→字符串与路径→字符串控件)，设置标签值为“字符串”，用以输入字符串。

(2) 右击前面板，控件选板中选择“字符串显示控件”(控件→新式→字符串与路径→字符串显示控件)，设置标签值为“反转结果”，用以显示反转后的字符串。

(3) 右击前面板,控件选板中选择布尔控件“确定”(控件→新式→布尔→确定按钮),设置标签值为“确定按钮”,用以触发字符串反转功能。

(4) 右击前面板,控件选板中选择布尔控件“停止”(控件→新式→布尔→停止按钮),设置标签值为“停止按钮”,用以触发结束程序运行功能。

调整各个控件的大小、位置,最终程序前面板如图 1-8 所示。

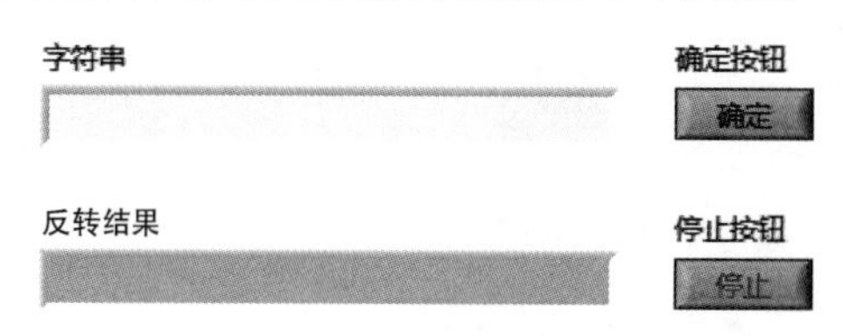

图 1-8　程序前面板设计

然后按照如下 4 个步骤完成程序框图设计。

(1) 设计程序框图总体上为 2 帧顺序结构。第一帧完成程序初始化,第二帧借助 While 循环结构实现程序主功能。

(2) 在第一帧中,右击程序框图,选择“空字符串常量”(函数→编程→字符串→空字符串常量),创建控件“字符串”局部变量(前面板中右击该控件,选择“创建→局部变量”)。按照同样方法,创建控件“反转结果”局部变量,并连线完成赋值操作。

(3) 右击程序框图,选择“While 循环”(函数→编程→结构→While 循环),内嵌“条件结构”(函数→编程→结构→条件结构)。条件结构的分支选择器连接按钮控件“确定按钮”,条件结构“真”分支内,调用函数节点“反转字符串”(函数→编程→字符串→附加字符串函数→反转字符串),函数节点输入端口连线控件“字符串”,函数节点输出端口连线控件“反转结果”。

(4) 按钮控件“停止”图标连线 While 循环结构条件端子,实现单击按钮结束程序运行的目的。

最终的程序框图设计结果如图 1-9 所示。

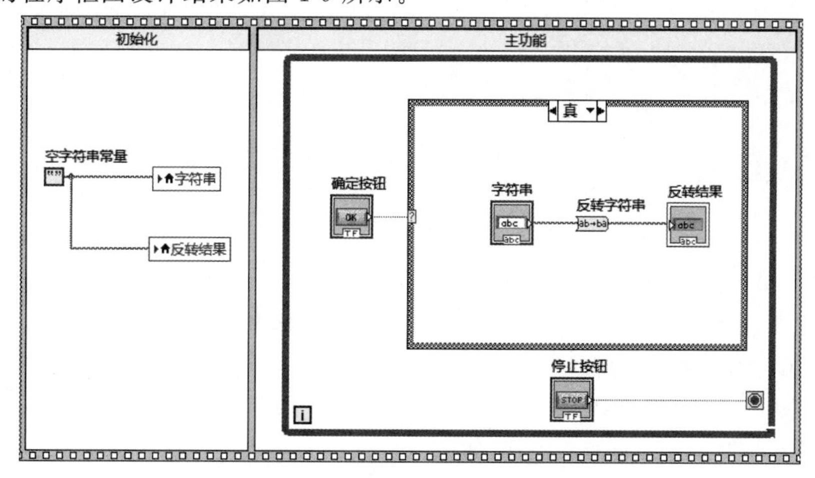

图 1-9　程序框图设计结果

运行程序，输入字符串“123ABC”，单击【确定】按钮，程序执行结果如图 1-10 所示。

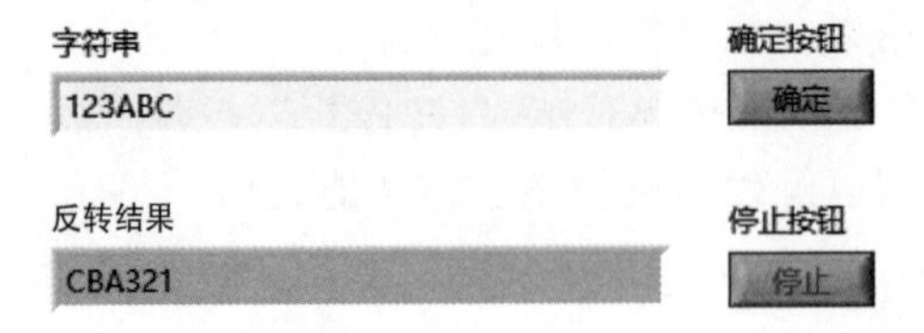

图 1-10 程序执行结果

程序设计过程中，有关控件和功能节点可以“按图索骥”，不需要事先背诵和记忆，程序功能的实现与绘制流程图一样，非常简单。

1.1.4 LabVIEW 程序运行与调试

1. LabVIEW 程序运行方式

如果程序编写过程中，图标变为，说明程序中存在语法错误。单击，弹出错误列表对话框，如图 1-11 所示。

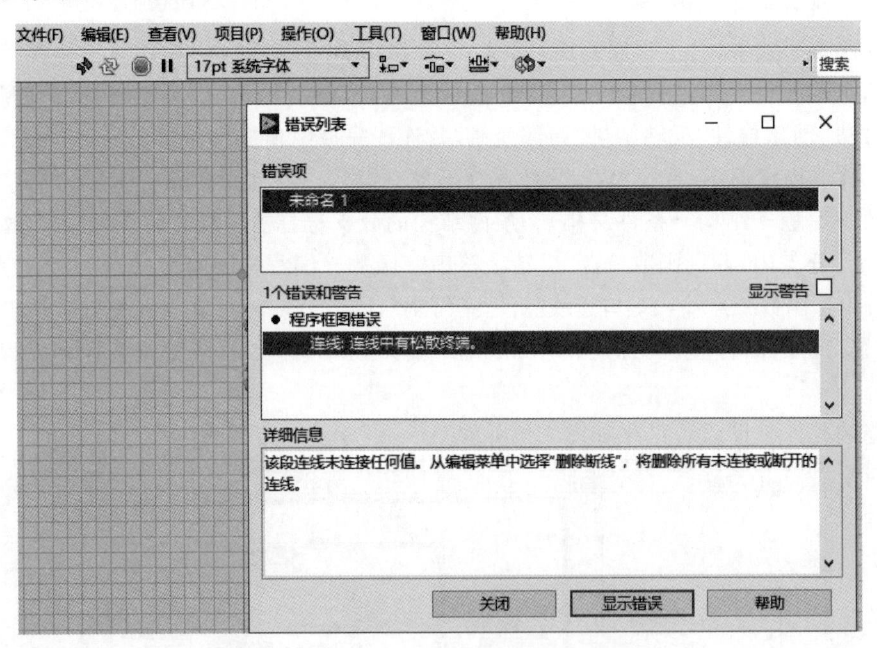

图 1-11 错误列表对话框

对话框中第一栏列举程序中出现错误的 VI 名称；第二栏列举程序中错误节点及错误原因；第三栏则给出详细错误原因及改正方法。单击【显示错误】按钮，则跳转至存在错误的程序框图，并高亮显示错误位置节点及其连线，如图 1-12 所示。

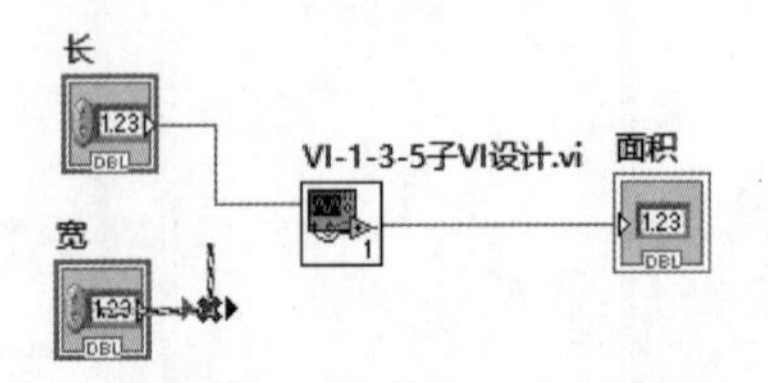

图 1-12 程序框图中错误位置显示

消除了语法错误才能运行 LabVIEW 应用程序。LabVIEW 程序的运行又分为运行(单次)、连续运行两种典型方式。

运行(单次)方式可通过单击 LabVIEW 工具栏图标实现。单次运行模式下,程序仅执行一次,执行过程中图标变为。

连续运行方式可通过单击 LabVIEW 工具栏图标实现。连续运行模式下,程序持续执行,工具栏图标变为。

2. LabVIEW 程序调试手段

还有一类错误,就是程序通过了编译,可以运行,但是运行结果并不符合预期。针对这一类问题,LabVIEW 开发平台提供了高亮运行诊断、添加断点诊断及添加探针诊断 3 种调试手段,帮助开发人员查找程序中可能存在的问题。

1) 高亮运行诊断

程序框图中,单击 LabVIEW 工具栏图标,当该图标显示状态为时,程序正常运行,单击图标,当其变为时,表示程序以高亮方式运行。

高亮方式运行时,程序框图中,数据以高亮方式在节点及连线中间流动,开发者可以清晰地观察到数据流的产生、流向,进而判断程序是否存在错误。需要注意的是,选择高亮方式运行,程序运行速度会变得非常慢。

2) 添加断点诊断

断点的设置使得程序在执行中能够在某一指定位置暂停,以便观察运行的中间状态。右击程序框图中需要添加断点的位置,选择"断点→设置断点",完成断点添加,如图 1-13 所示。

设置断点之后,程序框图断点位置处出现小红点,如图 1-14 所示。

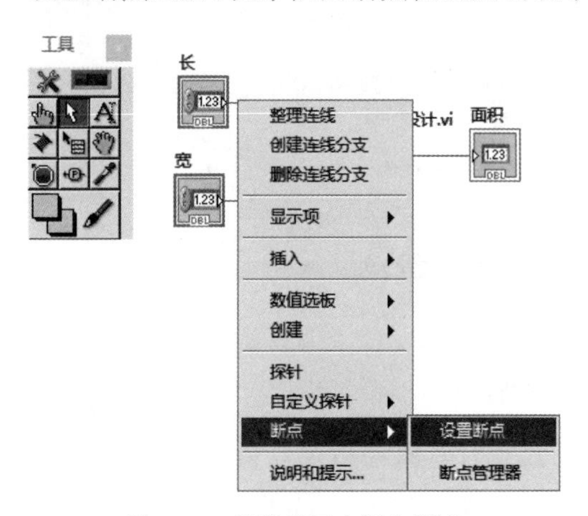

图 1-13　程序框图中添加断点

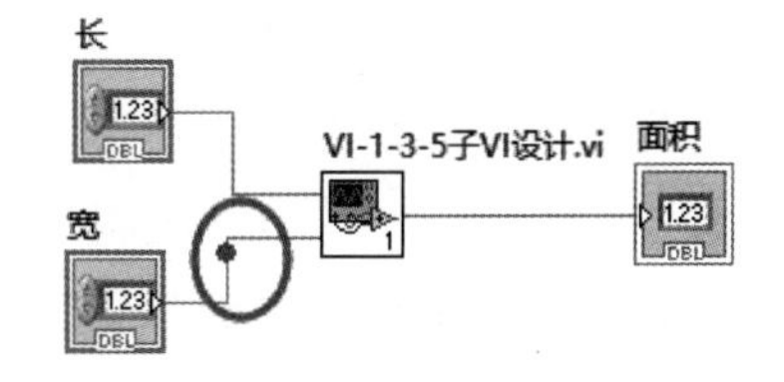

图 1-14　程序框图中的断点

程序运行时,数据流经过断点后暂停执行,此时可以进一步观察程序执行的中间状态,以便诊断是否存在错误。

右击程序框图中的断点所在位置,选择"断点→清除断点"或者"断点→禁用断点",可以清除断点,如图 1-15 所示。

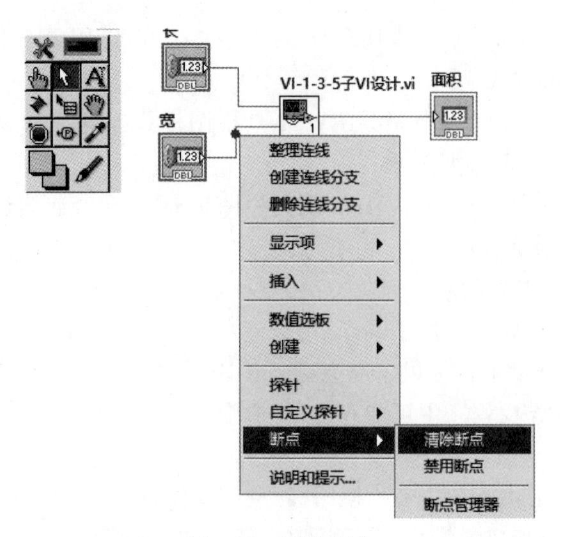

图 1-15 清除断点

3）添加探针诊断

探针能够使得程序在运行过程中，当数据流经过探针位置时会立即显示程序当前状态相关数据值。程序调试经常将断点和探针配合使用，以便精确掌握程序执行的中间状态，进而准确定位程序错误位置。

右击程序框图中需要观察运行中间状态值的位置（这里选择上例中断点位置），选择“探针”。运行程序，弹出探针观察器窗口，结果如图 1-16 所示。

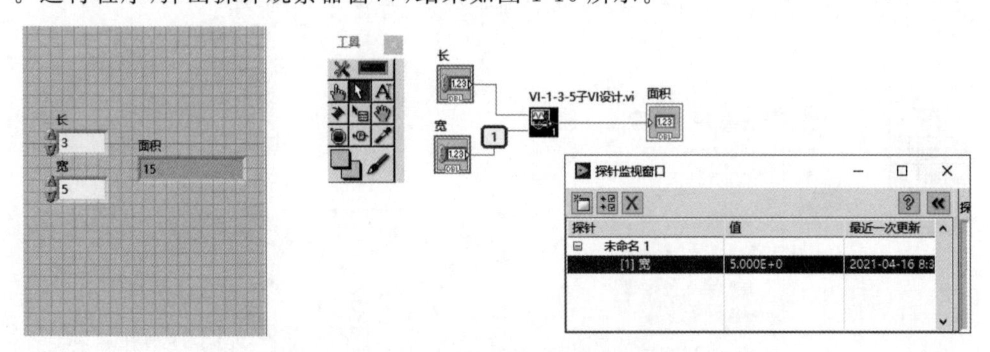

图 1-16 探针观察器窗口

可以看到，程序暂停在断点位置处，而且通过探针观察器可以看出，数据流取值与前面板中的输入一致。

1.2 LabVIEW 中的数据类型

LabVIEW 提供了丰富的数据类型支持，其基本数据类型包括数值型、字符串型、布尔型、枚举类型等。LabVIEW 还提供了复合类型（结构类型），如数组、簇、波形数据等。与字符式编程语言不同，LabVIEW 中数据不是存放在已经声明的“变量”中，而是依托前面板的有关控件而存在。程序设计中可通过对控件进行设置，完成相关数据的赋值与类型设定。本节主要介绍 LabVIEW 提供的几种常用数据类型。

1.2.1　数值类型

LabVIEW 以整数、浮点数、复数等类型表示数值类型数据。前面板“控件→新式→数值”子选板中，提供了丰富多样的数值型控件，包括用于输入的控件和用于输出显示的控件，如图 1-17 所示。

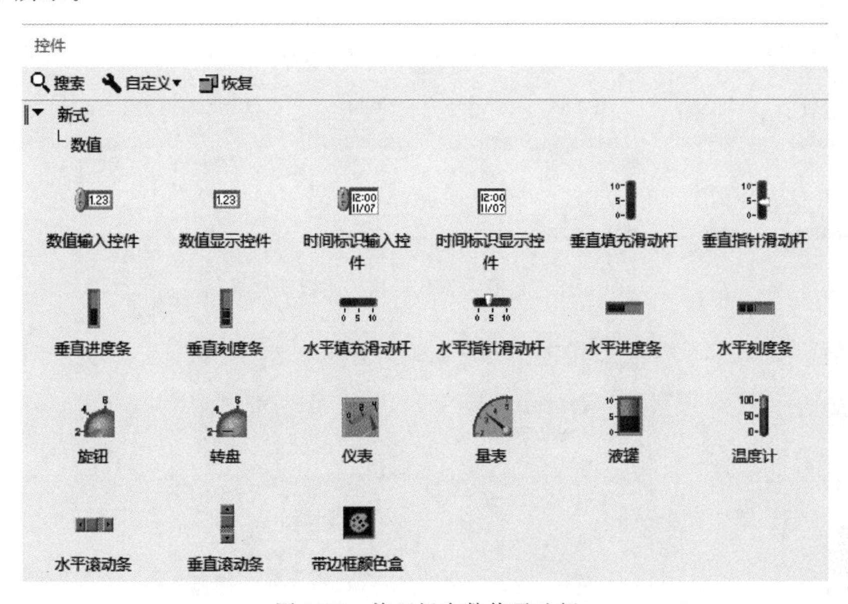

图 1-17　前面板中数值子选板

同样，前面板“控件→经典→数值”“控件→银色→数值”“控件→系统→数值”“控件→NXG 风格→数值”子选板中，都提供了数值型控件，它们之间并无本质不同，只是显示风格有所不同而已。

在程序框图中，按照“函数→编程→数值”或者“函数→数学→数值”的操作路径，可以打开数值类型数据相关函数子选板。该子选板提供了数据类型常用的基本运算功能、类型转换功能、典型数值常量及数值操作功能，如图 1-18 所示。

右击前面板中放置的数值控件，选择“表示法”，可以设置数据类型，如图 1-19 所示。

1.2.2　布尔类型

布尔类型又称为逻辑型，常用来表示程序运行中的开/关、是/否等二值状态。布尔类型取值只能是“True”(真)或者“False”(假)两种。前面板“控件→新式→布尔”控件子选板中，可以查看各类输入型、输出型的布尔控件对象，如图 1-20 所示。

如果布尔类型数据为输入类型，则前面板创建控件对象之后，右击控件，选择“属性”，在

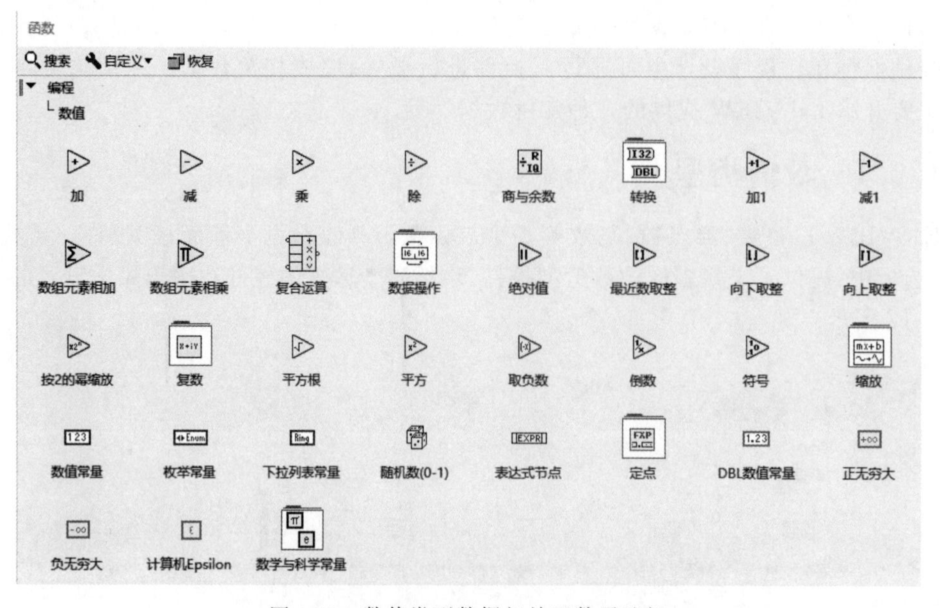

图 1-18　数值类型数据相关函数子选板

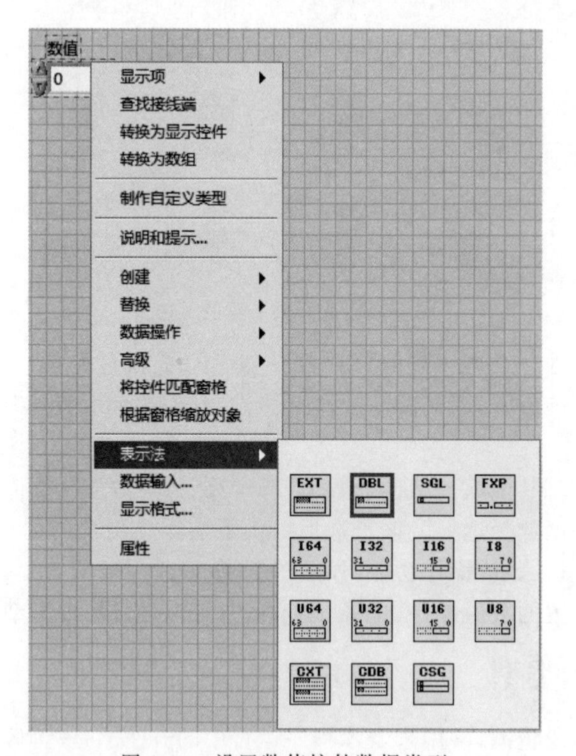

图 1-19　设置数值控件数据类型

“操作”选项卡中可见布尔开关的 6 种控制特性选项列表。可以根据需要选择其中一项，设置布尔开关对应的机械动作，使其符合工业领域真实操作特性，如图 1-21 所示。

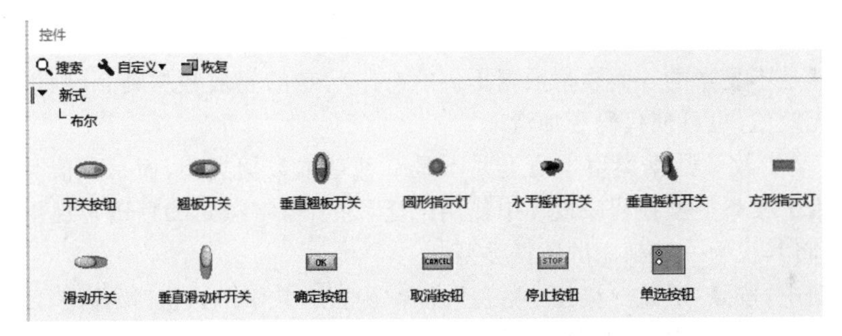

图 1-20　前面板中布尔控件子选板

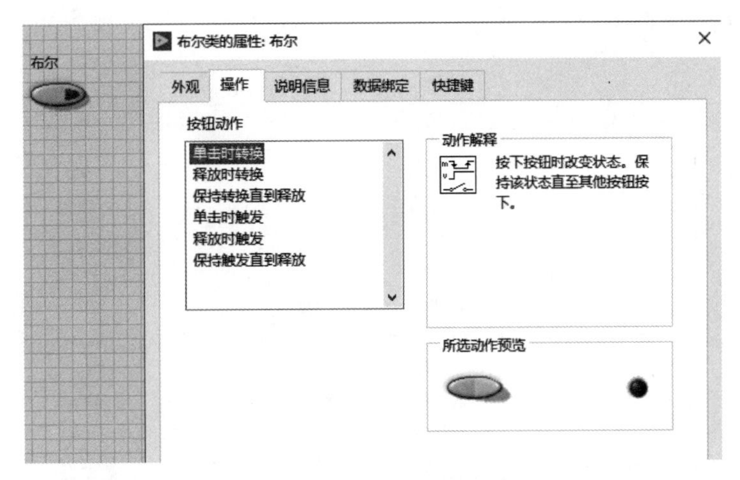

图 1-21　设置布尔开关对应的机械动作

在程序框图中,按照"函数→编程→布尔"操作路径,可以打开布尔类型数据相关的函数子选板,如图 1-22 所示。

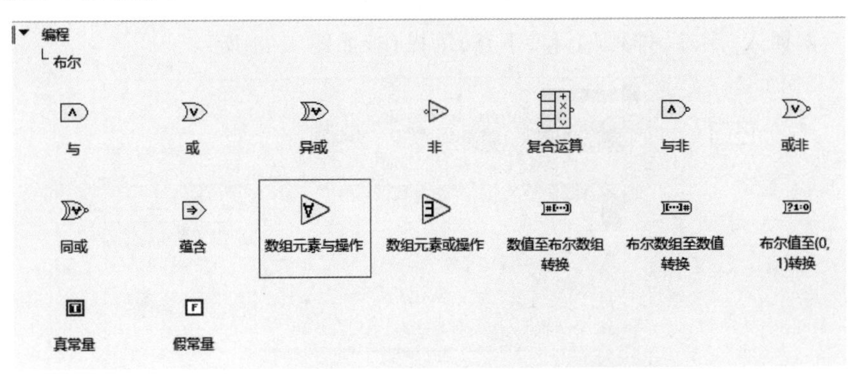

图 1-22　布尔类型数据相关的函数子选板

1.2.3　枚举类型

在实际问题中,有些变量的取值被限定在一个有限的范围内。例如,性别只有男女两种取值，红绿灯显示只有红灯、绿灯、黄灯 3 种有限状态。如果把这些量说明为整型、字符型或其他类型显然是不妥当的。而枚举数据提供的有限状态的离散数据集合，则可以有效地防止用户提供无效值，也可使代码更加清晰。

LabVIEW 中枚举数据类型本质上并不是一种基本数据类型，而是数值类型的一种集合表示法。由于枚举类型在程序设计中使用广泛，为了与字符式编程语言提供数据类型保持一致，这里将其视为一种独立的数据类型。

程序框图中，按照“函数→编程→数值”或者“函数→数学→数值”操作路径，可以查看数值函数子选板中的枚举常量，如图 1-23 所示。

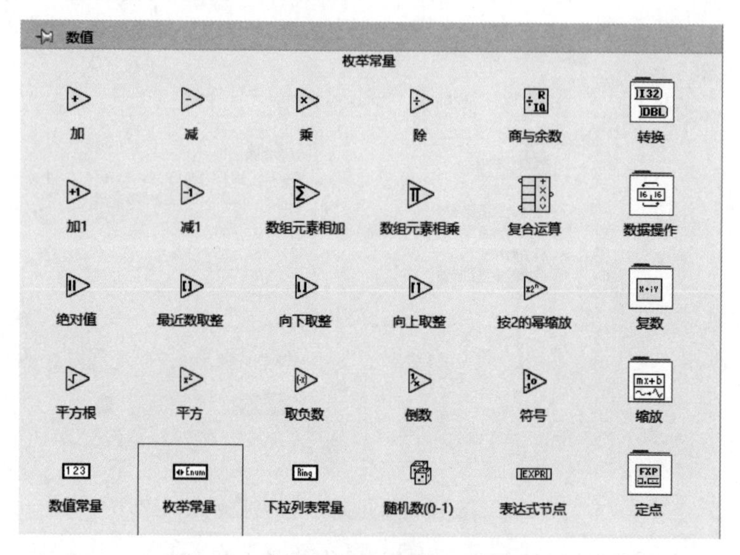

图 1-23 数值函数子选板中的枚举常量

右击程序框图中放置的枚举常量，选择“编辑项”，进入枚举常量的数据项编辑对话框，包括数据元素插入、删除、排列（上移、下移）等操作，如图 1-24 所示。

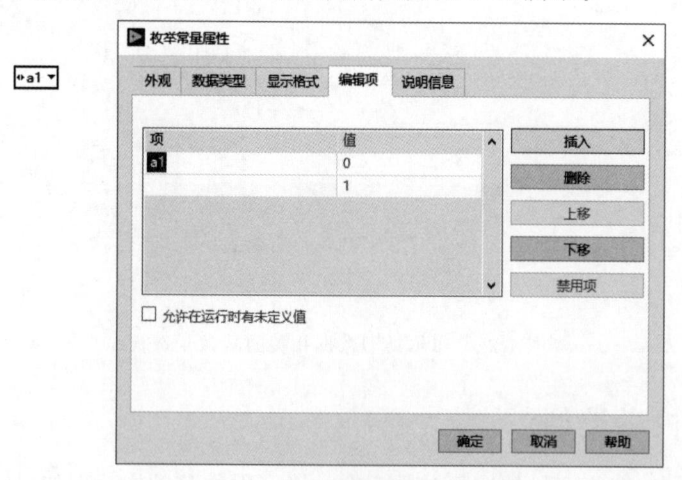

图 1-24 枚举常量的数据项编辑

1.2.4 字符串类型

字符串数据在 LabVIEW 应用程序开发中同样具有极其重要的地位和作用。首先是各类信息显示都与字符串数据类型具有千丝万缕的联系，更重要的是，在通信程序编写中，LabVIEW 更是比以往任何一种字符式编程语言都特殊——任何类型的数据，进行通信传输都需要先转换为字符串类型才能发送和接收。

在 LabVIEW 前面板中，按照“控件→新式→字符串与路径”操作路径，可以打开如图 1-25 所示的字符串控件子选板。

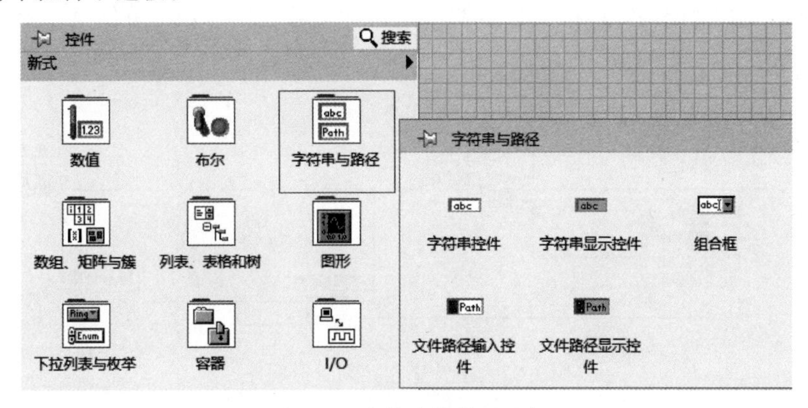

图 1-25　字符串控件子选板

在程序框图中，按照“函数→编程→字符串”操作路径，可以打开字符串函数子选板，如图 1-26 所示。

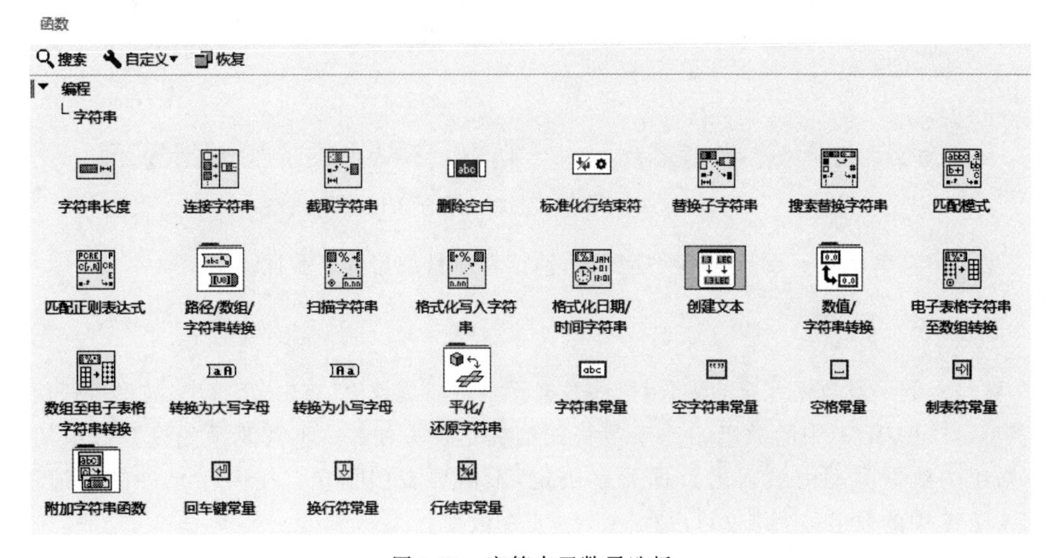

图 1-26　字符串函数子选板

字符串函数子选板提供了应用程序开发中字符串相关的几乎全部常用功能。以下设计一个简单的字符串处理程序，用以说明字符串相关函数节点的使用方法。

程序将用户输入的两个字符串数据借助指定的间隔符号进行连接组合，然后再调用字符串函数子选板提供的函数节点将其拆分，还原为两个子字符串。

程序前面板放置3个字符串输入控件，分别命名为拟拼接的"字符串""字符串2""拼接符号"；同时放置3个字符串显示控件，分别命名为"拼接结果""拆分结果1""拆分结果2"。

程序框图中调用函数"连接字符串"(函数→编程→字符串→连接字符串)，将两个输入的字符串及指定的拼接符号连接在一起，形成新的字符串。调用函数"匹配模式"(函数→编程→字符串→匹配模式)，将拼接结果字符串进行拆分并分别显示拆分结果。对应的字符串连接与拆分程序如图1-27所示。

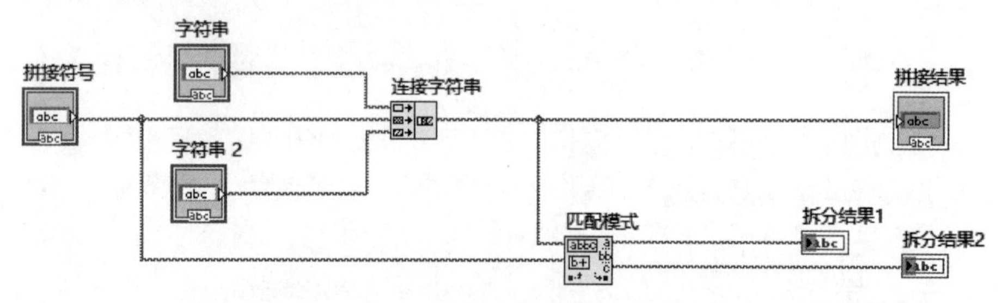

图1-27 字符串连接与拆分程序

运行程序，输入拟连接的两个字符串，设置分隔符，字符串连接与拆分程序运行结果如图1-28所示。

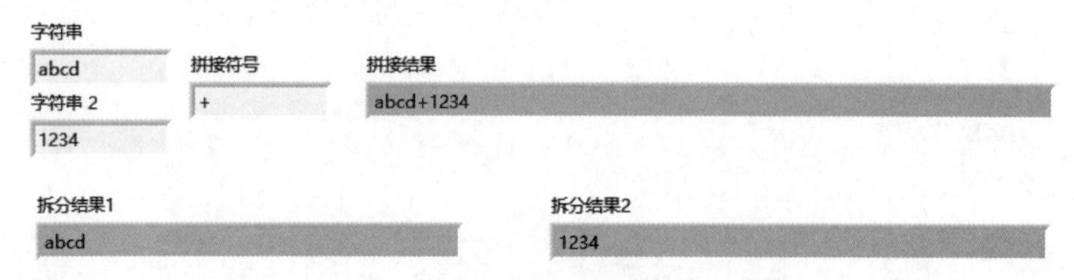

图1-28 字符串连接与拆分程序运行结果

更多字符串相关函数节点的功能测试，请读者自行编写程序验证。

1.2.5 数组

数组是同一类数据元素的集合，这些数据元素可以是数值、布尔、字符串、波形等任何一种类型。LabVIEW中的数组相比于字符式编程更加方便——不需要预先设置数组的长度，数组的数据类型由填入的数据元素决定，不需要专门指定。在内存允许的情况下，LabVIEW中的数组每个维度可以存储 $2^{31}-1$ 个数据。

LabVIEW中，数组由数据、数据类型、索引、数组框架4部分组成，其中数据类型隐含在数据之中——数组框架内填充的是什么类型的数据，对应的数组数据类型就是什么。

创建数组既可以在前面板中进行，又可在程序框图中完成。其中前面板中创建数组的基本步骤如下。

(1) 创建数组框架。右击前面板，选择“控件→新式→数组、矩阵与簇→数组”，完成前面板中数组框架的创建，如图1-29所示。

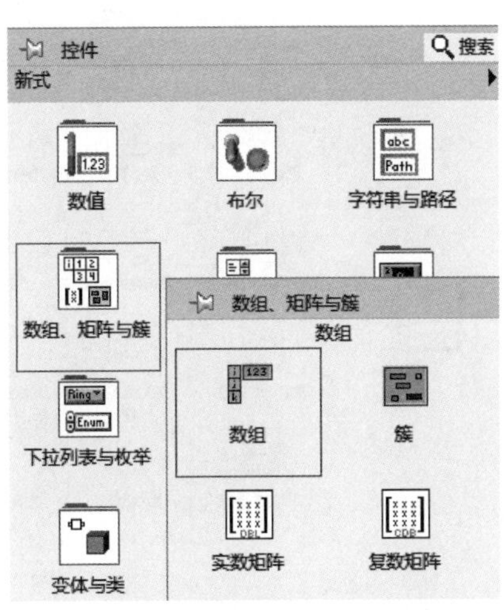

图1-29　前面板中数组框架的创建

(2) 确定数据元素及类型。根据程序设计需要，在前面板中的数组框架中，填充数值对象、字符串对象或者布尔对象，既可以是输入型对象，又可以是输出显示型对象。总之，数组框架放入什么类型对象，就创建什么类型的数组。

(3) 设置数组维数。默认情况下，创建的数组为一维数组。如果需要增加数组维度，最简单的方式莫过于右击数组对象，在弹出快捷菜单中选择“增加维度”，即可将一维数组扩充为二维数组，重复操作，可以不断增加数组维度。

(4) 进行数据初始化。创建的数组一般需要进行初始化赋值。未进行初始化的输入型数组控件，其元素背景都是灰色的，如图1-30所示。

数组初始化操作需要人为地指定数组每个数据元素的取值，初始化后的数组控件，其数据元素背景转变为白色，如图1-31所示。数组中未完成初始化部分，则继续保持灰色背景。

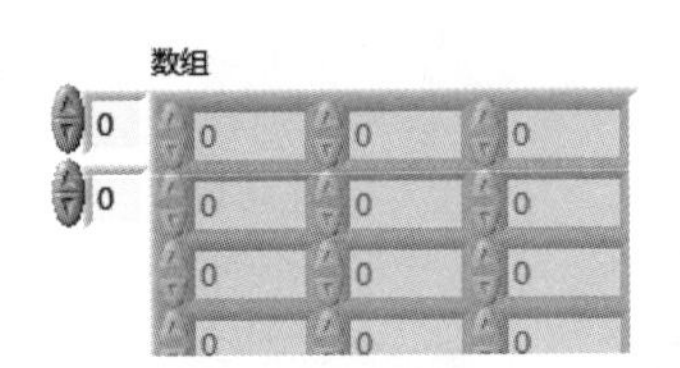

图1-30　未进行初始化的数组控件

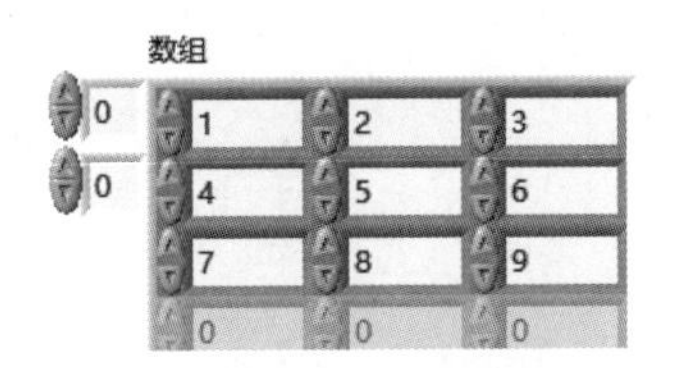

图1-31　初始化后的数组控件

程序框图中也可以创建数组，但一般多用于创建数组常量，创建数组的基本步骤如下。

(1) 创建数组框架。右击程序框图空白处，选择“函数→编程→数组→数组常量”，将数组常量拖曳至程序框图，完成数组框架的创建，如图1-32所示。

(2) 数组元素赋值。数组框架创建完成，可以首先根据需要修改数组的维度，然后可以让其框架内添加数值常量、字符串常量或者布尔常量，并可操作数组对象操作句柄，显示更多的数据元素。双击数组数据元素，可修改其默认值，完成数组常量的初始化赋值，如图1-33所示。

创建完数组，即可对数组数据进行各种分析和处理。LabVIEW提供的数组相关功能节点比较丰富。程序框图中，右击并选择“函数→编程→数组”，可以打开数组函数子选板，如图1-34所示。

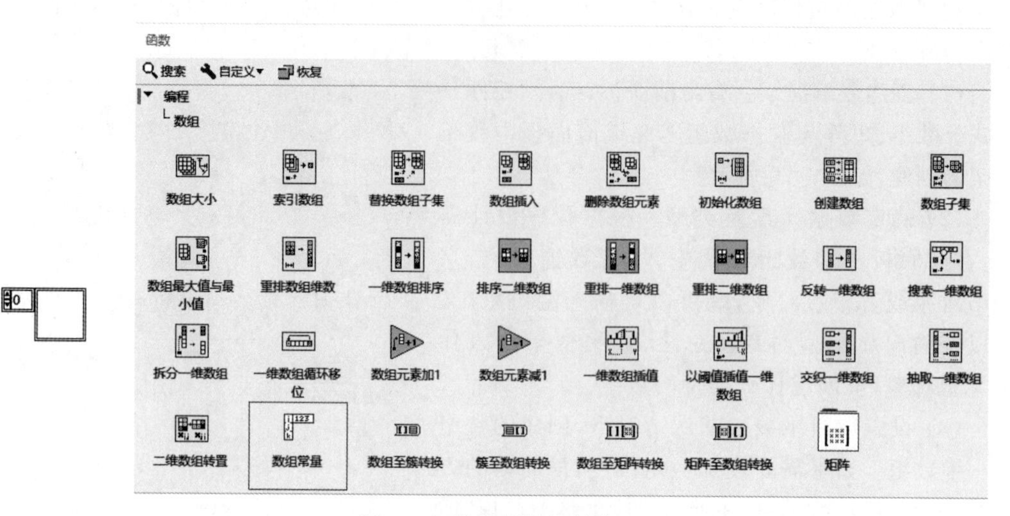

图 1-32 数组框架的创建

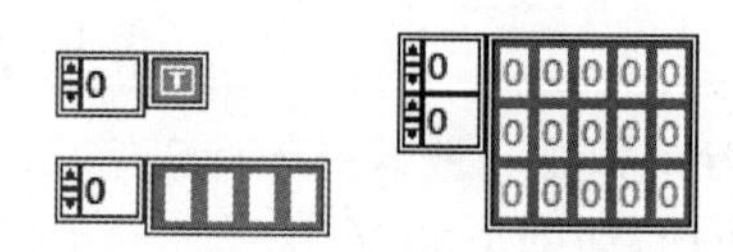

图 1-33 数组常量的初始化赋值

图 1-34 数组函数子选板

数组函数子选板提供了应用程序开发中数组、矩阵相关的几乎全部常用功能。以下设计一个简单程序,用以说明数组相关函数节点的使用。

程序将用户输入的数组数据进行排序,显示排序结果,同时统计输入数组数据中的最大值、最小值及最大值和最小值各自所在数组中的位置,并在程序前面板中显示统计结果。

程序前面板放置1个数值型数组输入控件用以确定数组数据元素取值,1个数值型数组显示控件用以显示排序后的数组数据,两个数值显示控件分别用以显示数组中的最大值与最小值,两个整数类型数值显示控件分别用以显示最大值与最小值在数组中的索引。

在程序框图中调用函数"一维数组排序"(函数→编程→数组→一维数组排序),将用户输入的数组数据元素进行排序,并输出排序结果;调用函数"数组最大值与最小值"(函数→编程→数组→数组最大值与最小值),求取排序后的数组、数组中最大值取值及其在原数组中的索引、数组中最小值取值及其在原数组中的索引,并将上述求取结果进行显示。数组排序与最值获取程序实现如图1-35所示。

运行程序,输入数组数据元素,数组排序与最值获取程序运行结果如图1-36所示。

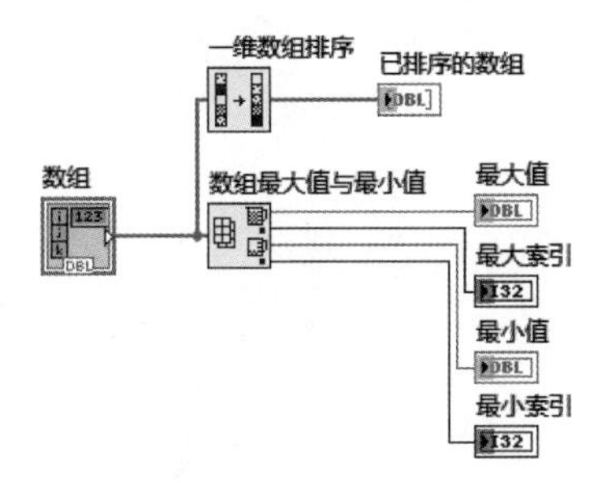

图1-35 数组排序与最值获取程序实现

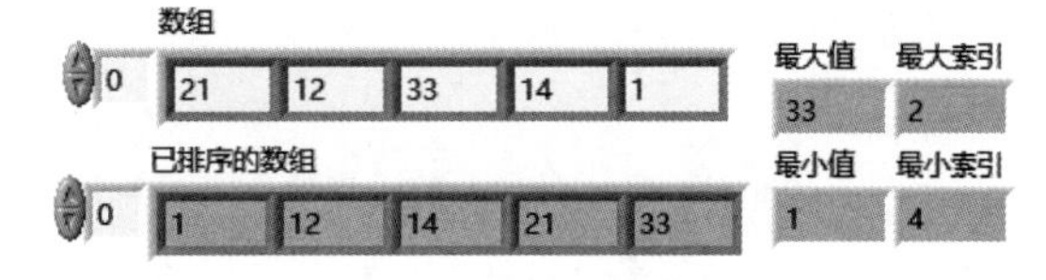

图1-36 数组排序与最值获取程序运行结果

更多数组相关函数节点的功能测试,请读者自行编写程序验证。

1.2.6 簇数据

簇数据是由不同类型的数据元素组合而成的一种新的数据类型,这一点与C语言中的结构体相似。簇中的数据元素,其数据类型可以相同,也可以互不相同。

簇数据的创建与数组创建类似,也分为前面板中簇对象创建及程序框图中簇数据常量创建,其中前面板中簇数据对象创建分为以下几个步骤。

(1) 簇框架创建。右击程序框图空白处,选择"控件→新式→数组、矩阵与簇→簇",将其拖曳至工作区域,完成簇数据框架创建,如图1-37所示。

(2) 簇数据成员添加。根据需要往簇框架中添加数值型控件、字符串控件、布尔控件、文件路径控件等,完成簇中数据元素的创建。需要注意的是,簇中数据元素要么统一为输入型控件,要么统一为输出显示型控件,不能输入输出混搭。典型簇数据样例如图1-38所示。

右击簇数据对象,选择"自动调整大小→水平排列",则水平排列的簇数据显示结果如图1-39所示。

同样,如果选择"自动调整大小→垂直排列",则垂直排列的簇数据显示结果如图1-40所示。

图 1-37　创建簇数据框架

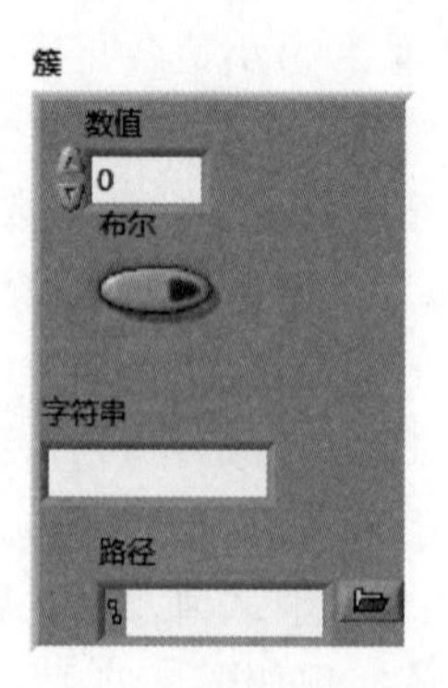

图 1-38　典型簇数据样例

图 1-39　水平排列的簇数据

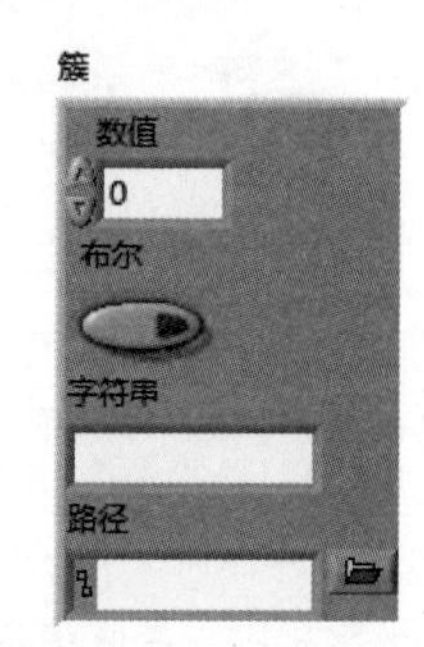

图 1-40　垂直排列的簇数据

程序框图中，按照“函数→编程→簇、类与变体”的操作路径，可以打开簇数据函数子选板，如图 1-41 所示。

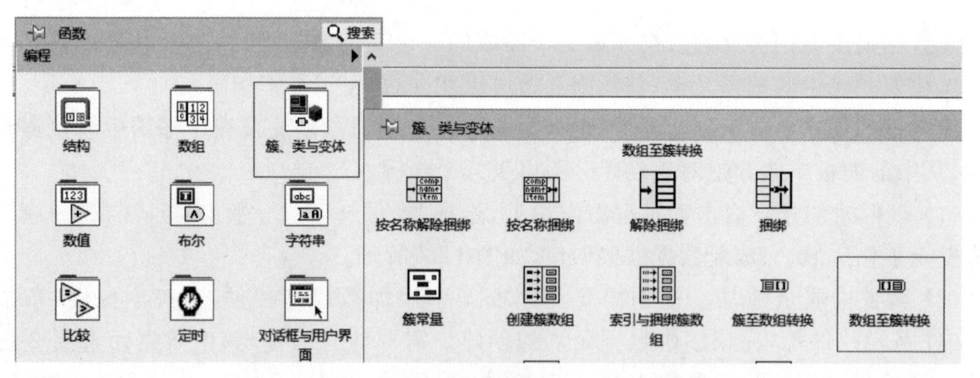

图 1-41　簇数据函数子选板

簇类型相关函数节点主要是“捆绑”“创建簇数据”及“解除捆绑”等。以下设计一个简单的簇数据相关程序，用以说明相关函数节点的使用。

程序将数值型“转速”、布尔型“开关”、字符串型“状态”3 个数据进行封装，形成簇数据并显示，同时，对于生成的簇数据进行解析，获取其数据成员并显示。

程序前面板放置数值输入控件“旋钮”、布尔类型输入控件“水平摇杆开关”、字符串输入控件，作为拟封装为簇数据的数据成员；同时放置1个数值显示控件，1个布尔显示控件“圆形显示灯”，1个字符串显示控件，用以显示从簇数据中解析出的数据成员。

程序框图中调用函数“捆绑”(函数→编程→簇、类与变体→捆绑)，将数值类型的转速数据、布尔类型的开关数据及用户输入的字符串封装为簇数据；调用函数“解除捆绑”(函数→编程→簇、类与变体→解除捆绑)，获取簇中的每个数据成员并显示解析结果。对应的簇数据功能演示程序实现如图1-42所示。

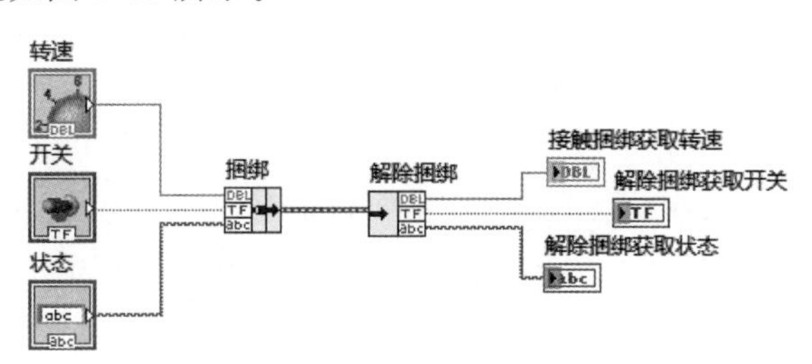

图1-42　簇数据功能演示程序实现

运行程序，操作前面板有关控件，簇数据功能演示程序执行结果如图1-43所示。

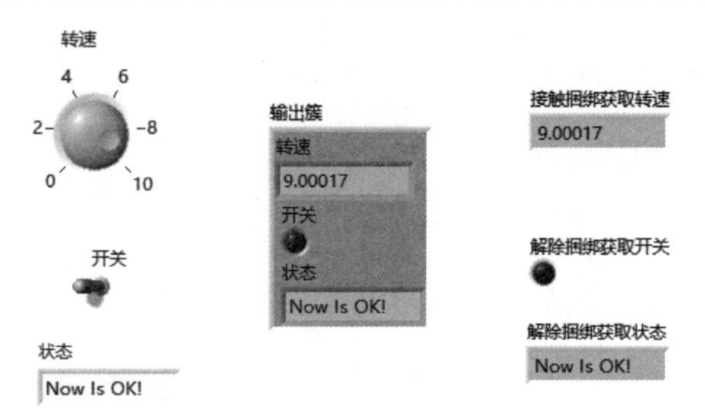

图1-43　簇数据功能演示程序执行结果

更多簇数据相关函数节点功能的测试，请读者自行编写程序验证。

1.3 LabVIEW程序设计基础

本节主要介绍LabVIEW中提供的几种基本程序结构、局部变量与全局变量、函数及具有面向对象编程特征的属性节点与功能节点。

1.3.1 循环结构

1. For 循环

右击程序框图空白处，函数选板中选择“函数→编程→结构”，可以查看LabVIEW提供的包括For循环结构在内的全部程序结构及控制节点，如图1-44所示。

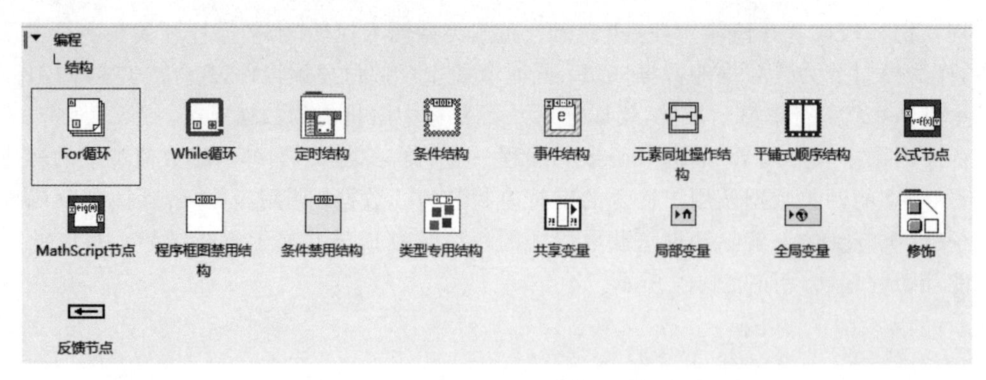

图 1-44　LabVIEW 中程序结构及控制节点

将 For 循环拖曳至程序框图，完成程序中 For 循环节点的创建。单击 For 循环结构，For 循环结构边框出现 8 个实心小方框的操作句柄。拖曳这些操作句柄可以对 For 循环结构的大小进行调整。

For 循环至少由循环体(节点框架)、计数接线端(i)、循环总数接线端(N)3 部分组成。其中 N 表示循环执行的总数，i 表示循环变量计数器，取值从 0 开始。如果期望观测 For 循环执行过程中循环计数器 i 取值的变化及取值范围，可在循环体内放置"等待"(函数→编程→定时→等待)函数节点，实现循环中的延时等待功能，对应的 For 循环结构使用示例如图 1-45 所示。

程序运行时，可以看到数值显示控件"数值"，取值从 0 开始，每间隔 1s 刷新一次，i 取值为 19 时程序退出。For 循环累计执行 20 次。

有时候 For 循环在执行中并不一定一直执行到预定的次数结束，而是当满足某一特定条件时也允许退出，则可右击 For 循环边框，选择"条件接线端"，则带条件端子的 For 循环结构如图 1-46 所示。

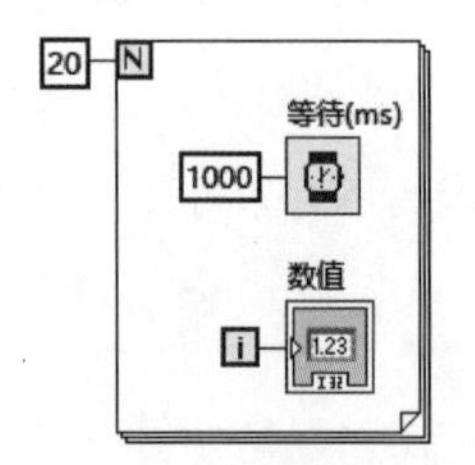

图 1-45　For 循环结构使用示例

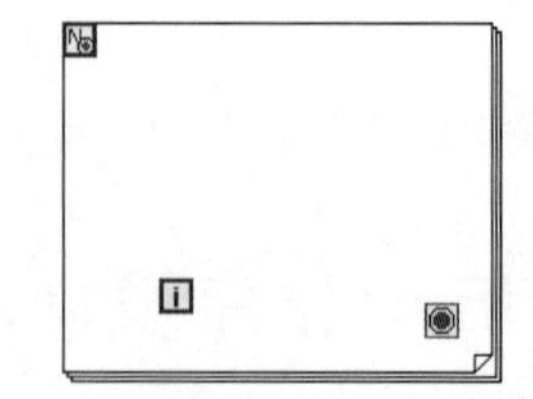

图 1-46　带条件端子的 For 循环结构

新增的图标为循环条件接线端，当接入布尔类型数据取值为 true 时，For 循环亦可结束，而无须等待完成 N 次循环。例如，利用 For 循环进行 1～100 的整数遍历时，如果当前访问整数既能被 3 整除又能被 7 整除，则退出 For 循环。可以使用带条件端子的 For 循环实现这一功能，如图 1-47 所示。

运行程序，可以观测到当遍历过程中整数取值为 21 时，满足预设条件，For 循环提前结束。可见添加了条件端子，For 循环可以进一步增强应用的灵活性。

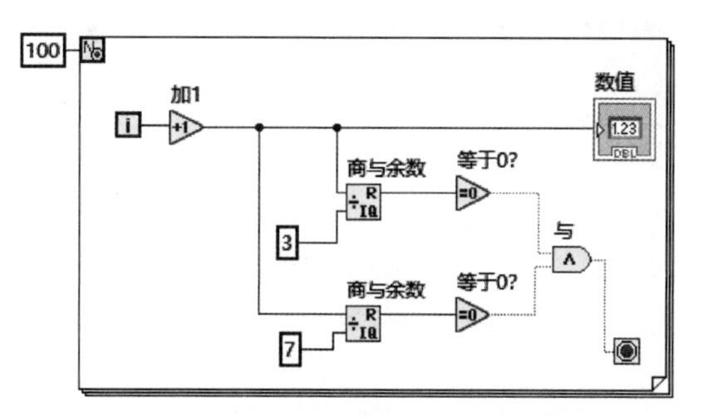

图 1-47　带条件端子的 For 循环使用示例

2. While 循环

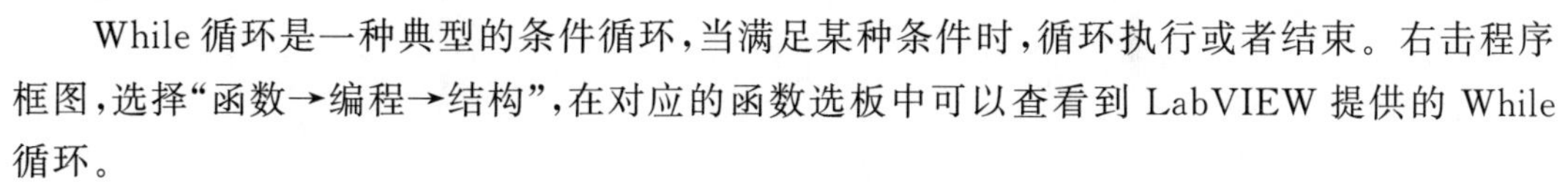

While 循环是一种典型的条件循环，当满足某种条件时，循环执行或者结束。右击程序框图，选择“函数→编程→结构”，在对应的函数选板中可以查看到 LabVIEW 提供的 While 循环。

从循环实现的角度看，While 循环实际上就是带有条件端子且无须指定循环总数的 For 循环。While 循环结构形态如图 1-48 所示。

While 循环有两个固定接线端子，一是循环计数器 i，二是循环条件接线端。计数器 i 从 0 开始计数；条件接线端为布尔量输入接线端，程序每次循环结束后都会检查该接线端，以便控制循环是否需要继续执行。

循环条件接线端有两种形态，默认情况如图 1-48 所示，属于“真(T)时停止”(Stop if True)。右击循环条件接线端，选择“真(T)时继续”，则 While 循环结构改变为如图 1-49 所示的条件端子“真(T)时继续”形态，此时，循环将一直执行，直至循环条件接线端接收到布尔量取值为 False。

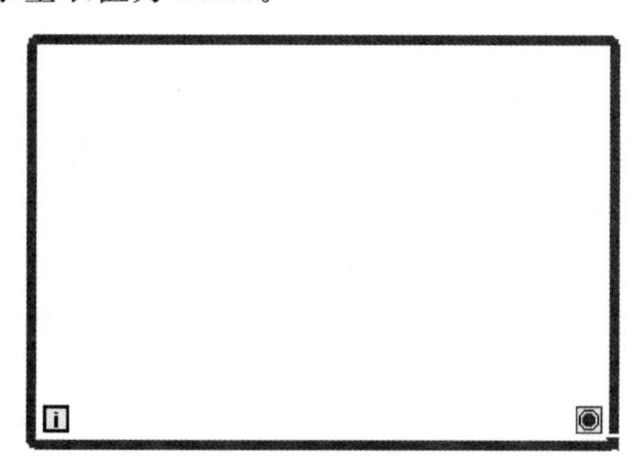

图 1-48　While 循环结构形态

图 1-49　条件端子“真(T)时继续”

一般而言，For 循环能够实现的功能，均可借助 While 循环实现。图 1-47 中基于 For 循环结构实现的功能可以改造为如图 1-50 所示的 While 循环结构实现。

当 While 循环条件端子为“真(T)时继续”时，同样功能的程序实现改造结果如图 1-51 所示。

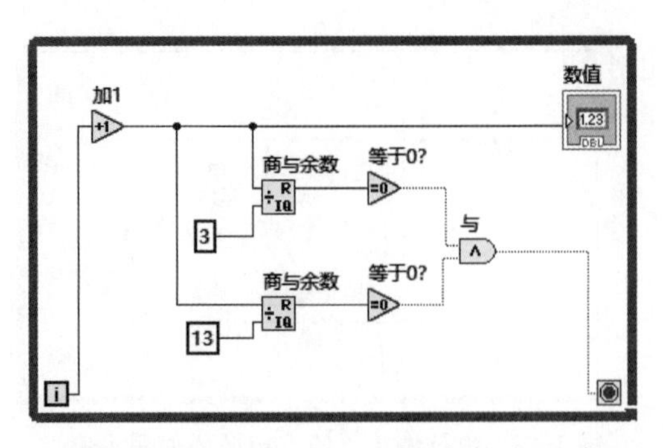

图 1-50　For 循环改造为 While 循环示例(条件端子"真(T)时停止")

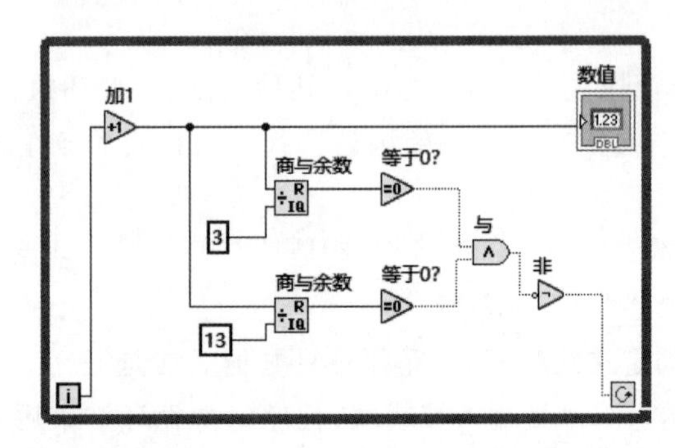

图 1-51　For 循环改造为 While 循环示例(条件端子"真(T)时继续")

3. 循环结构中的隧道与数据交换

LabVIEW 中针对所有结构提供了一种名为"数据通道"的数据交换机制(又称隧道),分为输入和输出两种数据通道。任何结构只能通过数据通道实现结构内部和外部节点之间的数据交换。数据通道位于结构边框之上,其显示形式为小方框,颜色与其连接数据对象类型对应的系统颜色保持一致。比如,如果连接的是整数,则小方框为蓝色。

循环结构中数据通道小方框分为实心和空心两种,实心表示循环结构针对外部数据源非索引访问模式(禁用索引),循环内部将外部数据一次性全部读入,然后根据需要处理。而空心小方框则表示循环结构针对外部数据源的索引访问模式(启用索引),循环内部将根据循环计数器 i 取值,每次循环,读取外部数据源一个数据,直至读取完毕(For 循环中,如果数据通道启用自动索引,则不需要指定循环总数 N,外部数据源(一般为数组)访问完毕,循环结束)。

For 循环索引方式访问数组的程序框图如图 1-52 所示(注意:这里 For 循环并未设置参数循环总数 N,而是借助自动索引限制循环的执行次数)。

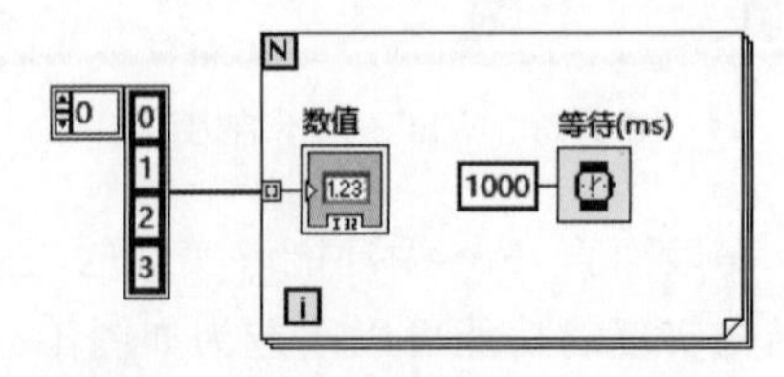

图 1-52　For 循环索引方式访问数组

类似地,输出数据通道可设置为"隧道模式→索引"或"隧道模式→最终值"。"隧道模式→最终值"状态下(实心),只输出最后一次循环访问的数据,"隧道模式→索引"状态下(空心),则将循环体内所有连接数据通道的数据合并生成数组。For 循环数据输出的最终值模式和索引模式程序示例如图 1-53 所示。

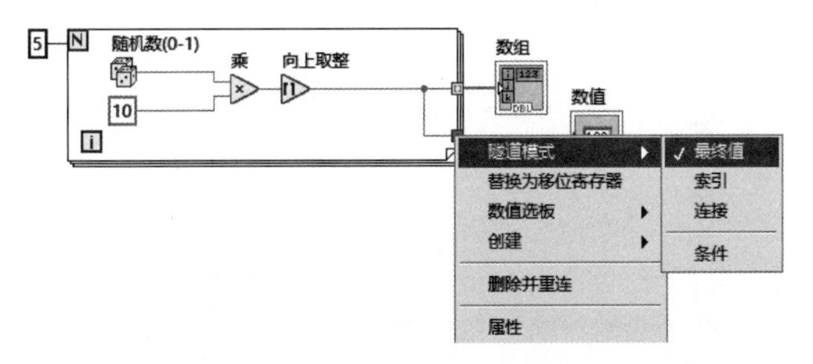

图 1-53 For 循环数据输出的最终值模式和索引模式

运行程序，最终值与索引模式输出的执行结果如图 1-54 所示。

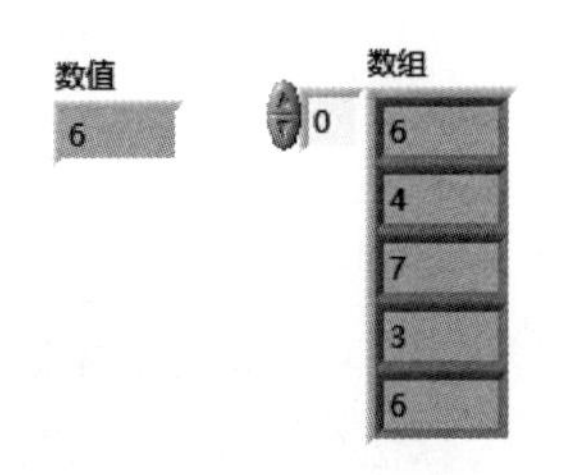

图 1-54 最终值与索引模式输出的执行结果

灵活运用数据通道中的索引模式，将会大大增强循环结构的应用性能，程序设计中应该给予足够的重视。

4. 循环结构中的移位寄存器

循环结构中还有一种极为重要的辅助性成员——移位寄存器。移位寄存器的主要功能就是将当前循环中有关状态的取值传递至下一次循环，这一点在迭代算法设计中至关重要。循环结构中的移位寄存器一般成对出现，分别位于循环结构左右两侧边框。无论是 For 循环还是 While 循环，右击循环结构边框，选择“添加移位寄存器”，即可完成一对移位寄存器的添加。For 循环中添加移位寄存器的过程如图 1-55 所示。

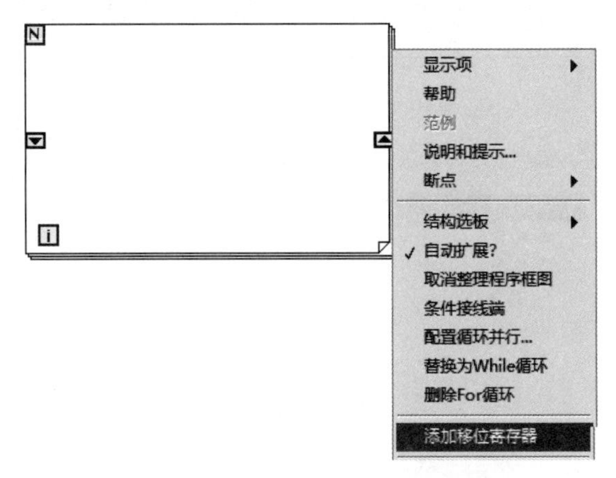

图 1-55 For 循环中添加移位寄存器

移位寄存器左侧一端为向下箭头，用于移位寄存器初始化赋值及存储循环上一次执行时获得的相关数据取值。右侧一端为向上箭头，用于存储本次循环结束时相关数据的取值。移位寄存器可以传递任何类型的数据，但无论什么时候，左右两侧移位寄存器的取值应为同一种数据类型。

如果循环过程中需要访问多个数据的上一次循环结果，则可以在循环结构中添加多组移位寄存器，如图 1-56 所示。

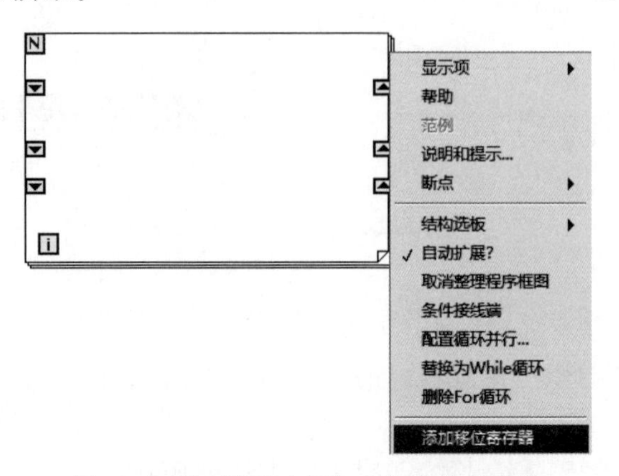

图 1-56 循环结构中添加多组移位寄存器

如前所述，位于循环结构左侧的移位寄存器可以保存循环前 1 次执行的结果，这一点对于迭代算法处理至关重要。但是很多时候，还需要保存循环结构前 2 次、前 3 次甚至前 n 次执行结果。针对这种需求，LabVIEW 提供了一种称为层叠移位寄存器的解决方案。右击循环结构左侧移位寄存器，在弹出的快捷菜单中选择“添加元素”，左侧移位寄存器下方出现新的移位寄存器，但是此时右侧并未成对出现对应的移位寄存器，这种仅在左侧出现的寄存器称为层叠移位寄存器。层叠移位寄存器从上至下依次保存循环执行过程中的前 1 次，前 2 次，……，前 $n-1$ 次，前 n 次执行结果。循环结构中添加层叠移位寄存器方法如图 1-57 所示。

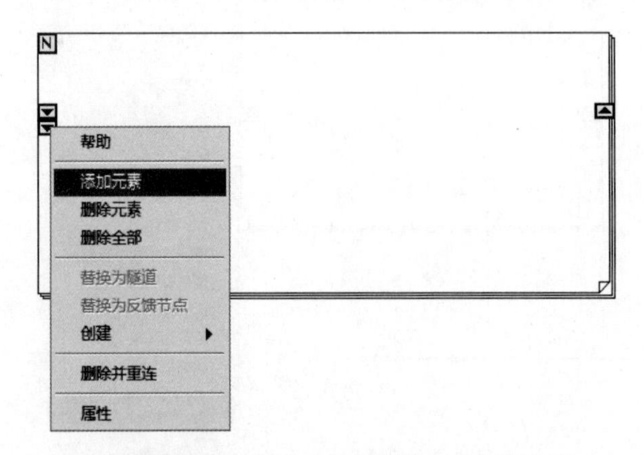

图 1-57 循环结构中添加层叠移位寄存器方法

利用上述特性，设计程序实现循环中访问当前循环计数器取值、前 1 次循环计数器取值、前 2 次循环计数器取值，则基于层叠移位寄存器实现这一功能的程序框图如图 1-58 所示。

运行程序，层叠移位寄存器取值结果如图 1-59 所示。

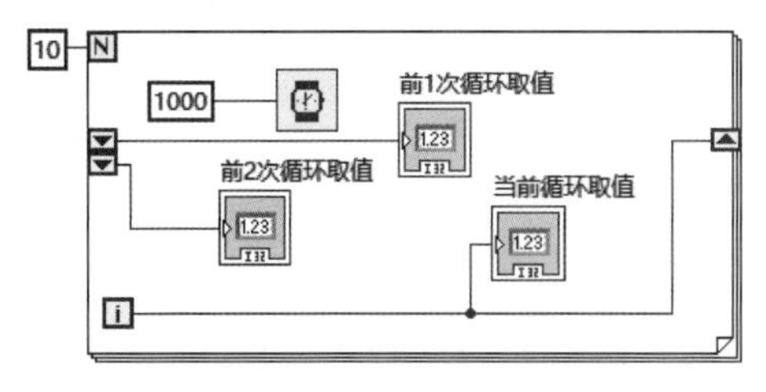

图 1-58 层叠移位寄存器应用

图 1-59 层叠移位寄存器取值结果

从运行结果可以看出，层叠移位寄存器能够以极为简单的方式实现多次循环执行数据状态的保持和应用。这种特性在电子信息类应用开发中极为普遍。比如，典型的移动窗口滤波就可以借助层叠移位寄存器轻而易举实现，其程序框图如图 1-60 所示。

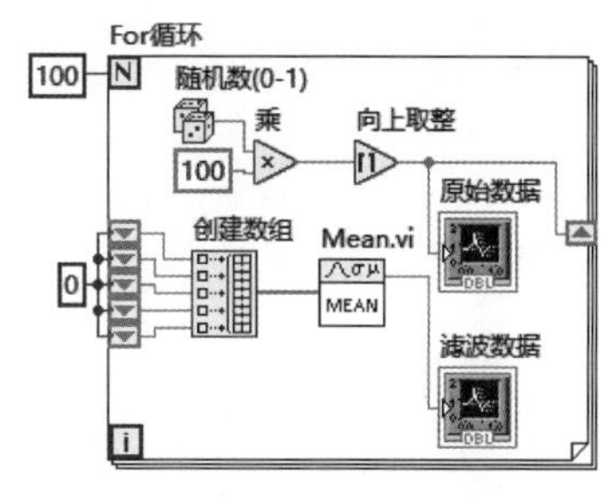

图 1-60 层叠移位寄存器实现移动窗口滤波

由图 1-60 可以看出，层叠移位寄存器设置了 5 个，即移动窗口宽度为 5，每次循环取前 5 次循环采集的数据（随机数模拟数据采集）进行算术平均，作为滤波处理结果显示，运行程序，原始数据采集及移动窗口滤波处理结果如图 1-61 所示。

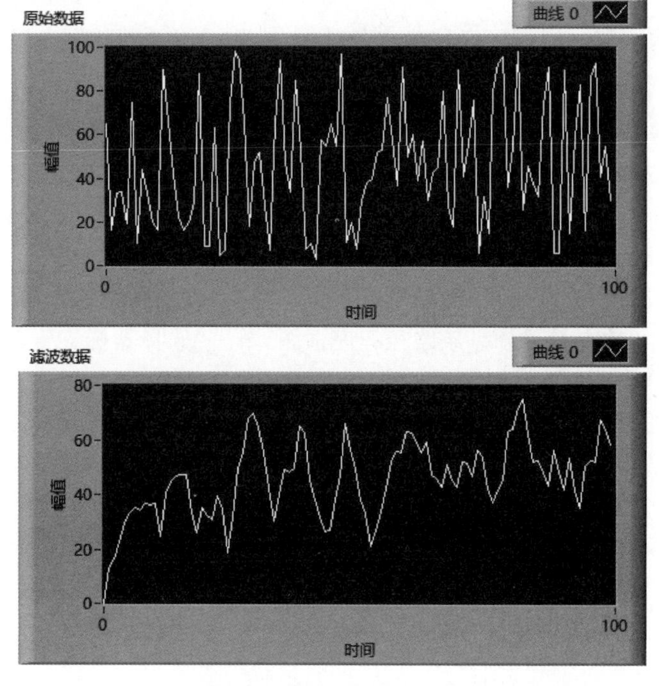

图 1-61 原始数据采集及移动窗口滤波处理结果

从运行结果可以看出,滤波后的曲线相比原始数据曲线,高频变化部分得到较大抑制,这恰恰体现了移动窗口滤波的低通频域特性。

微课视频

1.3.2 条件结构

1. 基本条件结构

条件结构类似于字符式编程语言中的 if else、switch 语句,使用条件结构意味着程序根据检测参数状态的不同,存在多条不同的执行路径。条件结构位于程序框图中"函数→编程→结构"子选板中,如图 1-62 所示。

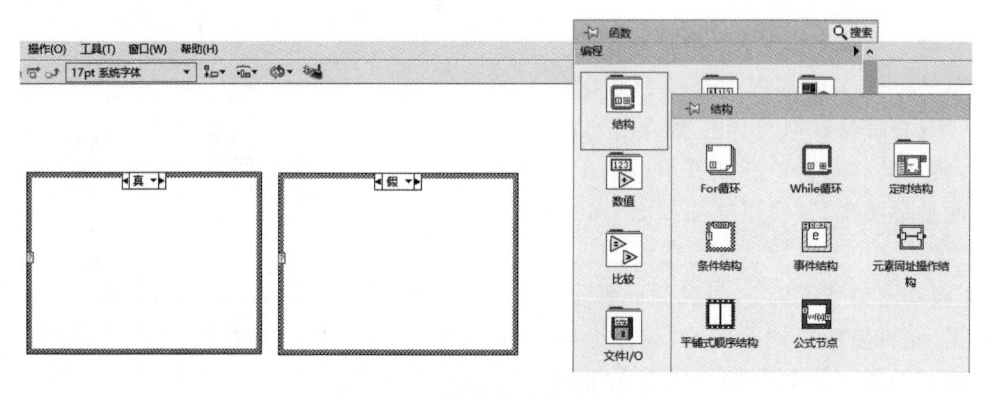

图 1-62 函数选板中的条件结构

条件结构由 3 部分组成。

(1) 条件结构框架。以矩形区域确定条件结构,默认包含"真"与"假"两个条件分支的子程序框架,以层叠方式显示。

(2) 分支选择器。位于条件结构左侧,以 ? 形式呈现,默认情况下接收布尔量输入,程序根据该布尔量取值确定执行路径。

(3) 选择器标签。位于条件结构上侧,用以标识当前条件下的程序框图。单击其中向下箭头,可以查看当前逻辑下全部可供选择的程序执行路径。

条件结构均以层叠方式出现,即使默认状态下只有"真"与"假"两个执行路径,也只能看见其中一条路径,如欲查看另外一条路径程序框图,单击"选择器标签",重新设置条件分支,可查看对应条件分支下的程序框图。

条件结构中的分支选择器除了识别默认的布尔类型,还能识别整数、枚举、字符串等数据类型。当条件结构分支选择器连接整数输入时,选择器标签会自动显示 0、1 两项子程序框图,如需添加更多分支,可右击条件结构边框,选择"在后面添加分支"或"在前面添加分支"。

选择器标签取值可以是单个值,也可以是数值范围和取值列表。其中取值列表为逗号间隔的数值,取值范围使用".."表示。比如,"10..20"表示 10~20 区间内的所有整数,且包括 10 和 20;而"..10"则表示小于或等于 10 的所有整数;"10.."表示大于或等于 10 的所有整数。

当条件结构分支选择器连接枚举类型数据时,可右击条件结构,选择"为每一个值添加分支”，则条件结构自动为每个枚举取值创建对应的子框图。

当条件结构分支选择器连接字符串类型数据时，则必须手动为每个可能的输入字符串建立对应的程序子框图，而且必须保证输入字符串和选择器标签页内容完全一致，否则程序编译将会出错。

特别需要注意的是，多分支的条件结构，当外部向条件结构输入数据时，每个分支子框图都可以使用这个通道的数据，每个通道内是否连线使用这个数据无关紧要。但是当向结构外部输出数据时，会在结构边框生成数据通道，每个分支程序子框图都需要和该数据通道连线，否则程序会报错。只有每个分支都连线数据通道，数据通道图标由空心小方框转变为实心小方框，程序方可正常运行。

为了验证条件结构使用方法，编写程序实现用户输入百分制考试成绩转换为五分制考试成绩功能。输入考试成绩借助数值输入控件实现，成绩转换借助条件结构完成。根据常识，分支结构将具有 5 个子框图，选择器标签分别为“..59”“60..69”“70..79”“80..89”“90..100”。程序实现的各个子框图如图 1-63～图 1-67 所示。

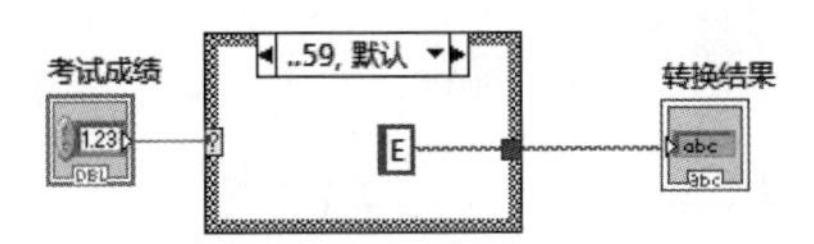

图 1-63　条件结构分支 1 子框图

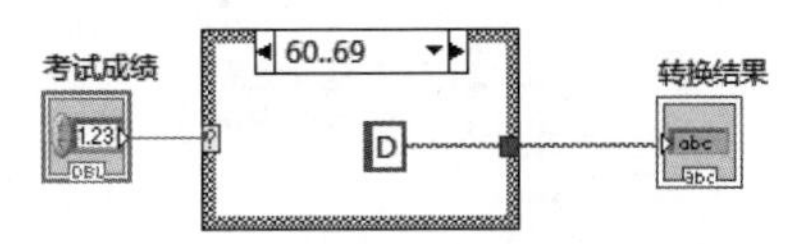

图 1-64　条件结构分支 2 子框图

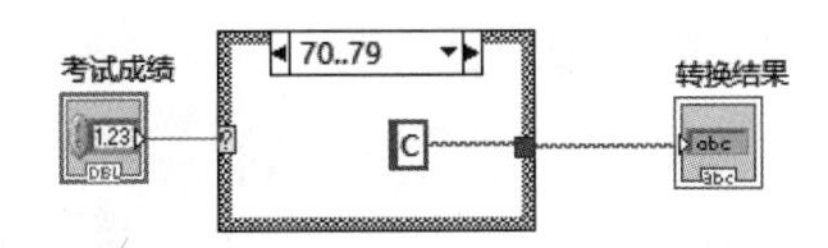

图 1-65　条件结构分支 3 子框图

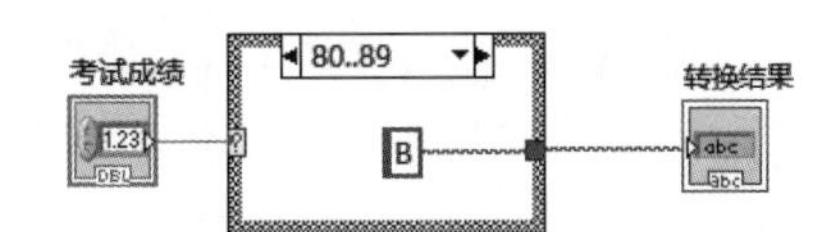

图 1-66　条件结构分支 4 子框图

2. 简易条件结构

条件结构中不同条件下的代码层叠显示，不便于整体性阅读和理解程序，在逻辑比较简单的应用场景下，可以放弃选择使用标准的条件结构，而使用函数“选择”（函数→编程→比较→选择）实现简易条件结构（类似于 C 语言中三元运算符表达式 $y=a>b?c:d$）。比较函数子选板中具有条件结构功能的“选择”节点如图 1-68 所示。

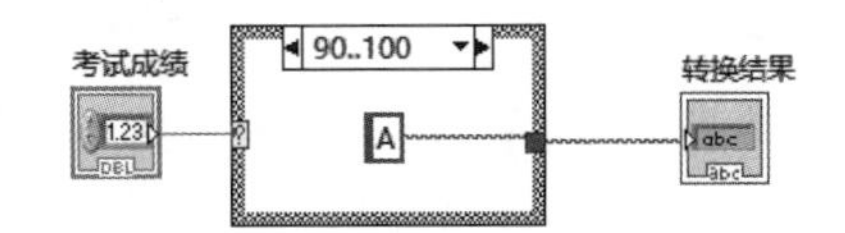

图 1-67　条件结构分支 5 子框图

“选择”节点的 3 个输入端口中，中间输入端口为布尔量，上方输入端口为布尔量取值为“真”(T)时期望的输出，下方输入端口为布尔量取值为“假”(F)时期望的输出。比如通过摇杆开关“布尔”控制“量表”控件的背景色，设计程序框图如图 1-69 所示。

运行程序，当摇杆开关拨向右侧，输出值为 T 时，“选择”节点输出其上方输入端口连接的绿色颜色值，作为量表背景色属性取值，如图 1-70 所示。

当摇杆开关拨向左侧，输出值为 F 时，“选择”节点输出其下方输入端口连接的蓝色颜色值，作为量表背景色属性取值，如图 1-71 所示。

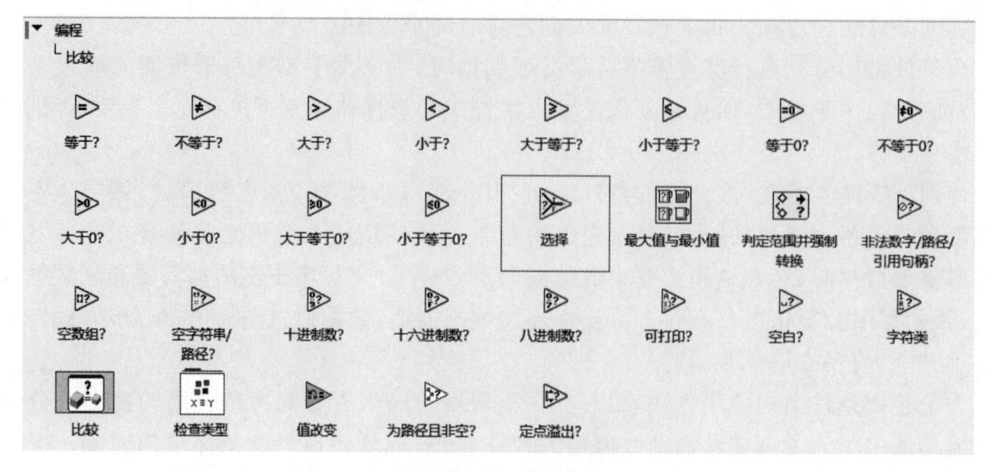

图 1-68　具有条件结构功能的“选择”节点

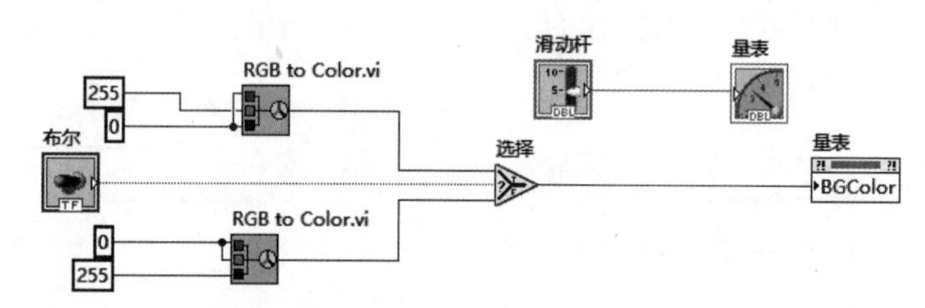

图 1-69　选择函数节点验证程序框图

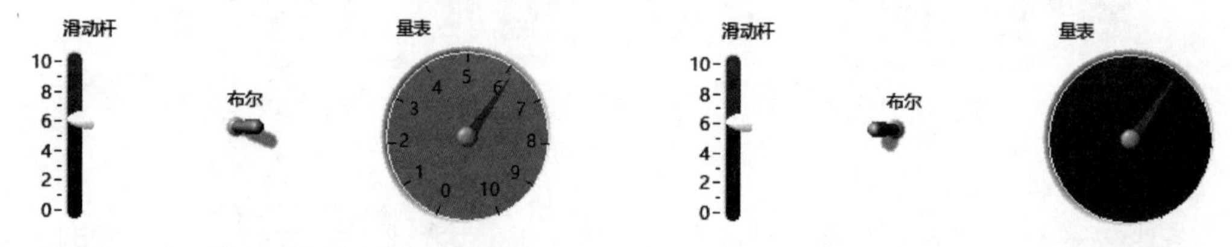

图 1-70　条件为“真”时选择节点输出结果　　　　图 1-71　条件为“假”时选择节点输出结果

显然这种简易条件结构程序代码更具有可读性，但不足的是仅适用于简单逻辑处理。

微课视频

1.3.3　顺序结构

1. 平铺式顺序结构与层叠式顺序结构

LabVIEW 应用程序执行路径依赖于程序框图中的节点及其数据连线限定的数据流方向。如果程序框图中存在两个没有任何连线的节点，LabVIEW 则会自动按照并行机制执行。这种机制无法满足需要顺序依次执行某些功能模块的技术需求。因此，LabVIEW 提供了两种顺序结构——平铺式顺序结构、层叠式顺序结构，强制要求有关功能模块按照指定的顺序依次执行。

平铺式顺序结构的基本形态类似于电影胶片，如图 1-72 所示。

右击顺序结构边框，选择“在后面添加帧”或者“在前面添加帧”，增加顺序结构的子框图。多帧顺序结构就像展开的电影胶片,每帧的程序子框图依次排列在一个平面上。程序执行时,按照由左至右的顺序,依次执行每个子框图内的程序。多帧平铺式顺序结构如图 1-73 所示。

平铺式顺序结构简单明了,可读性强,但是过于占用屏幕面积。当存在多帧顺序结构时,为了节省屏幕面积,经常使用层叠式顺序结构。

层叠式顺序结构将平铺式顺序结构中所有的子框图重叠在一起,每次只能看到一帧顺序结构子框图,执行时按照子框图的编号顺序来进行。平铺式顺序结构和层叠式顺序结构可以相互转换。右击平铺式顺序结构边框,在弹出的快捷菜单中选择"替换为层叠式顺序结构",则可以改变顺序结构的形式。

平铺式顺序结构转换为层叠式顺序结构后,呈现出一个带有"选择器标签"的一帧结构,其中选择器标签中可以选择原顺序帧中的指定序号帧,如图 1-74 所示。

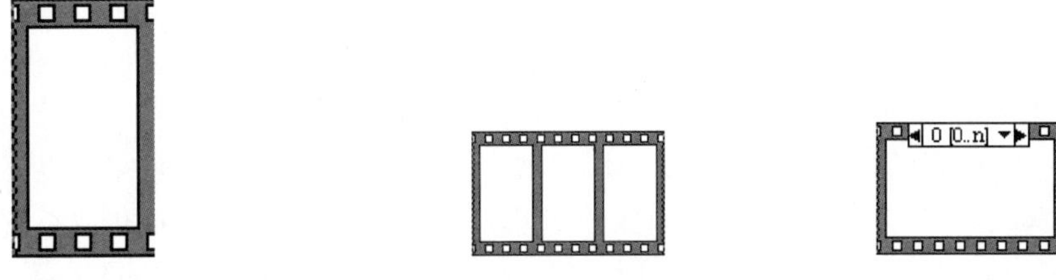

图 1-72 平铺式顺序结构的基本形态　图 1-73 多帧平铺式顺序结构　图 1-74 层叠式顺序结构

2. 帧间数据共享与局部变量创建

程序设计中经常需要不同帧之间共享数据。平铺式顺序结构很容易实现这一目标,通过不同帧间直接连线操作即可实现。但是层叠式顺序帧却必须借助"局部变量"才能实现这一目标。

在层叠式顺序结构中,选择某一帧,右击顺序结构边框,选择"添加顺序局部变量",顺序结构边框出现小方框,表示顺序帧局部变量创建完毕,如图 1-75 所示。

小方框的颜色会根据所连接的数据类型发生变化,图 1-76 中在第 0 帧创建了局部变量,该局部变量所连接的数据值在后续的各个帧中都能访问到。一旦局部变量和数据连接,小方框内部会出现指向顺序结构外部的箭头,此时局部变量已经完成数据存储。

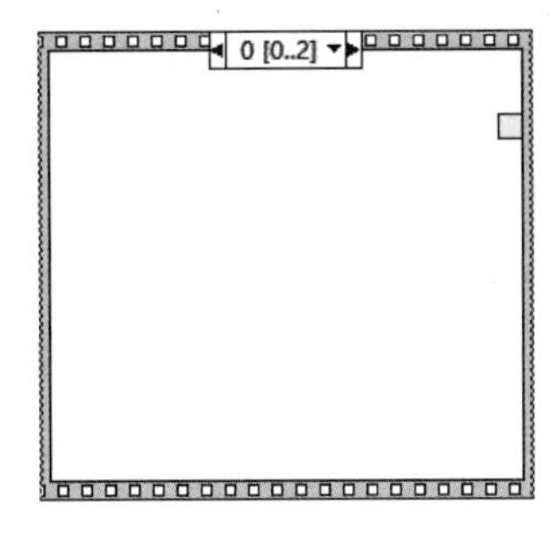

图 1-75 创建顺序帧局部变量

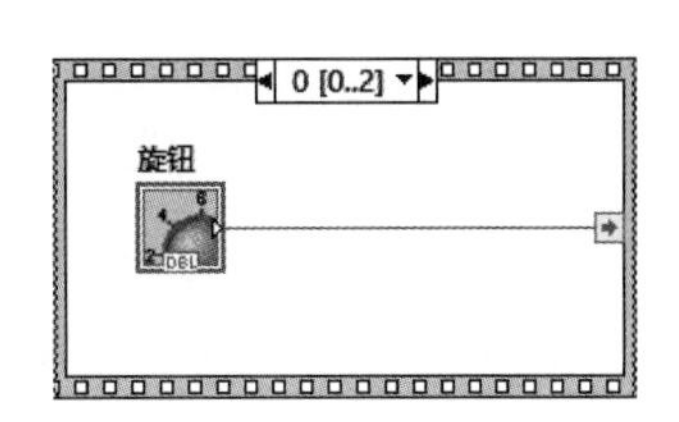

图 1-76 顺序帧局部变量赋值

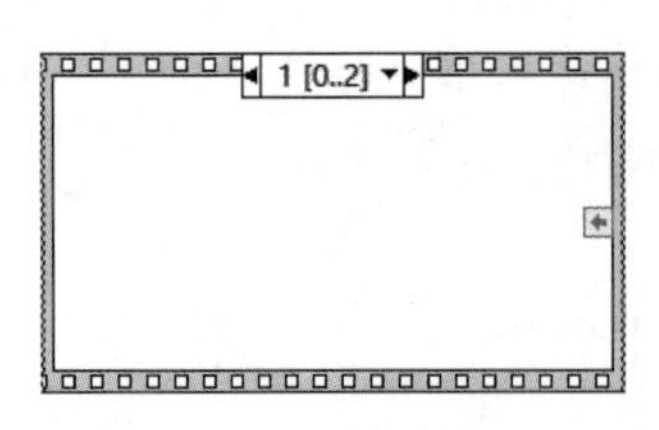

图 1-77　顺序帧局部变量读取

而其他各帧边框则会出现指向顺序结构内部的局部变量箭头，表示在这一帧中具有可读的局部变量，直接连线即可访问局部变量的取值，如图 1-77 所示。

显然，层叠式顺序结构中的局部变量虽然也能够实现帧间数据共享，但是会导致程序可读性较差(多个数据需要共享时难以辨识)，复杂程序编写中应该尽量避免。

3. 顺序结构应用实例

在新建的应用程序中创建层叠式顺序结构，使用顺序帧局部变量实现帧间数据共享。程序第 0 帧产生一个 0～100 区间内的随机整数，并读取系统时间作为程序开始时间；第 1 帧中产生随机整数，并与第 0 帧中的数据进行比较，如果相等，则进入第 2 帧，第 2 帧取系统时间作为程序结束时间，计算两个时间差，得出第 1 帧中两数相等所花费的时间。

具体实现过程如下。

(1) 前面板设计。右击程序框图，选择"控件→新式→数值→数值显示控件"，设置标签"时间差"，右击控件，选择"表示法→U32"，完成数据类型设置。

(2) 程序框图设计。创建 3 帧的层叠式顺序结构。选择第 0 帧，完成以下操作。

① 调用函数"时间计数器"(函数→编程→定时→时间计数器)，获取系统当前时间，单位为毫秒(ms)。

② 调用函数"随机数"(函数→编程→数值→随机数)，调用函数节点"数值常量"(函数→编程→数值→常量)，赋值 1000，调用函数"乘"(函数→编程→数值→乘)实现随机数千倍放大功能，调用函数"向上取整"(函数→编程→数值→向上取整)实现乘法运算结果的整数化处理。

③ 创建顺序结构局部变量，连线节点"向上取整"输出。

④ 创建顺序结构局部变量，连线节点"时间计数器"输出。

对应的第 0 帧程序子框图如图 1-78 所示。

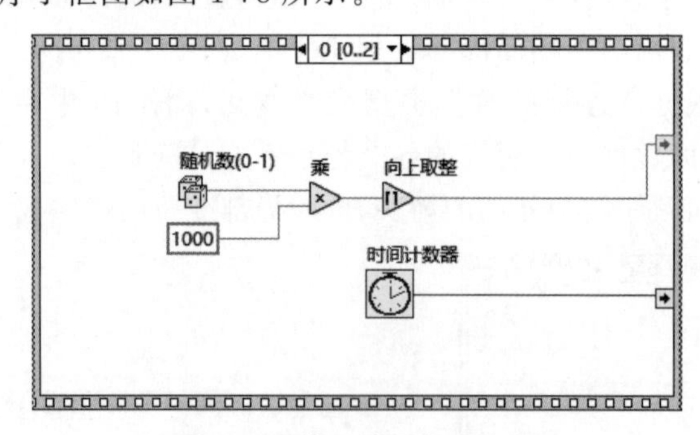

图 1-78　第 0 帧程序子框图

选择第 1 帧，创建 While 循环结构，并在循环结构内完成以下操作。

① 为了增强程序运行观测效果，调用函数"等待(ms)"(函数→编程→定时→等待)，设置等待时长为 1ms。

② 产生 0～1000 区间内的随机整数。

③ 读取顺序帧局部变量值，与第 0 帧中产生的随机数进行比较，如果相等则退出 While 循环结构的功能。

对应的第 1 帧程序子框图如图 1-79 所示。

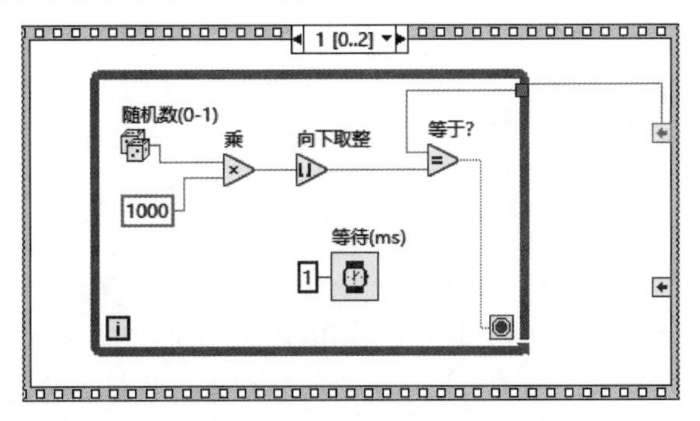

图 1-79　第 1 帧程序子框图

选择第 2 帧，完成以下操作。

① 调用函数“时间计数器”(函数→编程→定时→时间计数器)，获取系统当前时间，单位为毫秒(ms)。

② 调用函数“减”(函数→编程→数值→减)，被减数设置为函数“时间计数器”输出，减数设置为顺序结构局部变量(蓝色，第 0 帧获取的系统时间)读取结果。

对应的第 2 帧程序子框图如图 1-80 所示。

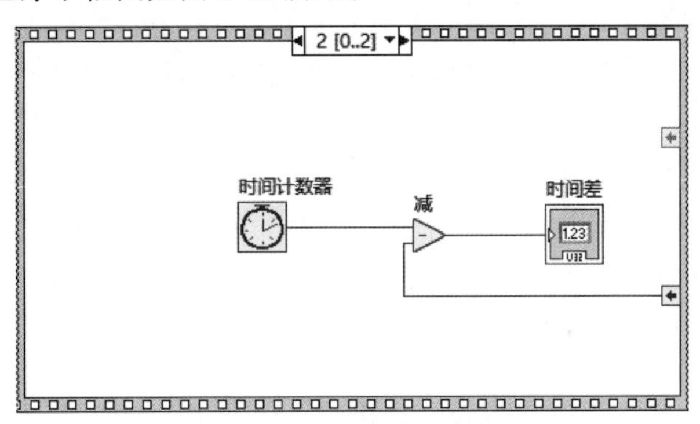

图 1-80　第 2 帧程序子框图

运行程序，层叠式顺序结构程序执行结果如图 1-81 所示。

这意味着包括延时 1ms，第 1 帧以产生随机数的方式猜测第 0 帧中产生的数据，需要 2487ms(这一结果并非固定不变，也是随机的)。

时间差

图 1-81　层叠式顺序结构程序执行结果

1.3.4　事件结构

微课视频

1. 事件结构的基本组成

事件结构主要用于通知应用程序发生了什么事件，并对这种事件进行响应。事件包括用户界面事件、外部 I/O 事件及编程生成事件。LabVIEW 中常用的是用户界面事件，典型事件包括鼠标操作事件、键盘操作事件等。

LabVIEW 中的事件结构位于"函数→编程→结构"子选板内，拖曳至程序框图中，其结构形态如图 1-82 所示。

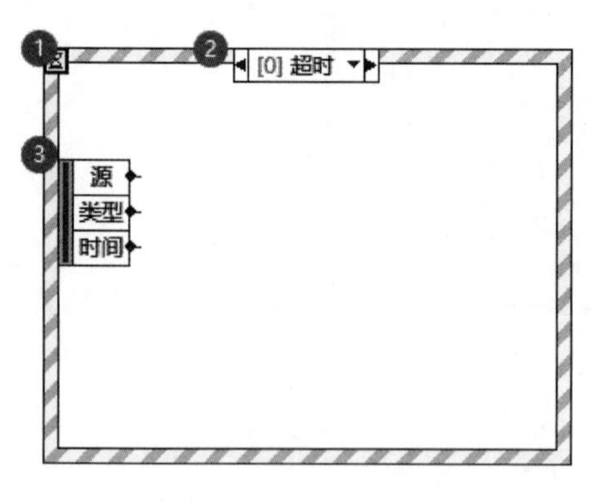

图 1-82　事件结构形态

从图 1-82 中可见，事件结构由事件超时接线端(❶)、事件选择器标签(❷)、事件数据处理节点(❸)3 部分组成。其中，事件超时接线端用来设定超时时间，接入数据以 ms 为单位的整数类型数据。事件选择器标签用于标识当前程序子框图所处理的事件名称。事件数据处理节点为当前处理事件提供事件源相关数据。

事件处理机制的程序设计是由事件决定程序的执行流程。当某一事件发生时，执行该事件对应的程序子框图。应用程序执行的任何一个时刻，有且仅有一个事件被响应，即最多只有一个事件处理程序子框图被执行。如未有事件发生，则事件结构程序会一直等待，直至某一事件发生。

为了连续响应事件，事件结构一般和 While 循环搭配使用，在 While 循环结构内部使用事件结构，以便程序能够及时、准确响应每个事件。如果没有 While 循环，事件结构只能响应第一个发生的事件，并且在处理完毕之后退出程序。因此，事件结构实际应用模式如图 1-83 所示。

2. 事件结构的创建与编辑

如前所述，LabVIEW 中最常用的事件处理就是用户界面事件。这里以用户界面的两个布尔控件"停止"按钮、"确定"按钮的事件处理为例，说明事件的创建和编辑。

右击如图 1-83 创建的事件结构边框，弹出菜单如图 1-84 所示。

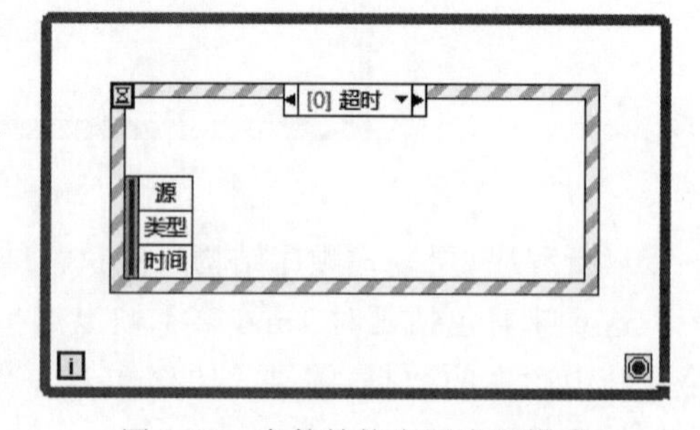

图 1-83　事件结构实际应用模式

选择"添加事件分支..."，弹出编辑事件操作界面，如图 1-85 所示。

编辑事件操作界面中主要包括事件说明符、事件源、事件 3 部分内容。

(1) 事件说明符。以列表形式显示事件结构需要处理的事件源及对应的事件类型，可以添加、删除事件结构需要处理的事件。

(2) 事件源。含有应用程序、本 VI、窗格、控件等触发事件的对象，其中控件下包含当前程序界面中创建的全部控件。

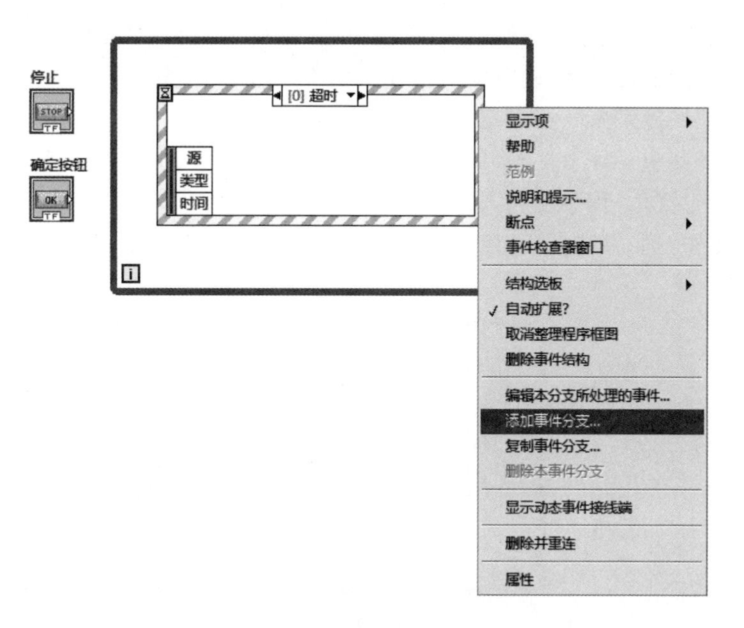

图 1-84 添加事件分支

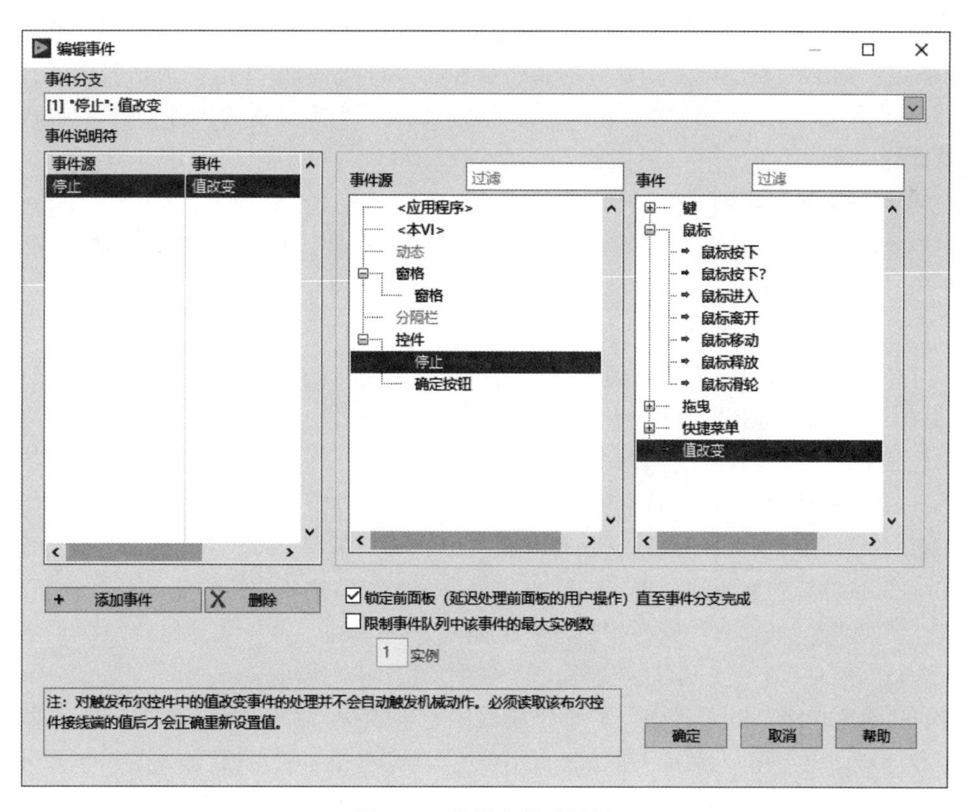

图 1-85 编辑事件对话框

(3) 事件。以列表框的形式给出所有支持的事件种类及名称，如图 1-85 中针对选择的控件“停止”，支持的事件包括“键”(键盘操作类事件)、“鼠标”(鼠标操作类事件)、“拖曳”(控件操纵类事件)、“快捷菜单”(控件交互操作类事件)、“值改变”(控件取值发生变化)，根据程序设计需要，选择其中一种事件即可。这里选择了“值改变”，意味着只要程序前面板中的按钮“停止”取值发生变化，程序就进入该事件处理子框图。

针对“停止”按钮如果选择了“值改变”事件，自动创建的事件处理程序子框图如图 1-86 所示。

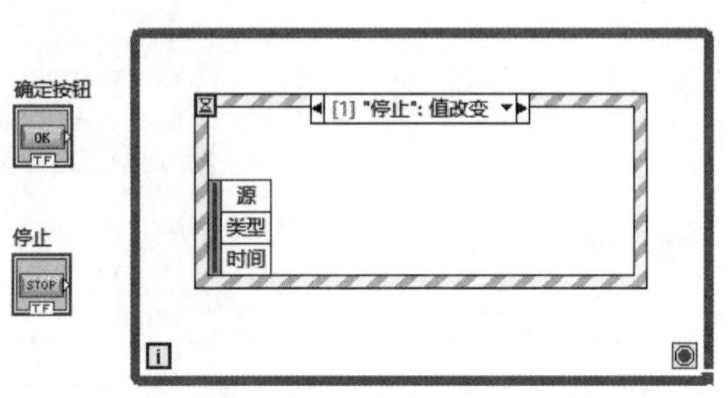

图 1-86　自动创建的事件处理程序子框图

以同样方式，可以完成针对按钮“确定”的“值改变”事件创建。

如果这一过程中希望改变创建好的某一事件，在事件结构事件标签选择器中选择该事件，右击事件标签选择器，选择“编辑本分支所处理事件...”，重新进入事件编辑对话框，可以重新设置待处理的事件。

3. 事件结构应用实例

用户界面中提供两个按钮控件，一个为“确定”按钮控件，用户单击时弹出简单对话框；另一个为“停止”按钮控件，用户单击时退出程序。具体实现步骤如下。

(1) 前面板设计。前面板中完成以下操作。

① 右击前面板，选择“控件→新式→布尔→停止按钮”，创建“停止按钮”。

② 右击前面板，选择“控件→新式→布尔→确定按钮”，创建“确定按钮”。

(2) 程序框图设计。程序框图中完成以下操作。

① 右击程序框图，选择“函数→编程→结构→事件结构”，添加事件结构。

② 右击程序框图，选择“函数→编程→结构→While 循环”，添加 While 循环结构。

③ 右击事件结构标签选择器，选择“添加事件分支...”，按照前述方法，完成“停止按钮”的“值改变”事件添加；完成“确定按钮”的“值改变”事件添加。

“停止按钮”的“值改变”事件处理程序子框图如图 1-87 所示。

④ 在“确定按钮”的“值改变”事件处理程序子框图中，添加函数“单按钮对话框”(函数→编程→对话框与用户界面→单按钮对话框)，配置“单按钮对话框”输入端口信息分别为“您单击了确定按钮”和“确定”。对应的“确定按钮”的“值改变”事件处理程序子框图如图 1-88 所示。

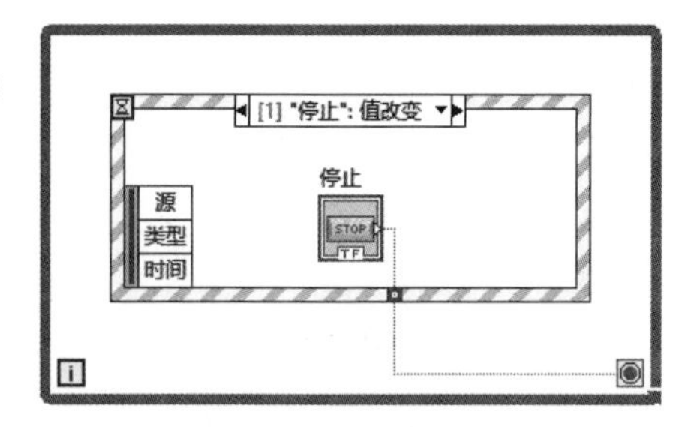

图 1-87　“停止按钮”的“值改变”事件处理程序子框图

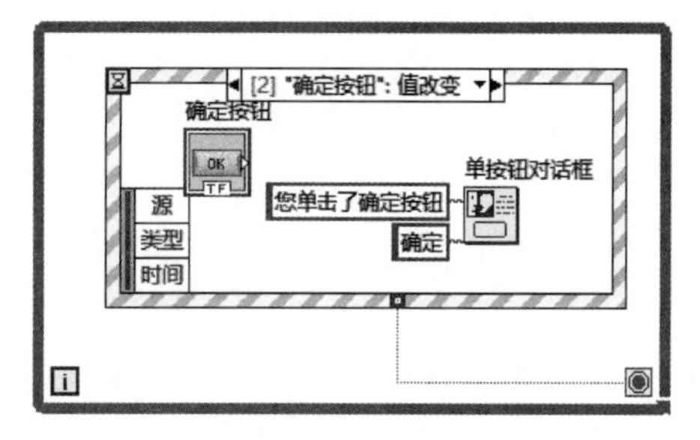

图 1-88　“确定按钮”的“值改变”事件处理程序子框图

运行程序，单击程序界面中【确定】按钮，事件结构程序执行结果如图 1-89 所示。

图 1-89　事件结构程序执行结果

单击程序界面中【停止】按钮，程序结束运行。

事件结构在事件未发生时，程序一直处于等待状态，这样一来 CPU 可以处理其他任务，事件发生时，又能得到及时响应和处理，类似于硬件系统开发中的中断处理。事件结构对提升程序执行效率具有重要意义。

1.3.5　子 VI 设计

子 VI 相当于字符式编程环境下的子程序，是实现代码复用、程序模块化的重要手段。对于 LabVIEW 这种图形化编程环境，子 VI 还有大幅度减小代码占用的屏幕面积、增强程序可读性的重要作用。

LabVIEW 中子 VI 的创建分为“创建 VI”“编辑子 VI 图标”“建立连线器端子”三大步骤。

(1) 创建 VI。如同普通 VI 编写，完成期望功能的前面板设计、程序框图设计，形成一个完整可运行的 VI。创建子 VI 的方法有二，一为创建新 VI 实现，二为提取现有代码部分内容封装为子 VI。这里以计算长方形面积为例(已知长方形的长和宽)，说明 VI 创建过程。

① LabVIEW 开发环境下，单击“文件→新建 VI”，新建一个空白 VI。

② 右击前面板，打开控件选板，选择“控件→新式→数值”，添加两个数值输入控件，1 个数值显示控件，调整大小及其显示位置，子 VI 前面板设计结果如图 1-90 所示。

③ 右击程序框图，打开函数选板，选择“函数→编程→数值→乘”，添加乘法计算节点，

子 VI 程序连线如图 1-91 所示。

图 1-90　子 VI 前面板设计结果　　　　图 1-91　子 VI 程序连线

④ 指定子 VI 程序文件存储的路径和名称，完成子 VI 文件存储。

(2) 编辑子 VI 图标。构建子 VI 独特的图标，这一步往往可以省略，只不过会导致子 VI 在程序框图中的可辨识度下降。

右击(或双击)VI 右上角图标，在弹出的快捷菜单中选择“编辑图标”，弹出如图 1-92 所示的“图标编辑器”对话框。使用该工具可以设计自定义的子 VI 图标，使得子 VI 在调用过程中具有更好的可辨识度。

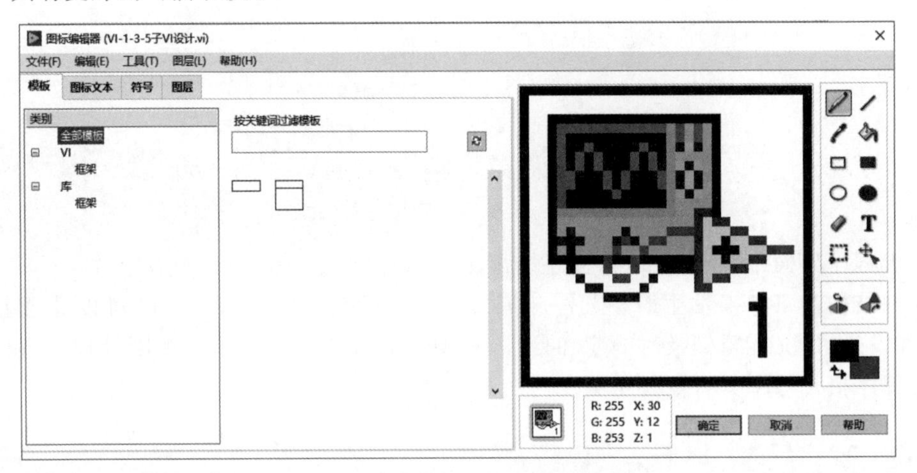

图 1-92　“图标编辑器”对话框

图标编辑器使用比较简单，这里不再赘述，读者可以自行探索。

(3) 建立连线器端子。定义子 VI 至关重要的一步是确定子 VI 输入输出端口数量，并将每个端口与前面板控件对象关联。右击 VI 右上角图标，在弹出的快捷菜单中选择“模式”，显示 LabVIEW 提供的接线端子模板。由于长方形面积计算属于 2 输入 1 输出类型的接线端子，所以选择如图 1-93 所示的连接器模板。

选择完成后，子 VI 连接端口设置结果如图 1-94 所示。

单击连接器连线端口，选择与该端口关联的前面板控件——建立起两个输入端口与前面板中数值输入控件(长和宽)之间的关联关系，然后建立连接器输出端口与前面板中数值显示控件之间的关联关系，用以表征长方形面积计算结果，子 VI 设计完成后的端口连接器和图标如图 1-95 所示。

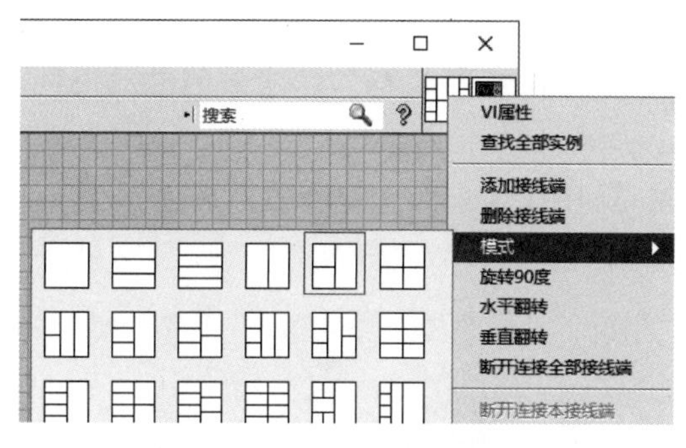

图 1-93　选择连接器模板

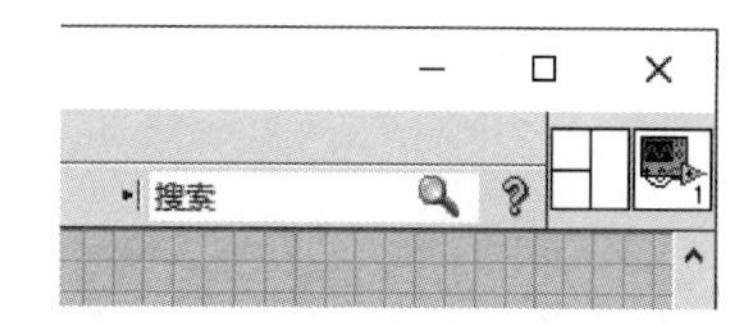

图 1-94　子 VI 连接端口设置结果

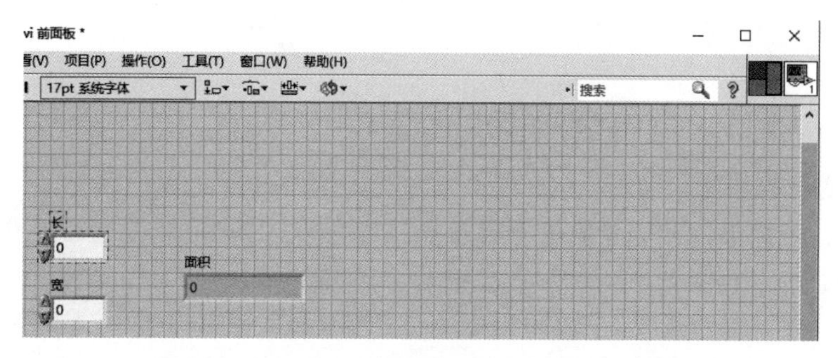

图 1-95　子 VI 设计完成后的端口连接器和图标

经过上述三个步骤，对子 VI 进行命名、保存才算是最终完成子 VI 的创建。在新建的 VI 中调用子 VI，方法比较简单。右击程序框图，选择"选择 VI..."，弹出子 VI 调用文件对话框如图 1-96 所示。

名称	修改日期	类型	大小
VI -1-3-1while循环01	2021-04-14 11:50	LabVIEW Instru...	8 KB
VI -1-3-1while循环02	2021-04-14 11:49	LabVIEW Instru...	8 KB
VI -1-3-1移位寄存器--层叠移位寄存器	2021-04-14 18:10	LabVIEW Instru...	8 KB
VI -1-3-1移位寄存器--层叠移位寄存器--...	2021-04-14 18:34	LabVIEW Instru...	14 KB
VI -1-3-2-数据通道--输出输入以及循环...	2021-04-14 13:34	LabVIEW Instru...	13 KB
VI -1-3-2-数据通道--输处	2021-04-14 13:17	LabVIEW Instru...	8 KB
VI -1-3-2-数据通道--输入	2021-04-14 13:05	LabVIEW Instru...	8 KB
VI -1-3-3-层叠式顺序结构及局部变量	2021-04-15 9:37	LabVIEW Instru...	9 KB
VI-1-2波形数据示例	2021-04-13 16:46	LabVIEW Instru...	14 KB
VI-1-2簇数据示例	2021-04-13 17:52	LabVIEW Instru...	8 KB
VI-1-2数组示例	2021-04-13 17:30	LabVIEW Instru...	8 KB
VI-1-2字符串示例	2021-04-13 17:12	LabVIEW Instru...	8 KB
VI-1-3-2简易条件结构	2021-04-14 19:07	LabVIEW Instru...	10 KB
VI-1-3-2考试成绩转换	2021-04-14 22:53	LabVIEW Instru...	8 KB
VI-1-3-4事件处理	2021-04-15 8:16	LabVIEW Instru...	10 KB
VI-1-3-5子VI设计	2021-04-15 23:11	LabVIEW Instru...	7 KB
VI-1-3-6全局变量	15 10:31	LabVIEW Instru...	5 KB
VI-1-3-6全局变量01	15 10:46	LabVIEW Instru...	5 KB
VI-1-3-7功能节点使用	15 12:38	LabVIEW Instru...	11 KB

类型: LabVIEW Instrument
大小: 6.15 KB
修改日期: 2021-04-15 23:11

图 1-96　子 VI 调用文件对话框

选择设计的子VI,单击对话框中的【确定】按钮,完成计算长方形面积的子VI调用。新建的VI中创建两个数值输入控件,修改标签分别为“长”和“宽”,创建数值显示控件,修改标签为“面积”,与调用的子VI连线,程序框图如图1-97所示。

单击LabVIEW开发环境工具栏图标,选择连续运行。当输入长方形的长、宽参数后,调用子VI程序计算长方形面积,如图1-98所示。

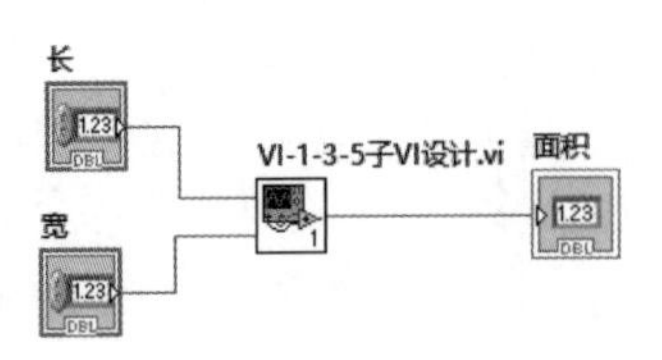

图1-97 子VI调用程序框图

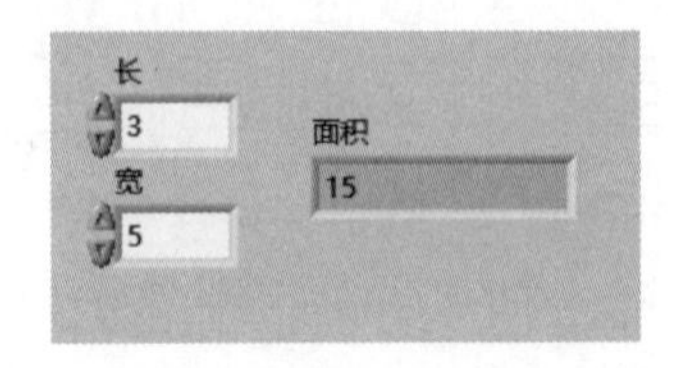

图1-98 调用子VI程序计算长方形面积

微课视频

1.3.6 局部变量与全局变量

1. 局部变量的创建和使用

LabVIEW中数据传输一般情况下都是通过连线方式实现,但是当需要在程序框图的多个位置访问同一个数据时,连线会变得相当困难。类似于字符编程中的局部变量,LabVIEW也提供了局部变量,主要用于在一个VI内部传递数据。LabVIEW中的局部变量分为写入型局部变量和读出型局部变量,两者之间可以相互转换。

创建局部变量的方法有两种。

(1) 前面板中创建。右击前面板中的“旋钮”控件对象,在弹出的快捷菜单中选择“创建→局部变量”,即可完成前面板中局部变量的创建,如图1-99所示。

创建后,在程序框图中可见局部变量对应的图标旋钮。

局部变量有两种形态——写入型和读出型。默认状态下创建的局部变量是写入类型,可以为该局部变量进行赋值操作。如欲转换为读出,右击局部变量图标,在弹出的快捷菜单中选择“转换为读取”即可完成局部变量读写模式的转换,如图1-100所示。

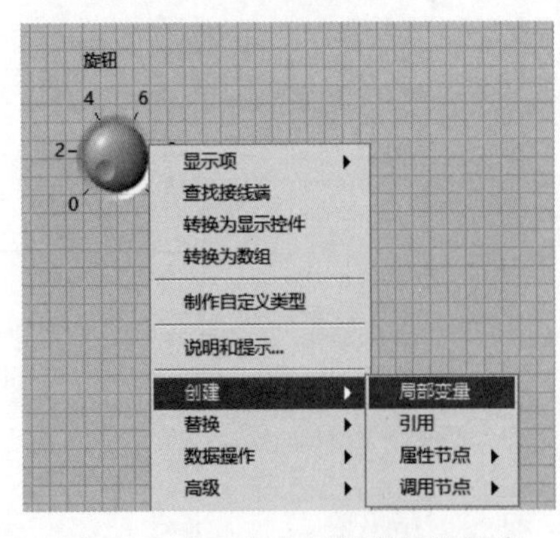

图1-99 前面板中局部变量的创建

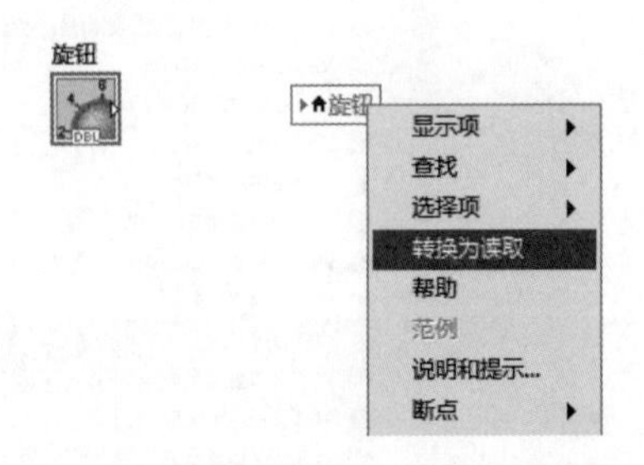

图1-100 局部变量读写模式的转换

(2) 程序框图中创建。右击程序框图空白处,选择“函数→编程→结构→局部变量”,单击局部变量,选择局部变量关联的前面板控件对象,完成程序框图中局部变量的创建,如图 1-101 所示。

图 1-101　程序框图中局部变量的创建

2. 全局变量的创建和使用

局部变量与前面板的控件存在关联关系,用于同一个 VI 不同位置访问同一个控件,实现一个 VI 内部数据的共享。而全局变量则用于不同程序之间的数据共享。全局变量也是通过控件存放数据,但是全局变量存放数据的控件与调用的 VI 之间是相互独立的。

打开 LabVIEW,菜单栏单击“文件→新建”,在弹出的对话框中选择“全局变量”,LabVIEW 自动生成一个 VI,在自动生成 VI 的前面板中放置与需要传递数据相同类型的控件。如果全局变量拟实现数值类型数据的共享,则前面板中可放置数值类型控件,完成全局变量的创建,如图 1-102 所示。

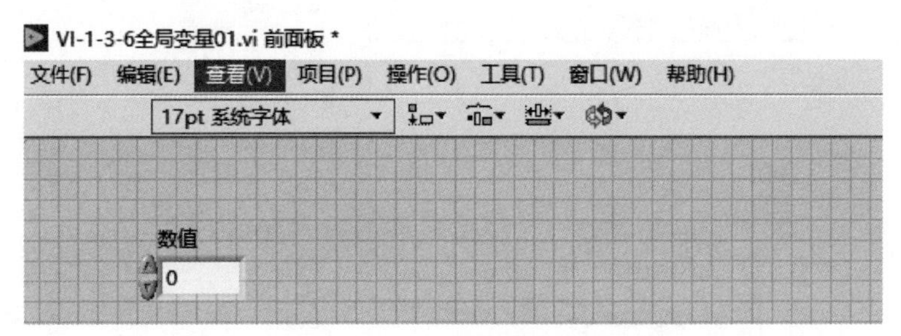

图 1-102　全局变量的创建

重新命名并保存全局变量 VI 文件,这里将全局变量 VI 命名为“VI-1-3-6 全局变量 01.vi”。新建 VI 中引用全局变量的方法与局部变量一致,从程序框图选择“函数—选择 VI...”,在文件对话框中选择上一步创建的全局变量文件,从而完成默认写入型全局变量的创建,如图 1-103 所示。

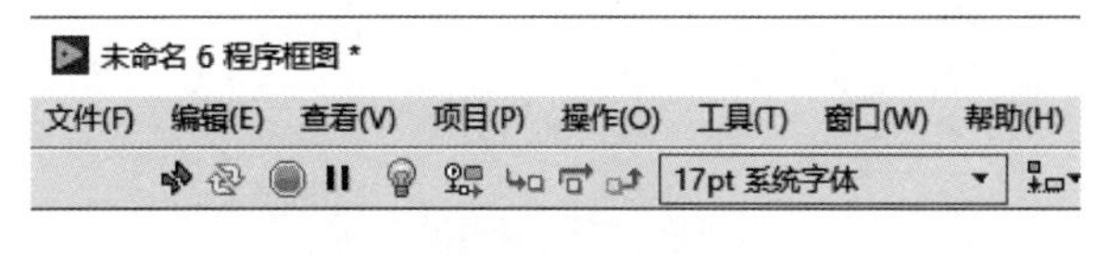

图 1-103　全局变量的引用

局部变量和全局变量的概念超越了 LabVIEW 数据流执行模型的基本思想,程序框图可能会因为局部变量和全局变量的应用而变得难以阅读,因此需谨慎使用。

微课视频

1.3.7 属性节点与功能节点

1. 属性节点的创建和使用

LabVIEW 虽然是基于数据流的图形化编程环境，但是同时兼具面向对象程序设计特点。程序设计中 VI 自身、窗口及程序中使用的控件，都有一系列的属性状态可以操作，例如一个控件的背景颜色、尺寸大小、显示位置、是否可见等属性状态。这些与对象属性相关的数据，需要借助 LabVIEW 提供的"属性节点"访问。恰当地使用属性节点可以使操作界面更加美观，运行状态的可控性更强。

属性节点的创建方法有两种。

(1) 前面板中创建属性节点。假设前面板中选择拟访问其属性的控件"数值"，右击控件，在弹出的快捷菜单中选择"创建→属性节点"，在弹出的菜单中查看该控件可访问的全部属性，如图 1-104 所示。

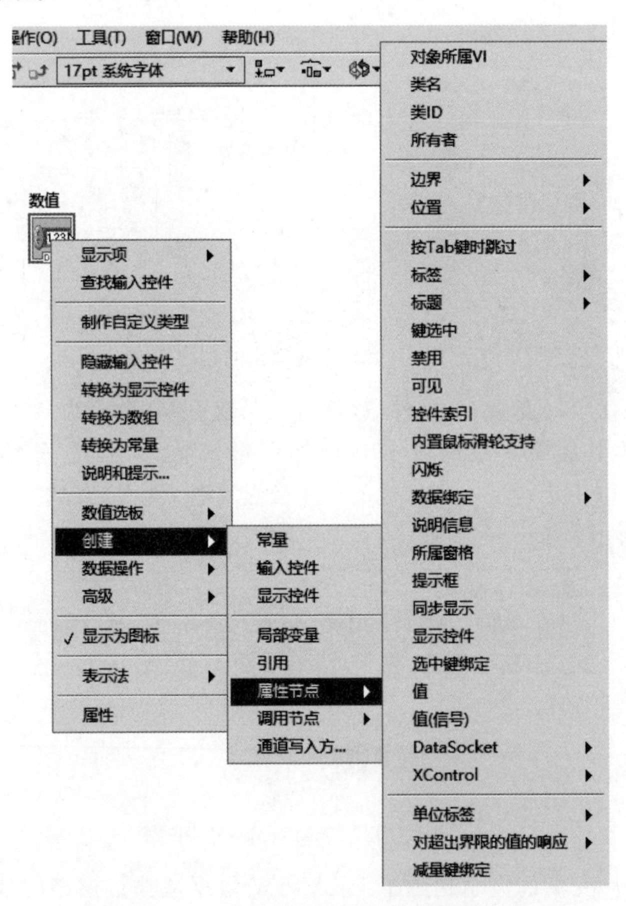

图 1-104 查看控件可访问的全部属性

根据程序设计需要选择对应的属性，即可完成在前面板中创建控件的属性节点。

(2) 程序框图中引用属性节点。在程序框图中右击选择的控件对象图标，选择“创建→引用”，创建一个控件的引用指针。右击程序框图，选择“函数→编程→应用程序控制→属性节点”，并连线控件引用指针，此时创建的属性节点中会根据其连接的控件引用指针自动列举部分属性。单击属性节点中“属性”，弹出全部可访问的属性列表，可根据程序设计需要进行选择，完成程序框图中属性节点的创建。

属性节点同样也存在“读取”“写入”两种状态。默认为读取状态，如需改变，可右击属性节点，选择“转换为写入”，完成属性节点读写模式的转换，如图 1-105 所示。

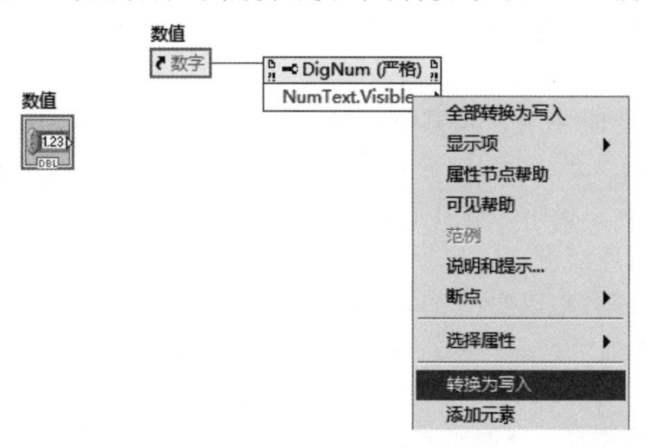

图 1-105 属性节点读写模式的转换

2. 功能节点的创建和使用

功能节点亦称“调用节点”。“调用节点”可以通过编程设置对控件对象提供的有关方法进行动态操作。“调用节点”位于程序框图“函数→编程→应用程序控制”子选板中，其在函数选板中的位置如图 1-106 所示。

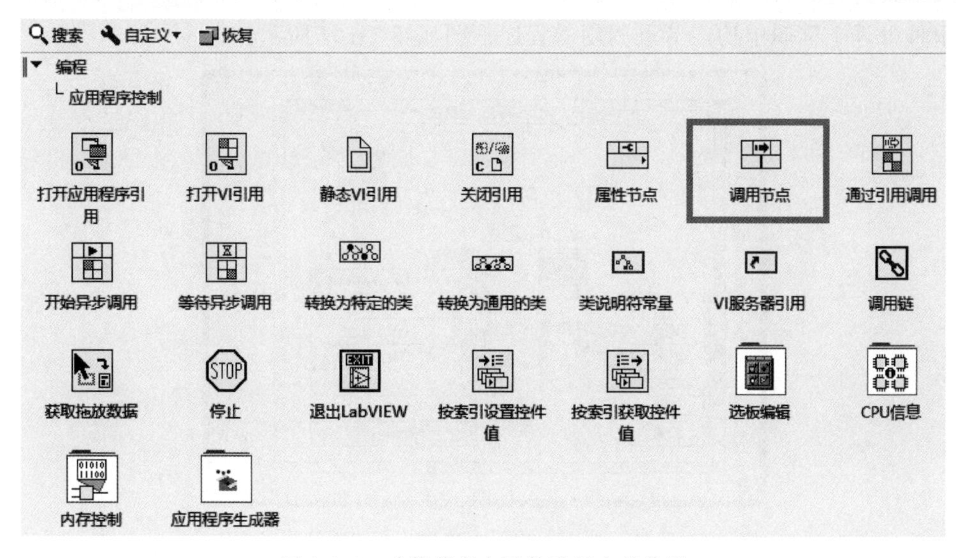

图 1-106 功能节点在函数选板中的位置

以下的 LabVIEW 程序通过实现对网页浏览器的操纵，说明 ActiveX 控件、功能节点等使用方法。

(1) 前面板中设计。前面板中完成以下操作。

① 右击前面板，选择"控件→.NET 与 ActiveX→网页浏览器"(默认标签名称为 WebBrowser)，将其拖曳至前面板。

② 右击前面板，选择"控件→新式→字符串与路径→字符串控件"，添加字符串控件，用以输入浏览网页的地址。

③ 右击前面板，选择"控件→新式→布尔→确定按钮"，添加"确定"按钮，用以触发浏览网页事件。

④ 右击前面板，选择"控件→新式→布尔→停止按钮"，添加"停止按钮"，用以触发结束程序运行事件。

(2) 程序框图设计。程序框图中完成以下操作。

① 添加 While 循环结构，While 循环结构内添加事件结构；事件结构中分别添加"确定"按钮与"停止"按钮的"值改变"事件处理子框图。

② 在"确定"按钮的"值改变"事件处理子框图内完成以下任务。

将 WebBrowser、"确定按钮"、"字符串"拖曳至事件处理子框图。右击程序框图，选择"函数→编程→应用程序控制→调用节点"，创建功能节点(调用节点)，功能节点引用端口连线 ActiveX 控件 WebBrowser 的输出端口。

单击"调用节点"下方的方法列表框，选择"Navigate"，完成对 ActiveX 控件 WebBrowser 提供的"Navigate"方法的调用设置。

控件"字符串"连线功能节点"URL"参数端口，实现对 ActiveX 控件 WebBrowser 访问的网页地址设置。

事件处理子框图中功能节点调用的程序框图如图 1-107 所示。

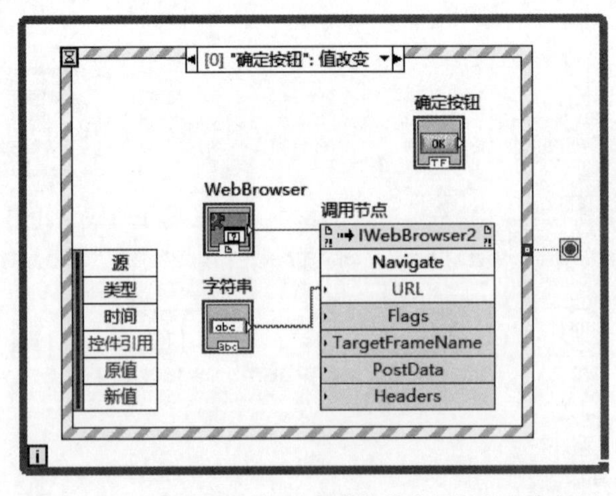

图 1-107 事件处理子框图中功能节点调用的程序框图

(3) 在“停止”按钮的“值改变”事件处理子框图内完成以下任务。

将按钮控件“停止”拖曳至程序子框图,控件输出通过事件结构数据通道连线 While 循环条件端子,完成“停止”按钮的“值改变”事件处理子框图,如图 1-108 所示。

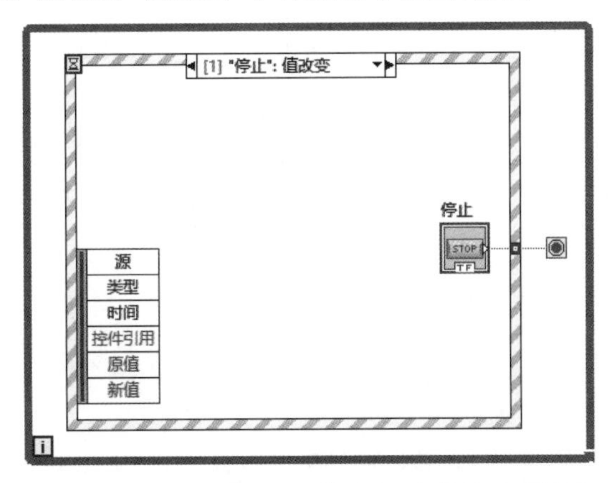

图 1-108　“停止”按钮的“值改变”事件处理子框图

运行程序,字符串输入控件中键入“www. sohu. com”,单击前面板中的【确定】按钮,ActiveX 控件 WebBrowser 通过功能节点调用的方式打开网页,如图 1-109 所示。

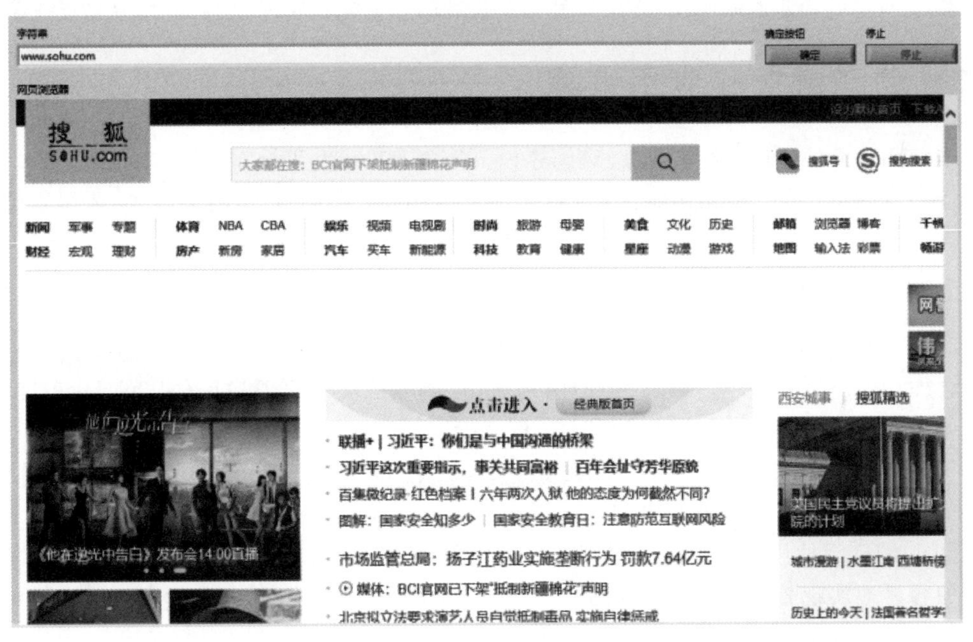

图 1-109　ActiveX 控件 WebBrowser 通过功能节点调用的方式打开网页

第2章

LabVIEW程序设计扩展技术

主要内容：

- 动态链接库DLL基本概念、原理及创建方法，LabVIEW中DLL调用方式，基于DLL的LabVIEW应用程序开发方法；
- JSON基本概念、结构特点，LabVIEW中JSON API工具包下载安装方法，JSON API在程序设计的应用方法；
- HTTP协议报文结构与通信过程，LabVIEW中HTTP通信相关函数节点，基于HTTP协议的通信程序设计；
- 文件操作的基本原理，LabVIEW中文件操作的相关函数节点，文件读/写程序设计方法。

微课视频

2.1 动态链接库应用编程

本节简要介绍DLL基本概念、Visual Studio. NET开发平台下创建DLL的基本方法及程序实现基本过程。在此基础上，重点介绍LabVIEW中DLL访问接口、主要函数节点，结合图像文件转Base64编码功能的实现过程给出LabVIEW中调用DLL的基本方法。

2.1.1 DLL简介

DLL(Dynamic Linkable Library，动态链接库)可以理解为一种设计开发中可供使用的功能仓库，它提供给开发者可以直接使用的变量、函数或类。只要遵循约定的DLL接口规范和调用方式，不同程序设计语言编写的DLL都可以相互调用。如Windows提供的系统DLL(其中包括Windows的API)在Visual Basic、Visual C++、Visual C#或Delphi等几乎任何传统开发环境中均能被调用。

DLL的广泛使用有助于提高程序的模块化程度，使用DLL封装应用程序的有关功能，能更加容易地实现软件系统各个功能部件的更新，而且能在不同编程语言中应用同一个DLL封装的功能，提高代码的复用性。

作为一种图形化编程语言，LabVIEW在测试测量领域功能极其强大，但是由于图形化编程语言自身的局限性，在一些复杂算法、复杂功能的实现中，图形化编程语言要么程序篇幅极大，要么就无能为力。

因此，在复杂工程项目开发中需要发挥字符式编程语言(如VB、VC、C#等)和LabVIEW

图形化编程语言各自的优势，比如借助字符式编程语言将复杂功能的实现封装为DLL，而LabVIEW则继续专注于其测试测量的优势领域，通过调用字符式编程语言封装的DLL，实现复杂问题的快速解决。这种方法对于加速LabVIEW程序设计进程，提升LabVIEW程序设计效率具有重要的实践意义。

DLL是二进制文件，由于隐藏了源代码，项目交付时不必担心暴露源代码造成关键技术泄密，而且DLL文件相对独立存在，程序执行时DLL动态链接到应用程序中。因此一旦程序框架成熟稳定，则基于DLL的各部分功能均可通过替换DLL文件实现动态远程更新，这对于软件系统后期维护具有重要意义。

2.1.2　创建DLL

DLL的创建可以使用多种字符式编程语言实现，比较常用的是C++、C#和VB等语言。LabVIEW调用DLL时，根据其实现语言的不同，调用方式也有所差异。一般基于C++编写的DLL使用“库与可执行程序”（函数→互连接口→.库与可执行程序）相关函数节点；基于C#、VB编写的DLL使用“.NET”（函数→互连接口→.NET）相关函数节点。下面给出Visual Studio开发平台下，基于VB.NET制作DLL的详细过程。

这里以文件的Base64编码、解码功能为例，制作本书后续开发实例中需要的DLL。该DLL包含两个函数。

（1）Base64编码函数。将指定地址及名称的图像文件转换为Base64编码字符串。

（2）Base64解码函数。将Base64编码字符串复原为对应的图像文件。

在Visual Studio 2010开发平台中单击【文件】→【新建】→【项目】，创建一个新项目，在【新建项目】对话框中，选择Visual Basic，选择项目类型为【类库】，工程命名为“MyLib01”，VB.NET新建DLL项目界面如图2-1所示。

图2-1　VB.NET新建DLL项目界面

单击【确定】按钮，在代码页编写图像文件读取并编码为 Base64 字符串的函数，编写根据 Base64 字符串进行解码并将解码结果存储在指定文件的函数，VB. NET 中 DLL 函数设计相关代码如图 2-2 所示。

```
Class1.vb
Class1                                    Base64ToimageFile
Public Class Class1
    Public Function ImgToBase64String(ByVal Imagefilename As String) As String
        Dim bytes = My.Computer.FileSystem.ReadAllBytes(Imagefilename)
        Dim tmpString = Convert.ToBase64String(bytes)
        Return tmpString
    End Function
    Public Function Base64ToimageFile(base64code As String, filename As String) As Boolean
        Try
            Dim bytes() As Byte = Convert.FromBase64String(base64code)
            My.Computer.FileSystem.WriteAllBytes(filename, bytes, False)
            Return True
        Catch ex As Exception
            Return False
        End Try
    End Function
End Class
```

图 2-2　VB. NET 中 DLL 函数设计相关代码

需要特别注意的是，函数前添加权限修饰符“Public”，否则该函数默认为私有访问权限，这会导致 LabVIEW 或者其他外部程序调用该动态链接库时无权调用相关函数。

完成功能代码编写后，单击开发环境菜单栏【生成】→【生成 MyLib01】，即可编译生成图像文件编解码动态链接库，如图 2-3 所示。

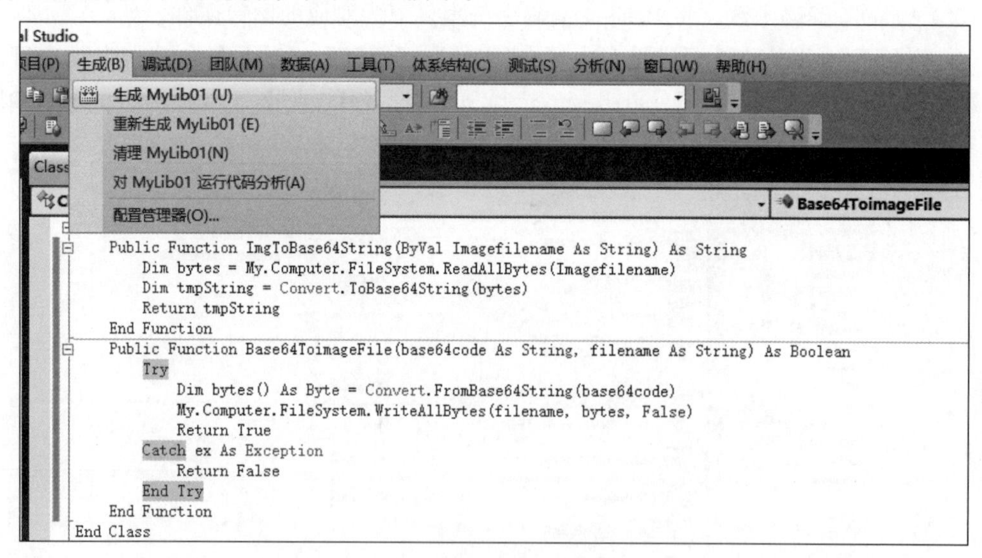

图 2-3　图像文件编解码动态链接库

打开 Visual Studio 工程项目编译结果所在目录，即可查看编译生成的 DLL 文件，如图 2-4 所示。

图 2-4 编译生成的 DLL 文件

2.1.3 调用实例

LabVIEW 中对前一步生成的动态链接库进行调用，按照如下步骤完成。

新建 VI，右击程序框图空白处，在函数选板中选择“函数→互连接口→. NET→构造器节点”，添加函数节点“构造器节点”，如图 2-5 所示。

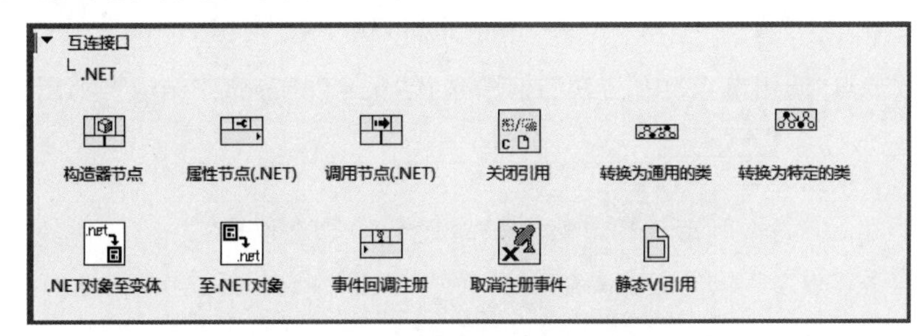

图 2-5 添加函数节点“构造器节点”

双击“构造器节点”图标，显示选择. NET 构造器对话框，如图 2-6 所示。

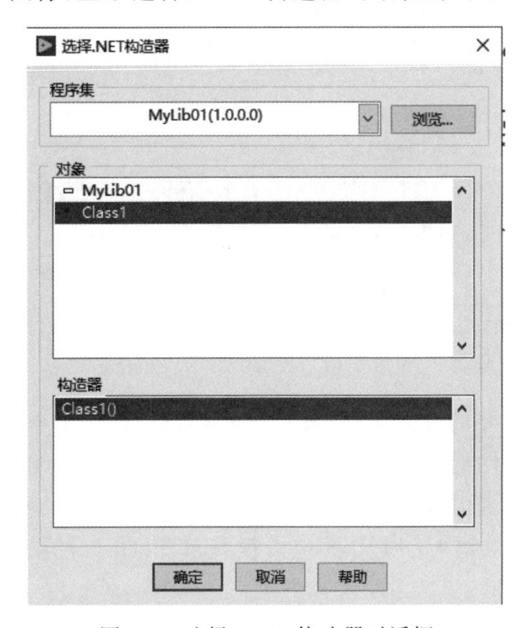

图 2-6 选择. NET 构造器对话框

单击【浏览...】按钮，文件对话框中定位编译好的 DLL 文件，单击对象中"Class1"类，单击【确定】按钮，完成程序框图中.NET 对象的创建。

选择"函数→互连接口→.NET→调用节点"，添加函数节点"调用节点"，如图 2-7 所示。

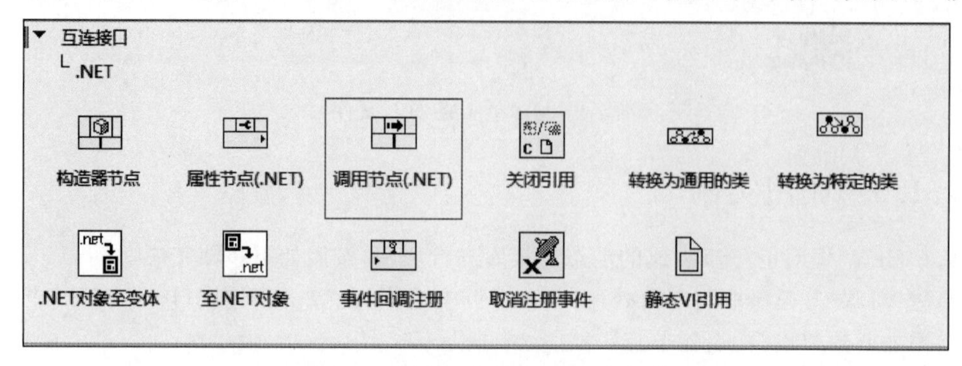

图 2-7　添加函数节点"调用节点"

单击函数节点"调用节点"中"方法"选项，选择"ImgToBase64String"，如图 2-8 所示。

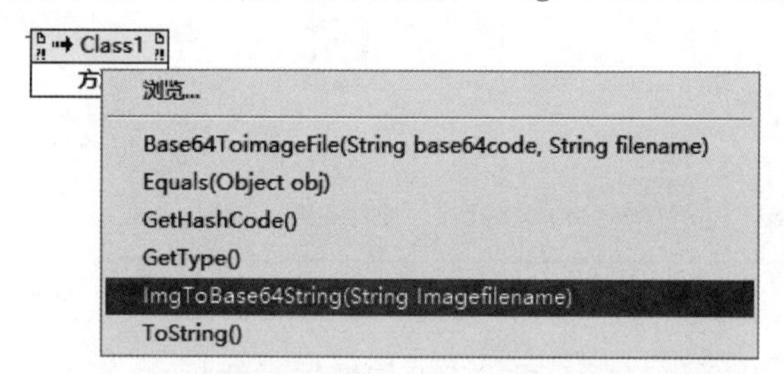

图 2-8　选择"ImgToBase64String"

继续添加函数"调用节点"，设置其调用函数为"Base64ToimageFile"，如图 2-9 所示。

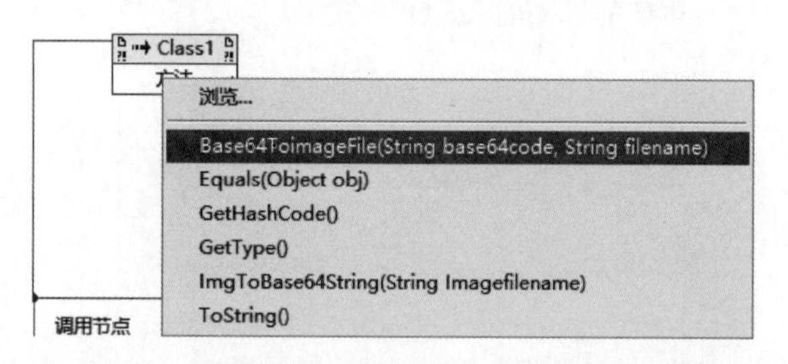

图 2-9　设置调用函数为"Base64ToimageFile"

指定"调用节点"所需要的输入参数，设定"调用节点"输出数据的显示方式，即可完成基于.NET 构造器的图像文件编解码 DLL 的调用。为了使得 LabVIEW 程序具有更好的观测效果，前面板中添加字符串显示控件、图像显示控件(控件→Vision→Image Display Classic，需要安装计算机视觉 VDM 工具包)，设计基于 DLL 的图像编解码程序前面板如图 2-10 所示。

对应地，基于 DLL 的图像编解码程序框图如图 2-11 所示。

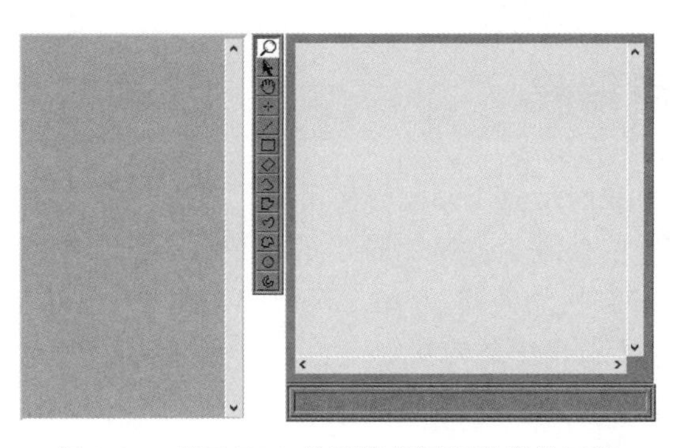

图 2-10 基于 DLL 的图像编解码程序前面板

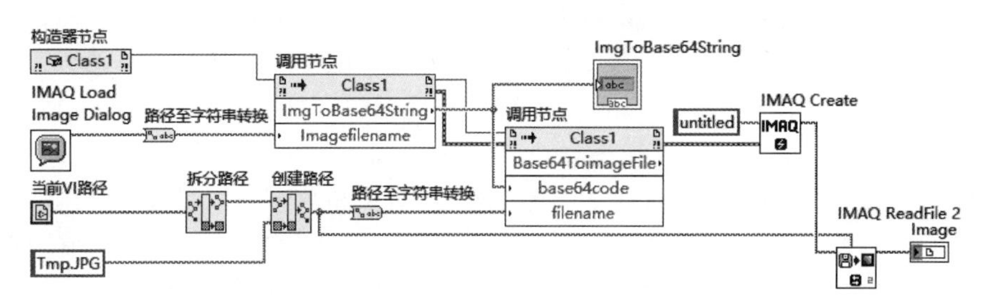

图 2-11 基于 DLL 的图像编解码程序框图

程序执行时，打开图像文件对话框，选择拟进行编码的图像文件，获取文件地址及名称，将其作为 DLL 中函数“ImgToBase64String”的输入参数，编码结果(Base64 字符串)则作为 DLL 中函数“Base64ToimageFile”的输入参数“base64code”的取值，同时程序以当前 VI 所在路径构造指定图像文件地址及名称，作为 DLL 中函数“Base64ToimageFile”的输入参数“filename”的取值。基于 DLL 的图像文件 Base64 编码及解码重建结果如图 2-12 所示。

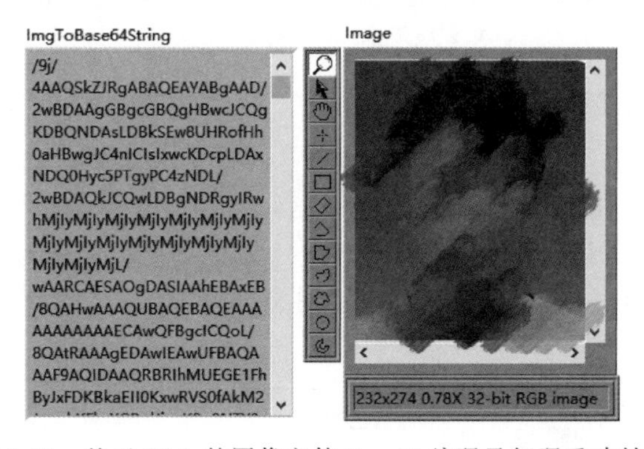

图 2-12 基于 DLL 的图像文件 Base64 编码及解码重建结果

由程序设计及运行结果可见，使用 VB.NET 开发语言仅需三五行代码即可完成图像文件转换为 Base64 字符串功能，将其封装为 DLL，在 LabVIEW 中借助 DLL 技术，极容易地实现复杂的程序功能，从而弥补 LabVIEW 开发平台的不足，拓展 LabVIEW 的应用场景，提高应用程序开发效率。

微课视频

2.2 JSON应用编程

JSON格式的字符串在网络应用开发中使用极为广泛。本节主要介绍JSON的基本概念、组成特点、LabVIEW中处理JSON字符串的函数节点及典型JSON字符串解析实例；针对JSON字符串封装和解析的需要，介绍LabVIEW第三方组件JSON API的下载、安装以及在封装、解析JSON字符串中的应用。

2.2.1 基本概念

JSON意为JavaScript对象表示法(JavaScript Object Notation)，是一种轻量级的数据交换格式。JSON采用完全独立于语言的文本格式，同时也使用了类似于C语言家族(包括C、C++、C#、Java、JavaScript、Perl、Python等)的书写习惯。这些特性使JSON成为理想的数据交换语言，易于开发人员阅读和编写，同时也易于机器解析和生成。

JSON一般分为JSON对象、JSON数组、JSON对象和数组的嵌套等3种典型结构。

(1) JSON对象。JSON对象简单而言便是“键值对”或“名值对”，其中“值”可以是数值、字符串和布尔类型等。JSON对象是一个无序的键值对的集合。一个JSON对象以“{”(左括号)开始，以“}”(右括号)结束。每个“键”后跟一个冒号，然后是键的取值，键值对之间使用逗号分隔。JSON对象基本结构如图2-13所示。

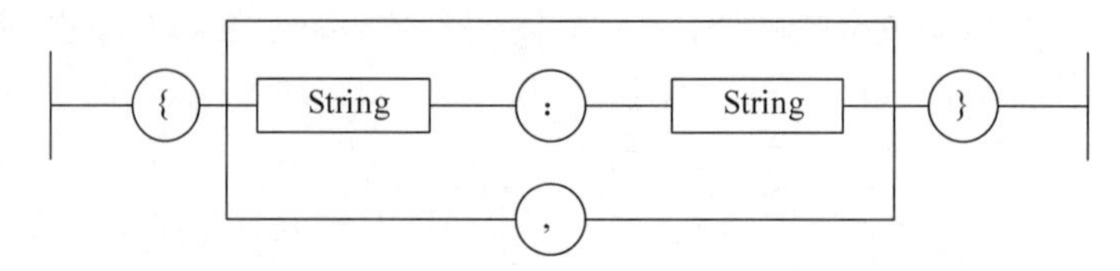

图2-13 JSON对象基本结构

JSON对象典型语句如下所示。

```
{"age":33,"name":"张伞"}
```

(2) JSON数组。JSON数组是JSON对象或值的有序集合。一个JSON数组以“[”(左中括号)开始，以“]”(右中括号)结束。数组这元素值之间使用“,”(逗号)分隔。JSON数组基本结构如图2-14所示。

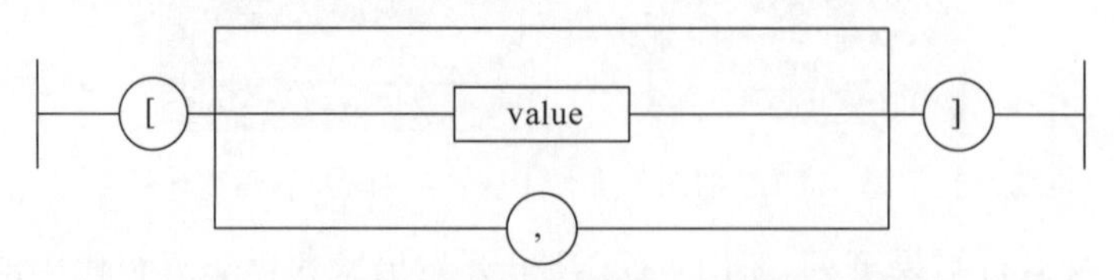

图2-14 JSON数组基本结构

JSON数组的表达方法和C语言数组的表达方法完全相同。JSON数组典型语句如下所示。

```
[
{"id":1,"name":"zhangsan"},
{"id":2,"name":"lisi"}
]
```

(3) JSON 对象和数组的嵌套。JSON 格式可以嵌套,所谓嵌套便是 JSON 对象中可包括 JSON 数组,JSON 数组中可包括 JSON 对象。JSON 嵌套基本结构如图 2-15 所示。

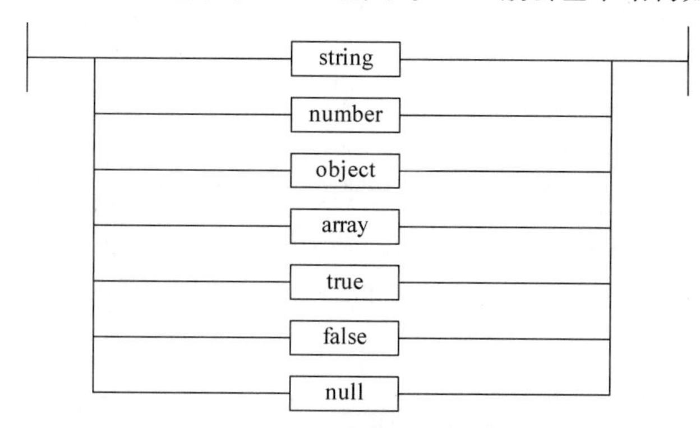

图 2-15 JSON 嵌套基本结构

JSON 嵌套结构在实际情况中经常出现,典型语句如下所示。

```
{
 "results":[{
     "location":{
         "id":"1010111",
         "country":"CN",
         "timezone":"Asia/Beijing",
         "timezone_offset":" + 08:00"
     },
     "now":{
         "text":"多云",
         "code":"4",
         "temperature":"23"
     },
     "last_update":"2021 - 04 - 01T20:05:00 + 08:00"
 }]
}
```

2.2.2 主要节点

JSON 字符串在互联网相关应用系统设计中具有重要作用,不但 LabVIEW 自带 JSON 字符串数据解析(从 JSON 中的键值对提取出各个键名称及其对应的值,以便后续程序处理)函数节点,而且还有大量第三方工具包/插件支持 JSON 数据处理。相比于 LabVIEW 自带的 JSON 字符串处理相关函数节点,第三方工具包的使用更加灵活,编程更加方便。

1. 自带函数处理方式

右击程序框图空白处,选择"函数→编程→字符串→平化/还原字符串",可以查看

LabVIEW 字符串函数子选板中提供的 JSON 相关的两个函数节点“从 JSON 还原”和“平化至 JSON”，如图 2-16 所示。

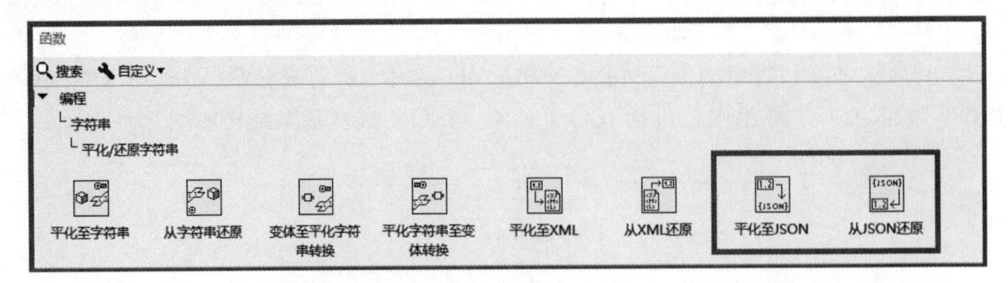

图 2-16　字符串函数子选板中提供的 JSON 相关的两个函数节点

函数节点“从 JSON 还原”用于从 JSON 字符串中解析其数据成员取值。“从 JSON 还原”各个端口及其说明可查看 LabVIEW 帮助系统。基于“从 JSON 还原”解析 JSON 字符串的程序实现如图 2-17 所示。

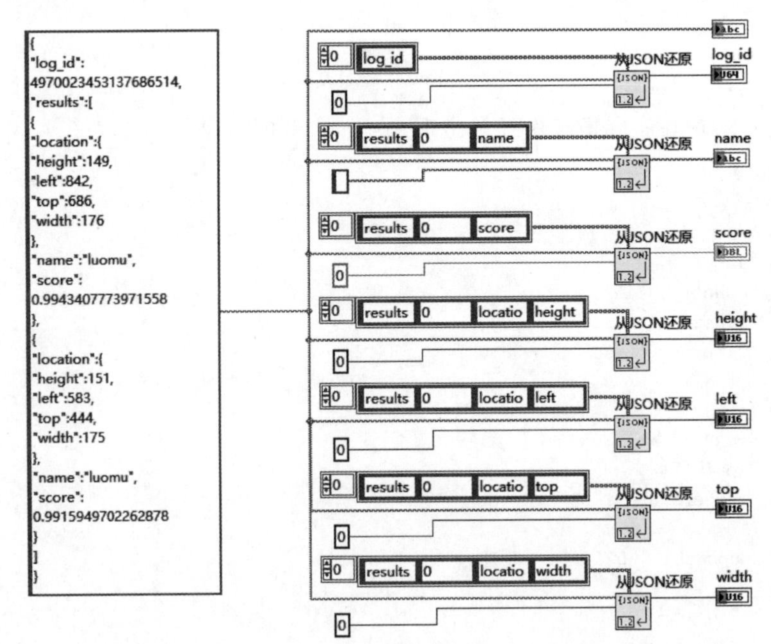

图 2-17　基于“从 JSON 还原”解析 JSON 字符串的程序实现

2. JSON API 处理方式

LabVIEW 自带的函数节点“从 JSON 还原”虽然简单易用，但是在处理复杂结构 JSON 字符串时，其灵活性、可读性均有所欠缺，而一些第三方的工具包恰好弥补了 LabVIEW 这一点不足。比较常用的第三方 API 典型代表为 JSON API。

LabVIEW 安装包中并不包含 JSON API，需要开发者自行安装。单击 Windows 操作系统菜单中“开始→所有应用→NI Package Manager”，运行工具包管理器 NI Package Manager。

NI Package Manager 是安装、升级和管理 NI 软件的中心。开发者可以借助该工具搜索网上可用工具包或 VI,加速应用程序设计开发进程。NI Package Manager 启动之后,会搜索当前网络可用的全部资源,并以列表形式显示。NI Package Manager 操作界面如图 2-18 所示。

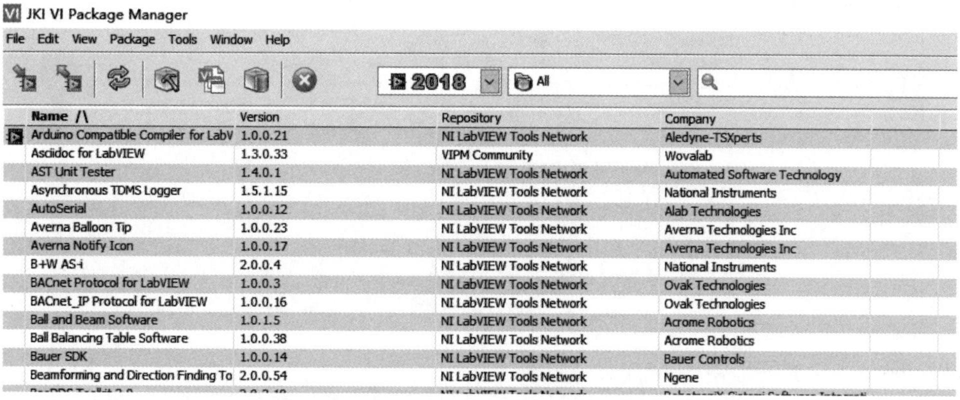

JKI VI Package Manager

File Edit View Package Tools Window Help

2018 | All

Name /\	Version	Repository	Company
Arduino Compatible Compiler for LabV	1.0.0.21	NI LabVIEW Tools Network	Aledyne-TSXperts
Asciidoc for LabVIEW	1.3.0.33	VIPM Community	Wovalab
AST Unit Tester	1.4.0.1	NI LabVIEW Tools Network	Automated Software Technology
Asynchronous TDMS Logger	1.5.1.15	NI LabVIEW Tools Network	National Instruments
AutoSerial	1.0.0.12	NI LabVIEW Tools Network	Alab Technologies
Averna Balloon Tip	1.0.0.23	NI LabVIEW Tools Network	Averna Technologies Inc
Averna Notify Icon	1.0.0.17	NI LabVIEW Tools Network	Averna Technologies Inc
B+W AS-i	2.0.0.4	NI LabVIEW Tools Network	National Instruments
BACnet Protocol for LabVIEW	1.0.0.3	NI LabVIEW Tools Network	Ovak Technologies
BACnet_IP Protocol for LabVIEW	1.0.0.16	NI LabVIEW Tools Network	Ovak Technologies
Ball and Beam Software	1.0.1.5	NI LabVIEW Tools Network	Acrome Robotics
Ball Balancing Table Software	1.0.0.38	NI LabVIEW Tools Network	Acrome Robotics
Bauer SDK	1.0.0.14	NI LabVIEW Tools Network	Bauer Controls
Beamforming and Direction Finding To	2.0.0.54	NI LabVIEW Tools Network	Ngene

图 2-18 NI Package Manager 操作界面

搜索栏键入 JSON,按 Enter 键,搜索到可用的 JSON 相关工具包资源如图 2-19 所示。

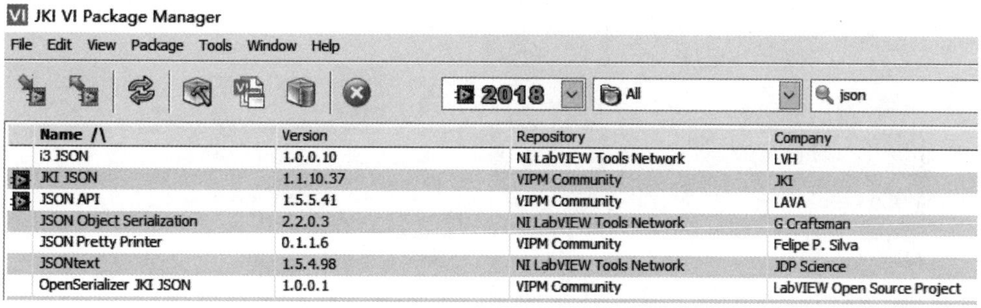

JKI VI Package Manager

File Edit View Package Tools Window Help

2018 | All | json

Name /\	Version	Repository	Company
i3 JSON	1.0.0.10	NI LabVIEW Tools Network	LVH
JKI JSON	1.1.10.37	VIPM Community	JKI
JSON API	1.5.5.41	VIPM Community	LAVA
JSON Object Serialization	2.2.0.3	NI LabVIEW Tools Network	G Craftsman
JSON Pretty Printer	0.1.1.6	VIPM Community	Felipe P. Silva
JSONtext	1.5.4.98	NI LabVIEW Tools Network	JDP Science
OpenSerializer JKI JSON	1.0.0.1	VIPM Community	LabVIEW Open Source Project

图 2-19 JSON 相关工具包资源

其中,JSON API 正是本节所用的第三方工具包。双击"JSON API",即可进入 JSON API 工具包安装界面,如图 2-20 所示。

如果计算机已经安装该工具包,左上角会显示【Uninstall】按钮,否则显示【Install】按钮。单击【Install】按钮完成 JSON API 工具包的安装。安装成功后,右击程序框图空白处,函数选板中 JSON API 工具包位置如图 2-21 所示。

JSON API 工具包中提供了两个分别用于封装和解析 JSON 字符串的函数,并提供了附加的工具箱函数,JSON API 工具包中的主要函数节点如图 2-22 所示。

用于处理 JSON 字符串的两个函数节点均为多态(polymorphic)函数,即同一函数提供不同的调用配置方式,可以实现不同功能。

1) JSON API 中的 Set 函数

Set 函数用于将给定的各种类型数据封装为 JSON 对象。可将数值、字符串、布尔、文

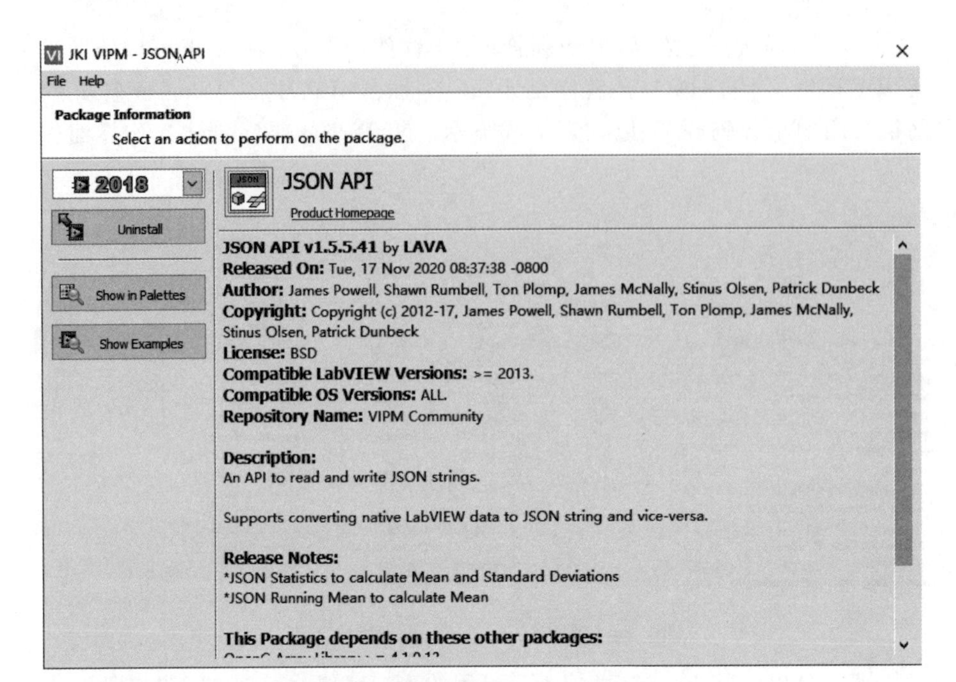

图 2-20　JSON API 工具包安装界面

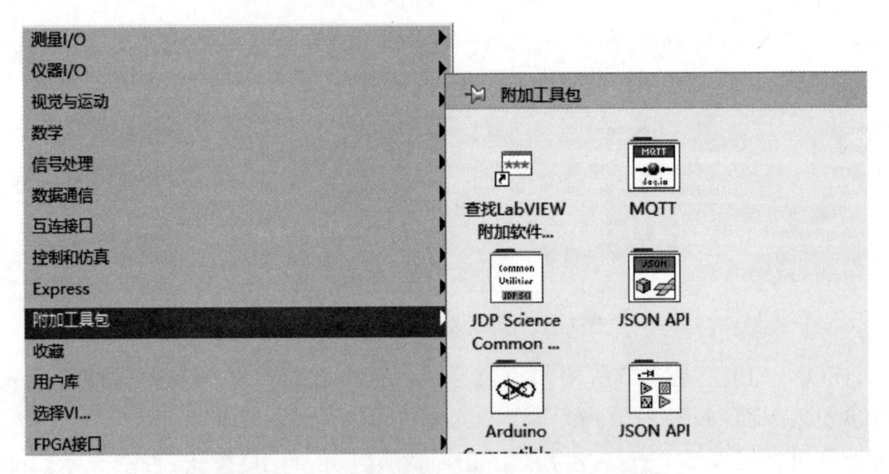

图 2-21　函数选板中 JSON API 工具包位置

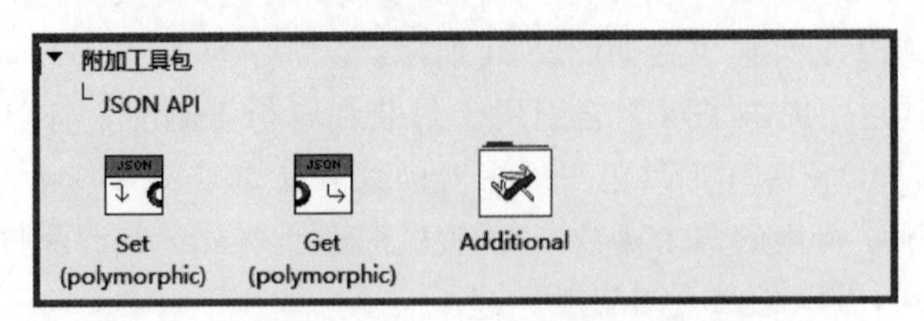

图 2-22　JSON API 工具包中的主要函数节点

件路径、数组等不同类型数据封装为JSON字符串中的键值对集合，并完成JSON字符串的对象化。Set函数节点调用配置如图2-23所示。

Set函数节点的灵活使用，关键在于理解递归嵌套模式下的JSON对象概念。JSON字符串作为一个键值对集合字符串，其结构中的任何一个键值对，都需要两次调用Set函数节点。第一次调用Set函数节点，设置多态调用Set函数节点的模式为特定数据类型及其取值，将值封装为JSON对象；第二次调用Set函数节点，选择调用模式列表中“JSON Object→By name”，设置多态调用Set函数节点的模式为Item(JSON中一个子项)并指定其名称(键值对中键的名称)，第一次Set函数调用生成的JSON对象作为第二次Set函数调用的Value参数，从而完成一个JSON键值对的创建。

简单的JSON字符串创建程序如图2-24所示。

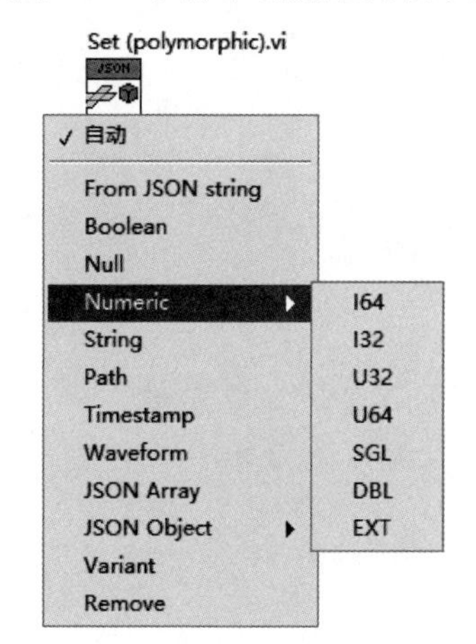

图2-23　Set函数节点调用配置

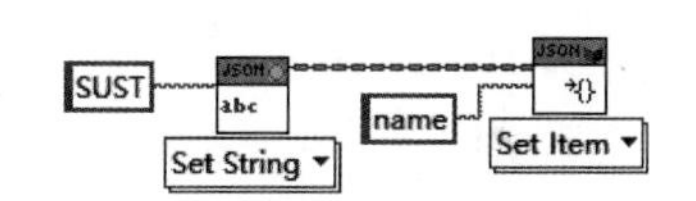

图2-24　简单的JSON字符串创建程序

图2-24所示程序创建的JSON字符串如下。

```
{
    "name":"SUST"
}
```

多个相同层次的键值对，只需串接/级联不同子项即可，多个键值对并列的JSON对象创建程序如图2-25所示。

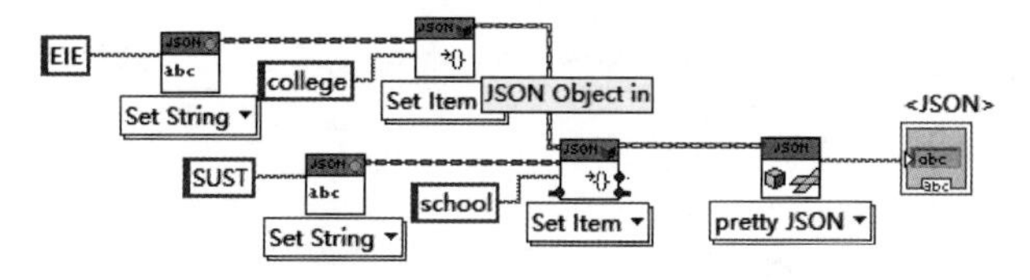

图2-25　多个键值对并列的JSON对象创建程序

图2-25所示的程序运行结果如下。

```
{
    "college":"EIE",
```

```
    "school":"SUST"
}
```

而嵌套的JSON字符串，则是将已经创建的JSON对象作为新的JSON键值对中的“值”，构造出新的键值对。图2-26所示的创建嵌套JSON对象程序中，键“学校”的值就是已经创建的JSON对象。

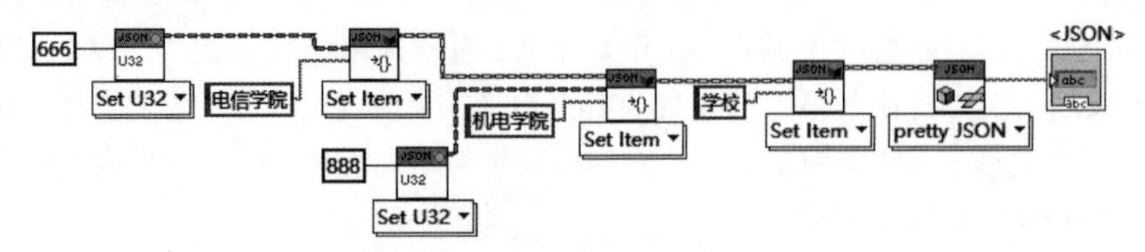

图2-26 创建嵌套JSON对象程序

运行程序，创建嵌套JSON对象结果如下。

```
{
  "学校":{
    "电信学院": 666,
    "机电学院": 888
  }
}
```

假设某云平台服务请求失败时返回的响应信息为如下JSON字符串。

```
{
    "logid": 20210420225634999,
    "result": [{
        "完成情况": "未完成"
    }]
}
```

创建该JSON字符串，首先完成“logid”键值对的创建，然后创建“完成情况”键值对，再调用Set函数节点，并选择设置多态调用模式为数组，创建数组JSON对象。最后将“logid”键值对与“完成情况”键值对组合，最终的内含数组对象JSON字符串创建的程序实现如图2-27所示。

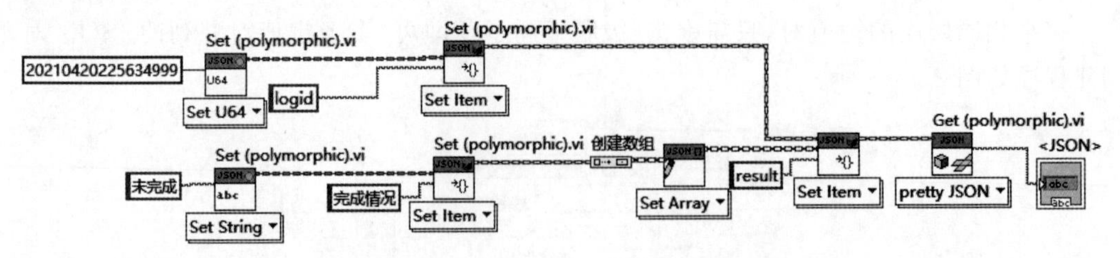

图2-27 内含数组对象JSON字符串创建的程序实现

2）JSONAPI中的Get函数

Get函数用于从JSON对象中解析出各个键值对中的值，Get函数节点调用配置如图2-28所示。

应用开发中，更加常用的 Get 函数调用模式如图 2-29 所示。这种模式中首先调用 Set 函数将字符串格式化为 JSON 对象，然后以“pretty JSON”模式调用 Get 函数，输出带有缩进符号的 JSON 字符串。这类转换在解析中并非必要，但是对于复杂的 JSON 字符串，格式化后便于观察、理解 JSON 字符串的层次结构，有助于快速制定科学、可行的解析策略。

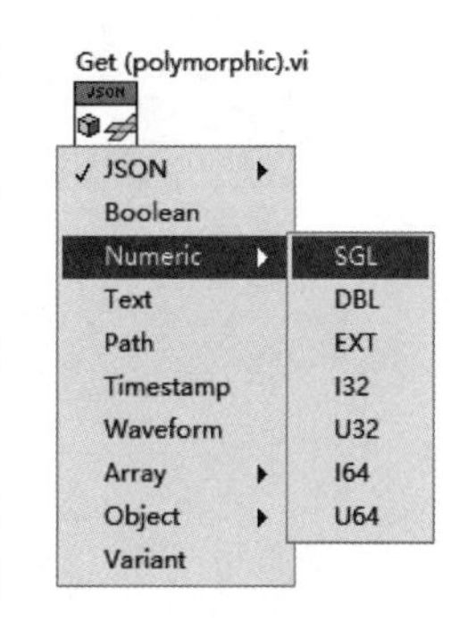

图 2-28 Get 函数节点调用配置

程序中获取的 JSON 字符串，借助 Set 函数完成 JSON 对象化处理之后，即可根据 JSON 字符串结构特点，配置 Get 函数的多态调用模式，对其进行解析处理。JSON 对象中键值解析的程序框图如图 2-30 所示。

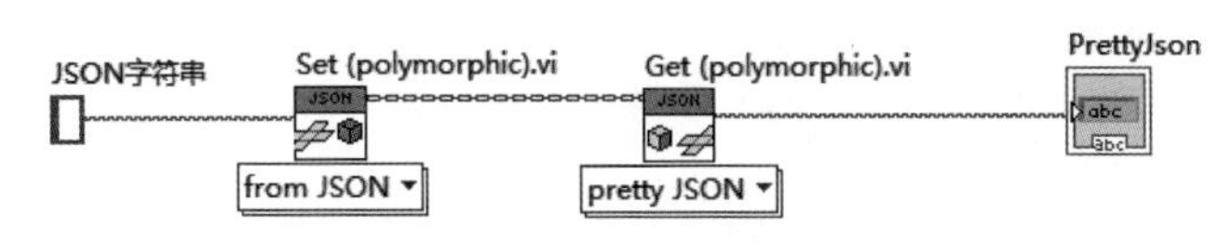

图 2-29 常用的 Get 函数调用模式

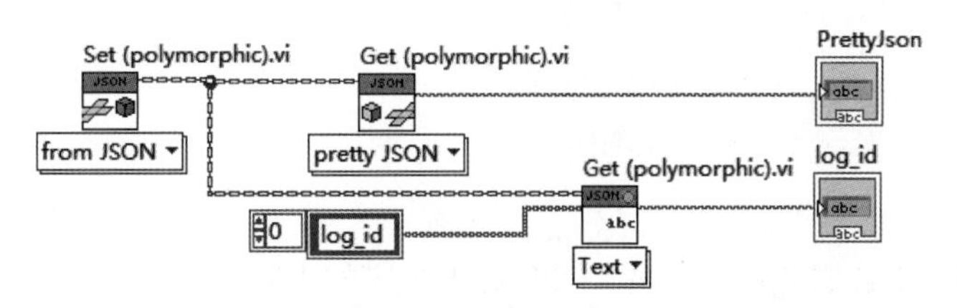

图 2-30 JSON 对象中键值解析的程序框图

图 2-30 中所示的 Get 函数节点调用完成了 JSON 字符串中第一层次下键名称为“log_id”的取值。多层次嵌套结构的 JSON 键值对可以进一步配置 Get 函数节点输入端口“NameArray”，该端口输入参数位字符串数组类型，数组中元素的顺序与其在 JSON 字符串中的嵌套层次关系一致。如键“location”的值为子 JSON 对象，子 JSON 对象内含键名称为“width”的键值对，则这种嵌套 JSON 对象中键值解析的程序框图如图 2-31 所示。

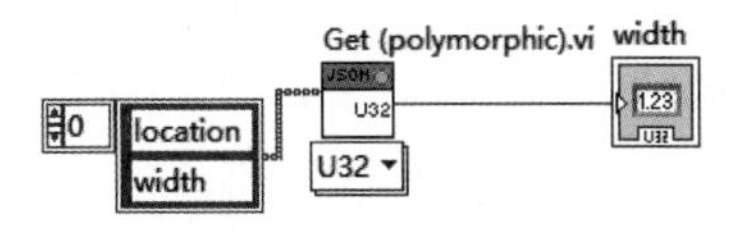

图 2-31 嵌套 JSON 对象中键值解析的程序框图

作为一种多态函数节点，Get 函数的应用配置丰富多样，适用于复杂的 JSON 结构，篇幅所限，这里不再一一赘述，读者可自行探索。

2.2.3 应用实例

以下代码是某物体检测 API 服务请求返回的响应信息，属于典型的 JSON 字符串类型。该响应信息中，键“results”为数组类型，数组中数据元素个数表示检测物体的个数；JSON 格式的数组数据元素中，键“location”表示检测到物体的坐标位置(内嵌 4 个键值对)，键“name”表示检测到物体的类别名称，键“score”表示检测结果的置信度。

```
{
    "log_id" : 4970023453137686514,
    "results" : [
        {
            "location": {
                "height":149,
                "left":842,
                "top":686,
                "width":176
            },
            "name":"luomu",
            "score":0.9943407773971558
        },
        {
            "location": {
                "height":151,
                "left":583,
                "top":444,
                "width":175
            },
            "name":"luomu",
            "score":0.9915949702262878
        }
    ]
}
```

借助在线JSON格式化工具可以看出，上述给定的JSON字符串按层次分解，第一层包含两个键值对，一为数值型的“log_id”，一为数组类型“results”，如下所示。

```
{⊟
    "log_id": 4970023453137687000,
    "results": [⊞ … ]}
```

单击“results”后的⊞，展开JSON字符串第二层次，可以看见数组中含有两个数据元素，如下所示。

```
{⊟
    "log_id": 4970023453137687000,
    "results": [⊟
        {⊞ … },
        {⊞ … }
    ]}
```

进一步展开数组中每个数据元素（包含3个键值对的JSON字符串），键名称分别为“location”“name”“score”，如下所示。

```
{⊟
    "log_id": 4970023453137687000,
    "results": [⊟
        {⊟
            "location": {⊞ … },
```

```
            "name": "luomu",
            "score": 0.9943407773971558
        },
        {⊞ … }
    ]}
```

更进一步,展开"location"(4个键值对的JSON字符串),键名称分别为“height”“left”“top”“width”,如下所示。

```
{⊟
    "log_id": 4970023453137687000,
    "results": [⊟
        {⊟
            "location": {⊟
                "height": 149,
                "left": 842,
                "top": 686,
                "width": 176
            },
            "name": "luomu",
            "score": 0.9943407773971558
        },
        {⊞ … }
    ]}
```

综合上述分析,可以按照如下步骤,提取各个键值对信息。

(1) “log_id”取值。“log_id”键位于JSON字符串第一层,可以调用JSON API中Get函数节点直接读取。读取键“log_id”取值的程序框图如图2-32所示。

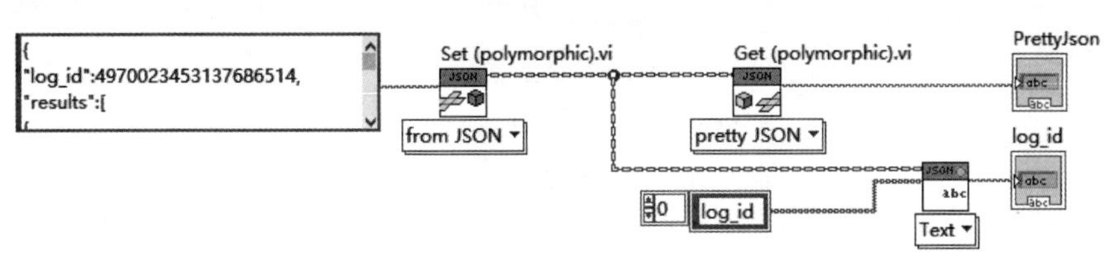

图2-32 读取键“log_id”取值的程序框图

(2) “name”取值。“name”键属于“results”数组的成员,需要首先确定数组索引值,再提取数组中指定索引值的数据元素,然后检索键名称为“name”的取值。“results”数组第一个数据元素中“name”键值提取的程序框图如图2-33所示。

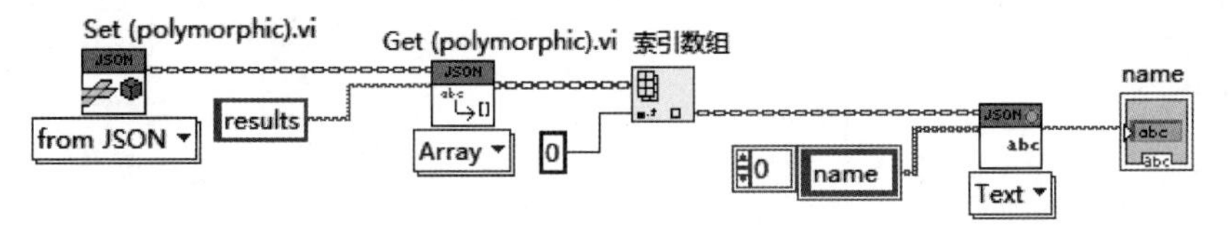

图2-33 数组第一个数据元素中“name”键值提取的程序框图

(3) “score”取值。“score”键属于“results”数组的成员,需要首先确定数组索引值,再提取数组中指定索引值的数据元素，然后检索键名称为“score”的取值。“results”数组第一个数据元素中“score”键值提取的程序框图如图 2-34 所示。

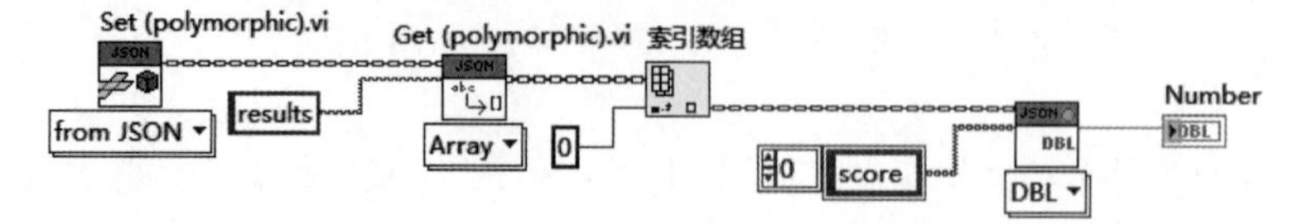

图 2-34　数组第一个数据元素中“score”键值提取的程序框图

（4）“height”取值。“height”键属于“results”数组成员“location”的子成员，需要首先确定数组索引值，再提取数组中指定索引值的数据元素，然后检索键名称为“location”的子成员“height”取值。提取读取数组第一个数据元素键“location”子成员“height”取值的程序实现如图 2-35 所示。

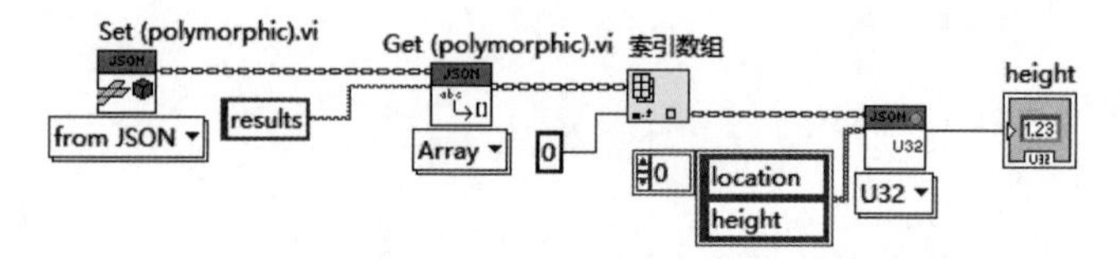

图 2-35　数组第一个数据元素键“location”子成员“height”取值的程序实现

类似地，可以解析出“width”“top”“left”键对应的取值。完整的 JSON 字符串解析程序框图如图 2-36 所示（这里“result”键仅读出其数组中的第一个元素中包含的键值对）。

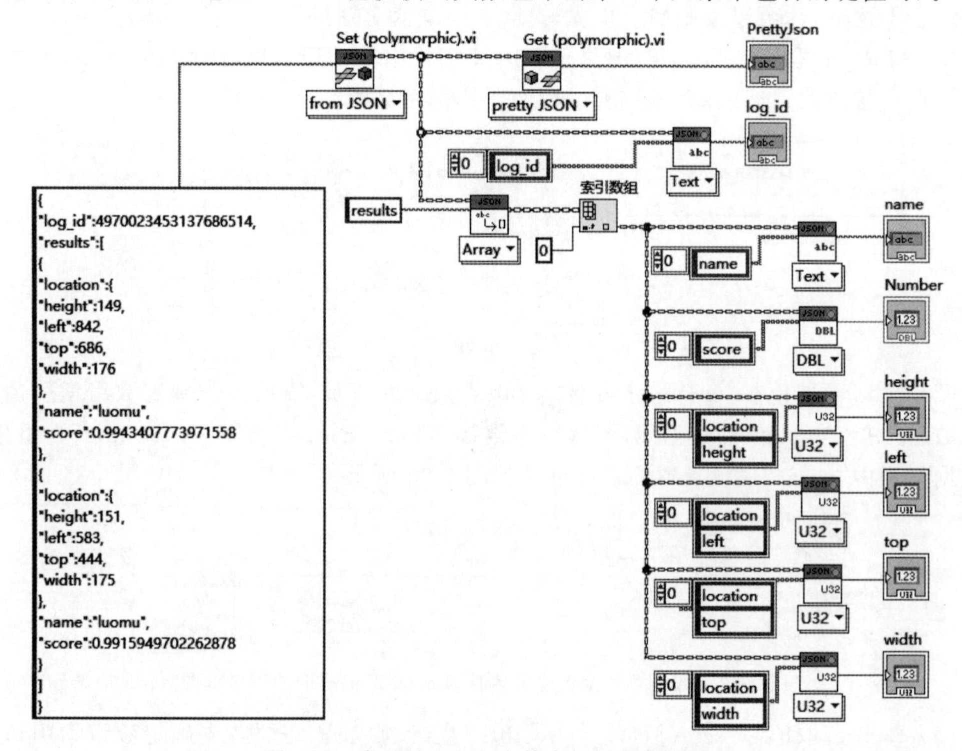

图 2-36　完整的 JSON 字符串解析程序框图

单击工具栏中的运行按钮，JSON 字符串解析结果如图 2-37 所示。

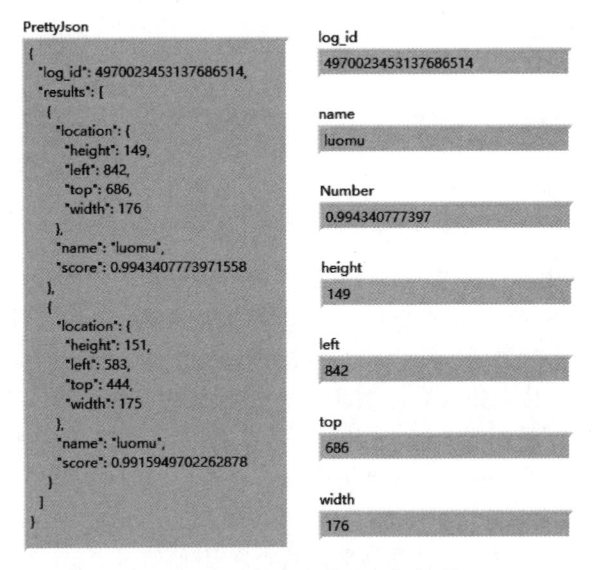

图 2-37 JSON 字符串解析结果

由程序设计及运行结果可知，借助在线 JSON 格式化工具及免费的第三方工具包 JSON API，开发者能以良好的可读性轻而易举地解析出任意复杂形式 JSON 字符串中键值对。实际应用中，只需将本案例中的字符串常量置换为程序获取的 JSON 字符串，然后根据 JSON 字符串组成结构特点，合理配置使用 JSON API 中的 Get 函数，即可完成 JSON 字符串中键值对的数据解析功能。

2.3 HTTP 协议应用编程

本节主要介绍 HTTP 协议基本原理、报文结构和通信过程，LabVIEW 中 HTTP 协议数据通信的主要函数节点，结合实例给出 HTTP 客户端的 GET、POST 服务请求对应的 LabVIEW 程序实现方法。

2.3.1 基本概念

HTTP(Hyper Text Transfer Protocol，超文本传输协议)是基于 TCP/IP 通信协议传输数据的应用层协议，用于本地浏览器和 Web 服务器之间传输 HTML 文件、图片文件、查询结果等数据。HTTP 有多个版本，目前广泛使用的是 HTTP/1.1 版本。

一般而言，基于 HTTP 协议的应用系统由客户端程序和服务器程序两个应用程序实现。其中客户端程序和服务器程序通过交换 HTTP 报文进行会话。HTTP 协议则定义了这些报文的结构及客户端和服务器进行报文交换的方式。

基于 HTTP 协议的通信过程属于典型的“请求-响应”模式，HTTP 协议通信模型如图 2-38 所示。通信时客户端向服务器发送请求报文，服务器接到服务请求后进行处理，生成相应的响应报文,然后发送至客户端,客户端解析响应报文,并显示解析结果。

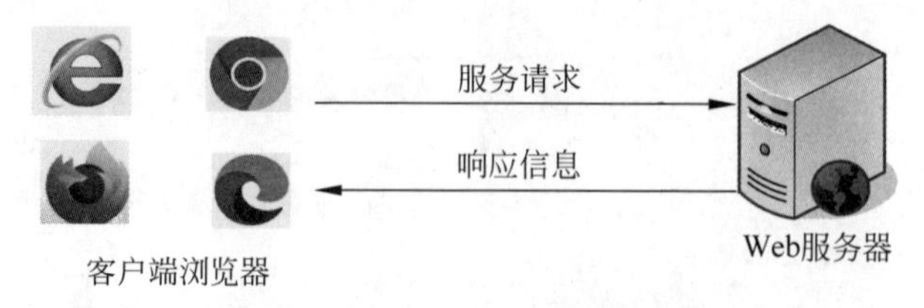

图 2-38 HTTP 协议通信模型

HTTP 协议通信中,客户端向服务器发出的服务请求分为 GET、POST、PUT、DELET、HEAD、OPTIONS 等请求方法。一般网络应用系统开发比较常用的是 GET 方法(客户端期望获取服务器端数据)和 POST 方法(客户端刷新服务器端数据)。无论哪种方法都是通过交换 HTTP 报文完成客户端和服务器之间的会话。HTTP 报文主要分为两部分,一个是客户端传送给服务器的请求报文,一个是服务器反馈给客户端的响应报文。

HTTP 请求报文一般为多行字符串构成的消息结构,多行字符串分为 3 个组成部分。

(1) 请求行。包括请求方法、URL、协议/版本。

(2) 请求头。又称头部参数,是向服务器提交的附加信息。

(3) 请求体。又称 Body 参数,是向服务器提交的数据信息。

HTTP 请求报文结构如图 2-39 所示。

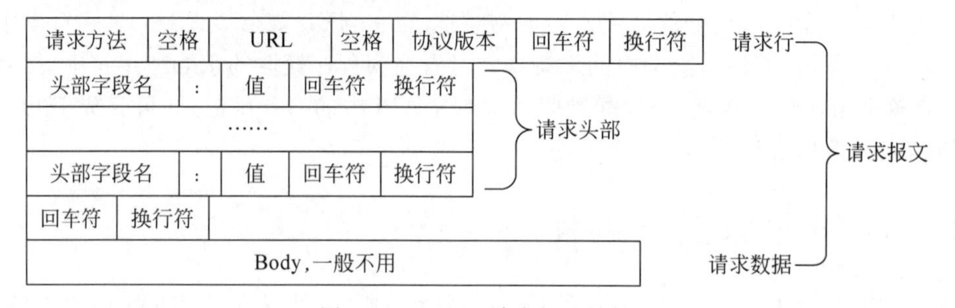

图 2-39 HTTP 请求报文结构

图 2-39 中请求行中的请求方法即确定 GET 还是 POST 或其他的请求方法;URL 为请求资源的位置;头部表示请求报文的附属信息,一般由多组头域组成。每个头域由域名、冒号(:)和域值 3 部分组成;请求体又称请求数据、请求正文,封装了主要的请求信息。

常用 HTTP 报文头部字段及其作用如表 2-1 所示。

表 2-1 常用 HTTP 报文头部字段及其作用

名　称	作　用
Content-Type	请求体/响应体的类型,如 text/plain、application/json
Accept	说明接收的类型,可以多个值,用“,”(半角逗号)分开
Content-Length	请求体/响应体的长度,单位字节
Content-Encoding	请求体/响应体的编码格式,如 gzip,deflate
Accept-Encoding	告知对方接受的 Content-Encoding
Cache-Control	取值一般为 no-cache 或 max-age=XX,XX 为整数,表示该资源缓存有效期(秒)

其中Content-Type指的是内容类型，一般指网页中存在的Content-Type，用于定义网络文件的类型和网页的编码，决定浏览器将以什么形式、什么编码读取这个文件。

来自服务器端的响应报文的结构和请求报文的结构类似，同样也分为3部分。

(1) 状态行。包括HTTP版本、状态码、状态消息。

(2) 响应头。包括生成响应的时间、编码类型等。

(3) 响应体。服务器反馈给客户端的信息。

HTTP响应报文结构如图2-40所示。

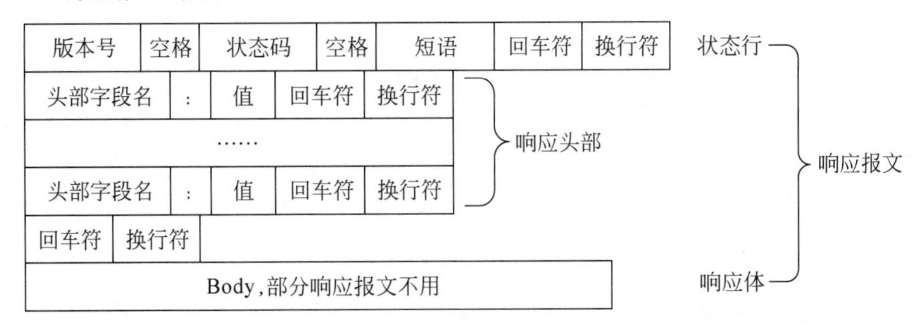

图2-40 HTTP响应报文结构

响应报文中状态码由3位数字组成，第一个数字定义了响应的类别，共分五种类别。五类HTTP响应报文状态码及其含义如表2-2所示。

表2-2 五类HTTP响应报文状态码及其含义

编号	状态码类别	含义
1	1xx	指示信息→表示请求已接收，继续处理
2	2xx	成功→表示请求已被成功接收、理解、接受
3	3xx	重定向→要完成请求必须进行更进一步的操作
4	4xx	客户端错误→请求有语法错误或请求无法实现
5	5xx	服务器端错误→服务器未能实现合法的请求

典型状态码取值及其含义如表2-3所示。

表2-3 典型状态码取值及其含义

编号	状态码取值	含义
1	200 OK	客户端请求成功
2	400	客户端请求有语法错误，服务器无法理解
3	401	请求未经授权
4	403	服务器接受请求但是拒绝服务
5	404	请求资源不存在
6	500	服务器发生不可预期的错误
7	503	服务器当前不能处理客户端的请求，过一段时间可能恢复正常

开发者可根据响应报文的状态码取值调试程序，诊断错误。

2.3.2 主要节点

右击程序框图空白处,在弹出的函数选板中选择"数据通信→协议→HTTP 客户端",可以查看 HTTP 客户端函数子选板中的函数节点,如图 2-41 所示。

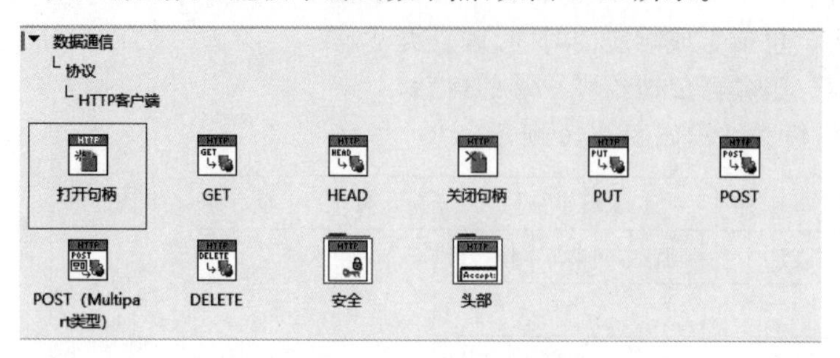

图 2-41 HTTP 客户端函数子选板中的函数节点

函数节点的具体功能及接口参数说明可查阅 LabVIEW 帮助系统进一步查看相关信息。

2.3.3 应用实例

一般 HTTP 客户端开发,服务请求多以 GET、POST 服务请求为主,下面分别给出其应用实例。

1. GET 服务请求应用实例

HTTP 客户端 GET 请求程序最少需要 3 个节点即可完成任务。GET 请求程序一般结构如图 2-42 所示。

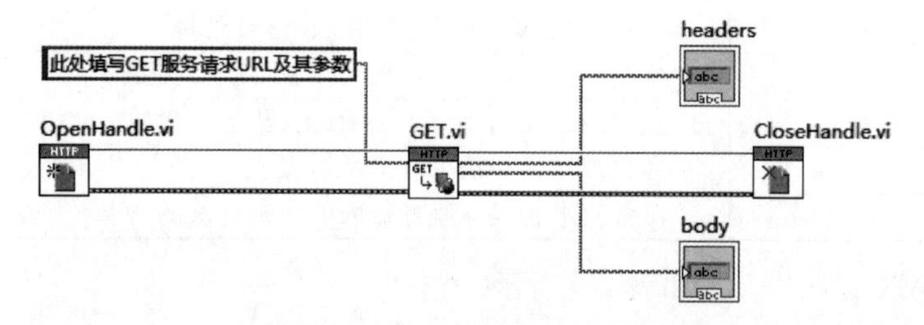

图 2-42 GET 请求程序一般结构

必要时,可根据相关 API 有关约定,在函数节点"GET"之前添加函数节点"添加头"(函数→数据通信→协议→HTTP 客户端→头部→添加头),设置头部参数。HTTP 客户端函数子选板中的"添加头"如图 2-43 所示。

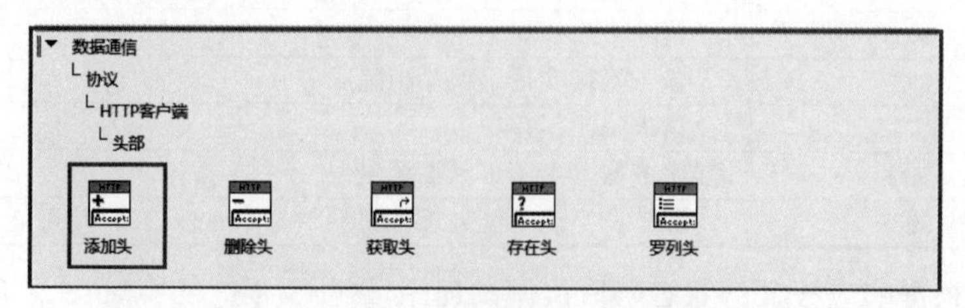

图 2-43 HTTP 客户端函数子选板中的"添加头"

在前述GET请求程序一般结构的基础上，设计GET请求相关的应用程序，只需要按照服务器提供的API接口说明文档，重新指定函数节点输入端口“url”取值即可。GET函数按照指定参数向服务发起服务请求，并输出服务器响应报文的header参数和body参数，以便开发者进一步分析处理。

以下以百度地图坐标转换API调用为例，给出GET服务请求程序设计的基本方法。

百度地图开放平台提供了基于WebAPI接口的坐标转换服务，能将常用的非百度坐标(目前支持GPS设备获取的坐标、搜狗地图坐标、火星地图坐标、图吧地图坐标、51地图坐标)转换成百度地图中使用的坐标。转换后的坐标可以直接在百度地图JavaScriptAPI、静态图API、Web服务API等产品中使用。

查阅该API服务文档可以发现，这是一个典型的GET类型服务请求，其API的接口调用语句由url、源坐标参数、源坐标类型、目标坐标类型、AK参数等5部分组成。百度地图坐标转换API调用规则如下所示。

http://api.map.baidu.com/geoconv/v1/ ? coords=【经度参数】,【纬度参数】 & from=1 & to=5 & ak=【用户应用对应的AK参数】 //GET请求

百度地图坐标转换API各个请求参数含义如表2-4所示。

表2-4 百度地图坐标转换API各个请求参数含义

参数名称	含 义	类 型	举 例	默认值	是否必需
coords	需转换的源坐标，多组坐标以“;”分隔(经度，纬度)	float	114.21892734521, 29.575429778924	无	是
AK	开发者密钥，申请AK	string		无	是
from	源坐标类型： ① GPS标准坐标； ② 搜狗地图坐标； ③ 火星地图坐标，即高德、腾讯和MapABC等地图使用的坐标； ④ ③中列举的地图坐标对应的墨卡托平面坐标； ⑤ 百度地图采用的经纬度坐标； ⑥ 百度地图采用的墨卡托平面坐标； ⑦ 图吧地图坐标； ⑧ 51地图坐标	int	1	1	否
to	目标坐标类型： ⑤ bd09ll(百度经纬度坐标)； ⑥ bd09mc(百度墨卡托平面坐标)	int	5	5	否
sn	若用户所用AK的校验方式为sn校验，该参数必须由sn生成	string		无	否
output	返回结果格式	string	json	json	否

百度地图坐标转换API调用成功时，服务器返回的响应信息包括“status”“result”两个

参数，百度地图坐标转换 API 响应信息中各个参数含义如表 2-5 所示。

表 2-5　百度地图坐标转换 API 响应信息中各个参数含义

名　称	类　型	说　明
status	int	本次 API 访问状态，如果成功返回 0，如果失败返回其他数字
result	json 或者 xml 数组	转换结果
x	float	经度
y	float	纬度

根据上述信息，假设当前使用 GPS 设备获取的经纬度定位数据为 114.21892734521, 29.575429778924(源坐标)，API 参数值 from＝1(源坐标类型为 GPS 数据)，to＝5(目标坐标类型为百度坐标)，则在 HTTP 协议 GET 服务请求程序结构模板基础上，按照百度地图提供的坐标转 API 协议要求，百度地图坐标转换 API 应用程序框图如图 2-44 所示。

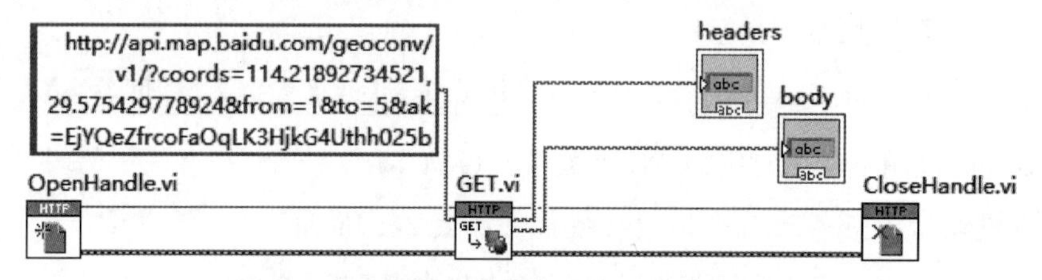

图 2-44　百度地图坐标转换 API 应用程序框图

单击工具栏中的运行按钮，百度地图坐标转换 API 返回的结果如图 2-45 所示。

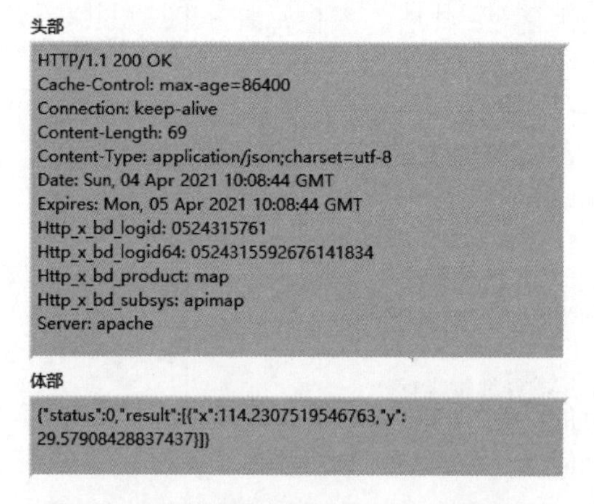

图 2-45　百度地图坐标转换 API 返回的结果

由运行结果可知，返回信息分为“头部”信息和“体部”信息两部分。“头部”信息中包含状态码，取值为 200 OK，表示本次服务请求成功；Content-Type 取值为 application/json，表示响应消息为 JSON 字符串。“体部”返回信息即响应正文，为典型的 JSON 字符串。体部消息的键值对中，键“status”取值为 0，表示转换成功；键“x”取值为 114.2307519546763，表示用户请求中 GPS 经度数据的转换结果；键“y”取值为 29.57908428837437，表示用户请求中 GPS 纬度数据的转换结果。对比结果可见，GPS 坐标(114.21892734521，29.575429778924)转换为百度坐标(114.2307519546763,29.57908428837437),两者坐标差异较大,误差约为2~3km。

在此程序基础上可添加JSON字符串处理功能,进而提取“体部”消息正文中的坐标转换结果数值,以便后续程序分析处理。

2. POST服务请求应用实例

LabVIEW中HTTP协议下POST请求程序编写存在两种典型应用模式。

(1) 基本POST函数节点调用的应用模式。POST函数调用前必须首先指定服务器URL及提交服务器的参数,服务器响应信息通过POST函数节点的输出端口“头部”“体部”访问。POST服务请求程序基本结构如图2-46所示。

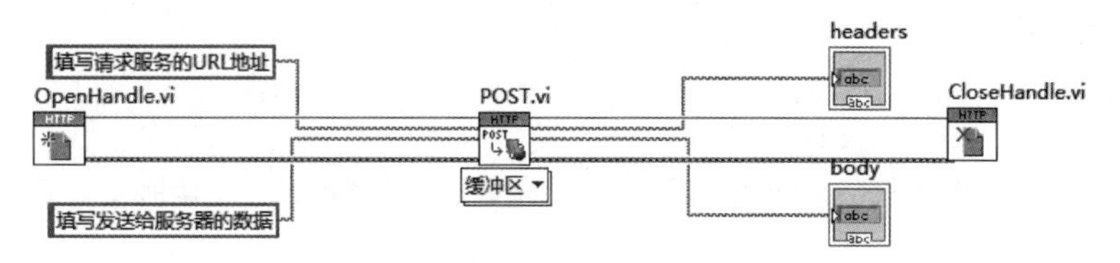

图2-46　POST服务请求程序基本结构

部分API调用时,还需要向服务器提交附加的请求参数,可通过调用函数节点“添加头”(函数→数据通信→协议→HTTP客户端→头部→添加头)的方式实现,HTTP客户端函数子选板中的函数节点“添加头”如图2-47所示。

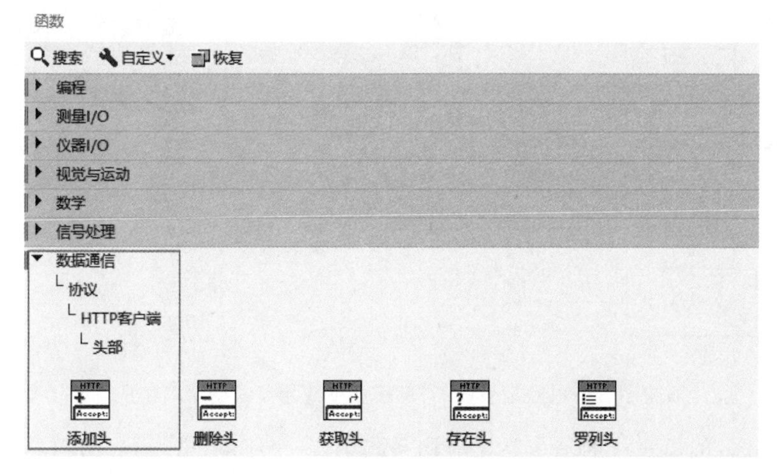

图2-47　HTTP客户端函数子选板中的函数节点“添加头”

(2) 多组数据POST调用模式。当需要发送提交多组数据或文件至服务器时,则调用函数节点“POST Multipart”。该函数节点适用于HTTP协议中规定头部参数“Content-Type”值为multipart/form-data MIME类型的服务请求。该函数节点提交的多组数据以簇数组的形式表示。“POST Multipart”以簇数组形式提交的4类数据如图2-48所示。

以下通过物联网云平台巴法云中的数据发布云端功能,给出POST服务请求程序设计及其响应结果显示的程序设计方法。

巴法云是一个轻量级的物联网云服务平台。该平台使用发布/订阅模式,支持一对多、

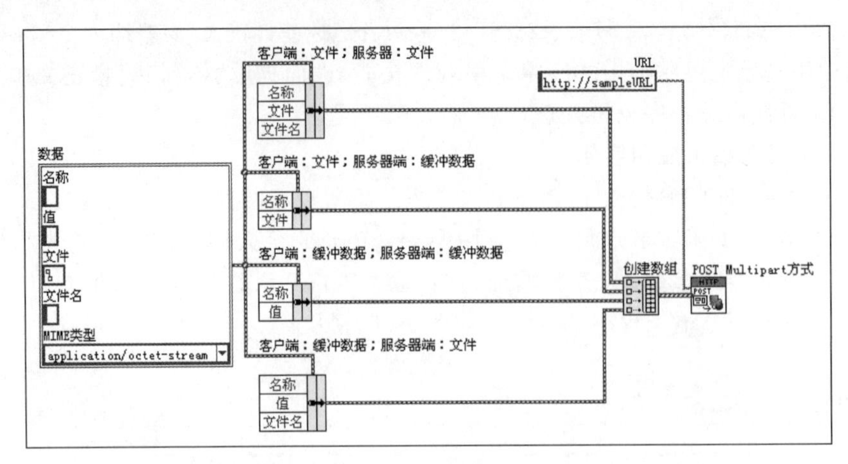

图 2-48 "POST Multipart"以簇数组形式提交的 4 类数据

多对一、多对多的消息传递,具有精炼、易学、易用的显著特点。

基于巴法云发布/订阅模式下应用系统的一般组成如图 2-49 所示。

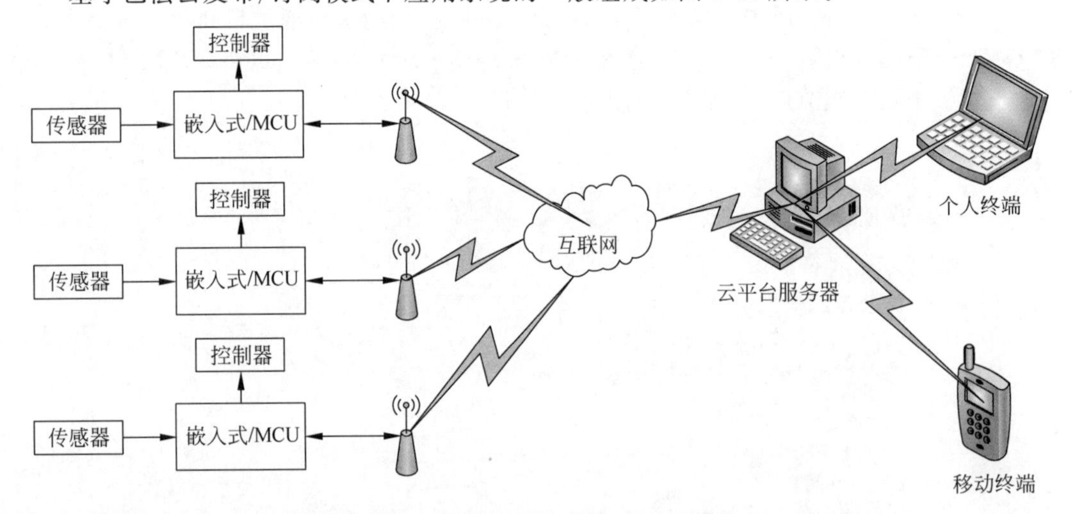

图 2-49 巴法云发布/订阅模式下应用系统的一般组成

所谓发布/订阅模式指的是多终端应用系统中,一个终端(嵌入式/MCU)作为消息发布者向云端指定主题发布消息,另一个终端(个人终端/移动终端)作为消息订阅者,可以接收订阅主题最新发布的消息,从而实现发布者和订阅者两个不同角色终端通过云平台进行远程数据交互。两个终端在远端通过主题进行消息耦合,也就是说订阅者订阅了某一主题,发布者向该主题发布消息,订阅者即可实时接收发布者发布的消息。

本节内容中,借助 LabVIEW 模拟数据采集,向指定的主题推送采集的数据,即将信息发送到指定的主题。此时所有订阅该主题的终端,都可以订阅该主题,获取该主题最新状态值。

其实运行 LabVIEW 的计算机既可作为发布者,又同时可以作为订阅者,即 LabVIEW 将采集的数据发布至巴法云平台,同时订阅巴法云有关主题,获取其他终端发布的消息,完成本地控制任务。借助双向订阅、双向发布，可以实现多平台下数据采集与远程控制的复杂功能。

首先进入巴法云控制台完成用户注册、登录，获取 UID(用户私钥)。登录完成后，可在巴法云控制台中查看个人账号信息，如图 2-50 所示。

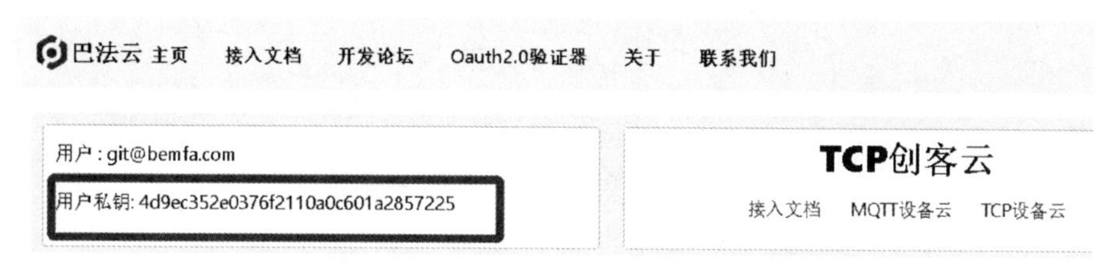

图 2-50　巴法云控制台中查看个人账号信息

巴法云提供了 TCP 创客云、TCP 设备云、MQTT 设备云、图片设备云共 4 类接入云平台类型，可以根据需要选择其中一种。选择好接入类型，即可在对应的接入类型下创建主题。创建 TCP 创客云主题步骤如图 2-51 所示。

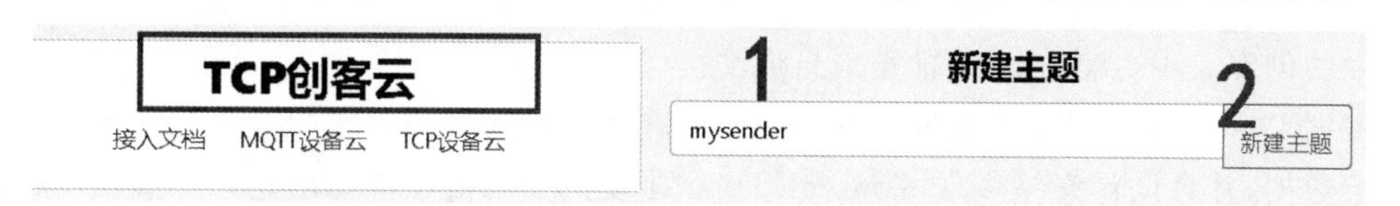

图 2-51　创建 TCP 创客云主题步骤

根据巴法云提供的 API 接入文档的规定，向 TCP 创客云中指定主题上传数据的有关设置如下。

请求方式：POST。

默认端口：80。

接口地址：https://api.bemfa.com/api/device/v1/data/2/push/post/。

Body 参数：TCP 创客云上传数据时 Body 参数如表 2-6 所示。

表 2-6　TCP 创客云上传数据时 Body 参数

参　数	是否必需	说　明
uid	是	用户私钥，巴法云控制台获取
topic	是	主题名，可在控制台创建
msg	是	消息体，要推送的消息，自定义即可，比如 on 或 off 等
wemsg	否	发送到微信的消息体，如果携带此字段，会将消息发送到微信

如果提交正确，服务器返回如下 JSON 格式消息。

```
{"code":"40110","status":"sendok"}
```

为了验证巴法云中消息推送功能，打开 HTTP 调试助手 PostMan，设置请求方法为 POST；设置 URL 地址为 https://api.bemfa.com/api/device/v1/data/2/push/post/；设置 Body 参数格式为 form-data；设置消息 Body 参数如图 2-52 所示，并单击【Send】按钮，发送 POST 请求。

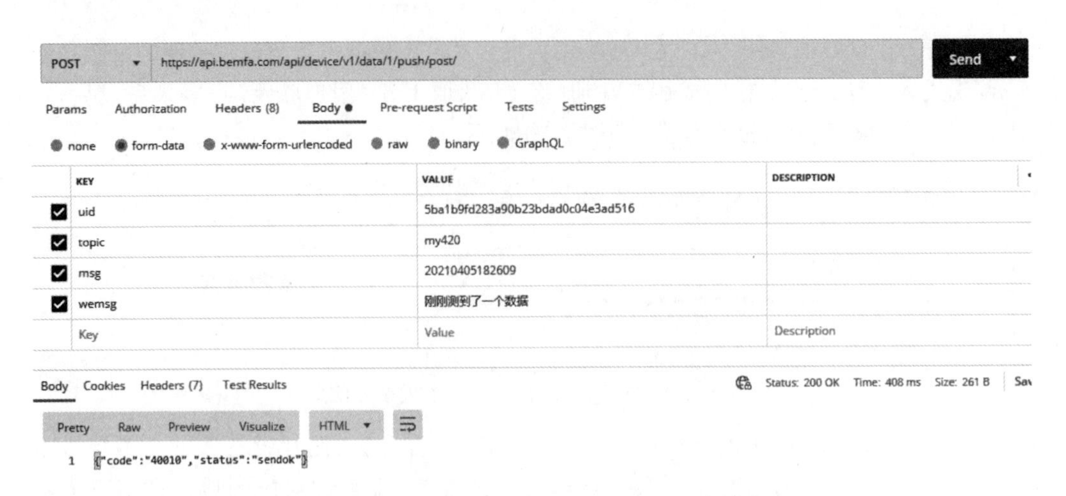

图 2-52　PostMan 测试巴法云 POST 服务请求

PostMan 接收到服务器返回参数{"code":"40010","status":"sendok"}，表示向巴法云平台中的创客云中主题 my420 推送消息成功。

根据 PostMan 中 POST 请求测试方法，客户端需要向服务器以“form-data”的形式提交 4 组数据，并且设置头部参数“Content-Type”取值为 multipart/form-data。因此，编写基于 LabVIEW 的 POST 请求程序，需要首先用函数节点“添加头”，设置“Content-Type”取值为 multipart/form-data，然后将需要提交的每个数据封装为节点“POST Multipart”识别的“键值对”簇数据类型，4 个“键值对”簇数据进一步封装为数组，作为函数节点“POST Multipart”的输入参数“数据”。

这里以获取当前时间参数模拟数据采集，将时间参数作为上传巴法云的数据，则向巴法云指定主题上传采集数据的完整程序实现如图 2-53 所示。

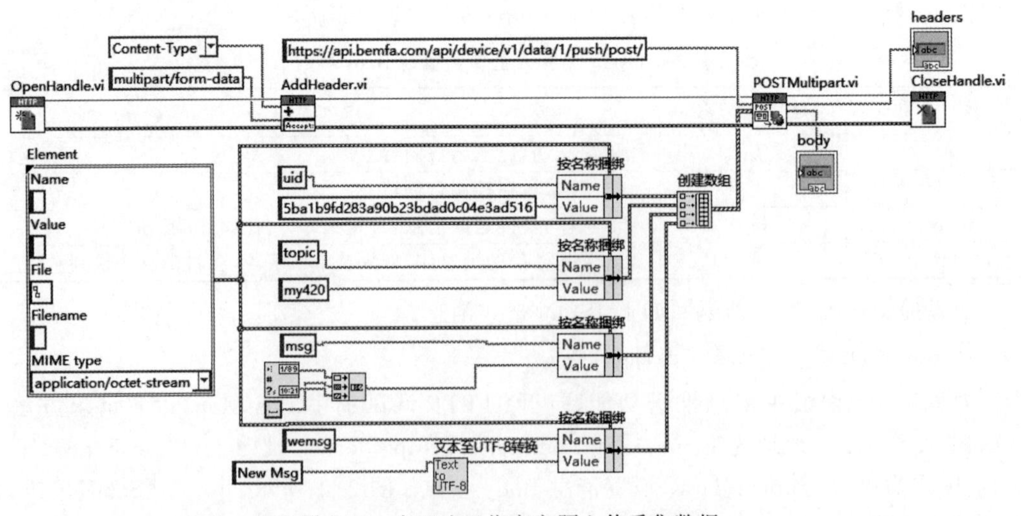

图 2-53　向巴法云指定主题上传采集数据

单击 LabVIEW 工具栏中运行按钮⇨，向巴法云指定主题上传采集数据执行结果如图 2-54 所示。

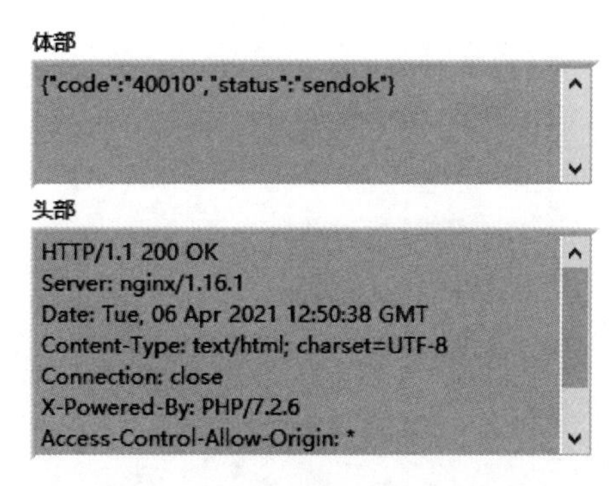

图 2-54 向巴法云指定主题上传采集数据执行结果

进入巴法云服务器界面，登录开发者账号，巴法云中主题“my420”当前取值如图 2-55 所示。

图 2-55 巴法云中主题“my420”当前取值

当手机微信关注巴法云公众号并与巴法云开发者账号绑定时，打开微信可以观测到微信公众号推送的 TCP 创客云中主题“my420”最新消息如图 2-56 所示。

从程序设计和运行结果可知，LabVIEW 中基于 HTTP 客户端的 POST 函数节点，可以快速实现多组数据提交物联网云服务平台，实现数据上传功能。此功能略加扩展，即可形成本地数据采集、云端推送、多终端异地浏览与控制等功能的“云、网、端”一体化物联网应用系统。

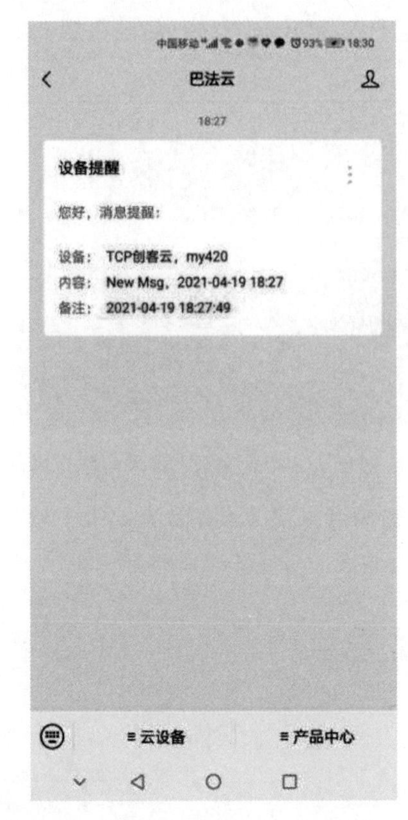

图 2-56 微信公众号推送的 TCP 创客云中主题“my420”最新消息

2.4 文件 I/O 操作

本节主要介绍文件相关的基本概念，LabVIEW 文件操作相关函数节点，以及文件操作相关程序的基本结构，并结合实例给出两种常用格式文件创建和读写操作的程序实现方法。

2.4.1 基本概念

很多应用程序特别是在数据采集应用程序设计开发过程中，往往需要将采集的数据以一定的格式存储在计算机磁盘。比如，测试测量系统中采集数据以文本文件、表格文件或者 LabVIEW 专有的 TDM 文件保存，声音数据以 wav 文件格式存储。图像数据以 BMP、PNG 或 JPG 等文件格式存储，视频数据以 avi 文件格式存储，以便未来进一步深入分析。文件操作在应用程序开发中具有十分重要的实践意义。

文件操作需要熟悉以下几个基本概念。

（1）文件路径。文件路径包含文件所在的磁盘、文件系统根目录到文件之间的路径及文件名。在控件中可按照平台特定的标准语法输入或显示一个路径。

（2）绝对路径。文件在计算机磁盘中的绝对位置。描述该位置的字符串是从盘符开始的路径，形如 C:\windows\system32\cmd.exe。绝对路径使用时无须考虑当前的工作目录。

(3) 相对路径。文件在磁盘中的存储位置是相对于一个参照位置而言的路径。相对路径使用的关键就是“..\”符号的使用，“..\”指的是当前路径的上一级目录，“..\..\”指的是上两级目录，以此类推。使用相对路径，指向可能随当前工作目录更改的位置。使用相对路径可避免在另一台计算机上创建应用程序或运行 VI 时重新指定路径。

由于软件安装时一般都会遵照使用者的意愿设置程序安装路径，如果使用绝对路径，则有可能导致文件定位错误的问题。所以文件操作时，一般应该尽可能地使用相对路径，避免使用绝对路径。

(4) 文件引用句柄。LabVIEW 中的文件操作句柄类似于 C 语言中的指针，是一种标识符，用以区分文件。打开一个文件时，会生成一个指向该文件的操作句柄，后续对于文件的所有操作都可以通过这个句柄调用相关节点实现。文件操作句柄中包含文件的位置、大小、读写权限等信息。

2.4.2 主要节点

LabVIEW 中支持的文件类型众多，右击程序框图空白处，选择“函数→编程→文件 I/O”，可以查看文件 I/O 相关函数节点，如图 2-57 所示。

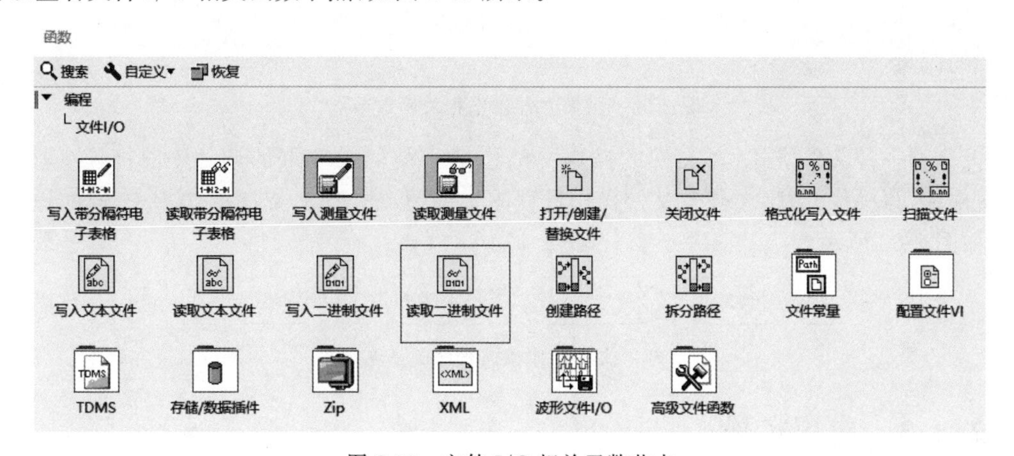

图 2-57　文件 I/O 相关函数节点

文件 I/O 函数子选板中提供了文本文件、电子表格文件、二进制文件、TDM 文件(LabVIEW 专有测量文件)等不同文件，同时提供了文件路径操作相关函数节点，使得 LabVIEW 中文件 I/O 操作相比于字符式编程语言要简单很多。

右击程序框图空白处，选择“函数→编程→图像与声音→声音→文件”，可以查看声音文件操作相关函数节点，如图 2-58 所示。

右击程序框图空白处，选择“函数→视觉与运动→Vision Utilities→Files”，可以查看图像文件操作相关函数节点，如图 2-59 所示。

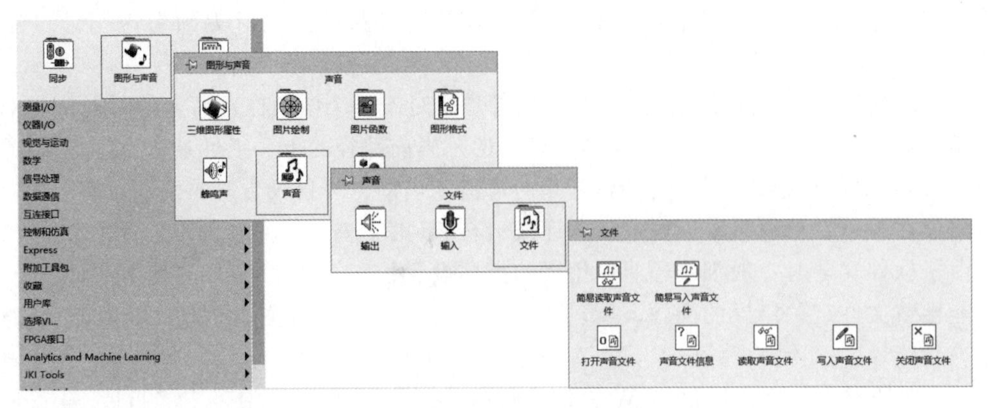

图 2-58　声音文件操作相关函数节点

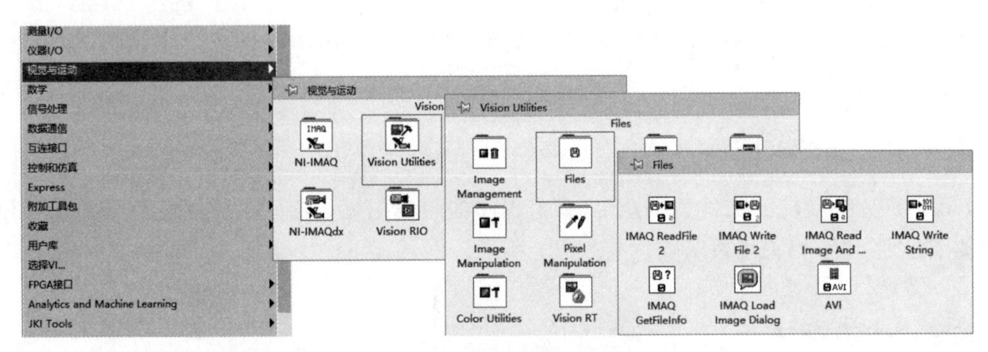

图 2-59　图像文件操作相关函数节点

无论哪一种文件格式，对文件的操作一般包括 4 类函数节点的调用——打开/创建文件、文件读/写操作、关闭文件及文件操作过程的错误情况处理。文件操作相关程序的基本结构如图 2-60 所示。

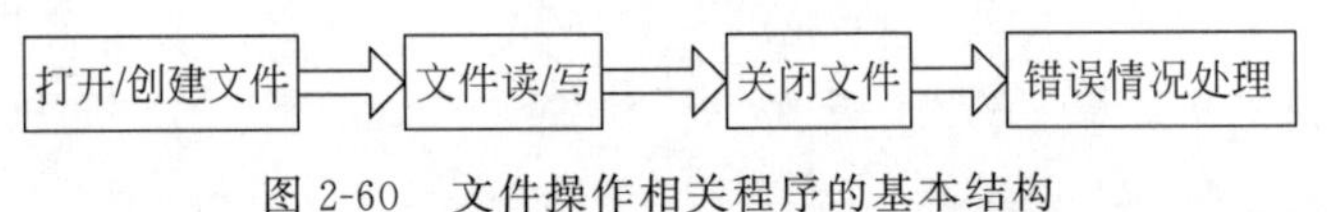

图 2-60　文件操作相关程序的基本结构

2.4.3　应用实例

数据采集时一种比较常用的数据存储方案就是将采集数据写入文本文件。假设需要开发的应用程序需要在当前 VI 所在路径下，创建一个名为 TestData.txt 的文件，以随机数模拟数据采集，以系统当前时间为数据采集时间，将采集数据和时间数据以逗号间隔，生成一次需要存储的字符串。各次采集数据之间以回车换行符号间隔，总计 100 次数据采集信息，逐次写入 TestData.txt，实现采集数据的文件保存。对应的数据采集及文件存储程序如图 2-61 所示。

函数节点“打开/创建/替换文件”输出文件引用，连接函数节点“读取文本文件”，并设置读出字节数为－1(读出全部数据)，则可读出文本文件全部内容，对应的读取文本文件数据

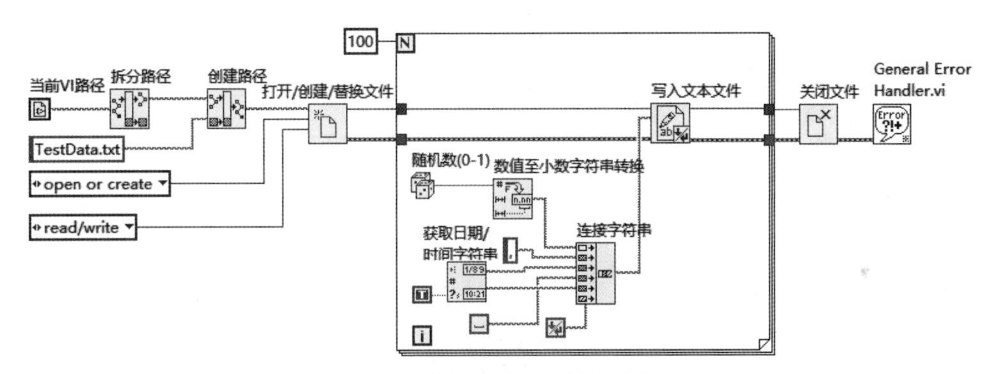

图 2-61　数据采集及文件存储程序

内容程序实现如图 2-62 所示。

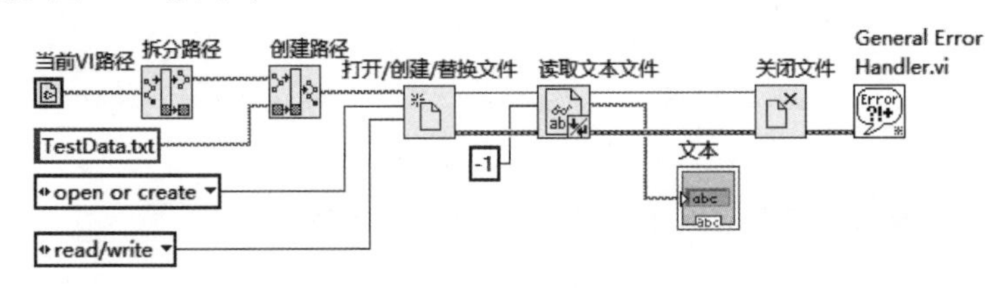

图 2-62　读取文本文件数据内容程序实现

运行程序，对应的前面板中字符串显示控件“文本”显示文件读取结果，如图 2-63 所示。

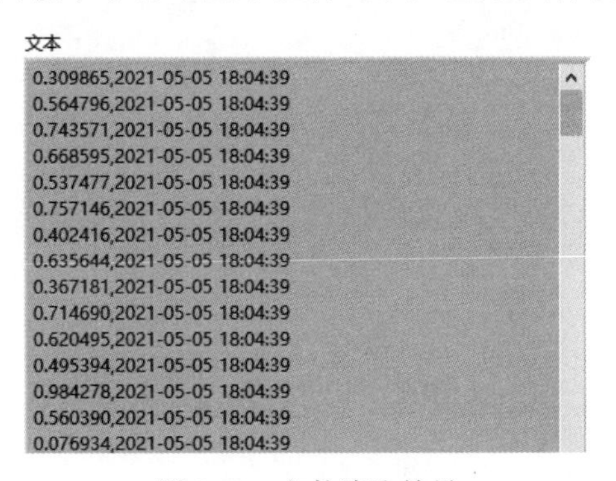

图 2-63　文件读取结果

在人工智能应用程序开发过程中，经常要求采集数据以 csv 格式的表格文件保存。LabVIEW 中提供了 csv 格式文件操作的函数节点，极大地方便了这类文件的读写操作。

为了进一步说明文件类操作技巧，设计程序将采集的两路数据及采集的时间信息以 csv 表格文件存储。表格中第一列、第二列为不同区间的随机数模拟的数据采集结果，第三列为数据采集的时间。程序采集完毕数据后，判断当前 VI 路径下的子文件夹 FileTest 是否存在，如果存在，则创建该文件夹下的 csv 格式文件 TestData.csv，进而将采集的数据写入创建的 csv 文件。将采集数据写入当前 VI 路径下的 csv 文件程序框图如图 2-64 所示。

运行程序，并打开资源管理器，当前 VI 路径下子文件夹创建与 csv 文件写入结果如图 2-65 所示。

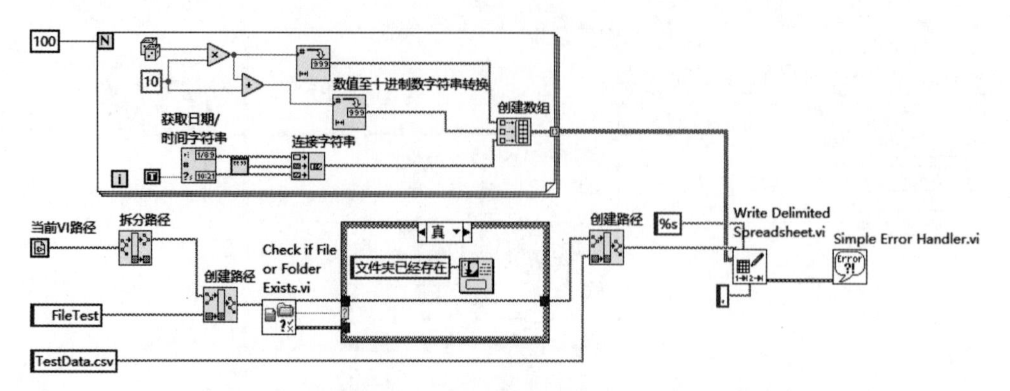

图 2-64　采集数据写入当前 VI 路径下的 csv 文件程序框图

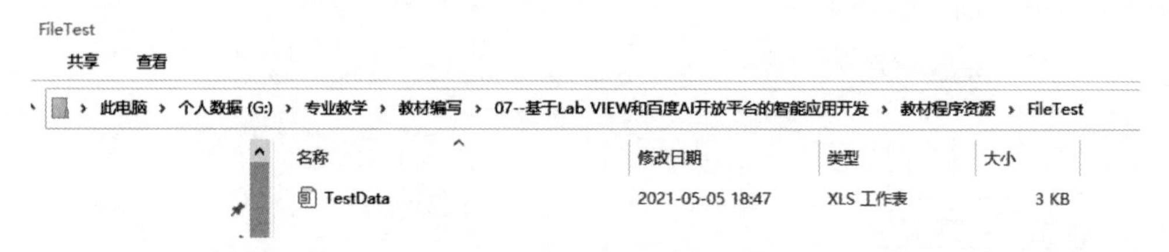

图 2-65　当前 VI 路径下子文件夹创建与 csv 文件写入结果

篇幅所限，声音文件、图像文件的创建，后续相关数据采集程序设计中会有所涉及，这里不再专门举例介绍。

第3章

LabVIEW数据采集技术

主要内容：

■ 数据采集基本概念、数据采集系统一般组成，典型信号的物理连线方法，以及数据采集系统主要技术指标；

■ 模拟量/数字量数据采集系统的组成结构，LabVIEW 中数据采集相关的主要函数节点，对应的数据采集与文件存储程序设计方法；

■ 声音采集系统的组成结构，LabVIEW 中声音采集相关的主要函数节点，对应的声音采集、播放与文件存储程序设计方法；

■ 图像采集系统的一般组成，LabVIEW 图像采集相关的主要函数节点，对应的图像采集、显示与文件存储程序设计方法。

3.1 数据采集技术概论

本节主要介绍数据采集的基本概念及采集信号的分类方法，数值类型数据采集的几种典型接线方式，数据采集系统的一般组成，以及数据采集系统主要关注的技术指标。

3.1.1 基本概念

数据采集是指将检测对象的参量通过各类传感器件转换为电信号后，再经过调理、采集、编码、传输等步骤，送至计算机/控制器进行数据显示、处理或存储记录的过程。数据采集技术是计算机与外部世界联通的桥梁，是自动化、信息化的逻辑起点，在实践中具有十分重要的地位和作用。

现代数据采集已经不再仅仅局限于传感器数据的获取，而是数据采集与数据处理日益深度融合，在采集的同时进行数据处理，使得软件技术在数据采集系统中的作用日益突出。虚拟仪器技术恰恰是实现数据采集和数据处理深度融合的最佳开发平台之一，系统应用的灵活性和通用性皆可借助虚拟仪器开发中软件的作用轻松实现。

3.1.2 信号分类

在电子信息领域中，信号传递了一些现象的行为或属性。信号是信息的载体，通常表现为某种状态量。实际信号的种类繁多,数不胜数,因而催生出多种不同的信号分类方法。

(1) 按照幅值是否连续,信号可分为模拟信号、数字信号。

(2) 按照传输介质类型,信号可分为有线信号和无线信号。

(3) 按照实际用途区分,信号可分为电视信号、广播信号、雷达信号、通信信号等。

(4) 按照所具有的时间特性区分,信号可分为确定性信号和随机性信号等。

(5) 按信号载体的物理特性区分,信号可分为电信号、光信号、声信号、磁信号、机械信号、热信号。

(6) 按信号自变量的数目区分,信号可分为一维信号、二维信号、多维信号等。

本书在编写的过程中,将数据采集领域的信号分为数值信号(含模拟和数字两种类型)、声音信号、图像信号(视频信号实际上是时序化的图像信号)三种类型。

3.1.3 接线方式

在三大类信号采集中,由于声音信号、图像信号多采用内置或 USB 接口数据采集板卡连接麦克风或者摄像头,采集系统设计时,硬件连线极为简单。但是数值类型采集时,特别是模拟信号采集时,信号与数据采集板卡的连接方式是一个必须注意的问题——无论是接地方式还是信号与采集板卡连线方式都将影响到测量结果的准确性。

模拟信号与数据采集板卡连接时,根据信号源接地连线方式,分为浮地连接和接地连接两种类型。

1. 浮地连接

浮地连接是指信号源未连接至绝对参考或者公用接地,如图 3-1 所示。电池、热电偶、变压器、隔离放大器都属于浮地连接的信号源。

浮地连接信号源的接线端子与系统接地独立,一般可通过差分测量系统、参考单端测量系统进行浮地信号源测量。

其中在差分测量系统连线方式下,信号源"+"和"−"输出端子分别连接数据采集板卡的两个输入端子,两个导线之间的差分电压就是所需要的信号。测量系统电路的差分方式的浮地连接如图 3-2 所示(图中 AIGND 为测量系统接地)。

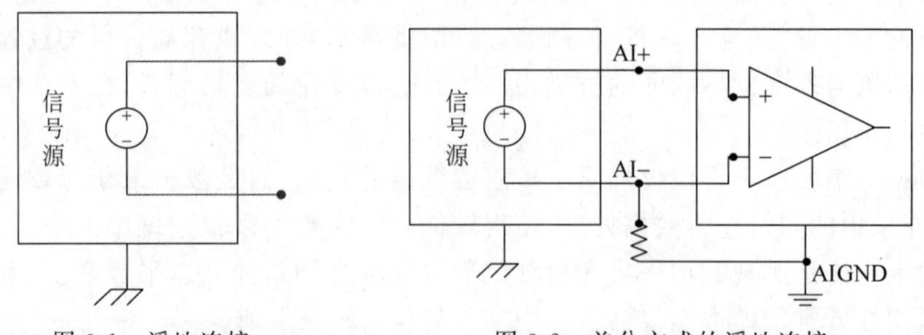

图 3-1 浮地连接　　图 3-2 差分方式的浮地连接

参考单端测量系统则是直接将信号源"−"输出接线端子与测量系统 AIGND 连接,测量系统电路的参考单端方式的浮地连接如图 3-3 所示。

信号地与测量系统地连接，此时，AIGND 是参考单端通道的公共参考，可以保证同一类型信号源参考点的一致性。

2. 接地连接

接地连接是指信号源连接至绝对参考或者公用接地，如图 3-4 所示。

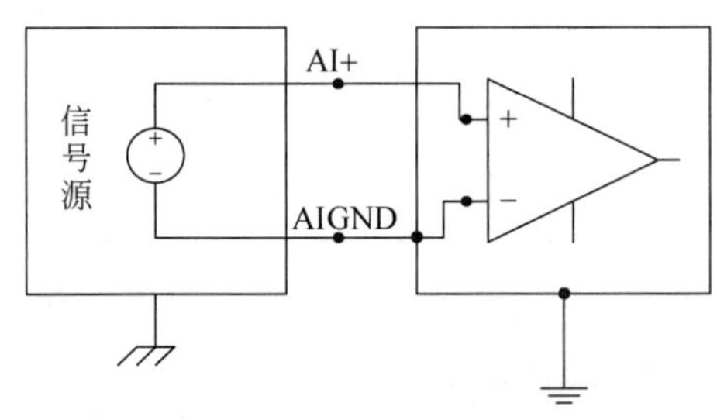

图 3-3 参考单端方式的浮地连接

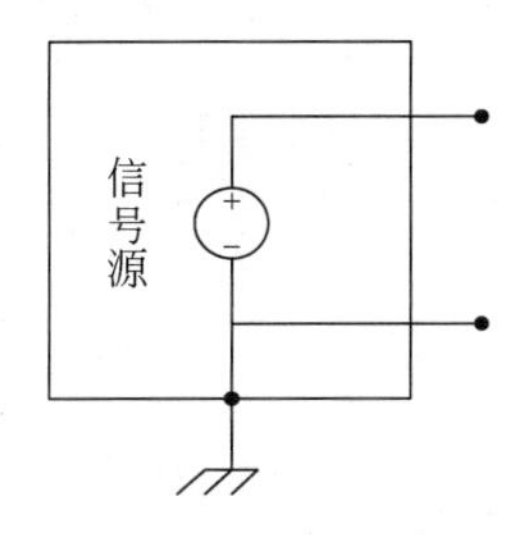

图 3-4 接地连接

由于连接至系统接地端，因此信号与测量设备使用相同的公共地。最常见的接地信号源为连接至建筑物墙体中电源插座的设备(信号发生器或者电源)。

差分测量系统和非参考单端测量系统是测量接地信号的最佳方式，有时也用伪差分连接方式构建测量系统(参考单端测量方式由于测量数据不可避免地会包含电源线 50Hz 工频成分，而且形成的接地环路还可能引入 AC、DC 噪声，导致测量结果存在偏置误差，另外接地间的电势差也会导致相互连接的电路之间存在接地环路电流，因而一般不予采用)。

接地连接的信号源的差分测量系统连接方式如图 3-5 所示。

非参考单端测量系统连接方式如图 3-6 所示。

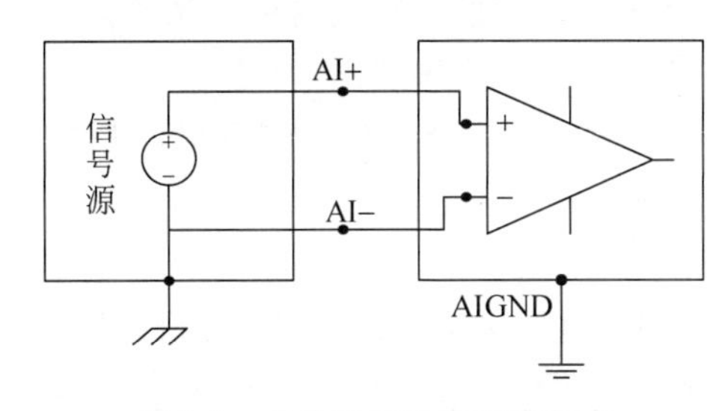

图 3-5 差分测量系统连接方式

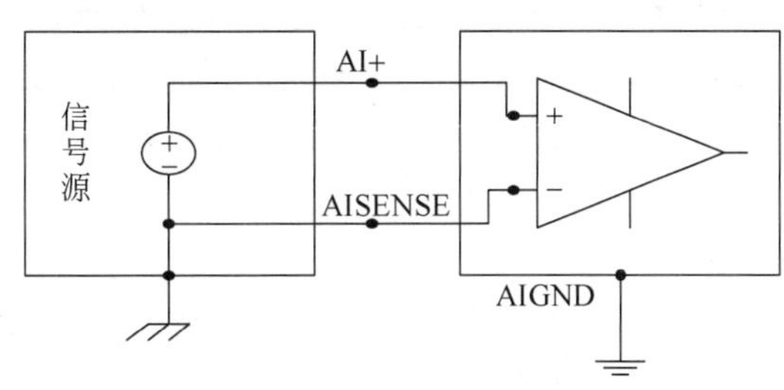

图 3-6 非参考单端测量系统连接方式

伪差分测量系统连接方式如图 3-7 所示。

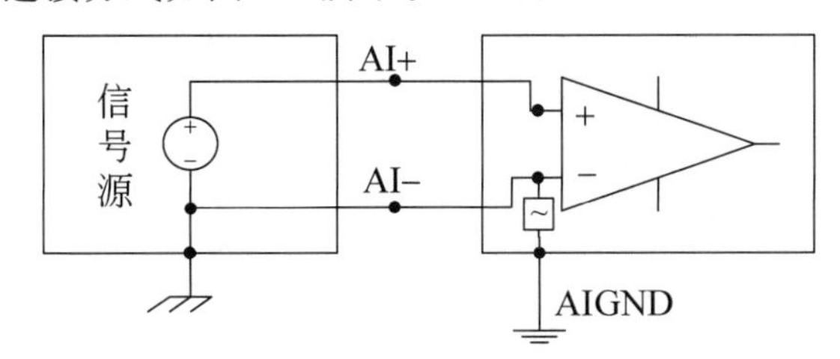

图 3-7 伪差分测量系统连接方式

伪差分测量系统兼具差分测量系统和参考单端测量系统的某些特点。伪差分测量系统的通道中包含正极和负极，分别连接待测单元的输出。负极输入端子通过相对较小的阻抗(包含阻性和容性组件)与系统地连接。这种配置通常用于同步采样设备。

3.1.4 系统组成

一个完整的数据采集系统一般由传感器、信号调理设备、数据采集板卡、计算机、应用开发软件等五个部分组成，如图3-8所示。

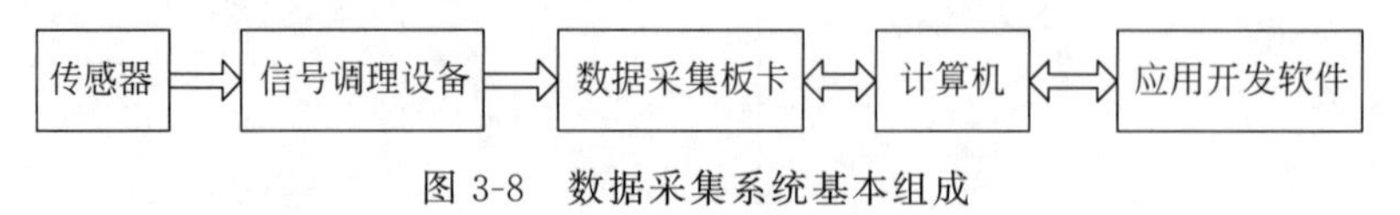

图3-8 数据采集系统基本组成

数据采集系统的各个组成部分基本功能如下。

(1) 传感器。实际上是一种变换装置，能够将物理量、化学量、生物量等非电信号转换为电信号，作为后续处理的信号源。

(2) 信号调理设备。所谓调理就是对传感器输出的信号进行放大、滤波、补偿、隔离等操作，保证调理后的信号能够按照对应的电气接入标准与采集设备可靠连接。

(3) 数据采集板卡。又称DAQ(Data Acquisition)设备，是计算机与外部信号之间的接口，一般既可以获取外部电信号，又可以向外部设备输出电信号，包括模拟信号、数字信号。

(4) 计算机。指的是对从数据采集板卡获取的信号进行分析、处理、显示、存储、查阅等工作的平台，并根据需要向采集板卡发出指令，输出信号。这里的计算机既可以是个人计算机，也可以是专用的工控计算机，还可以是各类MCU、嵌入式设备、DSP等平台。

(5) 应用开发软件。一般指的是专用的数据采集软件系统，能够借助其预设的数据采集、信号分析、数据处理、可视化界面等相关功能，快速完成功能强大的数据采集应用软件开发。

随着智能传感器技术的不断发展，目前常用的传感器绝大部分已经高度集成化，传感器输出信号也逐渐标准化，数据采集系统组成可以省略信号调理部分，出现了简化版数据采集系统，如图3-9所示。

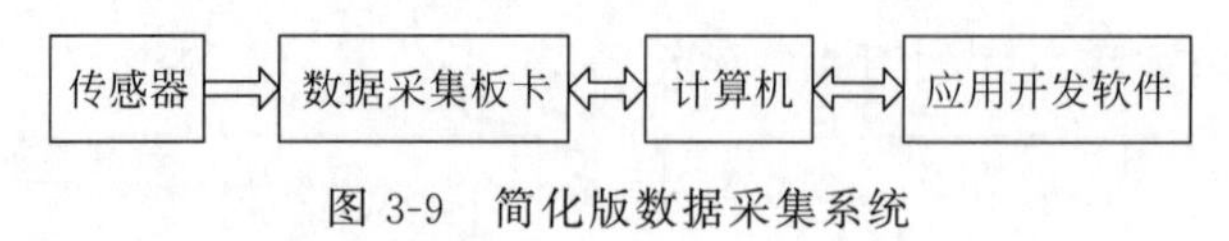

图3-9 简化版数据采集系统

3.1.5 常用技术指标

数据采集系统设计开发时经常关注以下7个技术指标。

(1) 分辨率。数据采集装置可以分辨的输入信号最小变化量。该指标由数据采集装置的ADC位数决定。分辨率越高，整个信号范围被分割成的区间数目越多，能检测到的信号变化就越小。比如16位的ADC,如果输入通道满量程为0～20V,则最小电压分辨率为$20/2^{16}=0.000305$V。因此,当检测声音或振动等微小变化的信号时,通常会选用分辨率高达24bit的数据采集产品。

(2) 精度。产生各种输出代码所需模拟量的实际值和理论值之差的最大值。精度由零位误差、积分线性误差、微分线性误差、温度漂移等综合因素引起的总误差决定。

(3) 量程。数据采集系统所能采集的模拟输入信号的范围,主要由ADC的输入范围决定。

(4) 输入限制。换算后要测量的最大值和最小值,与设备的测量范围是完全不同的两个概念。比如,DAQ设备的测量范围为0～10V,假设传感器为温度传感器,1℃对应传感器100mV的电压输出,此时假设输入限制为0～100℃,则检测结果中0V对应0℃,10V对应100℃。

(5) 采集速率。在满足系统精度前提下,系统对模拟输入信号在单位时间内所完成的数据采集次数。采集速率越高,给定时间内采集到的数据越多,就能越好地反映原始信号。根据奈奎斯特采样定理,要在频域还原信号,采集速率至少是信号最高频率的2倍;而要在时域还原信号,则采样率至少应该是信号最高频率的5～10倍。可以根据这样的采集速率标准选择数据采集设备。

(6) 采样数。每次采样时采集数据的数目。与采样率概念不同。采样率1Hz表示每秒采样一次,采样数为N则是每次采样采集N个数据。

(7) 非线性失真。当给系统输入一个频率为f的正弦波时,其输出中出现很多频率为kf(k为整数)的频率分量现象,亦称谐波失真。一般使用谐波失真系数来衡量系统产生非线性失真的程度,计算公式如下:

$$H=\frac{\sqrt{A_2^2+A_3^2+A_4^2+\cdots+A_n^2}}{\sqrt{A_1^2}}\times 100\%$$

式中,A_1表示基波振幅,A_n表示n次谐波振幅。

3.2 数值数据采集

微课视频

本节主要介绍数值类型数据采集系统的一般组成、程序设计中常用的函数节点及采集程序的基本结构,并通过完整应用实例展示基于NI myDAQ的数值类型数据采集系统开发中的硬件连接及模拟量数据读取、数据显示、文件存储等功能的实现方法。

3.2.1 数值采集

1. 采集系统一般组成

基于NI LabVIEW的数值采集系统一般组成如图3-10所示。

其中,传感器根据采集需要选配,数据采集板卡需选择NI支持的类型,除LabVIEW外计算机还必须安装DAQmx驱动。

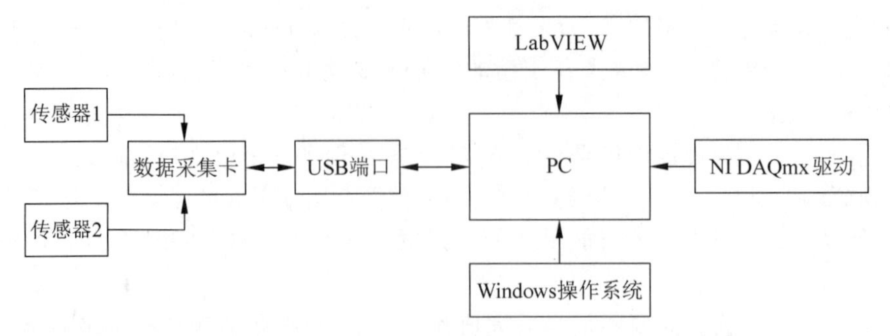

图 3-10　基于 NI LabVIEW 的数值采集系统一般组成

本书使用的数据采集板卡为 NI 公司出品、素有“面向学生创新应用的口袋实验室”美称的 myDAQ(USB 接口),这是一种使用 LabVIEW 进行软件开发的低成本便携式数据采集设备。NI myDAQ 设备外观如图 3-11 所示。

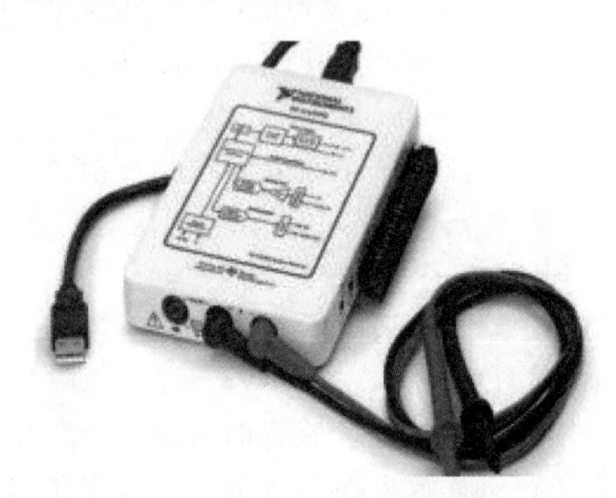

图 3-11　NI myDAQ 设备外观

myDAQ 适用于电子设备和传感器测量相关应用系统开发。myDAQ 提供了模拟输入(AI)、模拟输出(AO)、数字输入和输出(DIO)、音频输入输出和数字万用表等接口,myDAQ 主要技术指标如表 3-1 所示。

表 3-1　myDAQ 主要技术指标

模拟输入	通道数量	2 个差分或 1 个立体声输入
	ADC 分辨率	16 位
	最大采样率	200KS/s(每秒 200k 个采样点)
	定时精度	100ppm
	量程	模拟输入+10V、+2V、DC 耦合
		音频输入+2V、AC 耦合
	输入 FIFO 容量	4095 个采样,供所有通道使用
模拟输出	通道	2 个接地参考或 1 个立体声输出
	DAC 分辨率	16 位
	最大更新频率	200KS/s
	量程	模拟输出 +10V、+2V、DC 耦合
		音频输出 +2V、AC 耦合
	最大输出电流	2mA
	输出阻抗	模拟输出 1Ω
		音频输出 120Ω
	输出 FIFO 容量	8191 个采样(所有使用通道中)

续表

数字 I/O	数字线数量	8；DIO<0～7>
	方向控制	每个端子可通过编程独立配置为输入或输出
	更新模式	软件定时
	下拉电阻	75kΩ
	逻辑电平	5V 兼容 LVTTL 输入 3.3VLVTTL 输出
通用计数器/定时器	通道数量	1
	精度	32 位
	内部时基时钟	100MHz
	时基精度	100ppm
	最大计数和脉冲发生更新速率	1MS/s
	数据传输	编程 I/O
	更新模式	软件定时

数值类型数据采集程序编写之前，必须首先安装 NI DAQmx 驱动，并进行必要的配置。NI DAQmx 驱动版本众多，一般必须与计算机安装的 LabVIEW 版本保持一致。本书使用 LabVIEW 2018，因此可在 NI 网站下载 NI DAQmx 驱动 18.0 版本，NI DAQmx 下载页面如图 3-12 所示。

图 3-12 NI DAQmx 下载页面

安装完成后，该驱动会在计算机上自动安装一个名为“Measurement & Automation Explorer”的软件，即测试与自动化资源管理器，简称 NI MAX，用于管理和配置 DAQ 硬件设备。NI MAX 运行界面如图 3-13 所示。

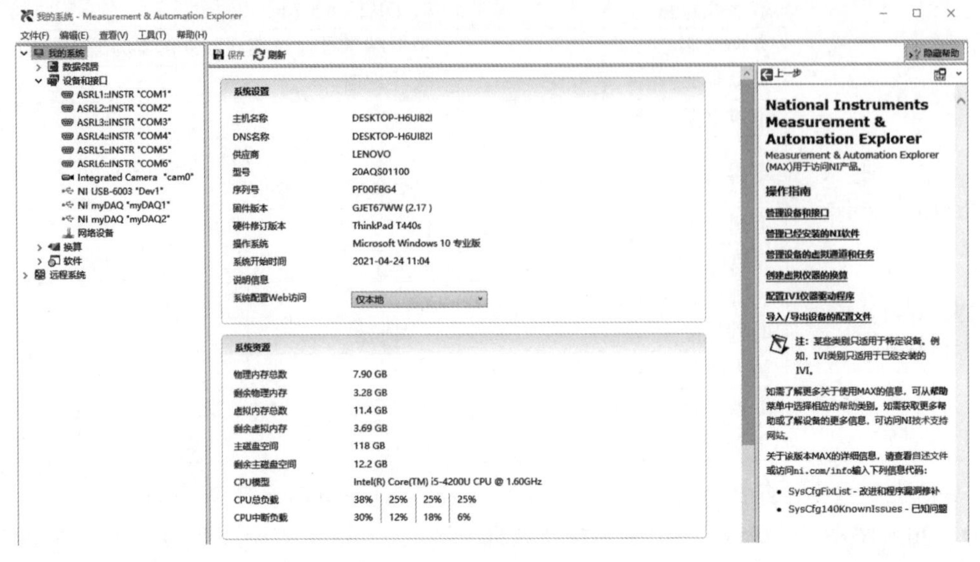

图 3-13 NI MAX 运行界面

NI MAX 中既可以检查安装的 DAQ 设备是否正常,又能配置 DAQ 设备工作模式进行测试,还可以创建仿真设备。仿真设备能够使得开发者在没有物理设备的情况下创建、运行数据采集程序,测试系统的功能、性能。

2. 数值采集常用函数节点

NI DAQmx 驱动安装完成后,LabVIEW 函数选板中会出现 NI DAQmx 函数子选板,如图 3-14 所示。

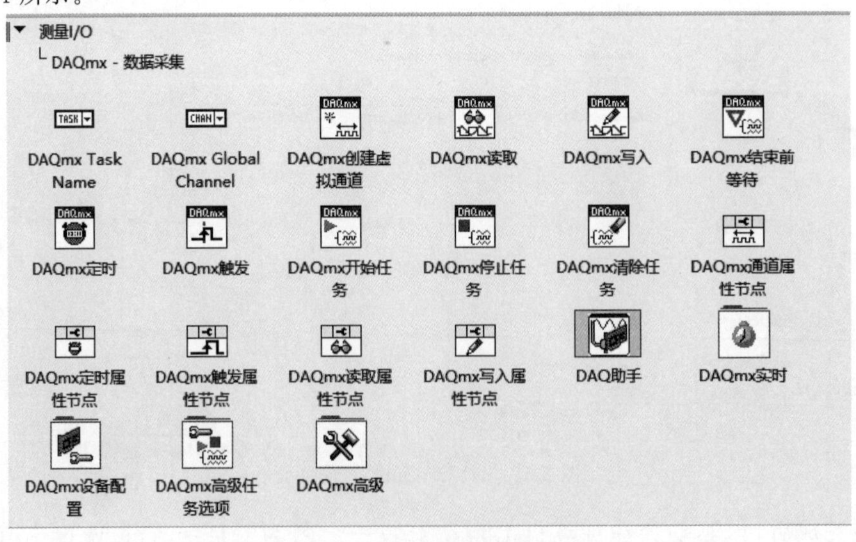

图 3-14 NI DAQmx 函数子选板

基于 DAQmx 的数据采集程序设计常用函数节点及其功能如表 3-2 所示。

表 3-2 NI DAQmx 的数据采集程序设计常用函数节点及其功能

选板对象	说明
DAQ 助手 Express VI	通过 NI DAQmx 创建、编辑和运行任务
DAQmx 创建虚拟通道	创建单个或一组虚拟通道，并将其添加至任务。该多态 VI 的实例分别对应通道的 I/O 类型(如模拟输入、数字输出或计数器输出)、测量或生成操作(如温度测量、电压测量或事件计数)或在某些情况下使用的传感器(如用于温度测量的热电偶或 RTD)
DAQmx 开始任务	使任务处于运行状态，开始测量或生成。该 VI 适用于某些应用程序
DAQmx 读取	从用户指定的任务或虚拟通道中读取采样。该多态 VI 的实例分别对应返回采样的不同格式、同时读取单个/多个采样或读取单个/多个通道
DAQmx 写入	向用户指定的任务或虚拟通道中写入采样数据。该多态 VI 的实例分别用于写入不同格式的采样，写入单个/多个采样，以及对单个/多个通道进行写入
DAQmx 停止任务	停止任务，使其返回 DAQmx 开始任务 VI 运行之前或自动开始输入端为 TRUE 时 DAQmx 写入 VI 运行之前的状态
DAQmx 清除任务	清除任务。在清除之前，VI 将中止该任务，并在必要情况下释放任务保留的资源。清除任务后，将无法使用任务的资源，必须重新创建任务

DAQmx 函数子选板中提供的数据采集相关函数节点大部分为多态函数，可以根据需要灵活配置(模拟输入、模拟输出、数字输入、数字输出、计数器输入、计数器输出)，以适应数据采集系统丰富多彩的应用。

(1) DAQmx 创建虚拟通道。“DAQmx 虚拟通道”可配置为模拟量 I/O 通道、数字量 I/O 通道、计数器 I/O 通道模式。单击函数节点“多态 VI 选择器”可查看函数支持的虚拟通道类型，如图 3-15 所示。

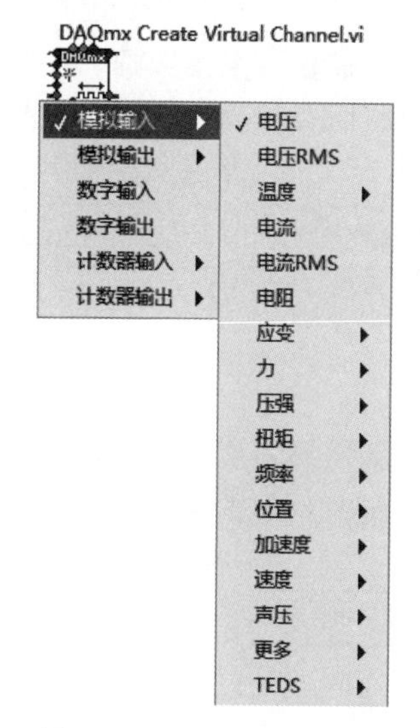

图 3-15 查看函数支持的虚拟通道类型

(2) DAQmx 读取。“DAQmx 读取”可配置为模拟量读取、数字量读取、计数器读取及原生态读取模式。单击函数节点“多态 VI 选择器”可查看函数支持的读取类型，如图 3-16 所示。

(3) DAQmx 写入。“DAQmx 写入”可配置为模拟量写入、数字量写入、计数器写入及原生态写入模式。单击函数节点“多态 VI 选择器”可查看函数支持的写入类型，如图 3-17 所示。

3. 数值采集程序基本结构

数据采集时，如果仅以设备测试或者简单测量为目的，一般可在 NI MAX 中进行数据采集测试，也可以借助 DAQmx 函数子选板中提供的 DAQ 助手快速完成数据采集。但是对于复杂的数据采集任务，特别是需要精确控制数据采集细节时，则必须采取 DAQmx 编程方式完成数据采集任务。

基于 DAQmx 的数据采集程序一般由选择物理通道、创建虚拟通道、读取或写入数据、清除任务等函数节点组成，基于 DAQmx 的数据采集程序的基本结构如图 3-18 所示。

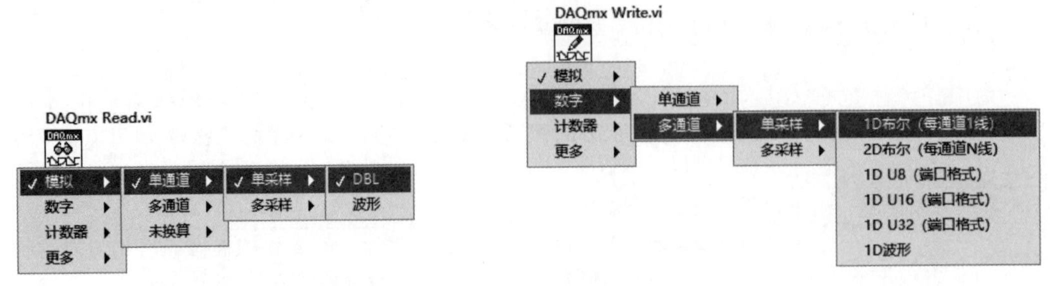

图 3-16　查看函数支持的读取类型　　　图 3-17　查看函数支持的写入类型

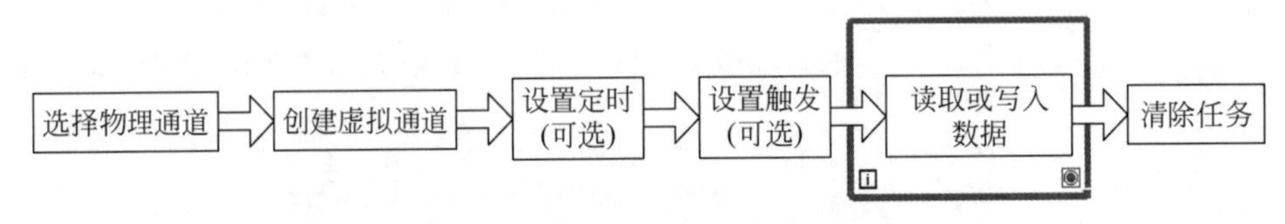

图 3-18　基于 DAQmx 的数据采集程序的基本结构

如需定时采集数据，且精度要求不高，可采取指定物理通道、软件定时状态下的定时采样，软件定时的数据采集程序基本结构如图 3-19 所示。

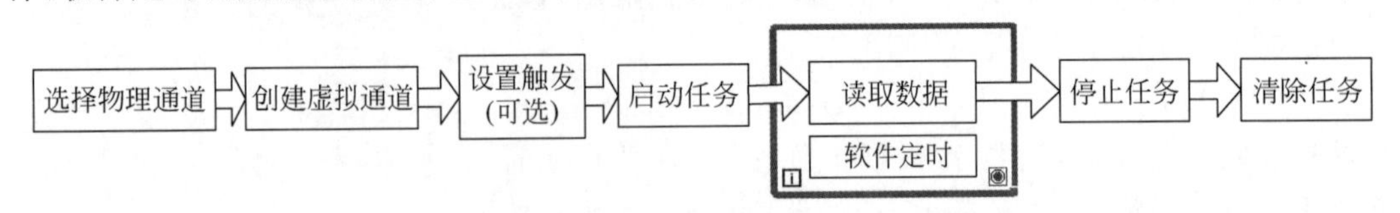

图 3-19　软件定时的数据采集程序基本结构

如需高精度定时输出数据，可采取指定物理通道、硬件定时状态下的定时输出，对应的硬件定时的数据采集程序基本结构如图 3-20 所示。

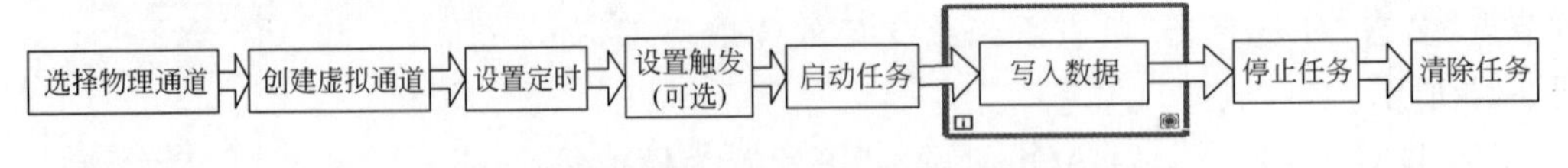

图 3-20　硬件定时的数据采集程序基本结构

3.2.2　应用开发实例

1. 设计目标

借助便携式数据采集装置 myDAQ，设计一款数据采集系统，具备以下功能。

(1) 能够根据程序界面提供的控件产生指定范围的模拟量输出参数。

(2) 能够将产生的模拟量数据写入 myDAQ 模拟量输出端口。

(3) 通过硬件连接，能够采集输出模拟量的数据，并通过 myDAQ 模拟量输入端口读取采集的数值。

(4) 能够对采集的数据进行波形图显示、数值显示、仪表盘图形化显示。

(5) 能够借助 csv 格式的电子表格文件存储每次采集的数据及采集时间。

2. 实现思路

为了快速实现设计目标,硬件设计将 myDAQ 模拟量采集端口 ai1+、ai1−分别与模拟量输出端口 ao0、地线端口 AGND 连接,实现程序采集 myDAQ 模块输出信号的功能,其中 myDAQ 输出模拟信号(电压值)通过程序界面进行控制。对应的 myDAQ 模拟量输出与采集硬件连线如图 3-21 所示。

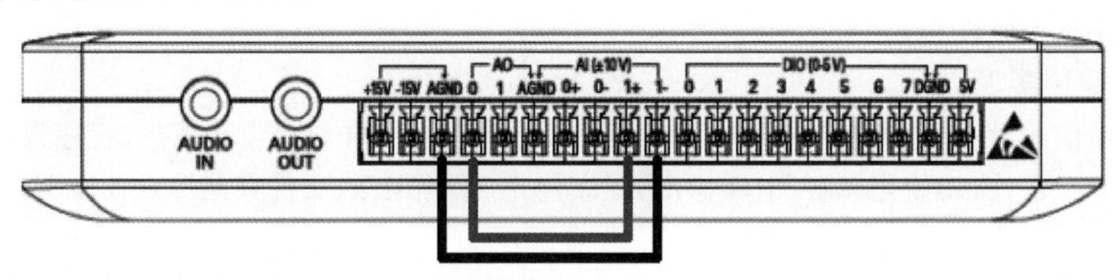

图 3-21 myDAQ 模拟量输出与采集硬件连线

程序整体结构设计为顺序结构,顺序结构分为两帧,第一帧为初始化帧,第二帧为主程序帧。初始化帧中完成程序运行过程中各类数据的初始赋值;主程序帧设计为两个并行线程——信号输出线程和数据采集线程,以提高程序执行的效率。

信号输出线程采取事件驱动的程序设计方法,监听用户界面操作事件,当开启输出控制且程序界面中设置的输出电压值改变时,程序向 myDAQ 模拟量输出端口 AO0 接线端子写出最新电压值,实现程序控制模拟量输出功能的技术验证。

数据采集线程采取轮询模式的程序设计方法,以 1000ms 的时间间隔,采集 myDAQ 指定端口的电压值,并通过仪表盘、波形图表显示采集数据,用以检验输出电压和检测电压是否一致;每次数据采集,都将采集的数据写入当前 VI 所在目录下的 TestData.csv 文件中,以备后用。

对应的数据采集程序结构方案设计如图 3-22 所示。

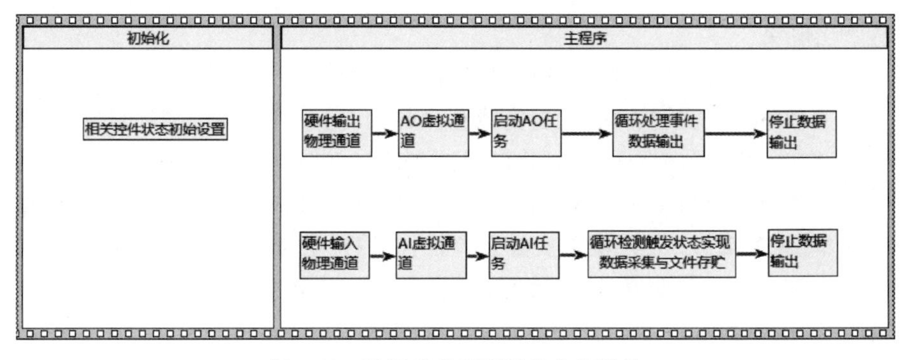

图 3-22 数据采集程序结构方案设计

为了进一步提升程序运行界面人机交互效果,将程序界面设计划分为操作控制区、数据显示区两个区域。

操作控制区——完成输出控制、数据采集物理通道设置、输出电压数值设置、任务开始开关及程序结束控制按钮设置。

数据显示区——完成输出控制参数显示、实际采集数据显示、实时曲线显示、仪表盘图形化显示等功能。

同时,还提供 myDAQ 模拟量输出控制与数据采集实验连线示意图,使得用户可以在无须外围电路设计的情况,仅通过简单连线和程序设计即可快速完成模拟量的输出控制与数据采集技术验证。

3. 程序实现

根据前述设计思路,按照 LabVIEW 程序设计一般流程和模块设计思想,程序设计可分解为前面板设计、初始化模块、电压输出、程序停止、采集电压、文件存储等设计步骤。

1) 前面板设计

按照数值数据采集部分功能需求,设计模拟量输出与数据采集程序前面板如图 3-23 所示。

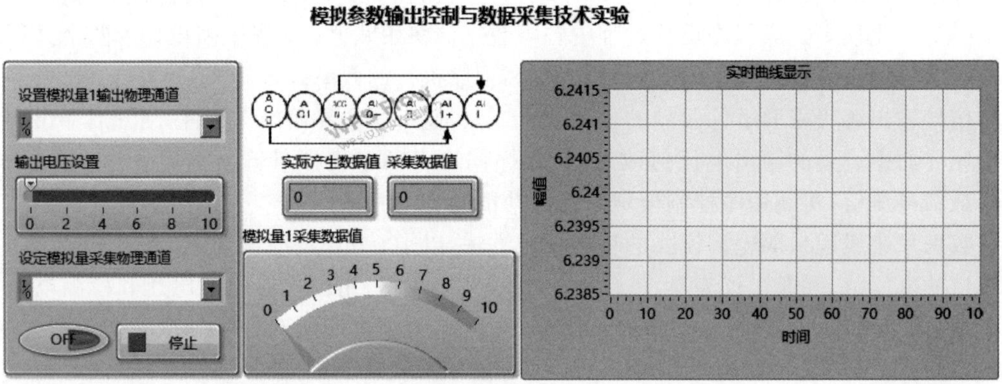

模拟参数输出控制与数据采集技术实验

设置模拟量1输出物理通道

输出电压设置

设定模拟量采集物理通道

OFF 停止

实际产生数据值 采集数据值

模拟量1采集数据值

实时曲线显示

幅值

时间

图 3-23 模拟量输出与数据采集程序前面板

2) 初始化模块

添加具有两帧的顺序结构,第一帧设置子程序框图标签为"初始化",第二帧设置子程序框图标签为"主程序"。初始化部分主要完成程序界面有关控件显示内容的初始设置。

在第一帧"初始化"程序框图中,创建波形图表的属性节点(历史数据),设置属性节点为写入类型,初始赋值为数值型一维数组常量,完成波形图表的初始化;使用局部变量设置按钮"停止""采集"为逻辑假;使用局部变量设置控件"输出电压设置""模拟量 1 采集数据值""实际产生数据值""采集数据值"等初始值为 0。

3) 电压输出

电压输出控制指的是程序监测用户界面操作,若数值型控件"输出电压设置"参数发生改变,则通过 myDAQ 输出对应的电压值。这一功能通过以下步骤实现。

（1）创建虚拟通道。调用节点“DAQmx 创建虚拟通道”（函数→测量 I/O→DAQmx→数据采集→DAQmx 创建虚拟通道），并设置多态调用模式为“模拟输出→电压”。

（2）开启采集任务。调用节点“DAQmx 开始任务”（函数→测量 I/O→DAQmx→数据采集→DAQmx 开始任务）启动任务。

（3）添加事件结构。添加 While 循环结构，并内嵌事件结构。在事件结构中添加“输出电压设置：值改变”事件处理子程序框图。

（4）输出模拟信号。事件处理子程序框图内调用节点“DAQmx 写入”（函数→测量 I/O→DAQmx→数据采集→DAQmx 写入），并设置多态调用模式为“模拟→单通道→单采样→DBL”，设置节点写出数据为前面板控件“输出电压设置”当前数值，实现水平滑动杆控件“输出电压设置”一次操作，myDAQ 输出一次对应电压值的功能。

（5）清除采集任务。循环结构右侧调用节点“DAQmx 停止任务”（函数→测量 I/O→DAQmx→数据采集→DAQmx 停止任务）结束工作任务，调用节点“DAQmx 清除任务”（函数→测量 I/O→DAQmx→数据采集→DAQmx 清除任务）释放程序占用资源。

基于 DAQmx 的事件模式下模拟信号输出完整程序实现如图 3-24 所示。

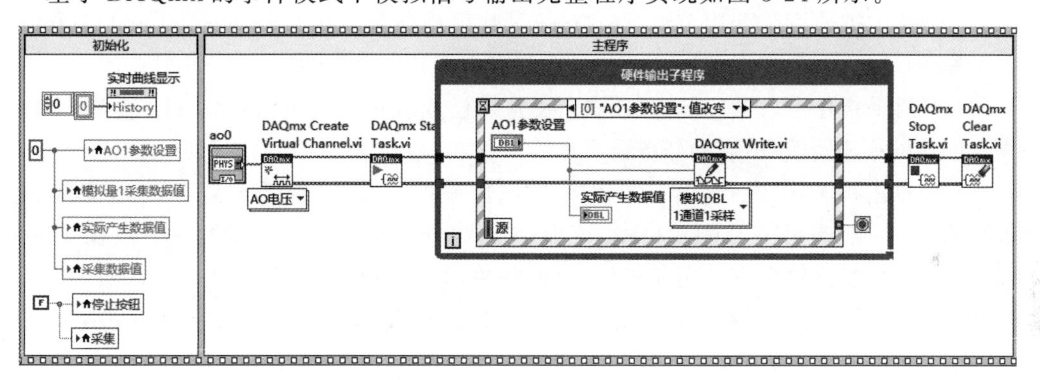

图 3-24　基于 DAQmx 的事件模式下模拟信号输出完整程序实现

4）程序停止

编辑事件结构，右击事件结构“选择器标签”，选择“添加事件分支...”，在弹出窗口中“事件源”一栏选择“停止按钮”，生成“停止按钮：值改变”事件处理子程序框图。

在“停止按钮：值改变”事件处理子程序框图中，完成当前事件中 DAQmx 引用的传递，拖曳进“停止按钮”控件图标，并通过 While 循环右边框数据通道连接 While 循环条件端子，用以结束 While 循环。

“停止按钮：值改变”事件处理子程序实现如图 3-25 所示。

5）采集电压

采集电压是指在本节搭建的数据采集系统中，myDAQ 模拟量输入端子 AI1 读取 myDAQ 模拟量输出端子 AO0 电压值的功能。

作为程序的核心功能，电压数据采集工作应该具有相对独立性，因此这里采取多线程程序设计技术——新建一个 While 循环结构，作为单独线程，专门解决基于 myDAQ 设备 AI1

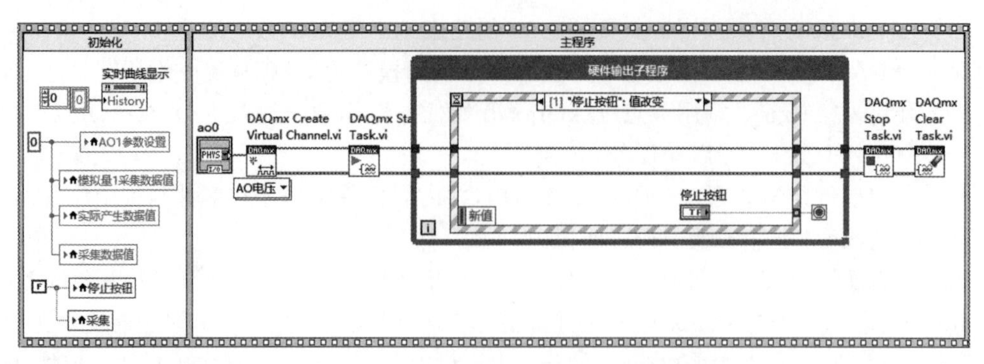

图 3-25 “停止按钮：值改变”事件处理子程序实现

端口采集数据的问题。

根据程序设计目标要求，数据采集每秒执行一次，为了简化程序设计，这里采取软件定时的方式实现 1s 时间间隔采样一次程序预设功能。电压采集部分具体实现过程如下所示。

(1) 创建虚拟通道。调用节点“DAQmx 创建虚拟通道”(函数→测量 I/O→DAQmx→数据采集→DAQmx 创建虚拟通道)，并设置多态调用模式为“模拟输入→电压”。

(2) 开启采集任务。调用节点“DAQmx 开始任务”(函数→测量 I/O→DAQmx→数据采集→DAQmx 开始任务)启动任务。

(3) 创建定时循环。创建 While 循环结构，内嵌条件结构，判断按钮开关“采集”状态，如果开关打开，则调用节点“DAQmx 读取”(函数→测量 I/O→DAQmx→数据采集→DAQmx 读取)，并设置多态调用模式为“模拟→单通道→单采样→DBL”，完成 AI1 端口数据采集；同时，采集的数据利用数值显示控件、仪表盘、波形图表控件进行显示；并且调用节点“延时”(函数→编程→定时→延时)，设置等待时间为 1000ms，实现 1s 采集一次的软件定时功能。

(4) 清除采集任务。循环结构右侧调用节点“DAQmx 停止任务”(函数→测量 I/O→DAQmx→数据采集→DAQmx 停止任务)结束工作任务，调用节点“DAQmx 清除任务”(函数→测量 I/O→DAQmx→数据采集→DAQmx 清除任务)释放程序占用资源。

(5) 确定停止策略。在前面板中右击【停止】按钮，选择“机械动作→单击时转换”，将默认的按钮动作模式(释放时触发)修改为单击时状态取值转换，不再恢复；创建“停止按钮”局部变量，该局部变量连接数据采集子程序，实现一个停止按钮控制两个循环结构同步结束运行的功能。

模拟信号事件触发输出与定时连续采集程序的多线程实现如图 3-26 所示。

6) 文件存储

文件存储功能是指在电压采集的基础上，将采集的数据与采集的时间这两个参数以 csv 格式文件进行存储。后缀为 csv 的电子表格文件是大部分第三方数据分析处理平台使用的文件格式，本书中使用的百度 AI 开放平台模型训练需要的数据就是要求以 csv 格式存

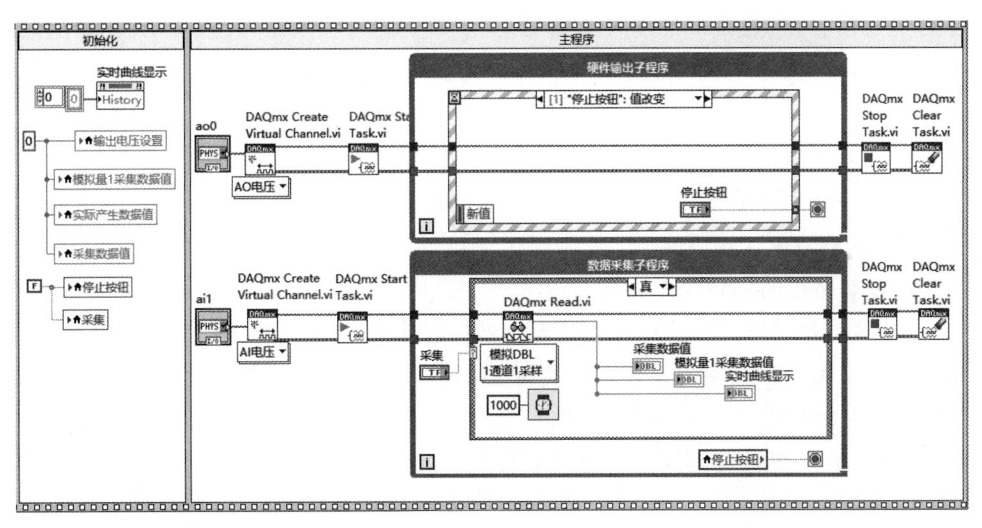

图 3-26　模拟信号事件触发输出与定时连续采集程序的多线程实现

储的。所以采集数据的 csv 文件存储是系统的另一核心功能。csv 格式文件的读写，核心在于“写入带分隔符电子表格”“读取带分隔符电子表格”两个函数节点的运用。

(1) 写入带分隔符电子表格。位于“函数→编程→文件 I/O→写入带分隔符电子表格”，用于存储数组数据，可以使用 Excel 查看这些数据，其本质上还是文本数据，只不过数据之间自动添加了分隔符。该函数的主要端口如图 3-27 所示。

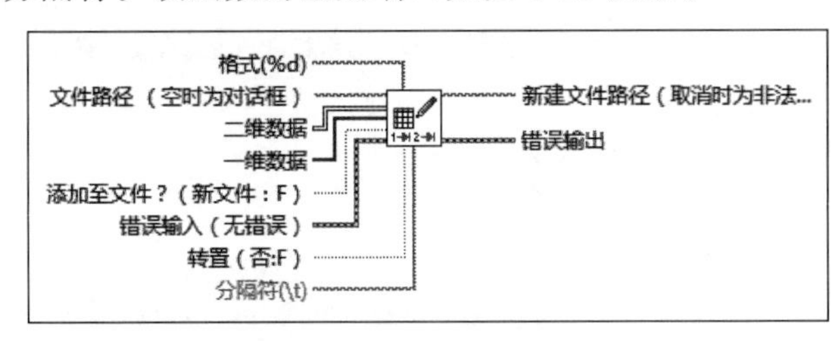

图 3-27　函数节点“写入带分隔符电子表格”主要端口

(2) 读取带分隔符的电子表格。位于“函数→编程→文件 I/O→读取带分隔符电子表格”，用于读取文件数据，可以使用 Excel 查看这些数据。该函数的主要端口如图 3-28 所示。

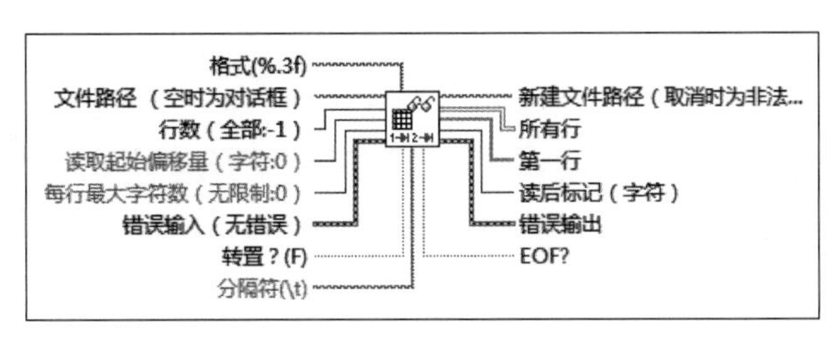

图 3-28　函数节点“读取带分隔符电子表格”主要端口

综合上述信息，在数据采集程序基础上，对于采集的每个数据，只需要调用函数节点“写入带分隔符的电子表格”，并设置相关参数，即可实现这一目标。采集数据写入csv文件的实现过程如下。

(1) 创建文件存储路径。第二帧While循环之前，调用节点“当前VI路径”(函数→编程→文件I/O→文件常量→当前VI路径)、节点“拆分路径”(函数→编程→文件I/O→拆分路径)、节点“创建路径”(输入参数“名称或相对路径”连接字符串常量“TestData.csv”)，实现csv文件存储路径的创建。

(2) 转换采集数据。调用节点“数值至小数字符串转换”(函数→编程→字符串→数值/字符串转换→数值至小数字符串转换)，将采集的电压值转化为字符串类型数据。

(3) 获取时间数据。调用节点“获取日期/时间字符串”(函数→编程→定时→获取日期/时间字符串)，实现每次数据采集时获取日期、时间字符串。

(4) 创建数组。调用节点“创建数组”，将完成类型转换的采集数据和最终拼接后的时间字符串通过数组进行暂存。

(5) 写入文件。调用节点“写入带分隔符的电子表格”(函数→编程→文件I/O→写入带分隔符的电子表格)，将每次采集数据、采集时间两个参数创建的数组元素以追加模式写入文件“TestData.csv”。

最终完成的模拟信号输出、采集与文件存储完整程序框图如图3-29所示。

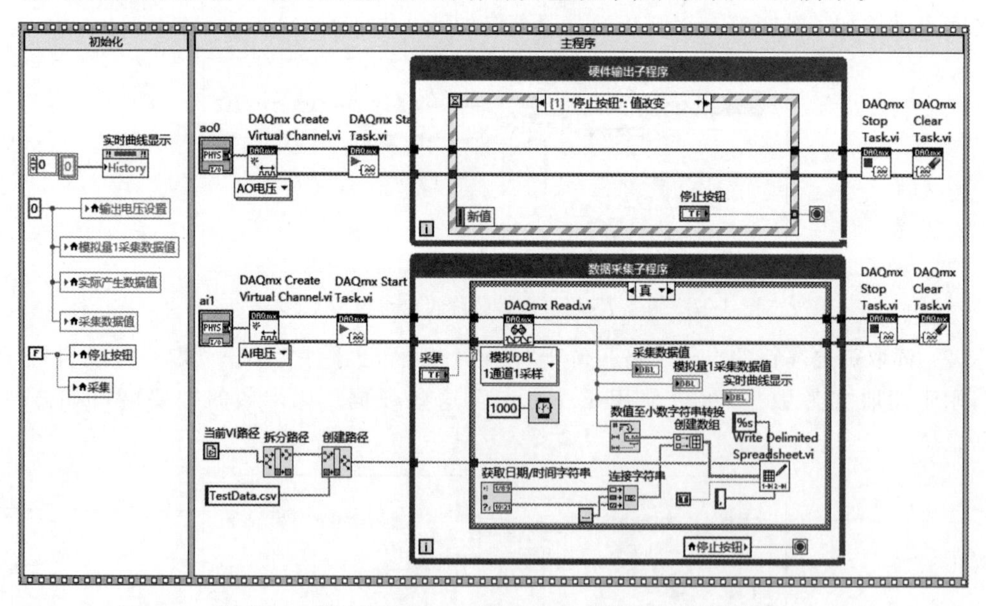

图3-29 模拟信号输出、采集与文件存储完整程序框图

4. 结果分析

程序运行前，需要确认当前VI连接DAQ设备信息。打开NI MAX，查看当前联机myDAQ，如图3-30所示。

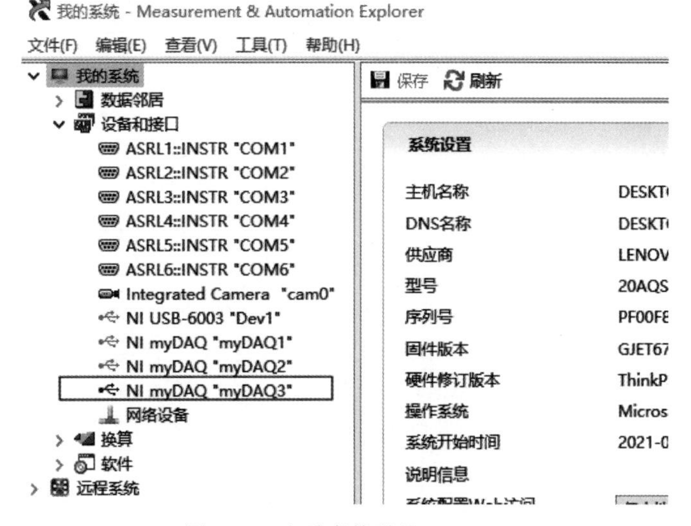

图 3-30　查看当前联机 myDAQ

图 3-30 中左侧导航栏中“设备和接口”下可以查看本机连接全部硬件设备。例如，图 3-30 中显示本机连接 6 个 COM 端口，1 个系统集成的摄像头，3 个 myDAQ，1 个 USB6003 数据采集设备。本机当前 DAQ 设备唯一在线处于联机状态的设备就是 myDAQ3。

程序界面中设置基于 myDAQ3 的模拟量输出物理通道，设置基于 myDAQ 3 的模拟量采集物理通道，单击 LabVIEW 工具栏中运行按钮，模拟信号输出、采集与文件存储程序运行界面如图 3-31 所示。

图 3-31　模拟信号输出、采集与文件存储程序运行界面

程序运行过程中，操作水平滑动杆【输出电压设置】，可以改变联机 myDAQ 设备输出电压值；单击【开关】按钮，可以启动/中止数据采集，并可通过波形图表观测数据采集序列；单击【停止】按钮，则结束程序运行。

打开本机资源管理器，在当前 VI 所在目录下，可以查看名为“TestData. csv”的数据采集程序生成的数据存储文件，如图 3-32 所示。

› 此电脑 › 个人数据 (G:) › 专业教学 › 教材编写 › 07--基于Lab VIEW和百度AI开放平台的智能应用开发 › 教材程序资源

名称	修改日期	类型	大小
TestData	2021-05-07 11:29	XLS 工作表	11 KB
VI-3-2--数据采集--模拟量输出（产生数据）	2021-05-06 17:08	LabVIEW Instru...	64 KB
VI-3-2--数据采集--文件存贮测试	2021-05-06 16:47	LabVIEW Instru...	14 KB

图 3-32 数据采集程序生成的数据存储文件

双击文件 TestData.csv，打开文件，文件中记录数据内容如图 3-33 所示。

B408 2021-5-7 11:29:25

	A	B
405	2.731057	11:29:22
406	2.731383	11:29:23
407	2.729752	11:29:24
408	2.731057	11:29:25
409	4.745963	11:29:26
410	4.745637	11:29:27
411	4.74629	11:29:28
412	5.916025	11:29:29
413	5.915699	11:29:30
414	5.916025	11:29:31

图 3-33 文件中记录数据内容

对比可见，文件存储数据与程序实际产生、采集的数据完全一致。进一步地，在数据采集及文件存储的基础上既可以结合常规信号分析处理方法，对采集的数值数据进行时域、频域的各种分析处理，也可以结合飞桨 EasyDL 开放平台，对采集数据文件进行收集、归类、训练、识别及其他处理，可形成更加复杂的技术应用。

微课视频

3.3 声音数据采集

本节主要介绍声音数据采集系统的一般组成、声音采集程序设计中常用的函数节点及声音采集程序的基本结构，并通过完整应用实例展示声音数据采集系统开发中基于计算机声卡的声音采集、文件存储、声音播放等功能的实现方法。

3.3.1 声音采集

1. 采集系统一般组成

从数据采集的角度看，声音属于特定频率范围内的模拟信号，一般借助麦克风＋数据采集卡的方式，将模拟声音信号转换为计算机可读取的数字信号。由于声音信号频率范围一般为 20～20kHz，按照奈奎斯特定理，采集声音数据时，采样频率应至少为 40kHz。这一技术指标导致可采集声音的商用数据采集卡一般比较昂贵。不过现代计算机系统均有自带的集成声卡，具有声音捕获（A/D）和声音输出（D/A）功能，而且兼容性好、性能稳定、通用性强，驱动升级极为方便，可以作为一款免费的、优秀的数据采集板卡。

如果测试对象信号频率范围在音频范围内且其他指标要求不高（信号调理受制于声卡自身性能，无法控制，只能采集 20～20kHz 的信号，频率不在此范围的信号无法采集），则完全可以借助计算机集成声卡快速构建音频范围的数据采集系统。基于声卡的数据采集系统组成结构如图 3-34 所示。

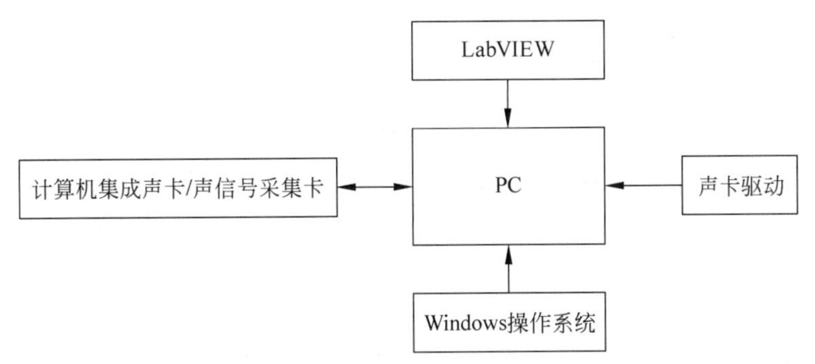

图 3-34　基于声卡的数据采集系统组成结构

基于声卡的数据采集系统设计一般关注以下几个技术指标。

（1）采样频率。人耳的听力范围一般为 20Hz～20kHz，因此采样频率 40kHz 即可满足需要。目前一般的声卡最高采样频率为 44.1kHz，而且采样频率一般可设置为 44.1kHz、22.05kHz、16kHz、8kHz 四档取值。其中，22.05kHz 即可达到 FM 广播级的声音品质，而对于语音识别、声音分类算法，一般 16kHz 或 8kHz 的采样频率即可满足要求。

（2）采样精度。采样精度指的是采样的位数，一般声卡采样位数有 8 位、16 位、32 位三档可以选择。采样位数越高，精度就越高，录制的声音质量越好，产生的数据量就越大，随之带来的信号分析处理计算量就越大。目前主流声卡多为 16 位的采样精度。

（3）声道数。声道数也就是声音录制时的音源数量或回放时相应的扬声器数量。早期声卡普遍采用单声道，目前绝大多数声卡为立体声，即提供两个独立的声道。

（4）信噪比。信噪比是诊断声卡抑制噪声能力的重要指标，通常使用信号与噪声的功率比值表示，单位为分贝。信噪比越大，声卡的滤波能力越强，声卡作为电脑的主要输出音源，对信噪比要求是相对较高的。但是由于声音通过声卡输出，需要通过一系列复杂的处理，影响信噪比大小的因素也有很多，比如计算机内部的电磁辐射干扰很严重，导致集成声卡的信噪比很难做到很高，一般为 80dB 左右。

由于无须添加额外的硬件配置即可完成声音信号采集，且部分性能指标还要优于一般商用数据采集卡，基于计算机集成声卡搭建数据采集系统无疑是学习声音数据采集技术、验证相关信号处理算法的最佳平台。

2. 声音采集常用的函数节点

右击程序框图空白处，选择“函数→编程→图形与声音→声音”，可以查看 LabVIEW 提供的声音函数子选板，如图 3-35 所示。

图 3-35　LabVIEW 提供的声音函数子选板

LabVIEW 将声音类函数节点分为输出(播放声音)、输入(采集声音)、文件(声音文件存取)三大类。其中,声音输入子函数选板提供的函数节点如图 3-36 所示。

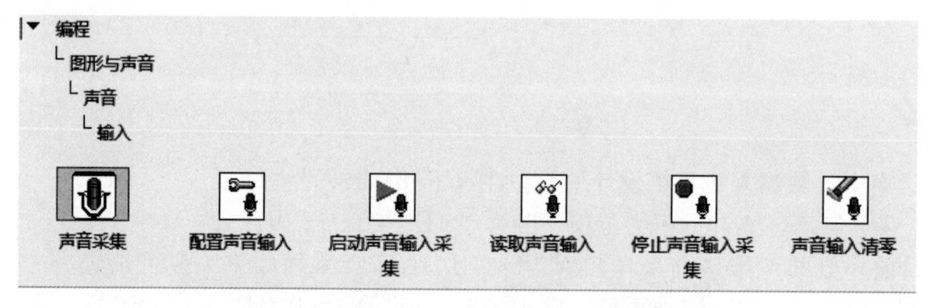

图 3-36　声音输入子函数选板提供的函数节点

声音输入子函数选板中主要函数节点功能如表 3-3 所示。

表 3-3　声音输入子函数选板中主要函数节点功能

选板对象	说　　明
读取声音输入	从声音输入设备读取数据,必须使用声音输入 VI 配置设备,必须手动选择所需多态实例
配置声音输入	配置声音输入设备,采集数据并发送数据至缓存,使用读取声音输入 VI 读取数据
启动声音输入采集	开始从设备上采集数据。只有已调用停止声音输入采集时,才需使用该 VI
声音采集	从声音设备采集数据。该 Express VI 自动配置输入任务,在采集数据完毕后清除任务
声音输入清零	停止采集数据、清除缓存、任务返回至默认状态,并清除与任务相关的资源,任务变为无效
停止声音输入采集	停止从设备采集数据。使用声音输入清零 VI,清除缓存中的数据。使用启动声音输入采集 VI,在调用“停止声音输入”VI 后重新开始采集

声音函数子选板中还提供了声音文件函数子选板,文件函数子选板提供的函数节点如图 3-37 所示。

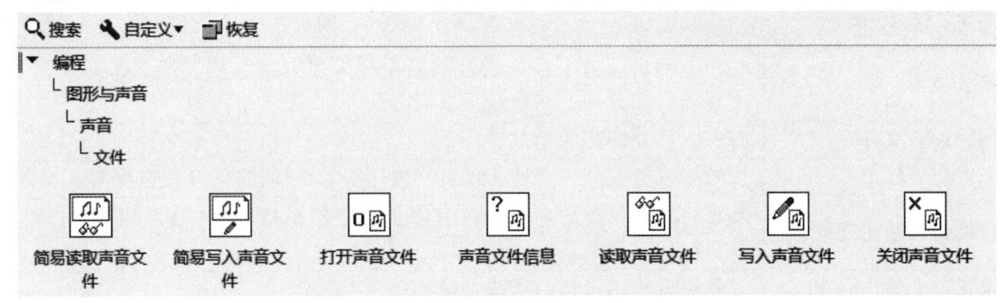

图 3-37　文件函数子选板提供的函数节点

文件函数子选板中主要函数节点功能如表 3-4 所示。

表 3-4　文件函数子选板中主要函数节点功能

选板对象	说　　明
打开声音文件	打开用于读取的.wav 文件，或创建待写入的新.wav 文件。必须手动选择所需多态实例
读取声音文件	使.wav 文件的数据以波形数组形式读出。必须手动选择多态实例
关闭声音文件	关闭.wav 文件
简易读取声音文件	使.wav 文件的数据以波形数组形式读出。该 VI 自动打开、读取和关闭.wav 文件
简易写入声音文件	使波形数组的数据写入.wav 文件。该 VI 自动打开和关闭.wav 文件
声音文件信息	获取关于.wav 文件的数据。该 VI 接收路径或引用句柄
写入声音文件	使波形或波形数组的数据写入.wav 文件

LabVIEW 中声音输出子选板提供的函数节点如图 3-38 所示。

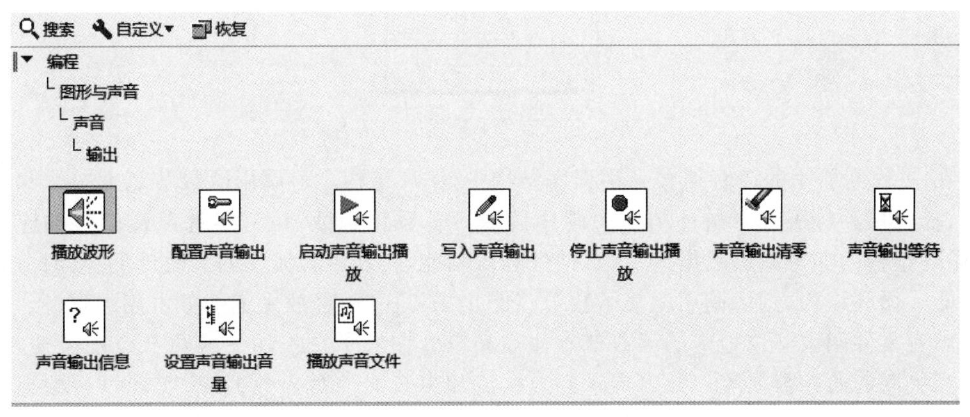

图 3-38　声音输出子选板提供的函数节点

声音输出子选板中主要函数节点功能如表 3-5 所示。

表 3-5 声音输出子选板中主要函数节点功能

选板对象	说　明
播放波形	在声音输出设备中播放通过有限采样采集到的数据。该 Express VI 自动配置输出任务并在输出结束后清除任务
播放声音文件	打开文件立即开始播放
配置声音输出	配置生成数据的声音输出设备。使用写入声音输出 VI 使数据写入设备
启动声音输出播放	在设备上开始重放声音。只有停止声音输出播放 VI 已调用时，才需使用该 VI
设置声音输出音量	设置声音输出设备的播放音量
声音输出等待	等待直至所有声音在输出设备上播放完毕
声音输出清零	使设备停止播放声音，清空缓存，任务返回至默认状态，并清除与任务相关的资源。任务变为无效
声音输出信息	返回声音输出任务的当前状态信息
停止声音输出播放	停止设备从缓存播放声音。使用声音输出清零 VI，清除缓存中的数据。使用启动声音输出播放 VI，重新开始输出
写入声音输出	使数据写入声音输出设备。如需连续写入，必须使用配置声音输出 VI 配置设备。必须手动选择所需多态实例

3. 声音采集程序基本结构

利用声音输入子选板提供的 6 个函数节点即可完成声音信号采集应用程序设计，声音信号采集程序的基本结构如图 3-39 所示。

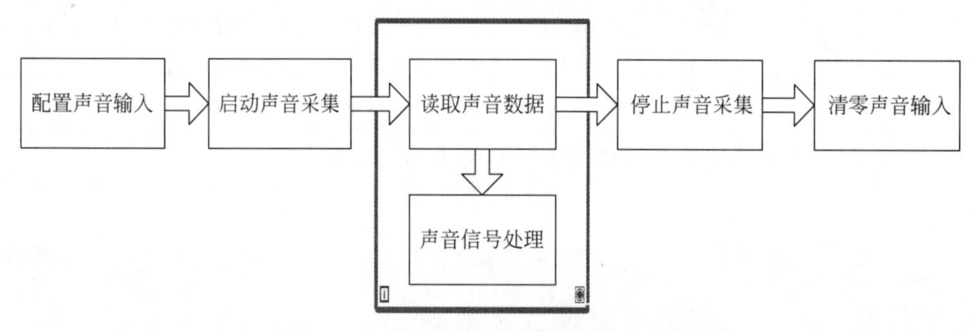

图 3-39 声音信号采集程序的基本结构

在图 3-39 所示的声音信号采集程序结构中，循环结构之前调用函数节点完成采集参数配置、任务启动等工作。循环结构中调用读取声音数据函数节点，实现声音信号的连续采集，循环结构内亦可添加数据显示、数据处理等功能，实现声音波形的实时观测、实时分析处理功能。循环结构之后，调用相关函数节点停止采集任务，释放采集任务占用的资源。

声音文件函数子选板中的函数节点往往和声音输入子选板相关函数节点配合使用，形成相互关联的两条数据流——声音采集数据流和声音文件写入数据流，实现声音数据采集的同时，将采集数据写入声音文件。声音采集与文件存储程序的一般结构如图 3-40 所示。

声音输出子选板相关函数节点往往和文件操作子选板函数节点配合使用，形成相互关联的两条数据流——声音文件读取数据流和声音输出数据流，实现打开声音文件的同时，读

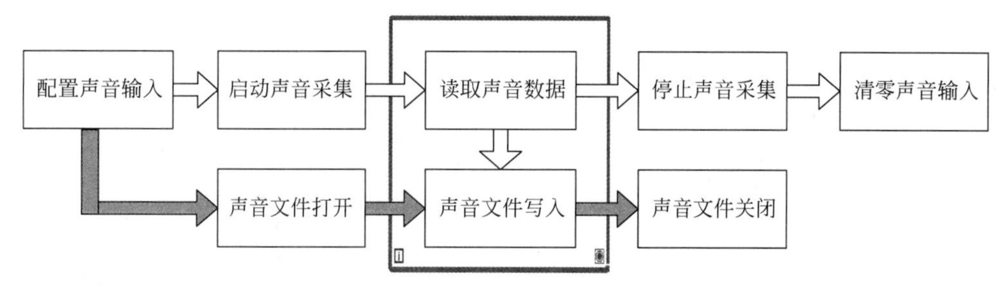

图 3-40 声音采集与文件存储程序的一般结构

取声音文件数据，并通过声卡输出声音数据，实现声音的播放功能。播放声音文件的程序一般结构如图 3-41 所示。

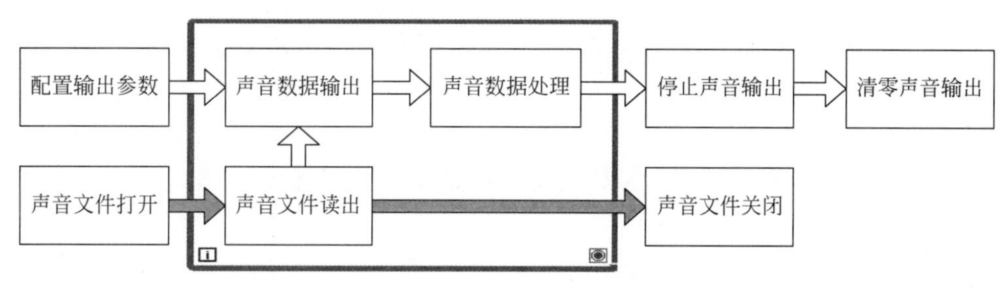

图 3-41 播放声音文件的程序一般结构

3.3.2 应用开发实例

1. 设计目标

基于计算机声卡设计音采集、存储与文件播放程序，实现以下功能。

(1) 响应程序界面有关按钮命令，启动声音录制，录制指定时长(单位为 s)后自动结束录制。

(2) 采集的声音数据以文件形式自动存储，存储路径为当前 VI 所在目录，文件名称为当前时间格式(时间格式中字符"："不能作为文件名，可替换为"-")，文件后缀为默认的"wav"。

(3) 程序界面有关按钮命令，播放录制声音，并显示声音数据波形。

2. 实现思路

声音采集结果如果用于后续识别、分类，一般多以较短时间采集数据存储的文件为操作对象，这一过程既有可能因为录制效果不满意而反复采集，也有可能需要持续采集和存储。所以设计事件响应模式声音数据采集程序结构，满足程序执行过程中反复操作需要，如图 3-42 所示。

其中事件结构处理 3 种事件。

(1) 用户单击【采集声音】按钮事件。当该事件发生时，开启指定时长的声音录制，录制过程中可实时观测采集声音的波形，录制完成后以当前时间信息为文件名称，完成录制声音的文件存储。

(2) 用户单击【播放声音】按钮事件。当该事件发生时，调用文件对话框，打开最近一次

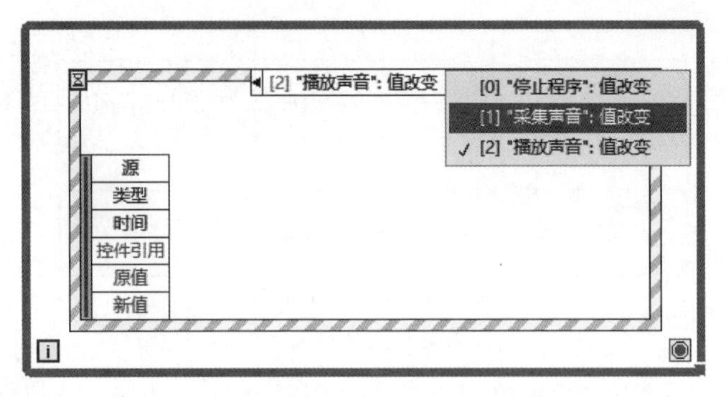

图 3-42 事件响应模式声音数据采集程序结构

录制的声音文件,调用声音播放函数节点播放声音,并可观测录制声音的波形。

(3) 用户单击【停止程序】按钮事件。当该事件发生时,结束程序运行。

3. 程序实现

根据前述设计思路,按照 LabVIEW 程序设计一般流程和模块设计思想,程序设计可分解为前面板设计、指定时长声音采集、声音文件存储、声音文件播放等设计步骤。

1) 前面板设计

按照声音采集部分功能需求,设计声音采集程序前面板如图 3-43 所示。

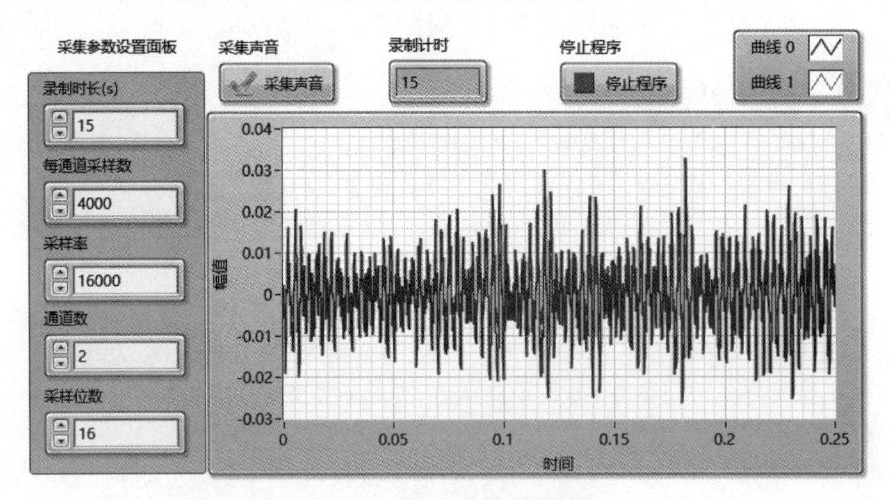

图 3-43 声音采集程序前面板

前面板设计按照功能划分界面布局区域,分为 3 部分。

一是声音采集参数设置区域,由 5 个数值输入控件组成,提供录制时长、每通道采样数、采样率、通道数、采样位数等参数设置。

二是采集声音信息显示区域,借助波形图控件实时显示采集数据波形,借助数值显示控件显示声音录制秒数。

三是功能控制区,由布尔类型按钮组成,用以触发声音采集、结束程序等事件。

2）指定时长声音采集

声音采集功能就是启动指定时长的声音数据采集。作为声音采集程序的子功能，按照总体实现思路，该部分程序实现应该在按钮【采集声音】事件处理子框图中实现。具体实现过程如下。

(1) 配置输入参数。调用函数节点“配置声音输入”(函数→编程→图形与声音→声音→输入→配置声音输入)，设置采用模式为“连续采集”，设置“设备 ID”为默认第一声音输入通道(取值为 0)，采样率、通道数、采样位数 3 个控件捆绑成簇，作为“声音格式”输入参数，设置“每通道采样数”为用户界面输入数据。

(2) 启动采集任务。调用函数节点“启动声音输入采集”(函数→编程→图形与声音→声音→输入→启动声音输入采集)，并连线节点“配置声音输入”。

(3) 处理采集事件。事件处理程序子框图中创建内嵌 While 循环结构，用以实现指定时长的声音采集。该内嵌的 While 循环结构内调用 Express VI“已用时间”(函数→编程→定时→已用时间)，设置其输入端口“重置”连接布尔常量逻辑真，设置其“目标时间”连线数值输入控件“录制时长(s)”，其输出端口“结束”作为 While 循环结构结束条件。

(4) 显示采集数据。内嵌 While 循环结构中，调用函数节点“读取声音输入”(函数→编程→图形与声音→声音→输入→读取声音输入)，完成声音数据采集，节点输出端口“数据”连线波形图控件，实现采集数据的波形显示功能。

(5) 停止采集任务。内嵌的 While 循环结构之外，调用函数节点“停止声音输入采集”(函数→编程→图形与声音→声音→输入→停止声音输入采集)、“声音输入清零”(函数→编程→图形与声音→声音→输入→停止声音输入采集)，释放声音采集任务占有的资源。

对应的指定时长声音采集完整程序实现如图 3-44 所示。

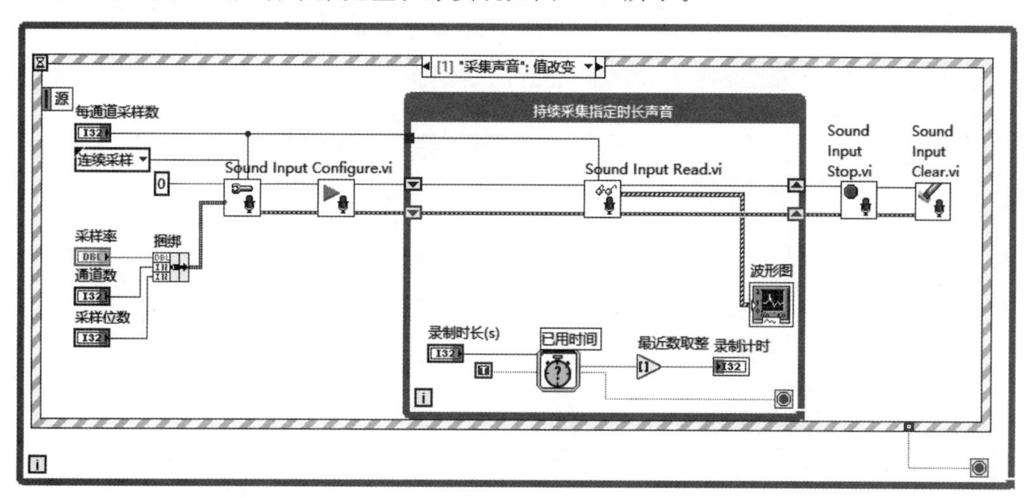

图 3-44 指定时长声音采集完整程序实现

3）声音文件存储

LabVIEW 中仅能以.wav 格式文件存储声音数据，这一功能可通过声音数据采集数据流和文件操作数据流协同工作实现。

声音数据采集数据流由配置采集参数、启动声音采集、循环读取采集数据、采集结束后停止采集、清零输入等环节组成，实现声音的连续采集，直至满足指定条件才结束采集工作。

文件操作数据流由写入模式的文件打开、写入声音文件（循环操作，采集到一部分数据就将其写入文件）、文件关闭等节点组成。

可按照如下步骤实现采集声音数据并将采集的数据写入文件。

（1）创建文件路径。为了实现将采集的声音文件以当前时间（年月日时分秒）构造.wav格式声音文件名称，并将文件存储在当前VI所在文件夹，调用节点“当前VI路径”（函数→编程→文件I/O→文件常量→当前VI路径）、节点“拆分路径”（函数→编程→文件I/O→拆分路径）、节点“创建路径”（函数→编程→文件I/O→创建路径）及节点“获取日期/时间字符串”（函数→编程→定时→获取日期/时间字符串）和其他字符串节点，完成文件路径的创建。

（2）打开声音文件。调用节点“打开声音文件”（函数→编程→图形与声音→声音→文件→打开声音文件），并节点设置为“写入”模式，配置其端口“声音格式”与声音采集格式设置相同，配置其端口“路径”连线上一步创建的文件路径。

（3）写入声音数据。While循环结构内调用函数节点“写入声音文件”（函数→编程→图形与声音→声音→文件→写入声音文件），其输入端口“数据”连线数据采集流程中函数节点“读取声音输入”输出的数据。

（4）关闭声音文件。While循环结构外，调用节点“关闭声音文件”（函数→编程→图形与声音→声音→文件→关闭声音文件），用以实现文件操作完毕后释放相关资源。为了进一步增强程序的健壮性，调用节点“合并错误”“清除错误”强制消除程序运行过程中出现的错误。

完整的指定时长采集声音加文件存储的程序实现如图3-45所示。

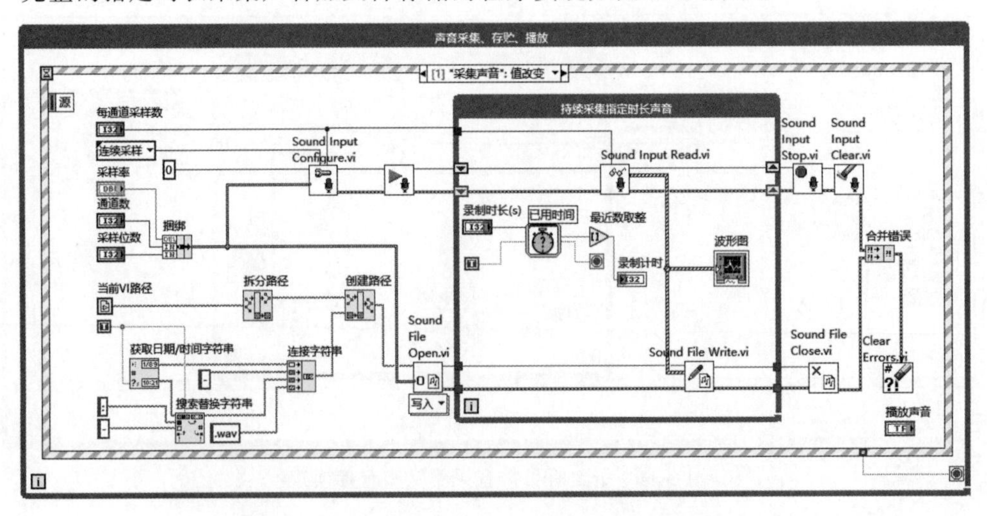

图3-45 指定时长采集声音加文件存储的程序实现

4）声音文件播放

LabVIEW 中播放的声音既可以是音频范围内的波形数据也可以是声音文件中的读出数据。限于篇幅，这里仅以声音文件的播放为例进行程序设计方法说明。声音文件的播放可通过文件读取数据流和声音数据输出数据流协同工作实现。

文件读取数据流由读取模式的文件打开、读取声音文件、文件关闭等节点组成。文件中读取的数据通过函数节点“写入声音输出”建立文件操作数据流与声音输出数据流之间的关联关系，进而实现声音文件的播放功能。

声音数据输出数据流由配置声音输出参数、启动声音输出、写入声音输出、停止声音输出、清零输出等环节组成。

为了使得播放声音功能能够满足用户多次操作的需要，程序前面板中添加按钮【播放声音】，程序框图中添加对应的事件处理子框图，具体实现过程如下。

(1) 设置文件路径。调用 ExpressVI“文件对话框”（函数→编程→文件 I/O→高级文件函数→文件对话框），并设置其参数“开始路径”为“当前 VI 路径”（函数→编程→文件 I/O→文件常量→当前 VI 路径），参数“类型”为字符串常量“ *. wav”，实现文件对话框文件类型的过滤。

(2) 启动声音输出。当用户操作文件对话框选择文件并单击【确定】按钮时，对应的条件分支内，调用函数节点“配置声音输出”（函数→编程→图形与声音→声音→输出→配置声音输出），设置采样模式为“连续采样”，并创建“每通道采样数”“采样率”“通道数”“采样位数”等控件局部变量，配置声音输出参数，调用函数节点“启动声音输出”（函数→编程→图形与声音→声音→输出→启动声音输出）启动声音播放工作任务。

(3) 打开声音文件。调用节点“打开声音文件”（函数→编程→图形与声音→声音→文件→打开声音文件），节点设置为“读取”模式。

(4) 输出声音数据。添加 While 循环结构，实现对文件读取数据的连续播放。While 循环结构内，存在以下两条程序执行路径。

一是声音播放执行路径。调用函数节点“设置声音输出音量”（函数→编程→图形与声音→声音→输出→设置声音输出音量），设置音量参数取值为数值常量 100，完成播放音量的控制；调用函数节点“写入声音输出”（函数→编程→图形与声音→声音→输出→写入声音输出），实现声音数据的播放功能；调用函数节点“声音输出信息”（函数→编程→图形与声音→声音→输出→声音输出信息），实现声音播放状态参数获取功能。

二是声音文件读取执行路径。调用函数节点“读取声音文件”（函数→编程→图形与声音→声音→文件→读取声音文件），节点输出数据作为节点“写入声音输出”输入参数。

(5) 设置循环条件。设置 While 循环结构条件端子为“真时继续”，条件端子连接节点“声音输出信息”输出“正在播放?”，实现播放完毕结束 While 循环的功能。

(6) 清除输出任务。循环结构外调用函数节点“停止声音输出播放”（函数→编程→图形与声音→声音→输出→停止声音输出播放）结束声音信号输出。调用函数节点“声音输出清零”（函数→编程→图形与声音→声音→输出→声音输出清零）复位声音输出。调用函数节点“关闭声音文件”（函数→编程→图形与声音→声音→文件→关闭声音文件），实现文件操作完毕后释放相关资源的功能。

对应的声音文件播放及波形显示功能的完整程序实现如图 3-46 所示。

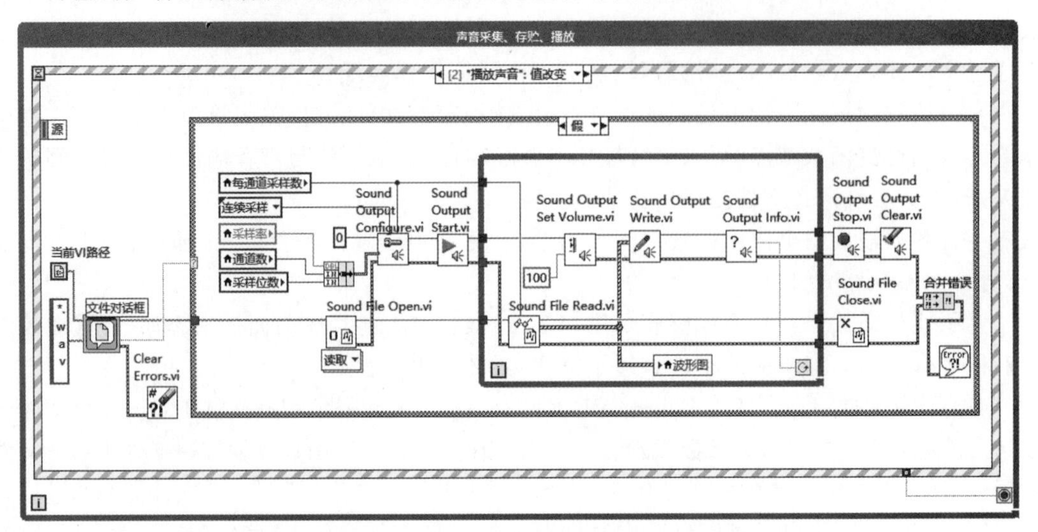

图 3-46　声音文件播放及波形显示功能的完整程序实现

4. 结果分析

单击 LabVIEW 工具栏中运行按钮，声音采集、文件存储及播放程序运行结果如图 3-47 所示。

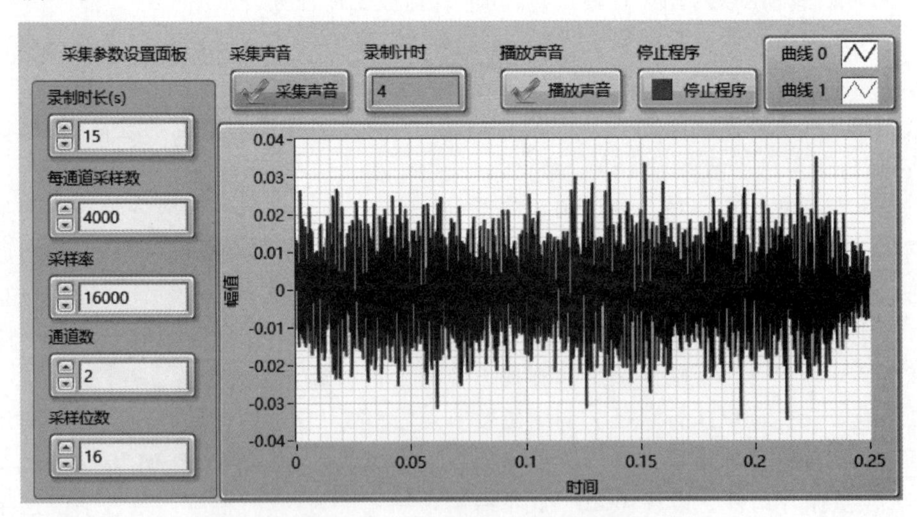

图 3-47　声音采集、文件存储及播放程序运行结果

单击【采集声音】按钮，启动声音信号采集录制和文件存储功能。录制完成后，对应的资源管理器中可以查看程序最近录制的声音文件，如图 3-48 所示。

单击【播放声音】按钮，弹出文件对话框，选择录制的声音文件，播放选择的声音文件并显示信号波形，如图 3-49 所示。

名称	修改日期	类型	大小
2021-05-01-22-40-57	2021-05-01 22:41	WAV 文件	954 KB
VI-3-3-声音采集--指定时长--文件存贮--播放声音	2021-05-01 22:40	LabVIEW Instru...	87 KB
VI-3-3-声音采集--指定时长--文件存贮	2021-05-01 11:02	LabVIEW Instru...	58 KB

图 3-48 程序最近录制的声音文件

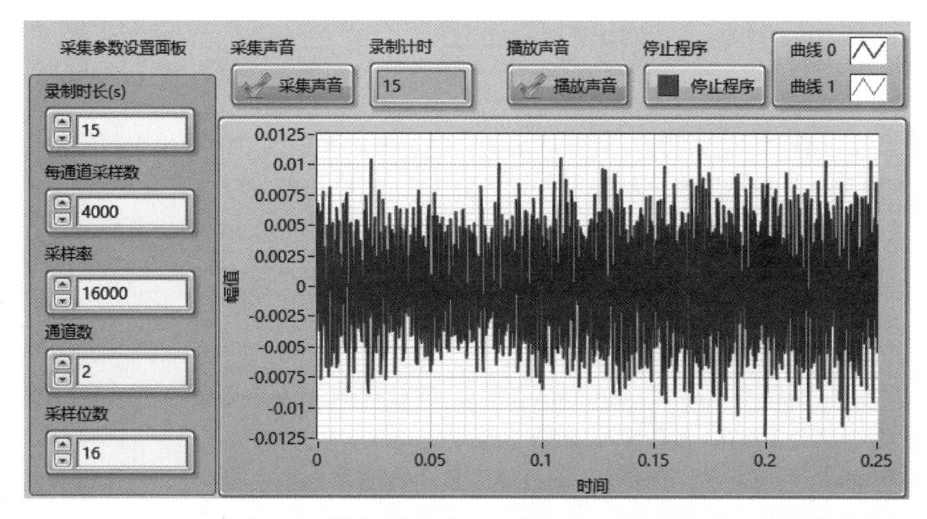

图 3-49 播放选择的声音文件并显示信号波形

进一步地，在声音采集及文件存储的基础上，既可以结合常规信号分析处理方法，对采集的声音数据进行分析处理，也可以结合飞桨 EasyDL 开放平台，对采集声音文件进行收集、归类、训练、识别及其他处理，则可形成更加复杂的技术应用。

3.4 图像数据采集

本节主要介绍图像类型数据采集系统的一般组成，以及程序设计中常用的函数节点和图像采集程序的基本结构，并通过完整应用实例展示图像类型数据采集系统开发中图像采集、文件存储、定时控制等功能的实现方法。

3.4.1 图像采集

1. 采集系统一般组成

图像信息是人类获取的最重要的信息之一，图像采集是数字图像处理、图像识别等热门技术的逻辑起点，其应用十分广泛。图像信号采集对应的摄像头接口类型繁多，目前的主流是 USB 接口，可以直接连接计算机系统，也有部分采用其他形式接口，需要专用的图像采集卡与计算机系统连接。典型的图像采集系统软硬件组成结构如图 3-50 所示。

其中，基于 USB 接口的摄像头构建图像采集系统，相对比较简单，在图像采集驱动程

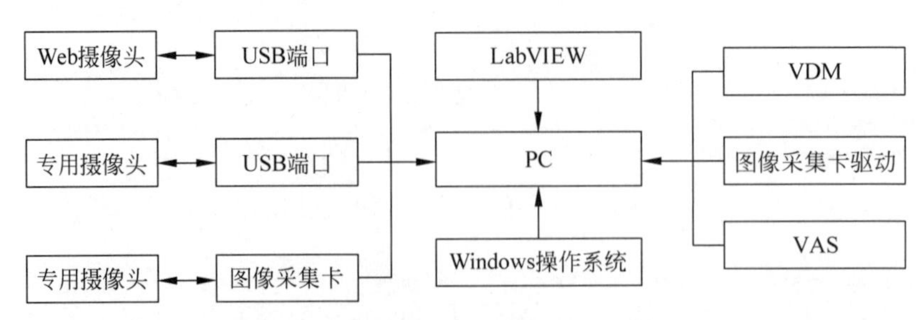

图 3-50　图像采集系统软硬件组成结构

序、视觉开发包等工具支持下，即可开展系统开发工作。其他接口的摄像头则还需要提供图像采集卡驱动。一般笔记本电脑都带有集成摄像头，可以在无须额外费用支出前提下，仅关注软件设计方法，快速构建图像采集系统，完成应用系统开发中的关键技术验证。

进行图像采集系统开发，首先必须保证以下工具包的安装。

(1) Vision Acquisition Software(VAS)。该软件的作用主要是提供硬件驱动，不安装则无法识别摄像头硬件设备。

(2) Vision Development Module(VDM)。该软件的作用主要是提供机器视觉相关的函数，包括 IMAQ Vision 函数库和 NI Vision Asistant。

(3) Vision Builder AI(VBA)。该软件为自动检测视觉生成器，用于快速创建基于机器视觉的自动监测系统。

(4) Measurement & automation Explore(NI MAX)。该软件主要用于管理计算机系统安装的 LabVIEW 软件系统与硬件设备，一般安装数据采集驱动后会自动安装。在该软件中查看计算机集成摄像头信息。

安装完毕图像采集相关工具包，可利用 NI MAX 进行图像采集功能测试，如图 3-51 所示。

NI MAX 中可以改变摄像头工作模式相关参数配置，且配置结果可在 LabVIEW 程序设计中继续有效发挥作用。

2. 图像采集常用函数节点

安装完毕 VAS、VDM 等工具包，重启 LabVIEW，新建 VI。右击程序框图空白处，可以查看“视觉与运动”函数子选板，如图 3-52 所示。

“视觉与运动”函数子选板中包含 7 组函数子选板，图像采集常用的是 NI-IMAQdx、Vision Utilities 函数子选板。

(1) NI-IMAQdx 为图像采集函数子选板，主要针对非 NI 的 USB、1394、GIGE Vision 接口相机，如果使用 NI 出品的相机，则使用 IMAQ 函数子选板。NI-IMAQdx 函数子选板提供的主要函数节点如图 3-53 所示。

(2) Vision Utilities 函数子选板提供图像处理极为有用的若干类别的函数包，如图像内存管理、文件操作、叠加、校准等，Vision Utilities 函数子选板中的函数节点如图 3-54 所示。

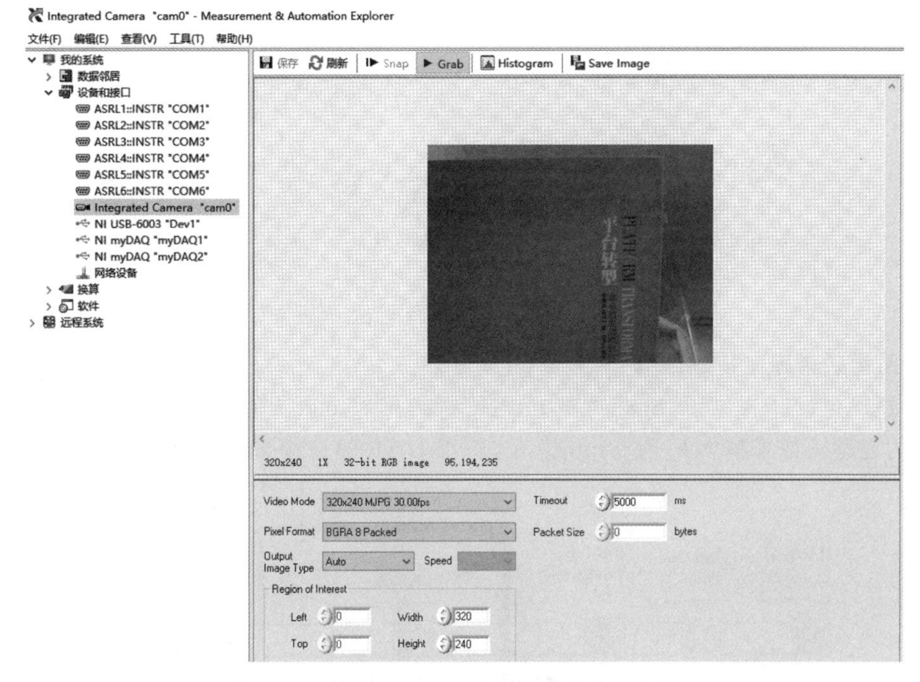

图 3-51　利用 NI MAX 进行图像采集功能测试

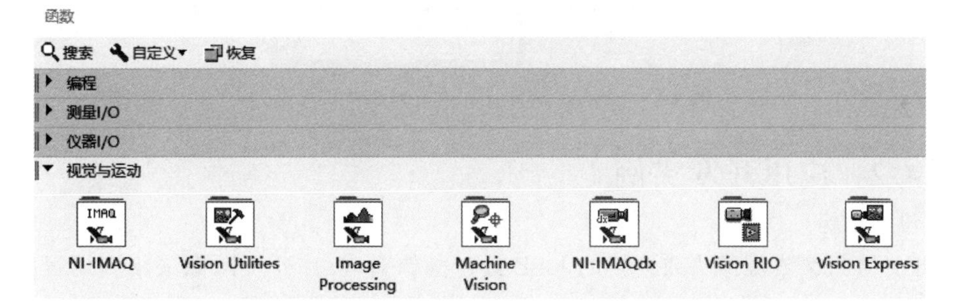

图 3-52　“视觉与运动”函数子选板

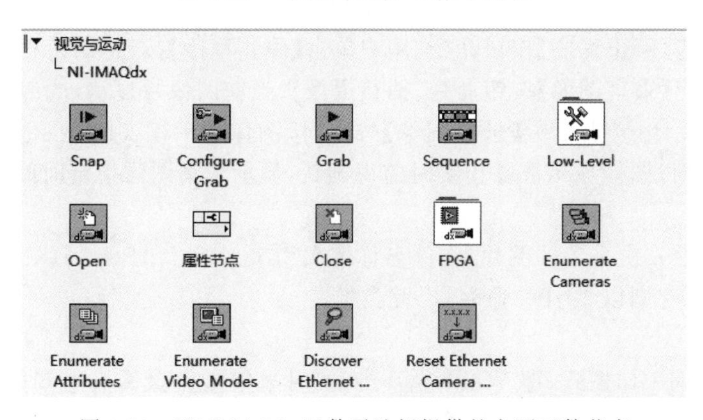

图 3-53　NI-IMAQdx 函数子选板提供的主要函数节点

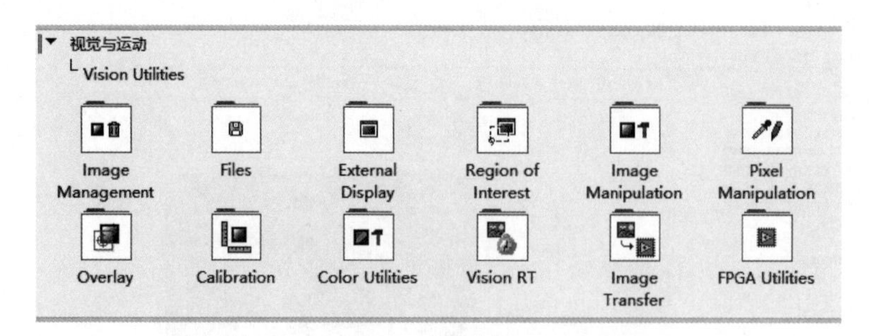

图 3-54 Vision Utilities 函数子选板中的函数节点

3. 图像采集程序基本结构

NI-IMAQdx 中提供了"Snap""Sequence""Grab""Ring"4 种图像采集模式。一般应用场合下的连续图像采集多采用 Grab 模式，基于 Grab 的连续采集图像程序结构如图 3-55 所示。

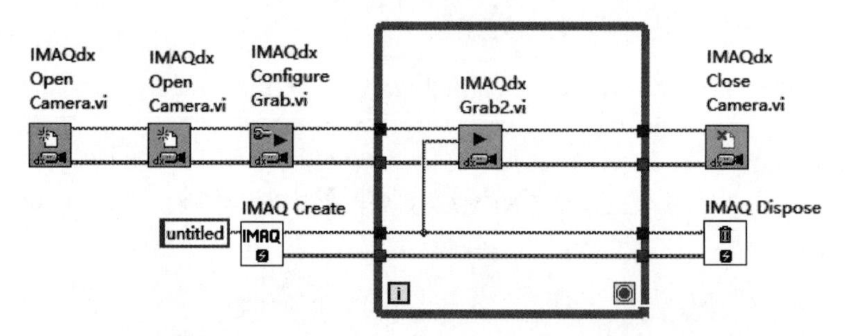

图 3-55 基于 Grab 的连续采集图像程序结构

3.4.2 应用开发实例

1. 设计目标

基于计算机集成摄像头或连接的 USB 接口摄像头，设计开发图像采集应用程序，具备以下功能。

(1) 程序界面提供【采集图像】【停止程序】按钮及图像显示控件。

(2) 程序响应【停止程序】按钮命令，用户单击【停止程序】按钮，结束程序运行。

(3) 程序响应【采集图像】按钮命令，捕获摄像头当前图像并显示，同时在采集图像中叠加采集时间信息。用户未单击【采集图像】按钮时，图像显示框实时显示监视图像，当单击【采集图像】按钮时，图像显示框停止实时监视刷新，显示采集图像指定时间间隔后恢复实时监视状态。

(4) 保存最近 n 次采集的图片，文件名称依次为 1.JPG，2.JPG，…，n.JPG，保存至第 n 张图片时，再次保存则以 1.JPG 命名，以此类推。

2. 实现思路

程序采取轮询工作模式，即 While 循环中，实时采集指定摄像头感知的图像信息，在图像中叠加当前时间文本信息，并完成实时显示。同时在 While 循环中检测按钮【采集图像】、

【停止程序】状态，执行相应的程序模块。对应地，图像采集与文件存储程序结构如图 3-56 所示。

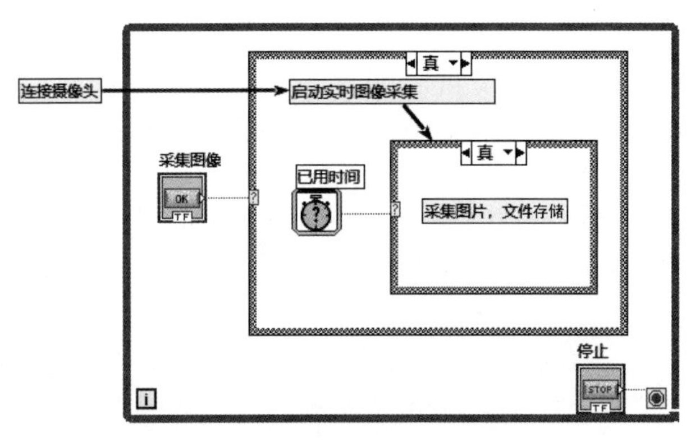

图 3-56　图像采集与文件存储程序结构

3. 程序实现

根据前述实现思路，按照 LabVIEW 程序设计一般流程和模块设计思想，程序设计可分解为前面板设计、图像采集、图像文件存储等设计步骤。

1) 前面板设计

按照图像采集部分功能需求，设计图像采集程序前面板如图 3-57 所示。

图 3-57　图像采集程序前面板

前面板中使用 IMAQdx Session 控件(控件→新式→I/O→IMAQdx Session),用以选择采集图像所需的摄像头;使用 Image Display 控件(控件→Vision→Image Display),用以显示摄像头采集的图像。

2) 图像采集

图像采集就是当【采集图像】按钮按下时,采集当前摄像头捕捉的图片,并在图片中添加采集图像的时间。采集完毕一帧图像后,能短暂保持指定时间,然后恢复实时图像采集结果显示。

本案例中基于 USB 接口的 Web 摄像头(或者笔记本电脑集成摄像头)进行图像采集,分为“实时图像捕获”“图像内存管理”“叠加信息显示”“定时控制”等 4 部分,具体实现过程如下。

(1) 实时图像捕获。调用节点“IMAQ Open Camera”(函数→视觉与运动→NI-IMAQdx→Open),连线 IMAQ Session 控件图标“选择摄像头”,打开指定的摄像头;调用节点“IMAQ Configure Grab”(函数→视觉与运动→NI-IMAQdx→Configure Grab),进行图像采集配置;While 循环结构内调用节点“IMAQdx Grab2”(函数→视觉与运动→NI-IMAQdx→Grab),实现摄像头实时画面的捕获功能。

(2) 图像内存管理。图像作为一种特殊的数据类型,占用内存较大,所以图像采集任务启动之前,首先需要调用函数节点“IMAQ Create”(函数→视觉与运动→Vision Utilities→Image Management→IMAQ Create),实现采集图像存储缓冲区的创建;图像采集任务结束之后调用函数节点“IMAQ Dispose”(函数→视觉与运动→Vision Utilities→Image Management→IMAQ Dispose),实现图像存储缓冲区的释放。

(3) 叠加信息显示。调用节点“获取日期/时间字符串”(函数→编程→定时→获取日期/时间字符串)及节点“连接字符串”(函数→编程→字符串→连接字符串)生成插入图像中的文本;调用函数节点“IMAQ Draw Text”(函数→视觉与运动→Vision Utilities→Pixel Manipulation→IMAQ Draw Text),实现采集图像中添加文本信息功能。

(4) 定时控制。在实时捕获图像的过程中,如果检测到【采集图像】按钮按下,调用节点“已用时间”(函数→编程→定时→已用时间)实现 5s 暂停功能,实现采集一帧图像后,图像显示静止 5s 功能。对应地,实现图像采集并短暂保持功能的完整程序框图如图 3-58 所示。

如果未检测到【采集图像】按钮按下,则直接显示摄像头实时抓取的图像,如图 3-59 所示。

至此,已经实现了程序运行后实时采集指定摄像头图像,单击【采集图像】按钮则捕获当前采集图像,在图像中叠加采集时间的文本信息,且在图像显示框中保持 5s,然后恢复图像显示框显示摄像头实时画面的功能。

3) 图像文件存储

图像采集阶段仅完成了图像获取功能,更多时候,当满足某种特殊的触发条件时需要保存图像,并记录拍摄时的时间信息,这就需要在采集图像的同时,进一步完成图像文件存储功能。

为了使得图像采集程序更进一步贴近实际需求,采集图像的文件存储进一步拓展为按

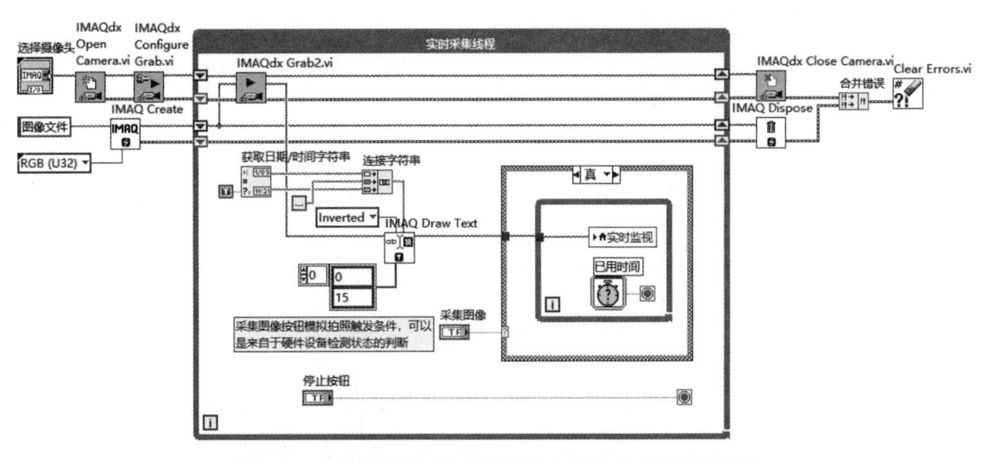

图 3-58　图像采集并短暂保持功能的完整程序框图

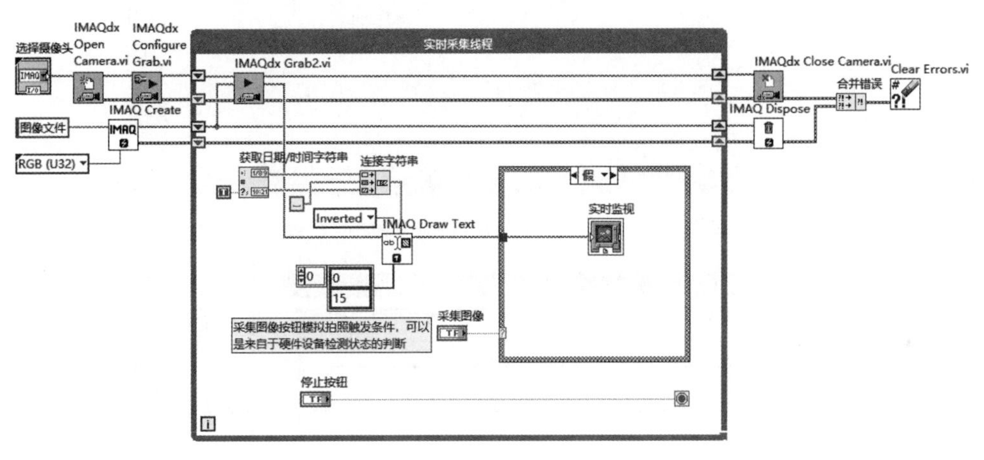

图 3-59　直接显示摄像头实时抓取的图像

照指定时间间隔采样图像，并保存最近若干次采集图像文件，以备后查的功能需求。针对图像采集基础上扩充的功能需求，其前面板中需要添加两个数值输入控件，分别设置标签为“保存采样点数”“采样间隔(s)”，修改后的图像连续采集与文件存储前面板如图 3-60 所示。

这里对图像采集程序进行了进一步改造。用户单击【采集图像】按钮，启动图像实时采集，程序按照指定的时间间隔捕获摄像头采集的图像，并以 JPG 文件格式保存最近采集的图像，而且保存最近采集图像文件个数与设定的保存采样点数一致。

由于选择摄像头、打开摄像头、配置采集、关闭摄像头及图像缓冲区创建与释放和采集与上一步中的实现方法完全一致，这里不再赘述，仅介绍图像采集工作的启动、文件存储功能的实现。

在 While 循环结构中，如果未检测到【采集图像】按钮按下，则不进行任何处理，仅借助移位寄存器传递图像采集有关资源的引用，未触发图像采集任务时的程序框图如图 3-61 所示。

如果检测到【采集图像】按钮按下，在实时图像捕获、内存管理、时间信息叠加显示功能

图 3-60 图像连续采集与文件存储前面板

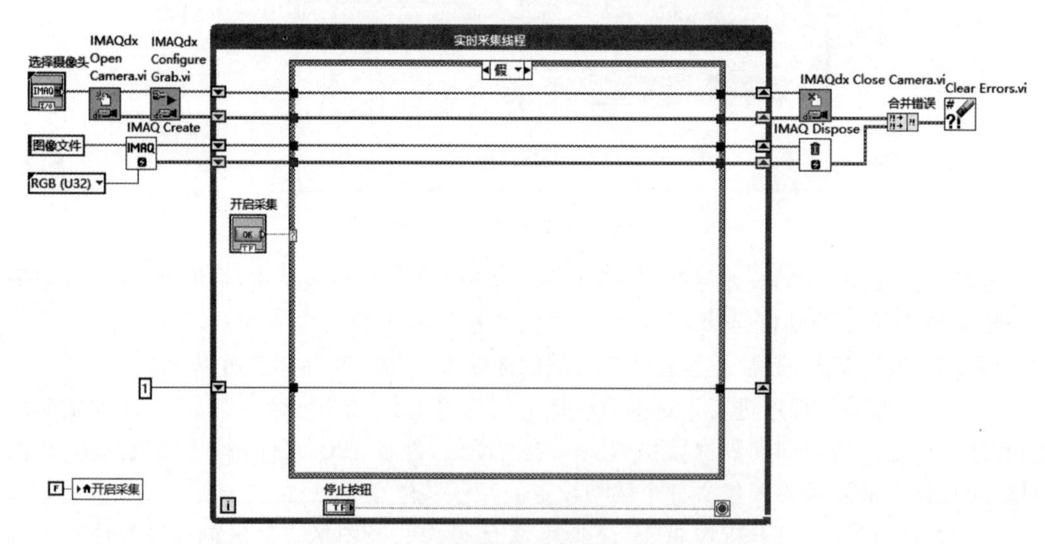

图 3-61 未触发图像采集任务时的程序框图

实现的基础上，调用函数节点“已用时间”(函数→编程→定时→已用时间)实现程序按照指定时间间隔连续采集并存储采集图像的程序框架。

【采集图像】按钮按下，且函数节点“已用时间”设定的目标时间到达，则对应的条件结构内调用函数节点“当前 VI 路径”(函数→编程→文件 I/O→当前 VI 路径)、“拆分路径”(函数→编程→文件 I/O→拆分路径)、“创建路径”(函数→编程→文件 I/O→创建路径)等生成采集图像存储的文件名称和路径。

调用节点“IMAQ Write File2”(函数→视觉与运动→Vision Utilities→Files-IMAQ Write File2),设置节点多态模式为“JPEG”,节点输入参数“Image”连线节点“IMAQ Draw Text”输出参数“Image Dsc Out”;输入参数“File Path”连线节点“创建路径”输出端口,输入参数“Image Quality”连线数值常量 750;借助移位寄存器实现连续采集中每次采集的图像按照采集序号生成 JPG 格式的文件名称。

对应地,连续采集并存储最近 n 张图像的程序实现如图 3-62 所示。

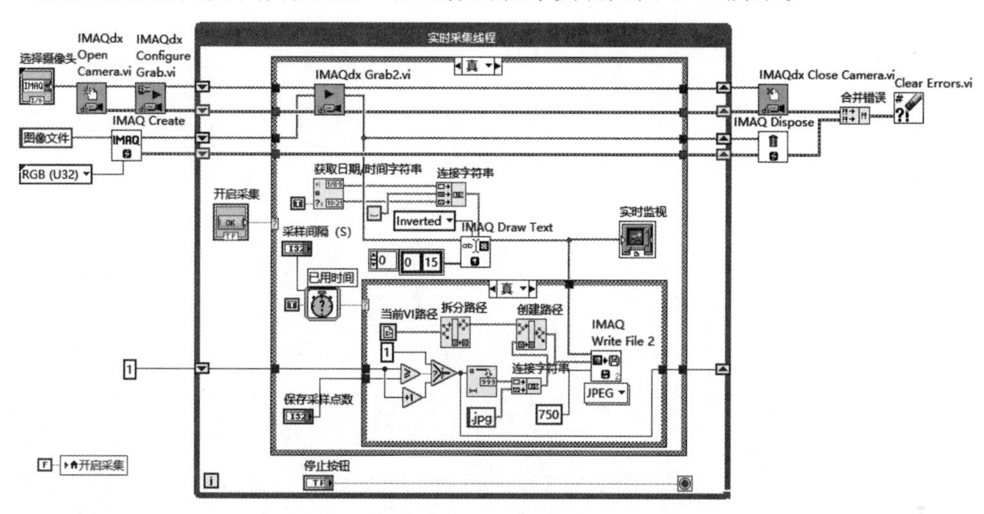

图 3-62 连续采集并存储最近 n 张图像

如果【采集图像】按钮按下,且节点“已用时间”设定的目标时间未到达,则移位寄存器数值不改变、不存储采集图像。连续图像采集并实时显示的程序实现如图 3-63 所示。

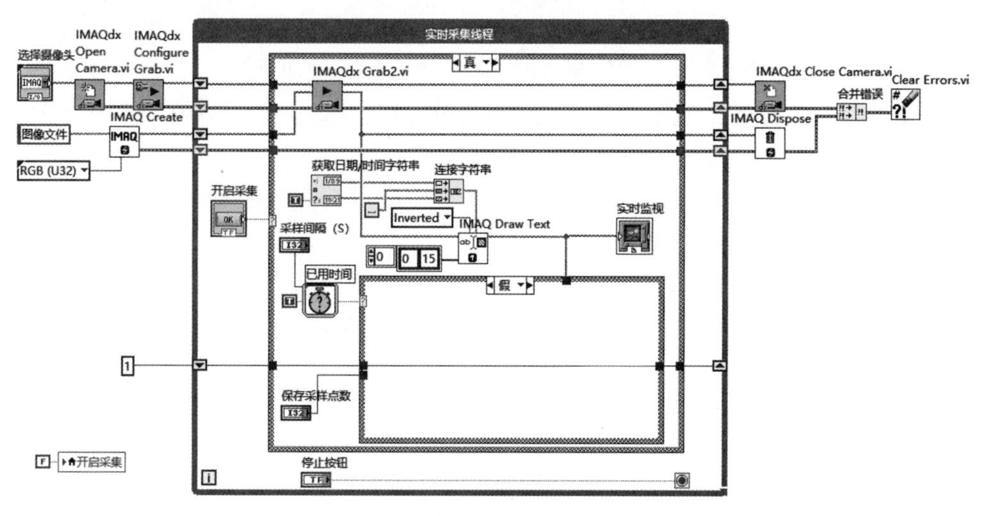

图 3-63 连续图像采集并实时显示

4. 结果分析

单击 LabVIEW 工具栏中运行按钮，图像采集与文件存储程序运行初始界面如图 3-64 所示。

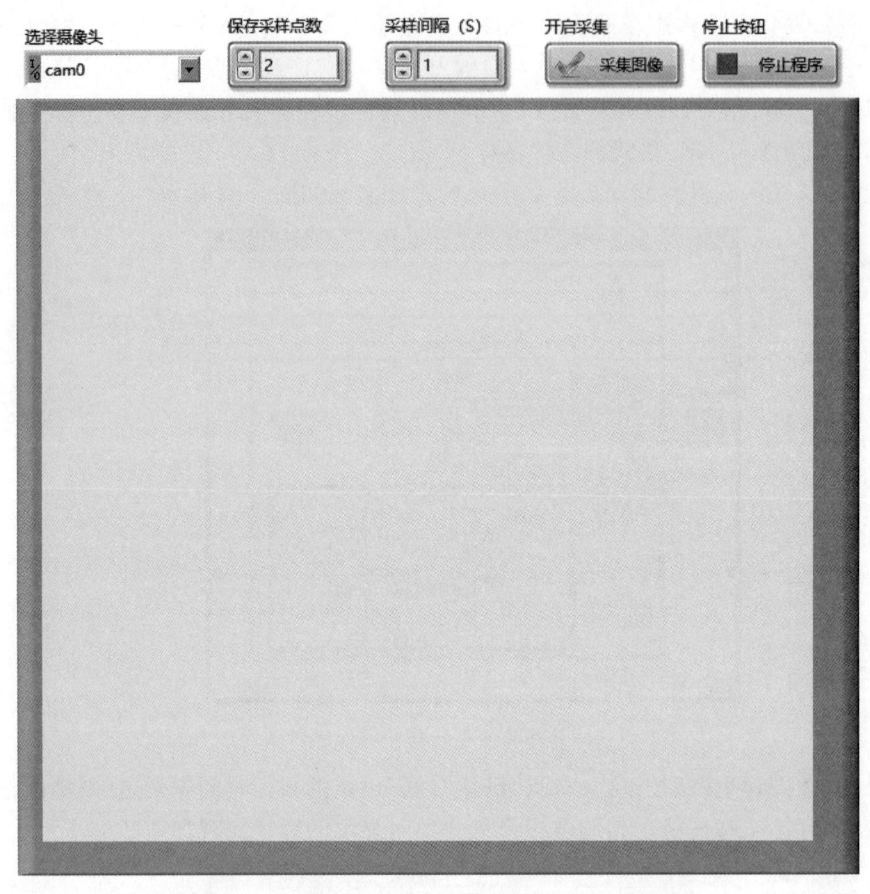

图 3-64　图像采集与文件存储程序运行初始界面

设置保存采样点数为 2，设置采样间隔为 1s，单击【采集图像】按钮，开启图像数据采集任务，图像采集运行结果如图 3-65 所示。

打开计算机资源管理器，进入当前 VI 所在目录，可以查看程序运行生成的图像文件，如图 3-66 所示。

图 3-66 中可见最近保存的名称为 1.JPG、2.JPG 的图像文件，打开文件查看创建时间及图像左上角显示的采集时间文本，即可看到恰好是按照指定时间间隔采集的最近两个时间点的图像采样结果。

在图像采集和文件存储的基础上既可以结合常规信号分析处理方法，对采集的图像数据进行分析处理，也可以结合飞桨 EasyDL 开放平台，对采集图像文件进行收集、归类、训练、识别及其他处理，则可形成更加复杂的技术应用。

图 3-65 图像采集运行结果

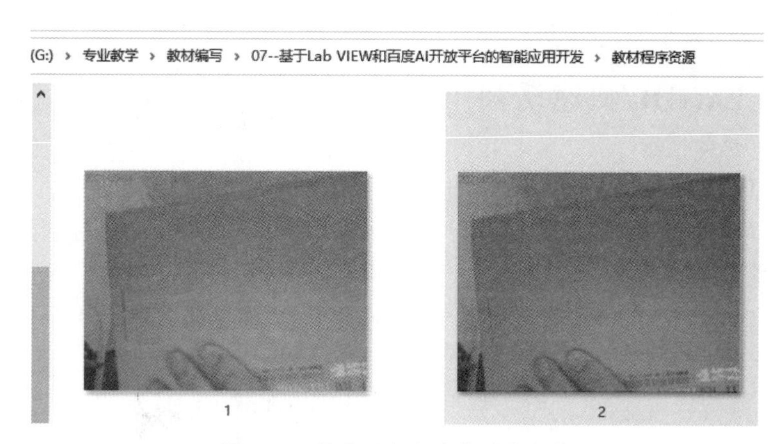

图 3-66 程序运行生成的图像文件

第4章　飞桨 EasyDL 开发平台概况

主要内容：

■ EasyDL 平台概况、技术架构、产品优势；

■ EasyDL 平台中 AI 建模常用的若干概念；

■ EasyDL 平台中 AI 建模一般流程及其主要工作内容。

微课视频

4.1　EasyDL 平台简介

本节主要介绍百度飞桨 EasyDL 功能结构，AI 建模相关的基本概念和一般流程，飞桨 EasyDL 开发人工智能应用的技术优势，飞桨 EasyDL 提供的 4 类典型开发平台及其应用场景。

4.1.1　EasyDL 快速认知

1. EasyDL 总体情况

飞桨 EasyDL 是百度推出的一种零门槛 AI 开发平台，主要面向有定制 AI 需求、零算法基础或者追求高效率开发 AI 需要的各行各业企业用户。EasyDL 支持包括数据管理与数据标注、模型训练、模型部署的一站式 AI 开发流程。原始图片、文本、声音、视频等数据经过 EasyDL 加工和学习，能够生成用户期望的 AI 模型，模型可部署于公有云服务器、本地服务器、小型设备、软硬一体方案的专项适配硬件上。开发者可通过 API 或 SDK 调用，实现 AI 相关应用系统的快速开发。EasyDL 平台基本功能结构如图 4-1 所示。

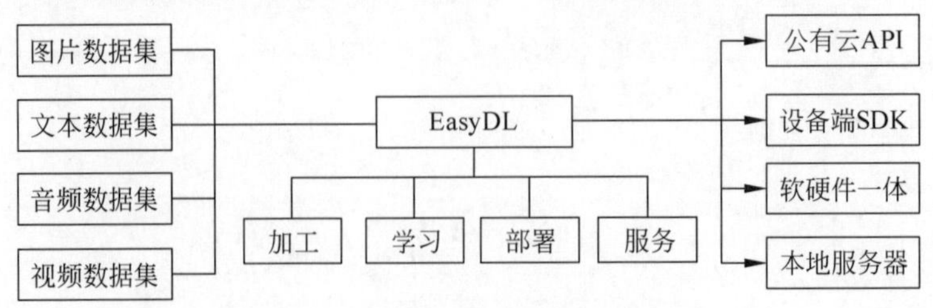

图 4-1　EasyDL 平台基本功能结构

2. EasyDL 主要功能

根据目标客户的应用场景及深度学习的技术方向，EasyDL 推出了以下 6 大技术方向的 AI 建模及应用。

(1) EasyDL 结构化数据。挖掘数据中隐藏的模式，解决二分类、多分类、回归等问题，适用于客户流失预测、欺诈检测、价格预测等场景。

(2) EasyDL 语音。定制语音识别模型，精准识别业务专有名词，适用于数据采集录入、语音指令、呼叫中心等场景，以及定制声音分类模型，用于区分不同声音类别。

(3) EasyDL 图像。定制基于图像进行多样化分析的 AI 模型，实现图像内容理解分类、图中物体检测定位等，适用于图片内容检索、安防监控、工业质检等场景。

(4) EasyDL 视频。定制化分析视频片段内容、跟踪视频中特定的目标对象，适用于视频内容审核、人流/车流统计、养殖场牲畜移动轨迹分析等场景。

(5) EasyDLOCR。定制化训练文字识别模型，结构化输出关键字段内容，满足个性化卡证票据识别需求，适用于证照电子化审批、财税报销电子化等场景。

(6) EasyDL 文本。基于百度大脑文心领先的语义理解技术，提供一整套 NLP 定制与应用能力，广泛应用于各种自然语言处理的场景。

4.1.2 EasyDL 产品优势

EasyDL 具有零门槛一站式服务、高精度训练效果、高效完善的数据服务三大显著特点。

(1) 零门槛一站式服务。EasyDL 提供围绕 AI 服务开发的端到端的一站式 AI 开发和部署平台，包括数据上传、数据标注、训练任务配置及调参、模型效果评估、模型部署。平台设计简约，极易理解，便于零基础开发者快速上手。完成深度学习模型的训练和部署只需要按照创建模型、上传并标注数据、训练模型及校验模型、发布模型等流程，最快可以在 10 分钟完成模型训练和部署。

(2) 高精度训练效果。EasyDL 基于飞桨 PaddlePaddle 深度学习框架构建而成，内置丰富百度用户百亿级大数据训练的成熟预训练模型，底层结合百度自研的 AutoDL/AutoML 技术，基于少量数据就能获得出色效果和性能的模型。EasyDL 训练图像分类模型时，支持选择 AutoDLTransfer。AutoDLTransfer 模型是百度研发的 AutoDL 技术之一，结合了模型网络结构搜索、迁移学习技术，并针对用户数据进行自动优化。与通用算法相比，训练时间较长，但更适用于细分类场景。

(3) 高效完善的数据服务。数据对于模型效果至关重要，在数据服务上，EasyDL 除提供基础的数据上传、存储、标注外，额外提供线下采集及标注支持、智能标注、多人标注、云服务数据管理等多种数据管理服务，大幅降低企业用户及开发者的训练数据处理成本，有效提高标注效率。

4.1.3 EasyDL 常用概念

EasyDL 应用之前，需要熟悉以下四类 AI 开发常用的术语和概念。

1. 人工智能基本概念

人工智能(Artificial Intelligence,AI)是研究、开发用于模拟、延伸和扩展人的智能的理论、方法、技术及应用系统的一门新的技术科学。人工智能企图生产出一种新的能以人类智能相似的方式做出反应的智能机器,该领域的研究包括机器人、语言识别、图像识别、自然语言处理等。

EasyDL 平台主要使用了深度学习的有关技术,深度学习是机器学习(Machine Learning,ML)领域中一个新的研究方向。通过学习样本数据的内在规律和表示层次,最终目标是让机器能够像人一样具有分析学习能力,能够识别文字、图像和声音等数据。

AI 模型训练的一般流程如图 4-2 所示。

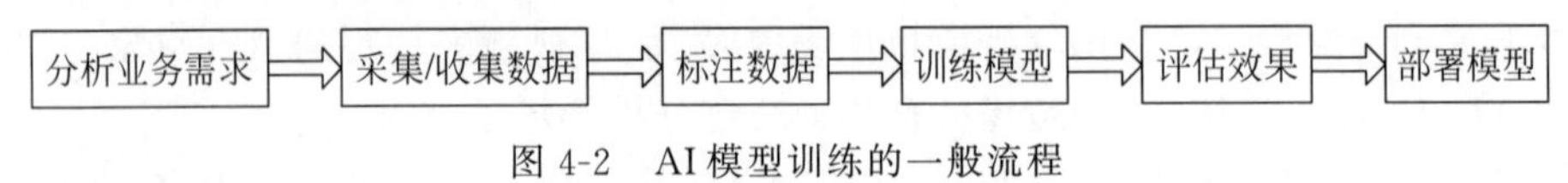

图 4-2　AI 模型训练的一般流程

2. 模型与模型类型

EasyDL 支持图像、文本、语音、OCR、视频、结构化数据等六大技术方向,每个方向包括不同的模型类型,EasyDL 支持的模型类型及其主要功能如表 4-1 所示。

表 4-1　EasyDL 支持的模型类型及其主要功能

类　别	主要功能
图像	图像分类、物体检测、图像分割
文本	文本分类-单标签、文本分类-多标签、文本实体抽取、情感倾向分析、短文本相似度
语音	语音识别、声音分类
OCR	文字识别
结构化数据	表格数据预测、时序数据预测
视频	视频分类、目标跟踪

3. 模型效果的评价

基于 EasyDL 的 AI 应用建模,其模型效能的评价一般关注以下 7 个技术指标。

(1) 准确率。图像分类、文本分类、声音分类等分类模型的衡量指标,取值为正确分类的样本数与总样本数之比,越接近 1 模型效果越好。

(2) F1-score。对某类别而言为精确率和召回率的调和平均数,对图像分类、文本分类、声音分类等分类模型来说,该指标越高效果越好。

(3) 精确率。对某类别而言,为正确预测为该类别的样本数与预测为该类别的总样本数之比。

(4) 召回率。对某类别而言,为正确预测为该类别的样本数与该类别的总样本数之比。

(5) Top1、Top2、……、Top5。在查看图像分类、文本分类、声音分类、视频分类模型评估报告中,Top1～Top5 指的是针对一个数据进行识别时,模型会给出多个结果,Top1 为置信度最高的结果,Top2 次之,以此类推。正常业务场景中,通常会采信置信度最高的识别结果,重点关注 Top1 的结果即可。

(6) mAP。mAP(mean Average Precision)是物体检测算法中衡量算法效果的指标。对于物体检测任务,每类目标物体都可以计算出其精确率和召回率,在不同阈值下多次计算/试验,每类都可以得到一条 P-R 曲线,曲线下的面积就是 average。

(7) 阈值。物体检测模型会存在一个可调节的阈值,是正确结果的判定标准,例如阈值是 0.6,置信度大于 0.6 的识别结果会被当作正确结果返回。每个物体检测模型训练完毕后,可以在模型评估报告中查看推荐阈值,在推荐阈值下 F1-score 的值最高。

4. 数据标注

数据标注简单来说就是对图像、文本、语音、视频等数据执行分类、画框、注释、标记、拉框、描点、转写等标记和注释性质的操作,以满足相关机器学习的需要。数据标注是人工智能应开发的基础,决定了机器学习和深度学习模型的质量。

4.1.4 EasyDL 平台分类

EasyDL 产品从目标客户及应用场景的角度分为经典版、专业版、零售版、桌面版等 4 个核心产品。

(1) EasyDL 经典版。EasyDL 经典版 2017 年推出,面向零算法基础或者追求高效率开发 AI 的企业用户,现已支持图像分类、物体检测、图像分割、文本分类、视频分类、声音分类六类模型定制。EasyDL 经典版具备高精度、更轻快的特性,通过自动化模型选择、可视化交互界面,基于平台底层强大的预置模型和 AutoDL 能力,即便完全不懂算法的用户也可以快速上手,获得高精度的模型效果。

(2) EasyDL 专业版。EasyDL 专业版 2019 年发布,这是款针对 AI 初学者或者 AI 专业工程师的企业用户及开发者推出的 AI 模型训练与服务平台,目前支持视觉及自然语言处理两大技术方向,内置百度海量数据训练的预训练模型,可灵活脚本调参,只需少量数据可达到优模型效果。特别适用专业 AI 工程师且追求灵活、深度调参的企业或个人开发者。

(3) EasyDL 零售版。专门面向零售场景的独立软件开发商、零售行业服务商等企业用户提供商品识别场景的 AI 服务获取方案,支持面向货架巡检、自助结算台、无人零售柜等商品检测场景提供定制商品检测训练平台及标准商品检测 API 两类服务。

(4) EasyDL 桌面版。EasyDL 桌面版 2021 年发布,兼容 Windows、macOS、Linux 操作系统,支持本地导入导出、高效管理模式。开发者能够在离线情况下,在自己的计算机上轻松创建 AI 模型,无须上传数据即可完成训练,适合在无网环境下进行数据处理、模型训练与部署,快至 15min 完成一个 AI 模型开发全流程。

4.2 EasyDL 平台 AI 应用建模

微课视频

本节主要介绍 EasyDL 建立 AI 应用的一般流程,并结合实例依次展示创建模型、上传数据、训练与校验、发布模型的完整过程,并给出借助第三方测试工具 PostMan 对发布的模型进行应用测试的基本方法。

4.2.1 一般流程

必须首先注册百度账号,成为百度 AI 开放平台的开发者,如图 4-3 所示。

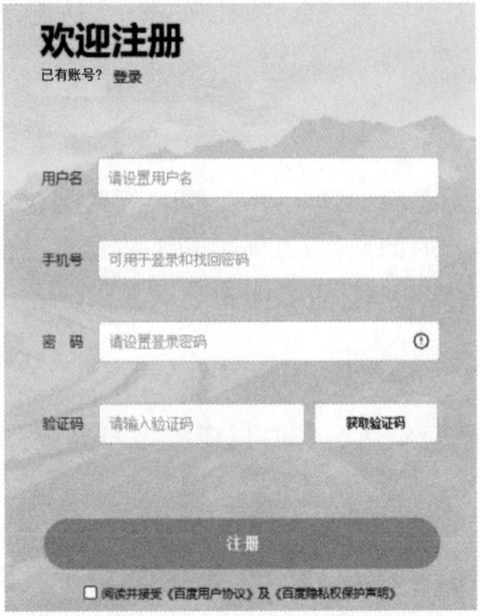

图 4-3 注册百度账号

作为百度 AI 开发者,在 EasyDL 中完成深度学习模型的训练和部署一般只需要以下 5 个操作流程。

(1) 创建模型。确定模型名称,记录希望模型实现的功能。

(2) 上传并标注数据。上传数据后,根据不同模型的数据要求进行数据标注。如果有本地已标注的数据,也可以直接上传。

(3) 训练模型并校验效果。选择算法、配置训练数据及其他任务相关参数完成训练任务启动。模型训练完毕后支持可视化查看模型评估报告,并通过模型校验功能在线上传数据测试模型效果,如果不满意模型效果,可重新选择算法或者重新配置训练参数,继续训练,迭代完善,直至满意模型效果为止。

(4) 发布模型。选择训练任务版本,将效果满意的模型发布为 API/设备端 SDK/本地化部署/软硬件一体设备。

(5) 应用测试。使用百度提供的在线测试工具或者第三方测试工具访问发布的模型,体验模型的实际使用效果。

4.2.2 创建模型

EasyDL 面向各类用户提供了 20 类 AI 应用模型,与测试测量领域密切相关的莫过于结构化数据、声音及图像三大类模型。登录 EasyDL 主页面,单击【立即使用】按钮,弹出模型类型选择对话框,如图 4-4 所示。

图 4-4　模型类型选择对话框

根据实际需要选择对应的 AI 模型，即可进入对应的 EasyDL 模型中心。选择模型中心操作导航栏【创建模型】，填写新建模型相关信息，如图 4-5 所示。

图 4-5　填写新建模型相关信息

单击【完成】按钮，创建选择的 AI 模型。

4.2.3　上传数据

模型创建完毕后，模型中心可以查看模型相关信息，如图 4-6 所示。

单击图 4-6 中操作链接【创建】，进入数据集创建页面，如图 4-7 所示。

图 4-6　查看模型相关信息

图 4-7　数据集创建页面

填写拟创建数据集的相关信息，单击【完成】按钮，结束数据集创建，进入数据总览页面，可以查看新创建的数据集，如图 4-8 所示。

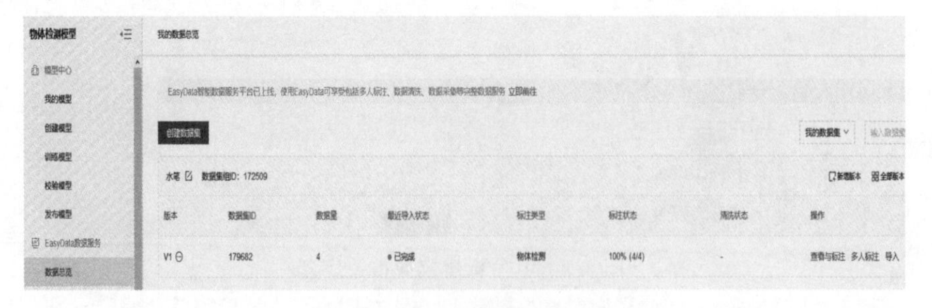

图 4-8　查看新创建的数据集

单击操作链接【导入】，按照所选择模型对训练数据的要求，将事先准备好的训练数据文件上传。上传过程中 EasyDL 提示上传数据的格式、结构等信息，如图 4-9 所示。

结构化数据相关的 AI 模型训练前不需要对数据进行标注，图像类 AI 应用如物体检测、图像分割等涉及训练数据的标注，具体标注方法可参见 EasyDL 相关文档。

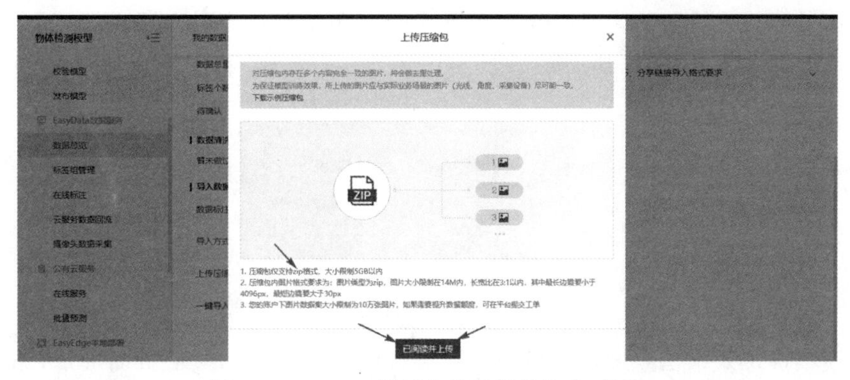

图 4-9　EasyDL 提示上传数据的格式、结构

4.2.4　训练与校验

单击当前所选模型的显示信息中【训练模型】操作链接，进入训练参数配置页面。模型训练需要配置的参数包括选择训练模型、配置训练（包括部署方式、训练方式、算法等）、选择数据集、选择训练环境等，模型训练参数配置界面如图 4-10 所示。

图 4-10　模型训练参数配置界面

训练需要等待一段时间，一般 1000 张图片的训练需要几小时。完成训练后，模型中心对应模型显示训练效果信息，如图 4-11 所示。

【物体检测】数钢筋 模型ID: 151258

部署方式	版本	训练状态	服务状态	模型效果	操作
公有云API	V1	• 训练完成	已发布	mAP: 97.88% 精确率: 94.03% 召回率: 98.85% 完整评估结果	查看版本配置 服务详情 校验 体验H5

图 4-11 显示训练效果信息

单击模型训练效果信息中【校验】操作链接，启动模型校验，按照页面提示，添加测试图片，即可查看模型应用效果，如图 4-12 所示。

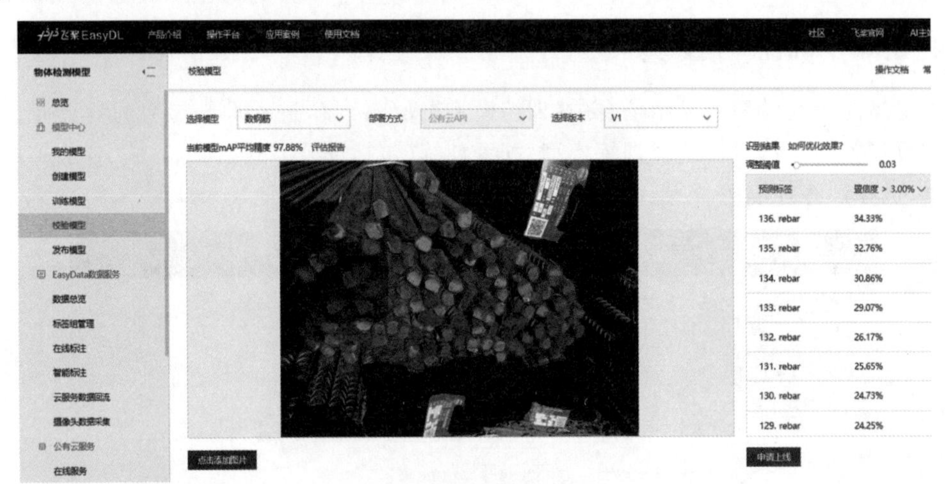

图 4-12 查看模型应用效果

4.2.5 发布模型

训练完毕后可以在左侧导航栏中找到【发布模型】，依次进行“选择模型”“选择部署方式”“选择版本”“自定义服务名称”“接口地址后缀”等设置操作，完成模型发布。其中模型部署方式可以在公有云服务器、通用小型设备、本地服务器、软硬一体方案 4 种方式中灵活选择，以便适配各种使用场景及运行环境。

初学阶段，一般选择公有云 API 部署方式，主要因为这种部署方式无特殊软硬件要求，普通计算机、常用 Windows 操作系统即可使用，更重要的是这种方式是免费的。但是公有云部署方式存在显著缺陷——实时响应性能较差。从发起服务器请求到获取部署模型计算结果，大约需要 5s 时长。这一缺陷使得公有云部署方式的实用性大打折扣。

如果对性能有一定的要求，则可以选择通用小型设备部署方式(这种部署方式支持普通计算机、支持常用 Windows 操作系统，无须单独列装价格昂贵的服务器系统)。通用小型设备部署方式即使在普通计算机上进行测试，一般也具有 1s 以内的响应速度，其实用性大幅度增加。但是这种部署方式免费使用仅有 60 天，不过对于学习者了解其使用方式和测试性能已经足够了。

1. 公有云部署

当选择公有云部署方式时，模型发布参数配置页面如图 4-13 所示。

图 4-13　模型发布参数配置页面

模型发布页面右侧显示内容为模型的公有云 API 访问参数及服务器相应参数的说明。不同类型的 AI 模型 API 访问参数会有所不同。具体参数信息可查看相关文档进一步了解。单击【提交申请】按钮，完成模型发布申请。

在正式使用之前，还需要做的一项工作为接口赋权。需要登录 EasyDL 控制台创建一个应用，获得百度 AI 开放平台有关应用的关键参数 AppID、API Key、Secret Key。应用列表中查看相关参数页面，如图 4-14 所示。

图 4-14　应用列表中查看相关参数页面

百度 AI 开放平台使用 OAuth 2.0 授权调用开放 API，调用有关模型的 API 时必须在 URL 中附加 access_token 参数。而通过访问百度 AI 鉴权 API 接口获取 access_token，需要使用的 URL 附加参数恰恰是相关应用的 API Key、Secret Key。

2. 通用小型设备部署

如果期望在离线网络环境下调用模型，则发布时选择"通用小型设部署"方式，发布纯离线服务，将训练完成的模型部署在本地。

首先选择拟发布的模型，选择【EasyEdge本地部署】【SDK-纯离线服务】，然后单击【发布】按钮，启动训练模型的发布任务，本地部署方式设置如图4-15所示。

图4-15 本地部署方式设置

单击【发布】按钮后，打开发布新服务页面，本地部署新服务模型发布配置如图4-16所示。

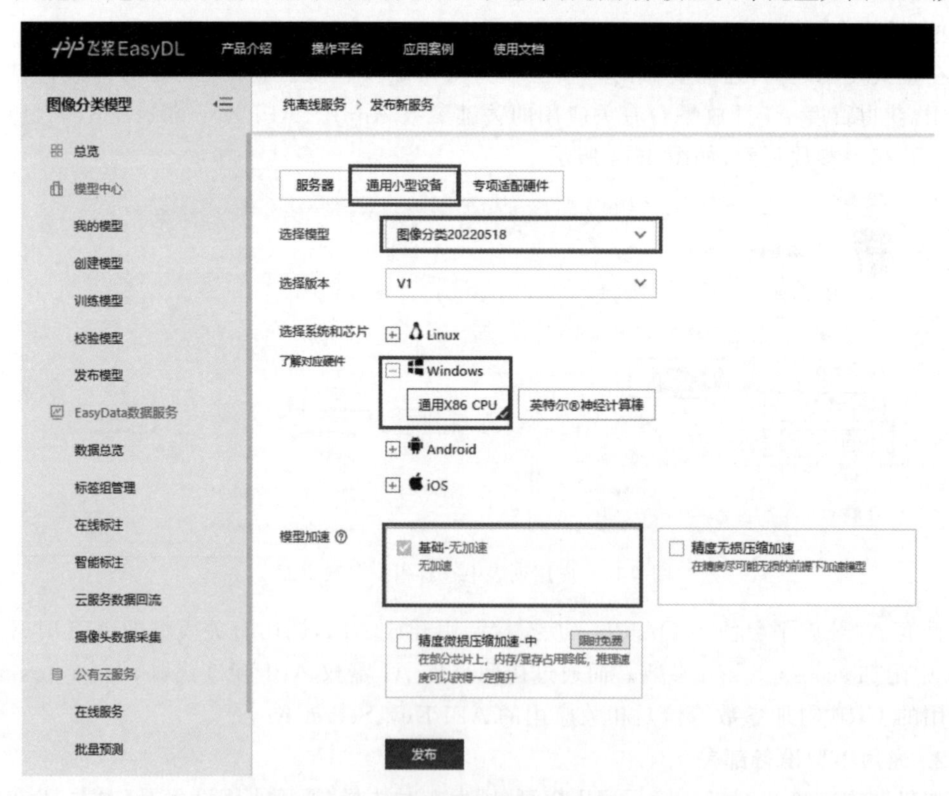

图4-16 本地部署新服务模型发布配置

根据部署计算机配置情况，选择对应的系统和芯片及模型加速类型。单击【发布】按钮，进入纯离线模型服务部署进度页面，当完成发布后，模型发布状态显示“已发布”，而且显示【下载 SDK】操作链接。本地部署发布完成显示信息如图 4-17 所示。

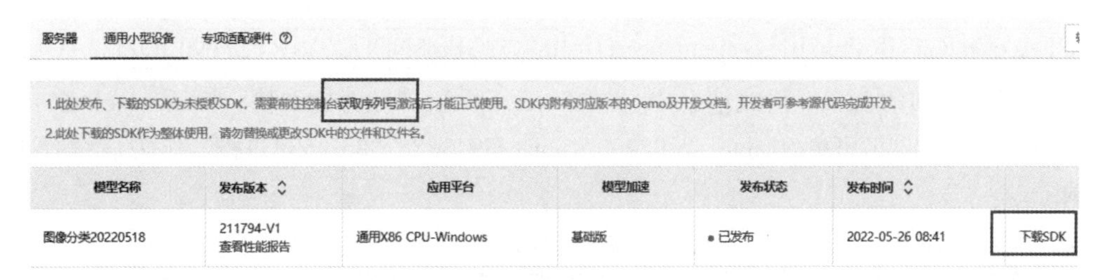

图 4-17 本地部署发布完成显示信息

由于下载的 SDK 尚未授权，需要前往百度 AI 开放平台的控制台获取离线模型序列号。单击图 4-18 中链接【获取序列号】，进入百度智能云控制台，申请测试序列号，如图 4-18 所示。

设备端纯离线服务

按单台设备激活　按多台设备激活　按产品线激活

使用说明（展开查看授权方式、激活方法等）

提示：如您已完成企业资质认证，则享受该账号下每发布一个模型即可免费享受3个基础版SDK测试序列号和3个加速版SDK测试序列号，联网激活后有效期为6个月更多企业认证权益详见 企业权益专属礼包 去完成企业认证

+ 购买永久授权　新增测试序列号　管理序列号　查看转让序列号　批量离线激活

设备名	激活状态	序列号	序列号类型	激活时间	到期时间
自定义设备	未激活	774F-964E-0B11-DE19	基础版	/	激活后90天内有效
自定义设备	已激活	7D62-9D3B-6A18-CE8D	基础版	2022-05-23	2022-08-21

图 4-18 申请测试序列号

初学阶段可选择【新增测试序列号】，获取两个月免费使用权限。如果模型性能优异，具备一定的商业价值，可以购买永久授权。

4.2.6 应用测试

发布模型的调用方式与其部署方式相关。这里以最常用的公有云部署、通用小型设备部署两种方式简单介绍发布模型的应用方法。

1. 公有云部署测试

调用公有云部署的模型，首先利用模型相关应用的两个参数 API Key、Secret Key，访问鉴权 API，获取公有云部署的 AI 模型访问权限。鉴权 API 访问有关信息如下。

HTTP 请求方法：GET 请求。

请求 URL：https://aip.baidubce.com/oauth/2.0/token。

URL 附加参数：grant_type(client_credentials)、client_id(模型相关应用的 API Key)、 client_secret(模型相关应用的 Secret Key)。

典型鉴权语句如下所示。

https://aip.baidubce.com/oauth/2.0/token? grant_type=client_credentials&client_id=sD2ff2FAeqCmlG5TiRVbb7b1&client_secret=ta9y8eGBm3NDDQ7VtRYSHMEfQZI22AUL&

鉴权请求返回的 JSON 格式信息中,提取"access_token"键对应取值,"access_token":"24.f9d6b8ce3b49221f22467dfee297ab6d.2592000.1656126940.282335-26293915",作为后续模型访问权限。

这里以前期训练并公有云部署的健康码/行程码识别模型为例,完成发布后,单击模型信息中【服务详情】,弹出窗口显示公有云部署模型服务相关信息,如图 4-19 所示。

图 4-19 公有云部署模型服务相关信息

单击对话框中【查看 API 文档】按钮,可获取模型调用相关信息如下。

HTTP 方法:POST。

请求 URL:https://aip.baidubce.com/rpc/2.0/ai_custom/v1/classification/xingchma。

URL 参数:access_token,取值设定为上一步鉴权 API 访问获取的响应结果"24.f9d6b8ce3b49221f22467dfee297ab6d.2592000.1656126940.282335-26293915"。

头部参数:Content-Type 取值设定为 application/json。

Body 参数:image 和 top_num 包含两个参数。Body 参数说明如表 4-2 所示。

表 4-2 Body 参数说明

参　数	是否必选	类　型	说　明
image	是	string	图像数据,Base64 编码,要求 Base64 编码后大小不超过 4MB,最短边至少 15px,最长边最大 4096px,支持 JPG/PNG/BMP 格式,注意请去掉头部
top_num	否	number	返回分类数量,默认为 6 个

打开 HTTP 测试工具 PostMan,创建 POST 请求。设置 POST 请求 URL 及 URL 参数,如图 4-20 所示。

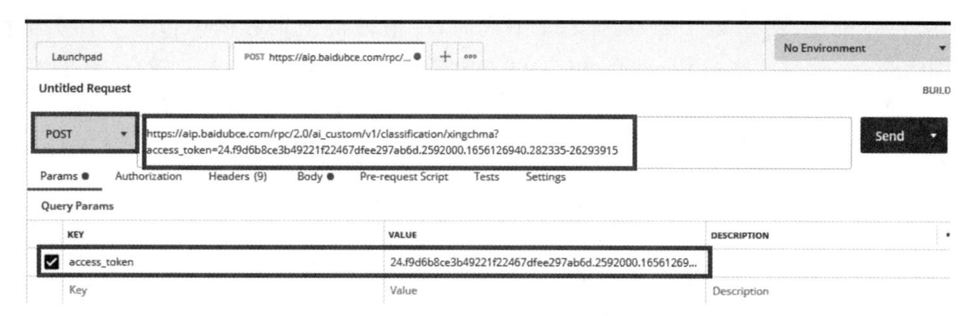

图 4-20　设置 POST 请求 URL 及 URL 参数

PostMan 中选择【Headers】,设置头部参数 Content-Type 取值如图 4-21 所示。

Untitled Request　　BUILD

POST　https://aip.baidubce.com/rpc/2.0/ai_custom/v1/classification/xingchma?access_token=24.f9d6b8ce3b49221f22467dfee297ab6d.2592000.16 ...　Send

Params　Authorization　Headers (9)　Body　Pre-request Script　Tests　Settings

Headers　Hide auto-generated headers

KEY	VALUE	DESCRIPTION
Postman-Token	<calculated when request is sent>	
Content-Type	~~application/json~~	
Content-Length	<calculated when request is sent>	
Host	<calculated when request is sent>	
User-Agent	PostmanRuntime/7.26.8	
Accept	*/*	
Accept-Encoding	gzip, deflate, br	
Connection	keep-alive	
Content-Type	application/json	

图 4-21　设置头部参数 Content-Type 取值

进一步按照格式{"image":"< Base64 数据>","top_num": 5},PostMan 中设置 Body 参数如图 4-22 所示。

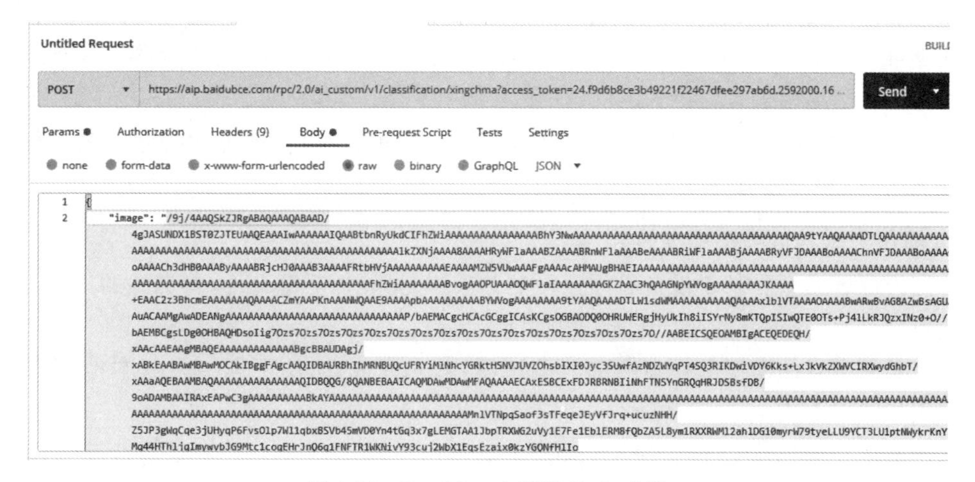

图 4-22　PostMan 中设置 Body 参数

需要注意的是，图像文件转为Base64编码时，一般转换结果数据中包含文件头部相关信息，如“data:image/jpeg;Base64,/9j/4AAQSkZJRgABAQAAAQABAAD......../”的Base64转换结果中，字符串“data:image/jpeg;Base64,”正是图像文件的头部信息。公有云部署的AI模型基于API调用时，提交Base64编码的图像数据中应该删除图像文件的头部信息。

填写完毕全部的请求参数，单击PostMan界面中【Send】按钮，云端部署模型返回的响应信息如图4-23所示。

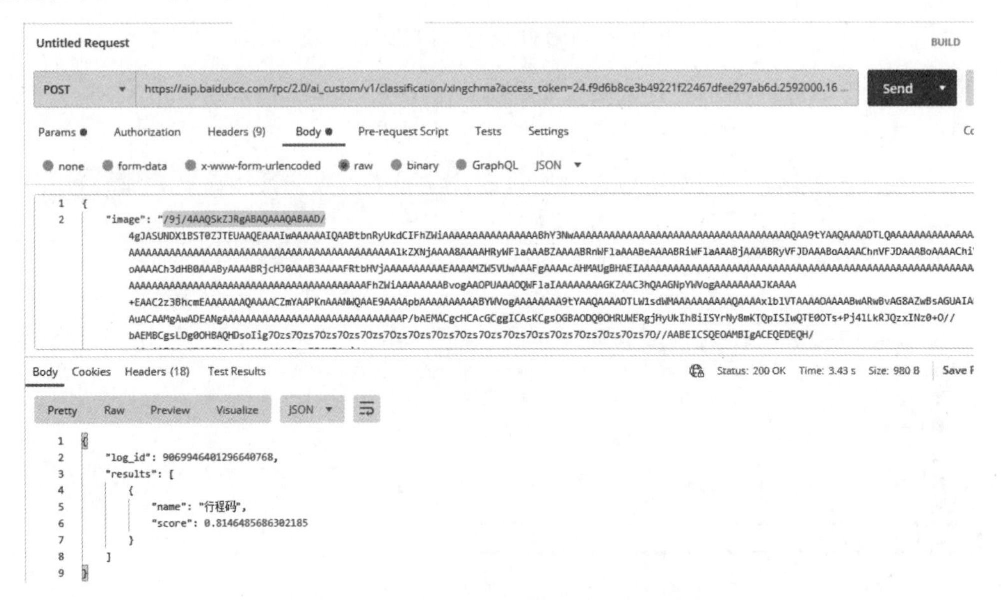

图4-23　云端部署模型返回的响应信息

由图4-23可见，从提交请求到获取响应信息，耗时3.43s。服务器响应信息为JSON字符串，其“result”键提供了识别结果相关信息。

基于第三方工具PostMan对公有云部署模型调用的测试结果，说明了程序设计人员可以使用任何一门编程语言，按照上述方法编写基于HTTP协议的通信程序，创建POST请求，设置请求参数，发起服务请求并对服务器响应信息进行解析，即可实现基于公有云部署模型的AI应用程序开发。

2. 通用小型设备的本地部署测试

公有云部署模型受制于设备必须联网的约束，如果硬件资源允许，将训练的模型部署于本地设备，则会得到更好的AI模型应用性能。

训练效果满意的模型选择本地部署测试后，首先完成SDK下载、解压，本地部署SDK文件列表如图4-24所示。

双击文件夹中的应用程序“EasyEdge.exe”，启动本地服务。本地部署模型服务启动时，首先弹出本地部署模型访问参数配置窗口，如图4-25所示。

名称	修改日期	类型	大小
bin	2022-05-24 7:42	文件夹	
data	2022-05-24 7:42	文件夹	
dll	2022-05-24 7:42	文件夹	
include	2022-05-24 7:43	文件夹	
lib	2022-05-24 7:43	文件夹	
src	2022-05-24 7:43	文件夹	
EasyEdge AVX	2021-04-20 10:04	Windows 批处理...	1 KB
EasyEdge NOAVX	2021-04-20 10:04	Windows 批处理...	1 KB
EasyEdge	2022-01-25 10:33	应用程序	643 KB
EasyEdge	2022-05-24 11:25	文本文档	27 KB
README.md	2022-05-18 11:13	MD 文件	1 KB

图 4-24　本地部署 SDK 文件列表

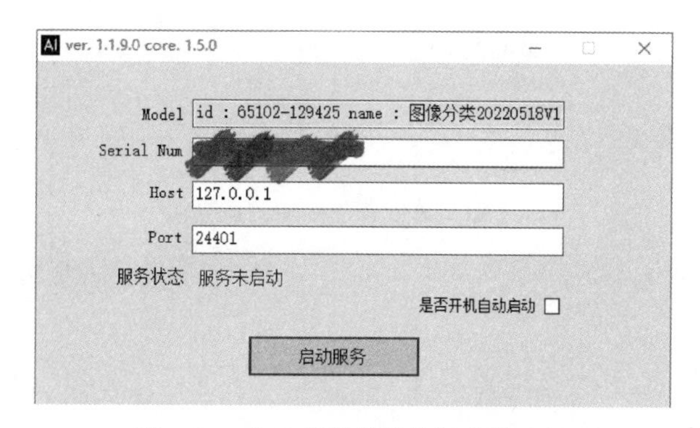

图 4-25　本地部署模型访问参数配置

图 4-25 中可见 SDK 已经自动选择离线部署的 AI 模型、服务器主机 IP 地址 127.0.0.1 及服务端口 24401，填写前面申请到的测试序列号，单击【启动服务】按钮，即可开启本地部署的 AI 模型应用。处于服务状态的 EasyEdge 界面如图 4-26 所示。

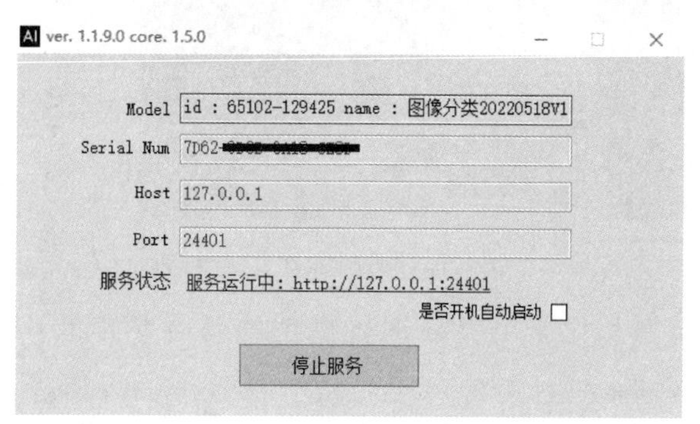

图 4-26　服务状态的 EasyEdge 界面

打开 Web 浏览器，键入地址 http://127.0.0.1:24401/，浏览器显示离线部署模型测试界面，如图 4-27 所示。

载入拟分类的图片，离线部署的图像分类模型识别结果如图 4-28 所示。

基于 Web 浏览器的测试结果表明，任何程序设计语言均可基于 HTTP 协议调用本地部署模型服务，实现智能应用的开发。

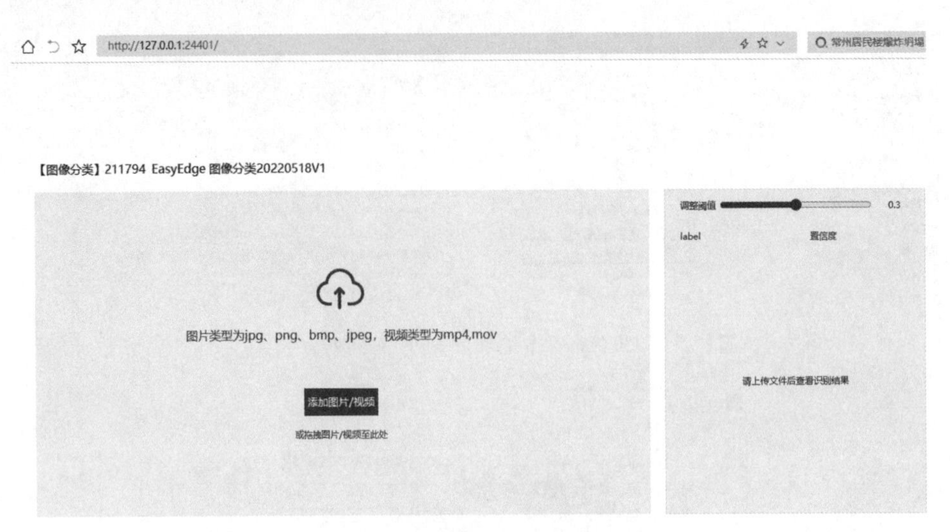

图 4-27　离线部署模型测试界面

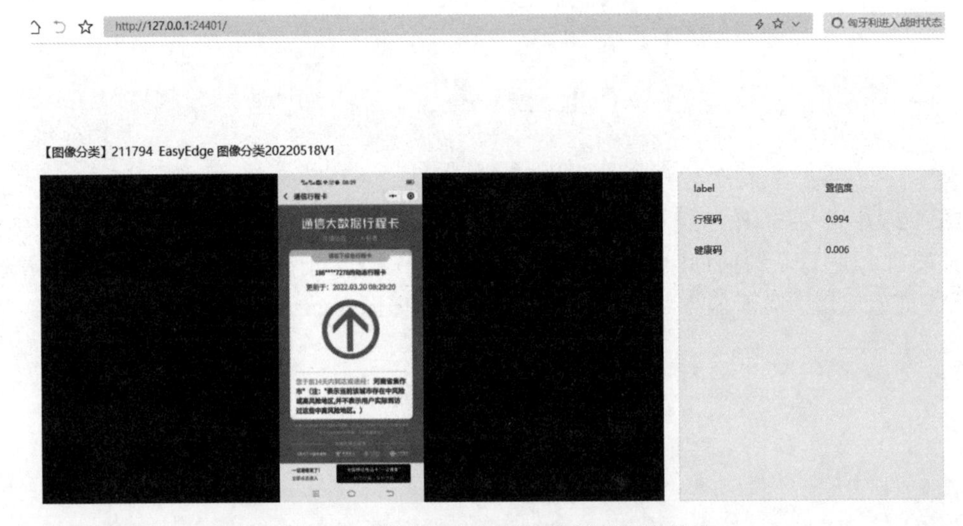

图 4-28　离线部署的图像分类模型识别结果

本地部署的 AI 模型相比于公有云部署模型的调用要简单——无须鉴权环节。其 HTTP 请求相关参数如下。

HTTP 请求方法：POST。

请求 URL：http://127.0.0.1:24401/。

URL 参数：threshold，非必须参数，threshold 参数相关信息如表 4-3 所示。

表 4-3　threshold 参数相关信息

字　段	类　型	取　值	说　明	是否必须参数
threshold	float	0～1	置信度阈值	否

当请求 URL 附加参数时，访问形式为 http://127.0.0.1:24401/?threshold=0.2。

Body 参数：按照图像分类模型说明，其 HTTP 请求的 Body 参数为拟识别图片的二进制数据。

为了进一步贴近程序设计需求，借助 PostMan 对本地部署的模型调用方式进行测试。打开 PostMan，创建 POST 请求，设置 URL 为 http://127.0.0.1:24401/，切换至 Body 参数设置，设置请求参数为"binary"类型（访问文件的二进制数据内容），并进一步选择拟分类的图像文件，单击【Send】按钮，本地部署的模型测试设置及返回信息如图 4-29 所示。

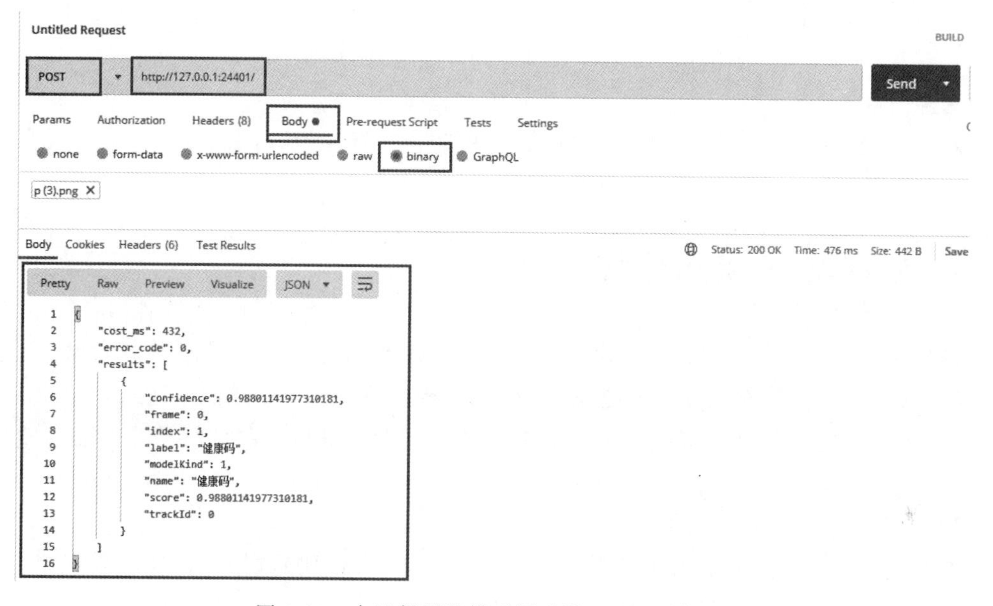

图 4-29　本地部署的模型测试设置及返回信息

测试结果表明，本地部署模型从提交请求到获取响应信息，耗时 432ms。同一个模型，同样的识别结果，调用公有云部署模型耗时 3.43s，两者响应时间相差近 10 倍。而且本地部署的模型调用方式明显比公有云部署方式简单易行，具有较强的实用价值。

但是本地部署对于一般读者来说，额外增加了计算机运行负担，如果对于实时响应性能并无严格的要求，可以选择公有云部署方式。

无论是公有云部署还是本地部署，从发布模型 API 接口调用的技术实现方法角度看，并无本质区别。因此，本书后续内容不再强调选择不同的部署方式，统一按照公有云部署模式处理。

第 5 章

飞桨 EasyDL 结构化数据 AI 应用建模

主要内容：

■ EasyDL 中表格数据预测的建模、训练、校验、部署及测试的基本方法；

■ EasyDL 中时序数据预测的建模、训练、校验、部署及测试的基本方法。

5.1 表格数据预测建模

本节在简要介绍 EasyDL 结构化数据中提供的表格数据预测模型有关基本概念、适用场景和 AI 应用建模一般流程的基础上，按照创建模型、数据准备、模型训练、模型校验、模型发布、接口测试六大步骤，阐述表格数据预测模型建模及其应用测试的基本方法。

5.1.1 基本流程

表格数据预测指的是通过机器学习技术从结构化（表格化）数据中发现潜在规律，从而创建机器学习模型，并基于机器学习模型处理新的数据，为业务应用生成预测结果。根据预测数据的不同，EasyDL 提供的表格数据预测模型可以分为如下 3 种类型。

（1）回归模型。表格数据中的目标列是连续的实数范围。如在销量预测场景中，销量值可能是某个取值范围内的任意值，解决该问题的模型属于回归模型。

（2）二分类模型。表格数据中的目标列是离散值，且只有两种可能的取值。如在精准营销场景中预测一个用户是否为潜在购买用户，其目标列仅存在"True"和"False"两种取值，解决该问题的模型属于二分类模型。

（3）多分类模型。表格数据中的目标列是离散值，并具有有限的可能取值。如在用户分类场景中，根据用户的历史消费数据，将用户划分到不同消费偏好的类别中，解决该问题的模型属于多分类模型。

表格数据预测建模的基本流程如图 5-1 所示。

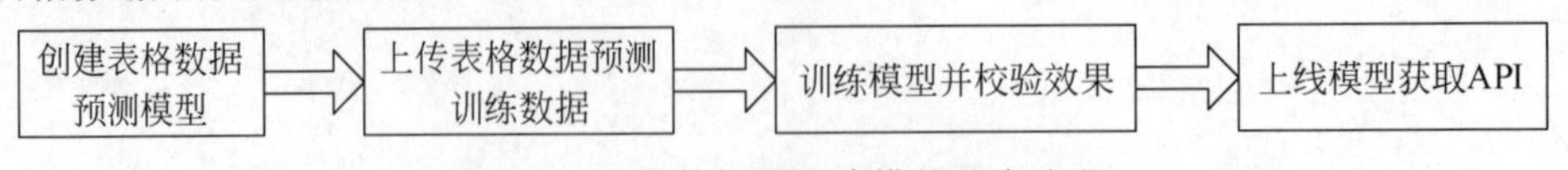

图 5-1 表格数据预测建模的基本流程

表格数据预测模型使用场景丰富多彩，既可用于工业领域故障诊断、状态预测，还可用于商业领域精准营销、客户管理等。

5.1.2 创建模型

这个阶段的主要任务是在 EasyDL 中，按照操作向导完成表格数据预测模型创建。打开 EasyDL 平台主页，如图 5-2 所示。

图 5-2 EasyDL 平台主页

打开平台后，先单击【AI 主站】按钮，然后单击页面中的【控制台】，进入如图 5-3 所示的百度 AI 登录界面。

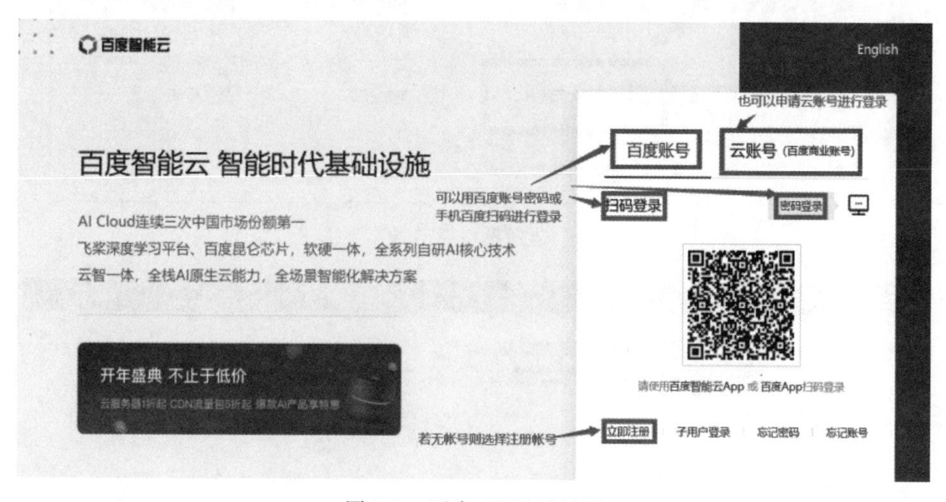

图 5-3 百度 AI 登录界面

单击【百度账号】或【云账号】登录。如无账号，选择注册一个账号，然后登录，进入 EasyDL 服务平台，如图 5-4 所示。

单击图 5-4 中【立即使用】按钮，显示选择模型类型操作界面，如图 5-5 所示。

选择【表格数据预测】，进入表格数据预测模型中心，单击导航栏【模型中心】→【我的模型】，进入如图 5-6 所示的表格数据预测模型操作界面。

图 5-4　EasyDL 服务平台

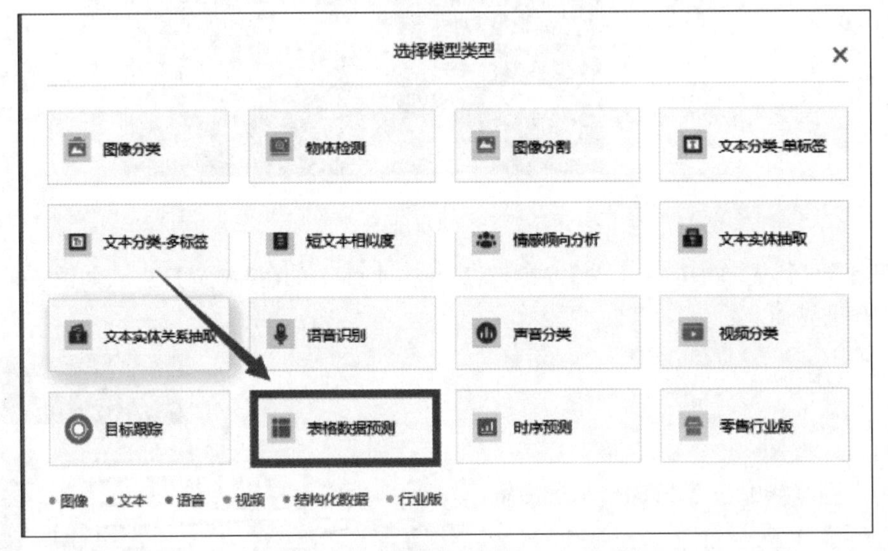

图 5-5　选择模型类型操作界面

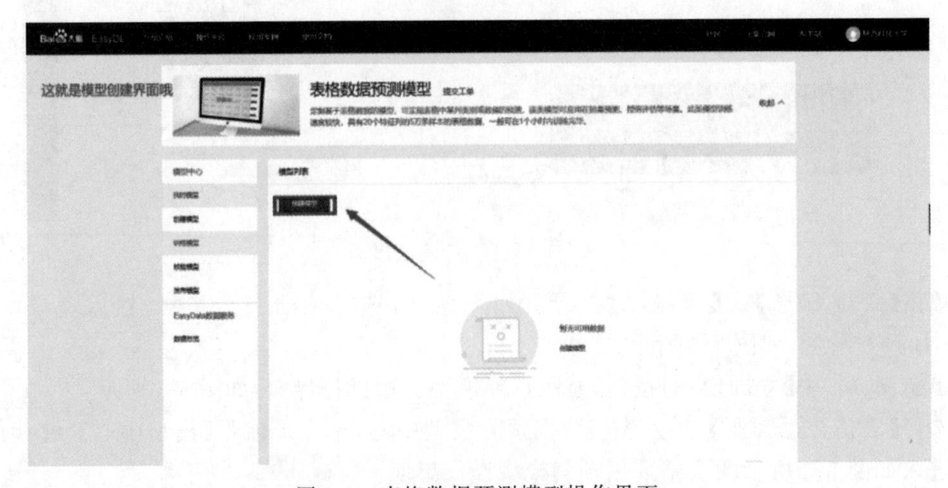

图 5-6　表格数据预测模型操作界面

单击【创建模型】按钮，进入表格数据预测建模信息配置页面，如图 5-7 所示。

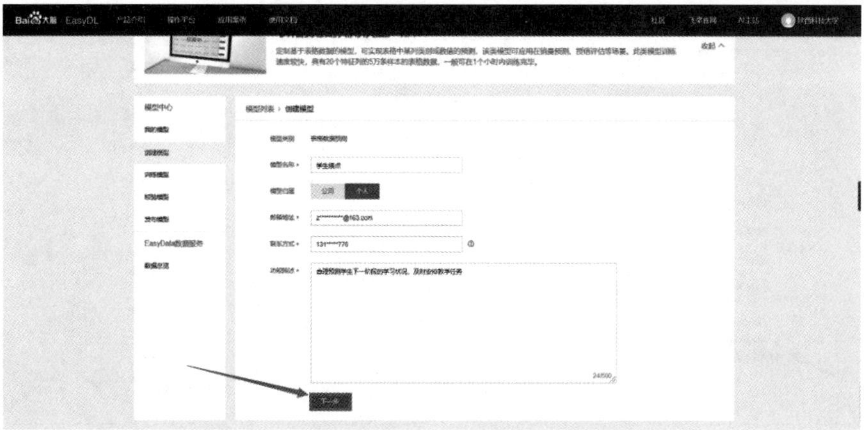

图 5-7　表格数据预测建模信息配置页面

完成创建后，模型列表中显示表格数据预测模型创建结果，如图 5-8 所示。

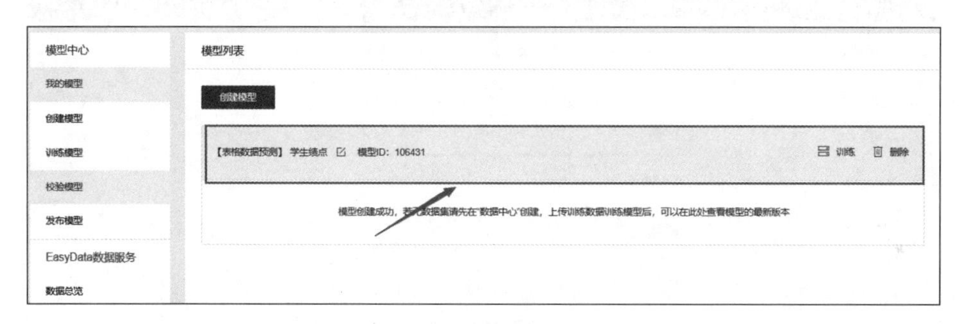

图 5-8　表格数据预测模型创建结果

5.1.3　数据准备

这个阶段的主要任务是提供表格数据预测模型训练所需要的数据集。单击左侧导航栏【模型中心】→【数据总览】，在右侧显示的【我的数据总览】中，单击【创建数据集】，启动训练用数据集创建，如图 5-9 所示。

在弹出的操作界面中填写【数据集名称】，完成表格数据预测模型训练数据集命名，如图 5-10 所示。

完成数据集准备后，单击 EasyDL 控制台左侧导航栏【模型中心】→【数据总览】，即可查看用于表格数据预测模型训练的数据集(此时数据集中并无数据)，如图 5-11 所示。

在【我的数据总览】中选择刚创建的数据集，单击操作链接【导入】，进入如图 5-12 所示的配置导入数据集界面。

在【导入方式】列表框中选择“上传 CSV 文件”或“上传压缩包”，弹出如图 5-13 所示的上传数据提示信息对话框。

图 5-9　启动训练用数据集创建

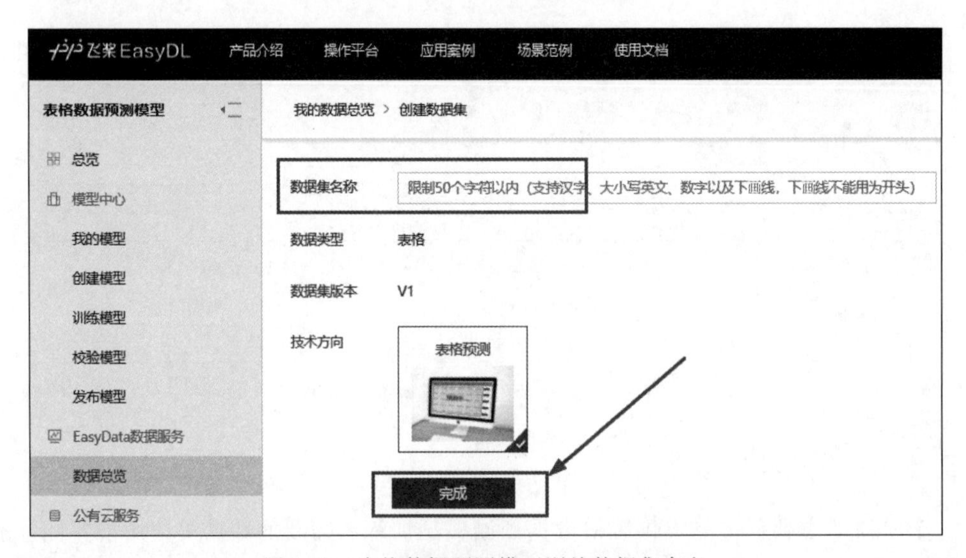

图 5-10　表格数据预测模型训练数据集命名

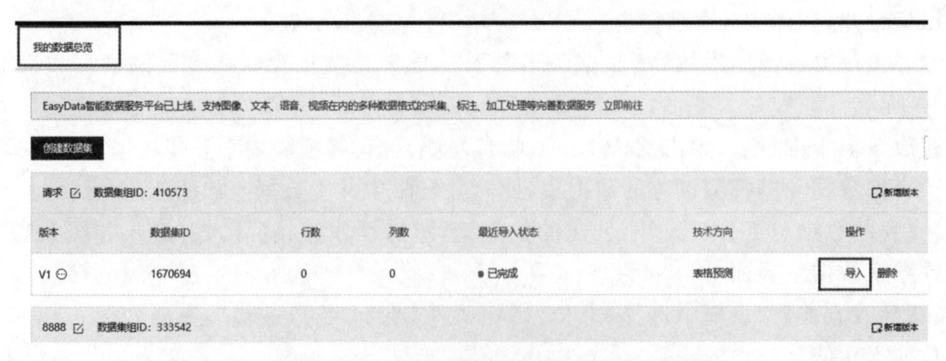

图 5-11　查看用于表格数据预测模型训练的数据集

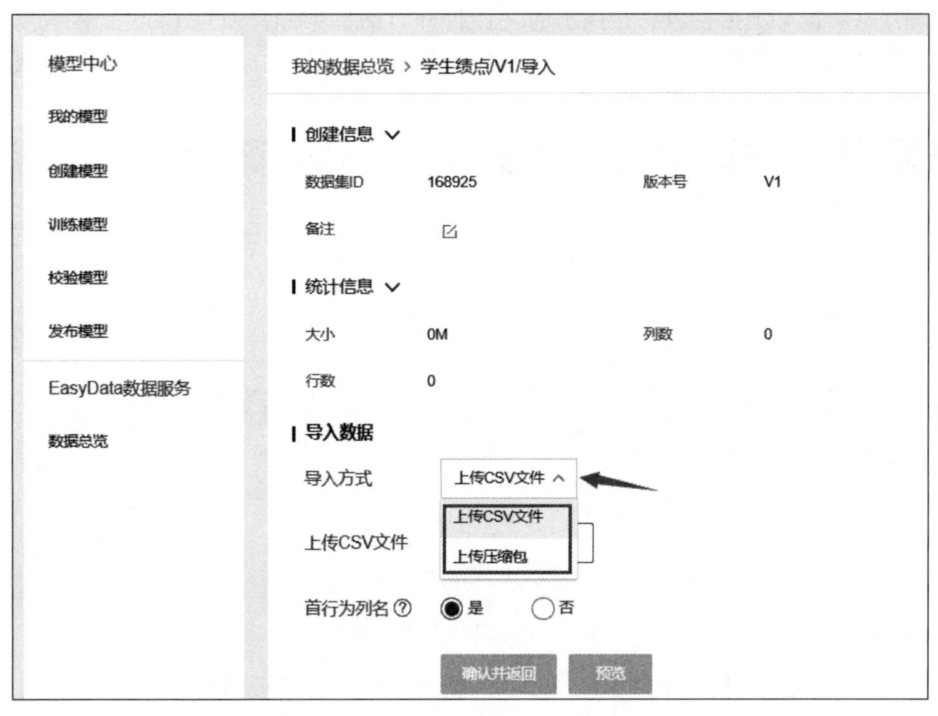

图 5-12　配置导入数据集界面

图 5-13　上传数据提示信息对话框

单击【已阅读并上传】按钮,在弹出的文件打开对话框中选择所需 CSV 文件或压缩包。待文件上传完毕,单击【确认并返回】,进入【我的数据总览】。完成数据上传大约需要 10 分钟。上传完成状态的数据集信息如图 5-14 所示。

图 5-14　上传完成状态的数据集信息

需要注意的是,训练数据的质量决定了训练所得模型效果可达到的上限。数据上传后无法修改其内容。如果在导入训练数据后需要对其进行更改,必须重新导入。训练用数据文件目前仅支持 CSV 格式,数据文件内容至少包含两列,其中一列为要预测的值即目标列,其他列为属性列。EasyDL 规定数据总列数不得超过 1000 列,而且数据集的总行数不能超过 1000 万行。上传数据时,一次仅能上传一个文件,可以是一个 CSV 文件或由多个 CSV 文件压缩成的 ZIP 包(ZIP 包中的多个 CSV 文件必须使用相同的编码格式,都包含列名或都不包含列名,且列的顺序必须保持一致),单个上传文件大小不能超过 5GB,一个数据集包含的总文件大小不能超过 20GB。

注:*EasyDL 技术迭代更新可能会导致上述实现过程的部分细节内容有所变化,读者可以参考最新使用文档进行具体操作的调整。*

5.1.4　模型训练

这一阶段的主要任务是使用准备好的训练数据集对前期创建的模型进行训练。单击 EasyDL 控制台左侧导航栏中【训练模型】按钮,进入训练模型流程。主要操作包括选择模型、选择数据集、选择目标列、选择算法模型、选择部署方式等。表格数据预测模型训练参数设置如图 5-15 所示。

填写完毕模型训练信息后,单击【开始训练】按钮,启动模型训练。可以在【我的模型】中查看模型训练的进度,还可以勾选短信通知复选框,模型训练完成后会第一时间以短信的形式通知开发者模型训练相关信息。表格数据预测模型训练状态信息如图 5-16 所示。

对于“训练完成”的模型,可以查看其评估结果。单击【我的模型】按钮,进入模型列表页

图 5-15　表格数据预测模型训练参数设置

图 5-16　表格数据预测模型训练状态信息

面。单击待查看模型的【历史版本】,进入模型版本列表页面。单击待查看模型版本所在行的【完整评估结果】按钮,查看表格数据预测模型训练结果,如图 5-17 所示。

图 5-17　查看表格数据预测模型训练结果

5.1.5 模型校验

这一阶段的主要任务是在线检验完成训练的表格数据预测模型。单击【校验模型】按钮，进入模型校验页面。选择要校验的模型及其版本。单击【启动模型校验服务】按钮，启动表格数据预测模型校验，如图 5-18 所示。

图 5-18　启动表格数据预测模型校验

校验数据支持表单和 JSON 格式两种输入方式，可在两者之间任意切换。用户可以直接使用预置的数据进行预测，也可以修改后再进行预测。单击【预测】按钮，可以在右侧结果面板中查看训练所得表格数据预测模型的预测结果，如图 5-19 所示。

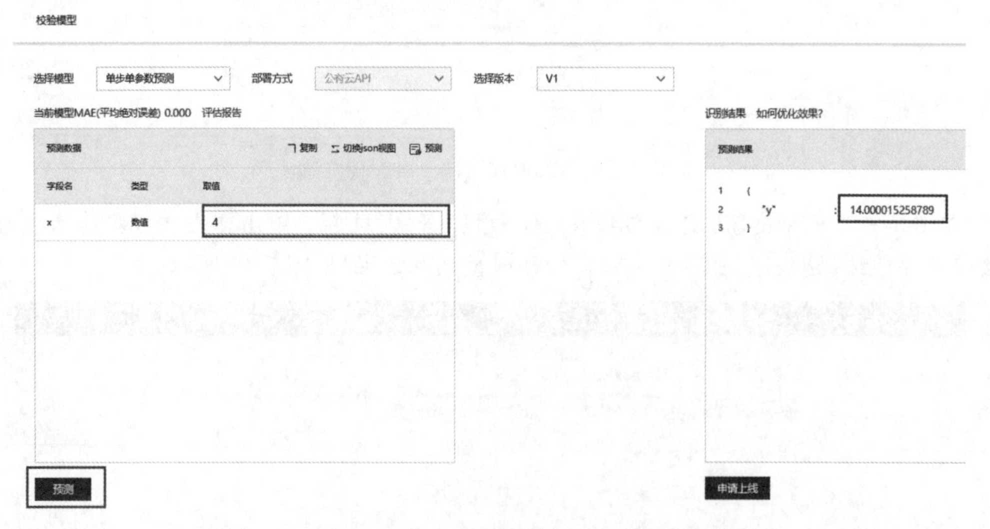

图 5-19　查看训练所得表格数据预测模型的预测结果

5.1.6 模型发布

这一阶段的主要任务是部署训练效果满意的表格数据预测模型。训练完成后，可将训练效果满意的表格数据预测模型部署在公有云服务器、通用小型设备、本地服务器，也可以采用百度 AI 软硬一体方案。初学阶段，一般选择“公有云部署”方式。

训练完毕后可以在左侧导航栏中找到【发布模型】，依次进行“选择模型（拟部署模型）→选择部署方式（公有云部署）→选择版本（拟发布版本）→自定义服务名称→设置接口地址后缀→提交申请”等操作。设置模型发布相关信息操作界面如图 5-20 所示。

图 5-20　设置模型发布相关信息操作界面

当模型信息中显示“服务详情”时，表示已经发布成功。发布成功的模型信息如图 5-21 所示。

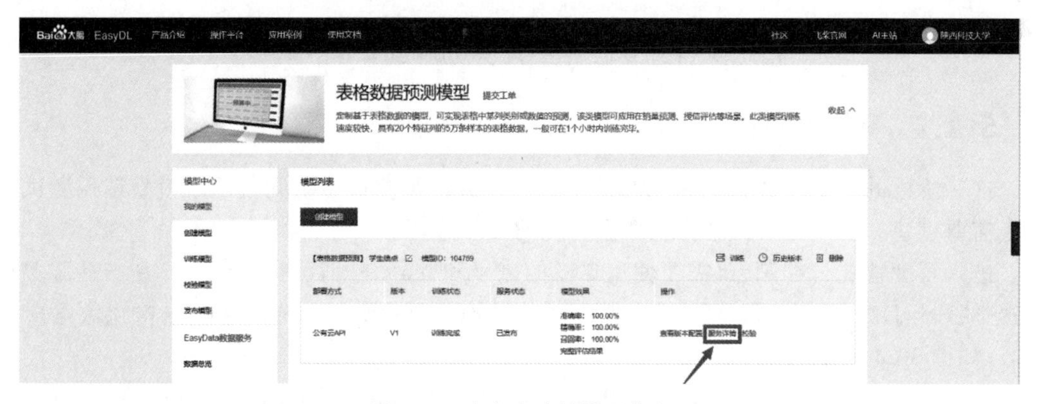

图 5-21　发布成功的模型信息

单击【服务详情】链接，显示发布模型的 API 接口地址相关信息，如图 5-22 所示。

单击【查看 API 文档】，可以进入表格数据预测模型 API 使用方法说明文档网页，如图 5-23 所示。

开发者可通过该文档了解表格数据预测模型 API 使用方法。

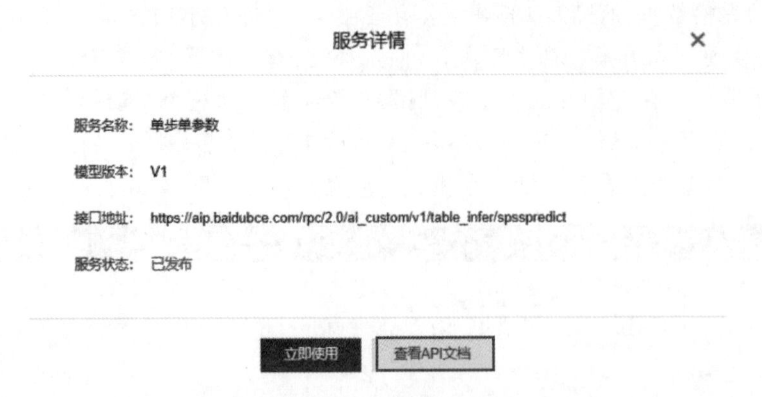

图 5-22 发布模型的 API 接口地址相关信息

图 5-23 表格数据预测模型 API 使用方法说明文档

5.1.7 接口测试

这一阶段的主要任务是测试云端部署的表格数据预测模型访问接口。模型调用测试前首先需要创建一个 EasyDL 结构化数据对应的模型应用。

进入百度智能云控制台(需要使用自己的账号和密码登录百度智能云)。在产品服务栏中选中【EasyDL 定制化训练平台】→【EasyDL 结构化数据】,进入 EasyDL 结构化数据应用中心,如图 5-24 所示。

EasyDL 结构化数据应用中心内单击导航栏【公有云部署】下的【应用列表】,在应用管理界面单击【创建应用】,填写【应用名称】【接口选择】【应用归属】【应用描述】等相关信息,完成表格数据预测模型应用配置,如图 5-25 所示。

单击【立即创建】按钮,完成表格数据预测模型应用的创建,应用列表中显示应用名称及参数信息,如图 5-26 所示。应用参数中 AppID、API Key、Secret Key 的取值至关重要,是后续 API 接口调用时鉴权的依据。

图 5-24　EasyDL 结构化数据应用中心

创建新应用

* 应用名称：　请输入应用名称

* 接口选择：　勾选以下接口，使此应用可以请求已勾选的接口服务，注意EasyDL结构化数据服务已默认勾选并不可取消。

- EasyDL
- 语音技术
- 文字识别
- 人脸识别
- 自然语言处理
- 内容审核
- UNIT
- 知识图谱
- 图像识别
- 智能呼叫中心
- 图像搜索
- 人体分析
- 图像增强与特效
- 智能创作平台
- EasyMonitor
- BML　数据管理接口
  - BML数据管理
- 机器翻译

* 应用归属：　公司　个人

* 应用描述：　简单描述一下您使用人工智能服务的应用场景，如开发一款美颜相机，需要检测人脸关键点，请控制在500字以内

立即创建　取消

图 5-25　表格数据预测模型应用配置

	应用名称	AppID	API Key	Secret Key	创建时间	操作
1	学生学分选修	23795030	5zE2XSvKS6upBW48z8lz EH28	****** 显示	2021-03-14 16:20:07	报表 管理 删除

图 5-26　模型应用参数信息

公有云部署的表格数据预测模型 API 使用，可以按照如下几个步骤进行。

(1) 鉴权认证获取 API 访问令牌。打开 HTTP 调试工具软件 PostMan，新建一个 Request，完成如下设置。

请求方式：POST。

URL 地址：https://aip.baidubce.com/oauth/2.0/token。

URL 参数：grant_type=client_credentials&client_id=创建应用的 API Key&client_secret=创建应用的 Secret Key。

单击【Send】按钮，如无错误，PostMan 执行 POST 请求及返回信息如图 5-27 所示。

图 5-27　PostMan 执行 POST 请求及返回信息

在服务器返回的 JSON 字符串中，提取"access_token"键对应的取值，完成云端部署表格数据预测模型 API 访问令牌的获取。

(2) 使用令牌访问 API 进行表格数据预测。查看表格数据预测模型 API 调用文档，需要确认以下几个参数。

HTTP 请求方法：POST。

URL：https://aip.baidubce.com/rpc/2.0/ai_custom/v1/table_infer/spsspredict(公有云部署模型的访问接口地址)。

URL 参数：模型 API 接口地址需附加参数"access_token"，取值为上一步中通过 API Key 和 Secret Key 获取的 access_token。

Header 参数：设置 Header 参数"Content-Type"取值为 application/json。

Body 参数：请求正文，JSON 格式，包含提交云端部署模型进行预测的数据内容。表格数据预测模型 API 请求的 Body 参数如表 5-1 所示。

表 5-1　表格数据预测模型 API 请求的 Body 参数

参　数	是否必选	类　型	说　明
include_req	否	boolean	返回结果是否包含特征数据，false 表示不包含，true 表示包含，默认为 false
data	是	array	待预测数据，每条待预测数据是由各个特征及其取值构成的键值对的集合

表格数据预测模型 API 返回参数为 JSON 字符串，如表 5-2 所示。

表 5-2　表格数据预测模型 API 返回参数

字　段	是否必选	类　型	说　明
log_id	是	number	唯一的 logid，用于问题定位
error_code	否	number	错误码，当请求错误时返回
error_msg	否	string	错误描述信息，当请求错误时返回
results	否	array(object)	预测结果数组

(3) PostMan 测试。根据上述表格数据预测模型 API 访问参数设置要求，打开 HTTP 调试助手 PostMan，新建 POST 请求，填写表格数据预测模型 API 接口地址(https://aip.baidubce.com/rpc/2.0/ai_custom/v1/table_infer/spsspredict)，并附带 URL 参数 access_token(第(1)步中获取的访问令牌)。【Header】参数中补充设置键值对 Content-Type：application/json。设置 POST 请求头部参数如图 5-28 所示。

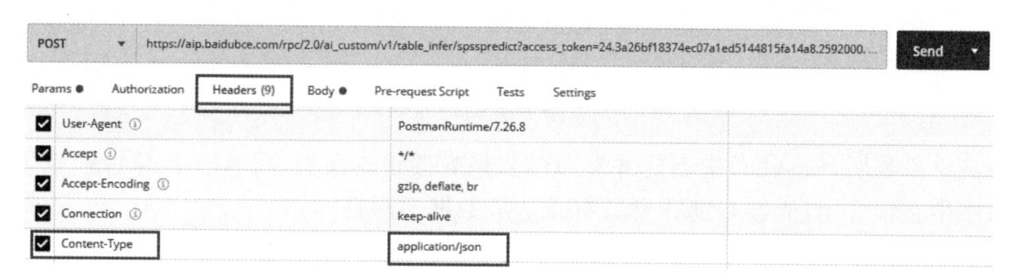

图 5-28　设置 POST 请求头部参数

单击【Body】选项，选择 Body 参数格式为【raw】【JSON】，设置 POST 请求 Body 参数格式如图 5-29 所示。

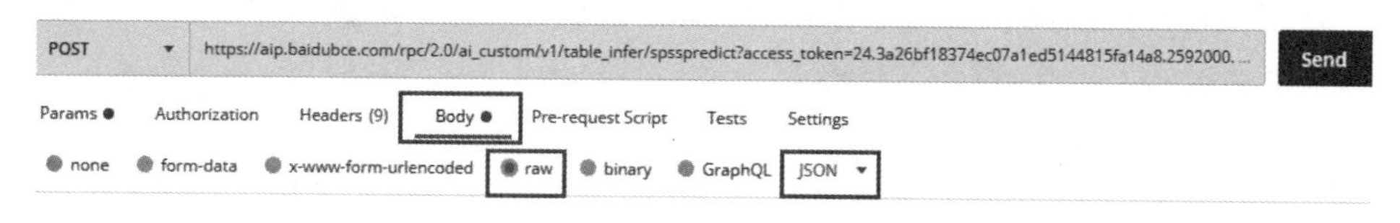

图 5-29　设置 POST 请求 Body 参数格式

按照 API 访问文档中 Body 参数设置要求，填写 JSON 格式请求参数，如图 5-30 所示。

单击【Send】按钮，向云端部署的表格数据预测模型发起服务请求，服务器返回的表格数据预测结果如图 5-31 所示。

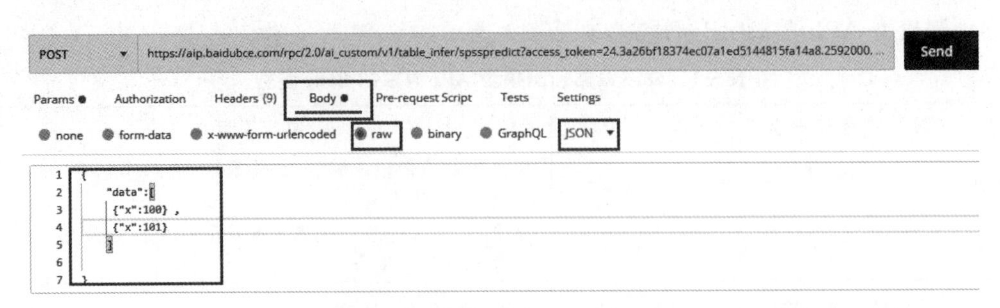

图 5-30 填写 JSON 格式请求参数

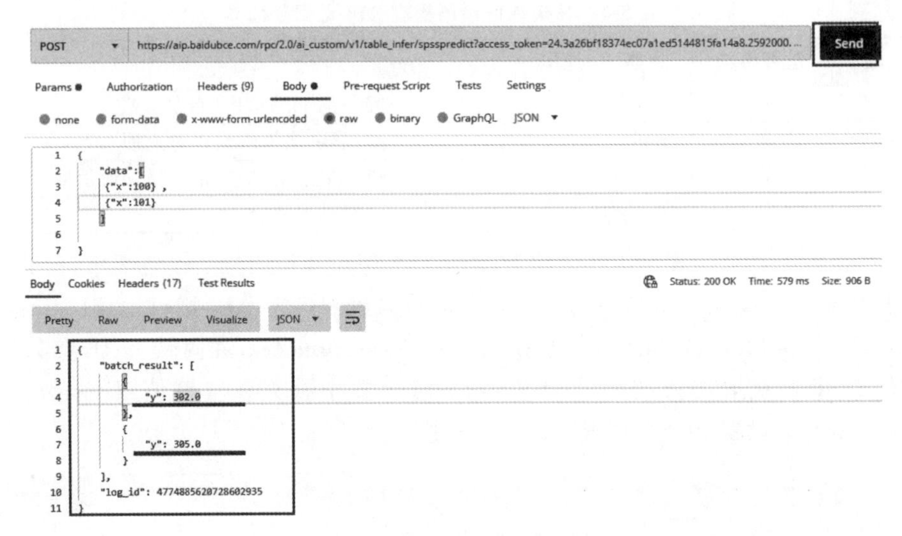

图 5-31 表格数据预测结果

测试结果表明,EasyDL 中创建并发布的表格数据预测模型,其 API 接口可以在第三方应用程序中直接应用,能够帮助开发者有效达成数据预测目标。

微课视频

5.2 时序数据预测建模

本节在简要介绍 EasyDL 结构化数据中提供的时序数据预测模型有关基本概念、适用场景和 AI 应用建模一般流程的基础上,按照创建模型、数据准备、模型训练、模型校验、模型发布、接口测试六大步骤,阐述时序数据预测模型建模及其应用测试的基本方法。

5.2.1 基本流程

时序预测指的是通过机器学习技术从历史数据中发现潜在规律,从而对未来的变化趋势进行预测。相较于表格数据预测使用的分类或回归模型,时序预测模型使用的训练数据中必须包含有效时序的特征,一般时序具有固定的频率,且在连续时间范围内的每个时间点上都有一个值。

时序预测模型基于包含时间特征的结构化数据进行建模，系统会基于用户上传的数据使用预置算法进行模型构建与训练。当完成模型训练后，系统不仅提供了常见的评估指标而且会生成可视化的预测序列效果图，用以验证模型性能。对于达到业务要求的时序预测模型，可以部署为在线服务，通过远程调用的方式对新的时间序列数据进行预测。

时序预测模型建模的基本流程如图 5-32 所示。

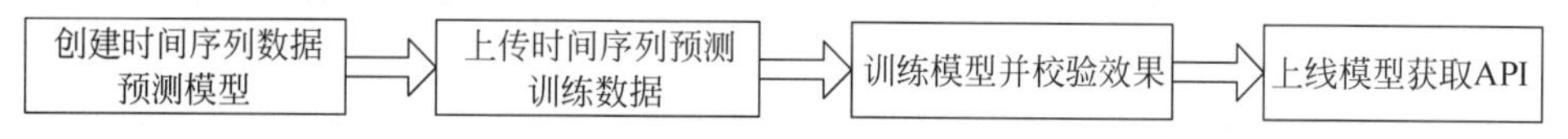

图 5-32　时序预测模型建模的基本流程

时序预测模型可以用于工业领域的维修预测、交通领域的交通流量预测，也可以用于商业领域的销量预测、价格预测等。

5.2.2　创建模型

这个阶段的主要任务是在百度 EasyDL 中，按照操作向导完成时序数据预测模型创建。打开 EasyDL 平台主页，如图 5-33 所示。

图 5-33　EasyDL 平台主页

单击【立即使用】按钮，显示选择模型类型操作界面，如图 5-34 所示。

选择【时序预测】，进入时序数据预测模型中心，如图 5-35 所示。

单击【创建模型】按钮，进入模型创建页面。依次填写“模型名称”“模型归属”“邮箱地址”“联系方式”“功能描述”等模型相关配置信息，完成时间序列预测建模信息配置，如图 5-36 所示。

单击【下一步】按钮完成模型创建。可在模型列表中查看新建的模型，如图 5-37 所示。

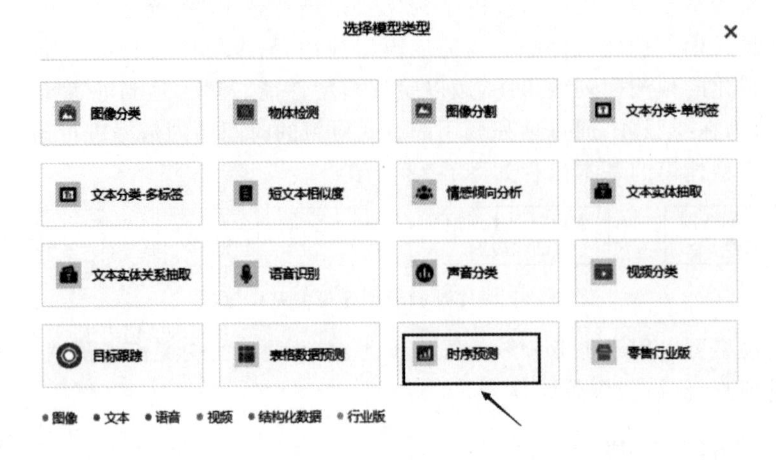

图 5-34 选择模型类型操作界面

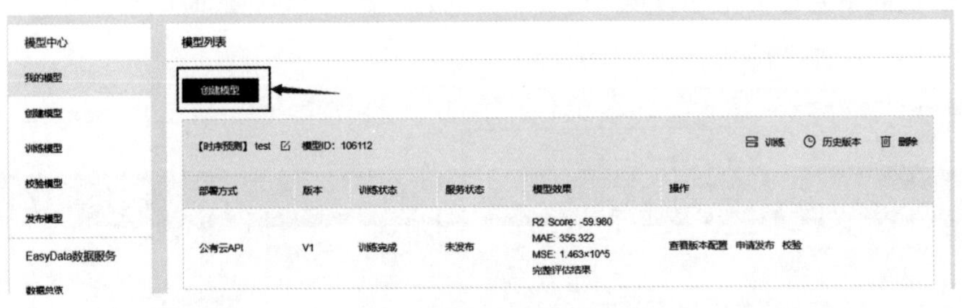

图 5-35 时序数据预测模型中心

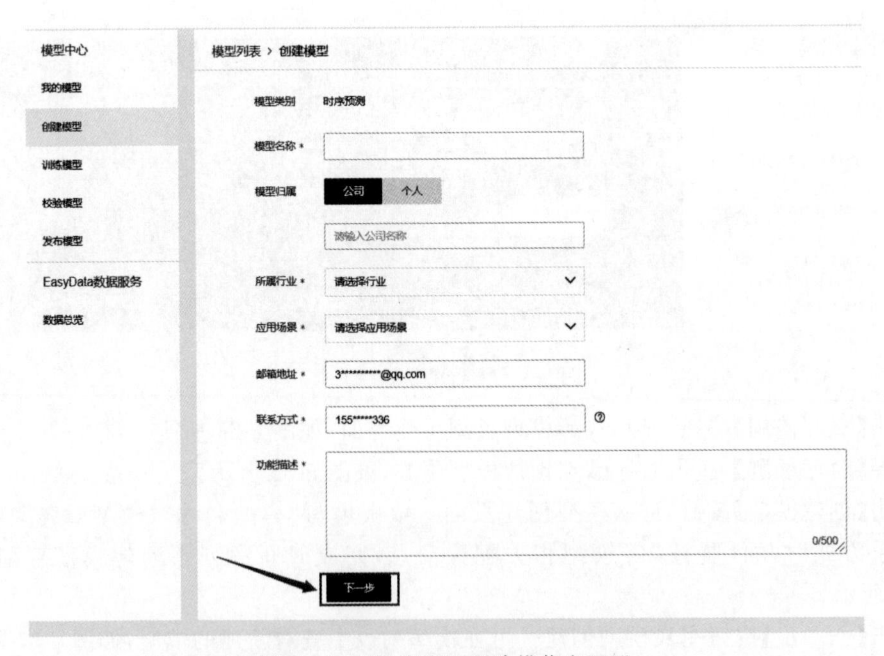

图 5-36 时间序列预测建模信息配置

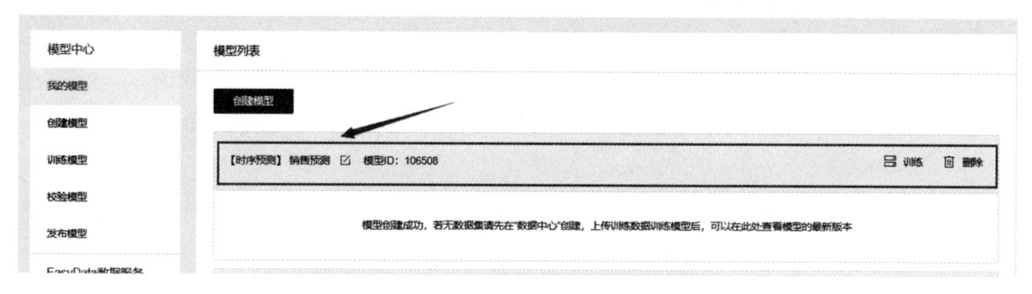

图 5-37　模型列表中查看新建的模型

5.2.3　数据准备

这个阶段的主要任务是提供时序数据模型训练所需要的数据集。单击左侧导航栏【模型中心】→【数据总览】，在导航栏右侧显示的【我的数据总览】中，单击【创建数据集】按钮，启动时序数据预测模型训练数据集创建，如图 5-38 所示。

图 5-38　启动时序数据预测模型训练数据集创建

在弹出的操作界面中，填写时序数据预测模型训练数据集名称，完成时序数据预测模型训练数据集命名，如图 5-39 所示。

完成数据集准备后，单击 EasyDL 控制台左侧导航栏【模型中心】→【数据总览】，即可查看用于时序数据预测模型的数据集，如图 5-40 所示。

在【我的数据总览】中选择刚创建的数据集，单击【导入】，进入如图 5-41 所示的数据集导入方式配置界面。

选择【导入方式】为上传 CSV 文件或上传压缩包，单击【上传 CSV 文件】或【上传压缩包】，弹出如图 5-42 所示的上传数据提示信息对话框。

图 5-39 时序数据预测模型训练数据集命名

图 5-40 查看用于时序数据预测模型的数据集

图 5-41 数据集导入方式配置界面

图 5-42 上传数据提示信息对话框

单击【已阅读并上传】按钮，在弹出的文件打开对话框中选择所需文件或压缩包。待文件上传完毕，单击【确认并返回】按钮，进入【我的数据总览】，可查看用于时序数据预测模型训练的数据集导入进度，如图 5-43 所示。

创建数据集　　输入数据集名称或ID

销售预测　数据集组ID：163238　　新增版本　全部版本　删除

版本	数据集ID	行数	列数	最近导入状态	技术方向	操作
V1	169075	-	-	● 正在导入... 1%	时序预测	删除

图 5-43 查看用于时序数据预测模型训练的数据集导入进度

训练数据集的上传速度受个人使用计算机网络带宽所限，一般需要几分钟时间处理，当完成训练数据集上传后，【最近导入状态】由“正在导入”变为“已完成”。完成导入的数据集信息如图 5-44 所示。

单击【查看】操作链接，显示训练数据集详细信息，如图 5-45 所示。

需要注意的是，一个时序数据集可以包含一个或多个时间序列，目前时间序列仅支持 dd-mm-yyyy 的格式，其他时序数据文件要求和表格数据要求一致。

导入的数据文件可以是 CSV 文件或由 CSV 文件组成的压缩包文件。如果导入的是 CSV 文件，支持数据预览，如果是压缩包格式，则不支持预览。根据数据文件的实际情况进行列名设置。

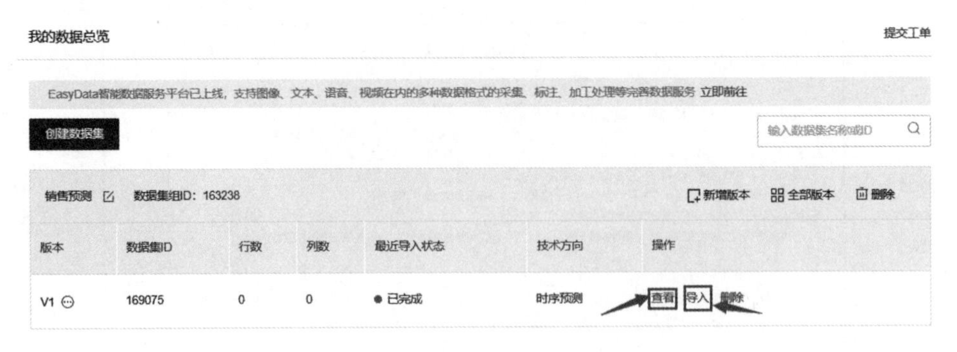

图 5-44 完成导入的数据集信息

我的数据总览 > 【表格】销售预测/V1/查看

总行数 41 | 总列数 3 | 采样数 40

筛选展示列 (3/3) 导入

datetime	area	sales_quantity
日期	类别	数值
1-1-2020	A	2000
2-1-2020	B	600
3-1-2020	A	2300
4-1-2020	B	550
5-1-2020	A	2100
6-1-2020	B	650
7-1-2020	A	2400

图 5-45 训练数据集详细信息

注：EasyDL 技术迭代更新可能会导致上述实现过程的部分细节内容有所变化，读者可以参考最新使用文档进行具体操作的调整。

5.2.4 模型训练

这一阶段的主要任务是利用导入的训练数据集训练创建的时序数据预测模型。单击【模型中心】中【训练模型】选项，首先进入训练模型参数配置环节，主要操作包括选择模型、选择数据集、选择时间列、选择时间间隔、选择目标列、滑动窗口大小、预测长度等。其中："选择时间间隔"表示序列中相邻两个样本点的时间间隔；"滑动窗口大小"表示使用多少点数的历史数据生成预测数据；"预测长度"表示要预测的序列长度，该长度应小于滑动窗口大小。

一个典型的时序预测训练参数配置如图 5-46 所示。

配置完毕后，单击【开始训练】按钮启动训练任务。启动训练任务后，当显示"训练完成"状态时表示模型已完成训练。此类模型训练速度较快，具有 20 个特征列的 3 万条样本的表

图 5-46　时序预测训练参数配置

格形式存储的时序数据，一般可在 30 分钟内训练完毕。训练中的时序数据预测模型信息如图 5-47 所示。

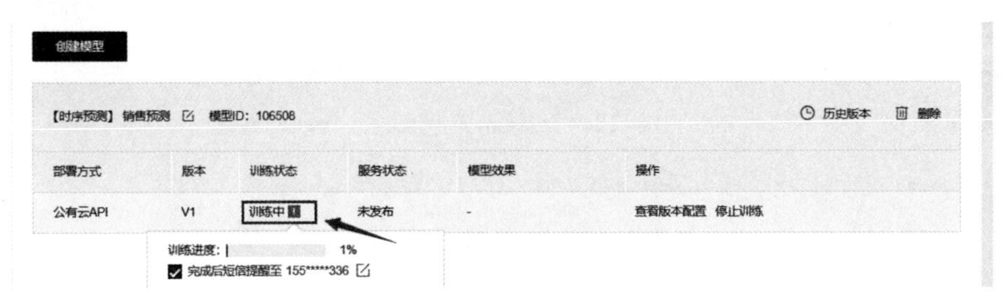

图 5-47　训练中的时序数据预测模型信息

当接收到训练完成通知短信后，刷新网页，可以查看时序数据预测模型训练结果信息，如图 5-48 所示。

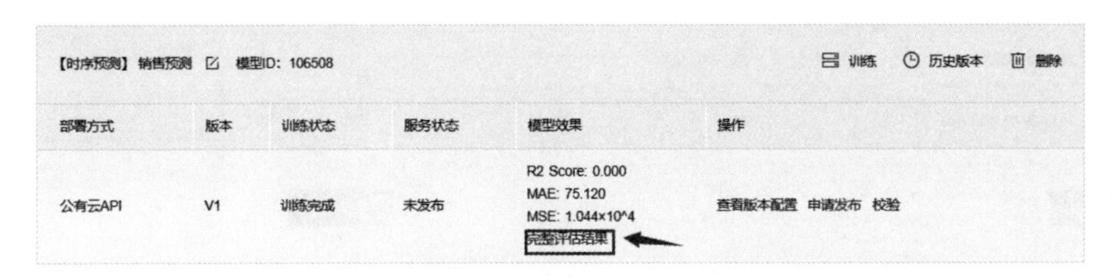

图 5-48　时序数据预测模型训练结果信息

5.2.5 模型校验

这一阶段的主要任务是在线检验完成训练的时序数据预测模型。单击左侧导航栏【校验模型】,进入模型校验页面。选择要校验的时序数据预测模型及其版本。单击【启动模型校验服务】按钮,启动时序数据预测模型校验,如图 5-49 所示。

图 5-49 启动时序数据预测模型校验

对于单序列模型,系统会自动生成校验数据,对于多序列模型,可以通过上传 CSV 文件来填充测试数据,但每次测试时只能包含一个序列的数据。单击【预测】按钮,可以在右侧结果面板中查看时序数据预测结果,如图 5-50 所示。

图 5-50 时序数据预测结果

5.2.6 模型发布

这一阶段的主要任务是部署训练效果满意的时序数据预测模型。模型训练完成后，可将时序数据预测模型部署在公有云服务器、通用小型设备、本地服务器，也可以采用百度 AI 软硬一体方案。初学阶段，一般选择公有云部署方式。

训练完毕后可以在左侧导航栏中找到【发布模型】，依次进行“选择模型（拟部署模型）→选择部署方式（公有云部署）→选择版本（拟发布版本）→自定义服务名称→设置接口地址后缀→提交申请”等操作。设置时序数据预测模型发布相关信息操作界面如图 5-51 所示。

图 5-51　设置时序数据预测模型发布相关信息操作界面

当时序数据预测模型信息中显示“服务详情”时，表示已经发布成功。发布成功的时序数据预测模型信息如图 5-52 所示。

图 5-52　发布成功的时序数据预测模型信息

单击【服务详情】，显示如图 5-53 所示时序预测模型 API 接口地址信息。

单击【查看 API 文档】按钮，可以进入时序数据预测模型 API 使用方法说明文档网页，如图 5-54 所示。

图 5-53　时序预测模型 API 接口地址信息

图 5-54　时序数据预测模型 API 使用方法说明文档网页

开发者可通过该文档了解时序数据预测模型 API 使用方法。

5.2.7　接口测试

这一阶段的主要任务是测试云端部署的时序数据预测模型访问接口。模型调用测试前首先需要创建一个 EasyDL 结构化模型应用。进入百度智能云控制台(需要使用自己的账号和密码登录百度智能云)，在产品服务栏中选中【EasyDL 定制化训练平台】，进入操作页面后单击【EasyDL 结构化数据】，进入 EasyDL 结构化数据应用中心，如图 5-55 所示。

在 EasyDL 结构化数据服务中心内单击导航栏【公有云部署】下的【应用列表】，在应用管理界面单击【创建应用】，填写【应用名称】【接口选择】【应用归属】【应用描述】等相关信息，完成时序数据预测模型应用配置，如图 5-56 所示。

单击【立即创建】按钮，应用列表中显示的时序数据预测模型应用 AppID、API Key、Secret Key 参数如图 5-57 所示。

公有云部署的时序数据预测模型 API 使用，可以按照如下几个步骤进行。

返回EasyDL总览
EasyDL结构化数据
公有云部署
应用列表
权限管理
用量统计
技术文档
售卖服务
产品服务 / EasyDL 定制训练平台 - EasyDL 结构化数据
EasyDL 结构化数据
产品介绍：（展开查看服务功能介绍）
展开
定制服务列表
公有云部署
API
模型ID
模型类型
模型名称
模型版本
状态
调用量限制
QPS限制
开通按量后付费
购买次数包
购买QPS叠加包
没有数据

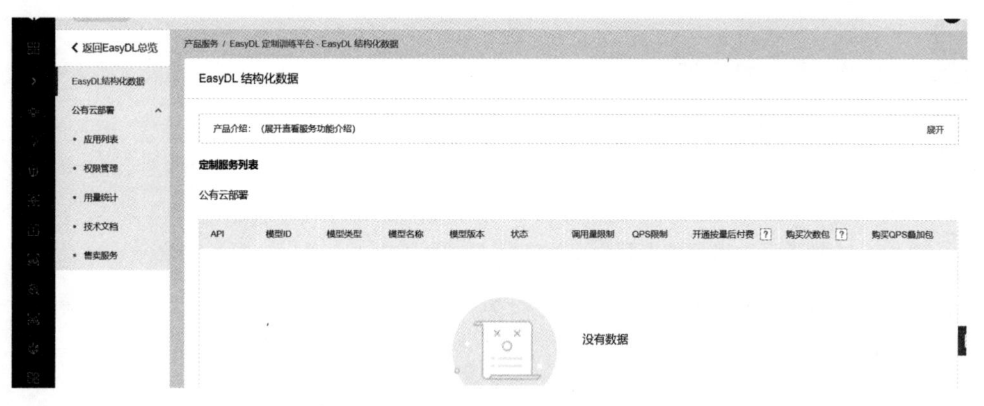

图 5-55　EasyDL 结构化数据应用中心

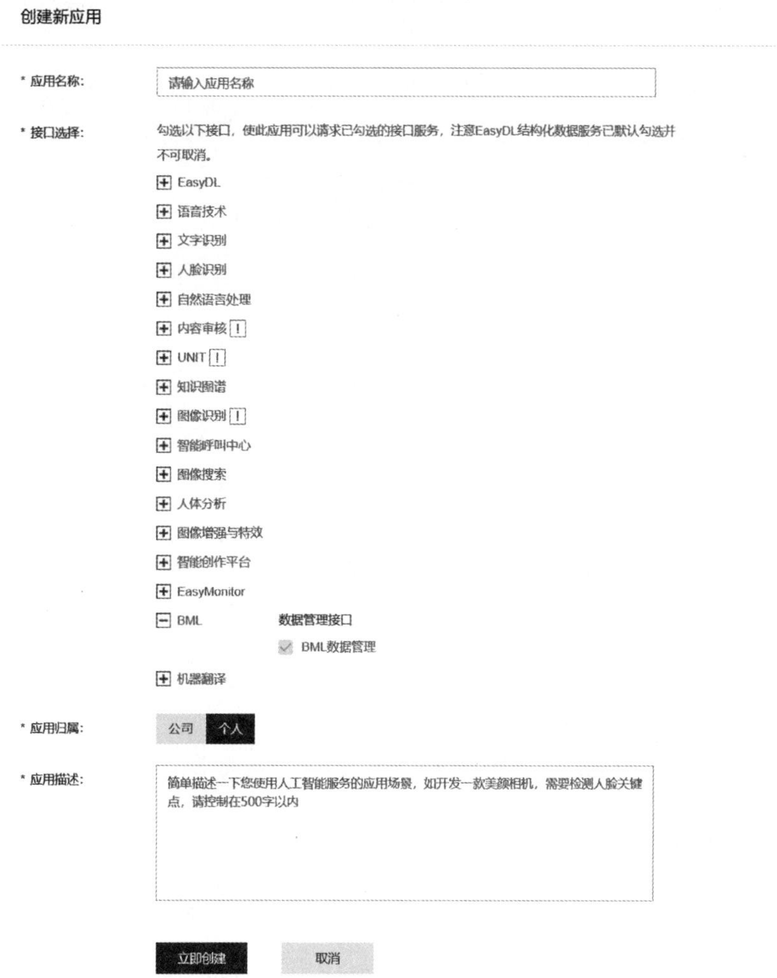

创建新应用
* 应用名称:
请输入应用名称
* 接口选择:
勾选以下接口，使此应用可以请求已勾选的接口服务，注意EasyDL结构化数据服务已默认勾选并不可取消。
EasyDL
语音技术
文字识别
人脸识别
自然语言处理
内容审核
UNIT
知识图谱
图像识别
智能呼叫中心
图像搜索
人体分析
图像增强与特效
智能创作平台
EasyMonitor
BML
数据管理接口
BML数据管理
机器翻译
* 应用归属:
公司
个人
* 应用描述:
简单描述一下您使用人工智能服务的应用场景，如开发一款美颜相机，需要检测人脸关键点，请控制在500字以内
立即创建
取消

图 5-56　时序数据预测模型应用配置

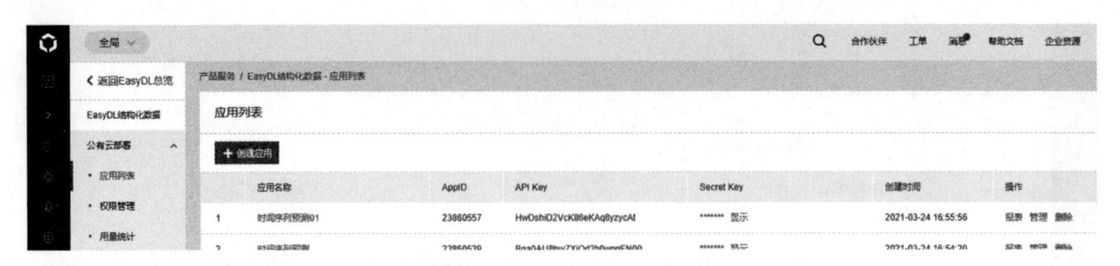

图 5-57　时序数据预测模型应用 AppID、API Key、Secret Key 参数

(1) 鉴权认证获取 API 访问令牌。打开 HTTP 调试工具软件 PostMan，新建一个 Request，完成如下设置。

请求方式：POST。

URL 地址：https://aip.baidubce.com/oauth/2.0/token。

URL 参数：grant_type＝client_credentials&client_id＝创建应用的 API Key&client_secret＝创建应用的 Secret Key。

单击【Send】按钮，如无错误，PostMan 执行 POST 请求及返回信息，如图 5-58 所示。

图 5-58　PostMan 测试 API 访问令牌的获取

在服务器返回的 JSON 字符串中，提取"access_token"键对应的取值，完成云端部署时序数据预测模型 API 访问令牌的获取。

(2) 使用令牌访问 API 进行时序数据预测。查看时序数据预测模型 API 调用文档，需要确认以下几个参数。

HTTP 请求方法：POST。

URL：https://aip.baidubce.com/rpc/2.0/ai_custom/v1/table_infer/spsspredict（公有云部署模型的访问接口地址）。

URL 参数：模型 API 接口地址需附加参数"access_token"（上一步中通过 API Key 和 Secret Key 获取）。

头部参数：设置 Content-Type 参数取值为 application/json。

Body 参数：请求正文，JSON 格式，包含提交云端部署模型进行预测的时间序列。时序数据预测模型 API 请求的 Body 参数如表 5-3 所示。

表 5-3 时序数据预测模型 API 请求的 Body 参数

参 数	是否必选	类 型	说 明
include_req	否	boolean	返回结果是否包含特征数据：false，不包含；true，包含
data	是	array	待预测数据，每条待预测数据是由各个特征及其取值构成的键值对的集合

Body 参数设置典型示例如下所示。

```
{
    "data":{
        "datetime":
        ["2015 - 09 - 0915:33:00","2015 - 09 - 0915:38:00","2015 - 09 - 0915:43:00"],
        "sales_quantity":
        ["10","15","20"]
    }
}
```

返回参数：时序数据预测模型 API 访问返回参数亦为 JSON 字符串，如表 5-4 所示。

表 5-4 时序数据预测模型 API 返回参数

字 段	是否必选	类 型	说 明
log_id	是	number	唯一的 logid，用于问题定位
error_code	否	number	错误码，当请求错误时返回
error_msg	否	string	错误描述信息，当请求错误时返回
results	否	array(object)	预测结果数组

(3) PostMan 测试。根据上述时序数据预测模型 API 访问参数设置要求，打开 HTTP 调试助手 PostMan，设置 HTTP 请求方式为 POST，填写时序数据预测模型 API 访问接口地址(URL)：https://aip.baidubce.com/rpc/2.0/ai_custom/v1/table_infer/spsspredict。

设置 URL 参数为 access_token = ***** [先前获取访问令牌]，并在 PostMan【Headers】参数中补充键值对 Content-Type:application/json，设置 POST 请求头部参数如图 5-59 所示。

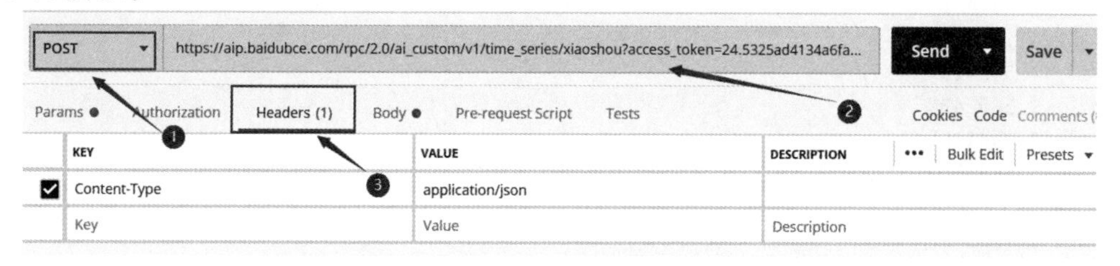

图 5-59 设置 POST 请求头部参数

单击【Body】选项，选择 Body 参数类型为【raw】【JSON】，设置 POST 请求 Body 参数格式如图 5-60 所示。

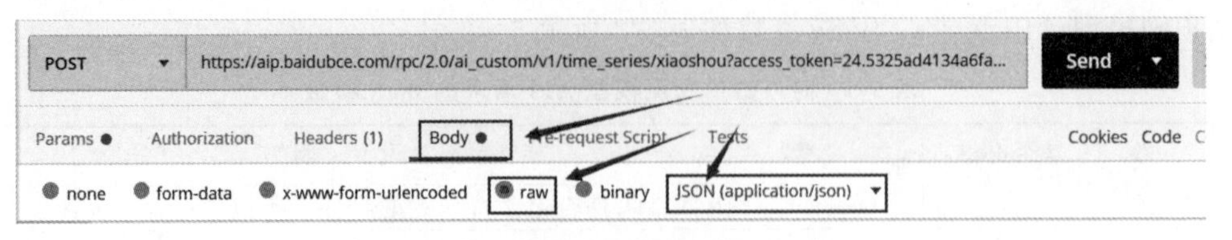

图 5-60　设置 POST 请求参数格式

按照 API 访问文档中 Body 参数设置要求，填写如下 JSON 格式请求参数。

```
{
 "data": {
 "col_0": [
 "2021 - 02 - 02 15:00",
 "2021 - 02 - 02 15:01",
 "2021 - 02 - 02 15:02",
 "2021 - 02 - 02 15:03",
 "2021 - 02 - 02 15:04",
 "2021 - 02 - 02 15:05",
 "2021 - 02 - 02 15:06",
 "2021 - 02 - 02 15:07",
 "2021 - 02 - 02 15:08",
 "2021 - 02 - 02 15:09",
 "2021 - 02 - 02 15:10",
 "2021 - 02 - 02 15:11",
 "2021 - 02 - 02 15:12",
 "2021 - 02 - 02 15:13",
 "2021 - 02 - 02 15:14",
 "2021 - 02 - 02 15:15",
 "2021 - 02 - 02 15:16",
 "2021 - 02 - 02 15:17",
 "2021 - 02 - 02 15:18",
 "2021 - 02 - 02 15:19",
 "2021 - 02 - 02 15:20"
 ],
 "col_1":[
 "0.0",
 "8.41471",
 "9.092974",
 "1.4112",
 " - 7.568025",
 " - 9.589243",
 " - 2.794155",
 "6.569866",
 "9.893582",
 "4.121185",
 " - 5.440211",
 " - 9.999902",
```

```
"-5.365729",
"4.20167",
"9.906074",
"6.502878",
"-2.879033",
"-9.613975",
"-7.509872",
"1.498772",
"9.129453"
]}}
```

单击【Send】按钮，向云端部署的时序数据预测模型发起服务请求，服务器返回的时序数据预测结果如图 5-61 所示。

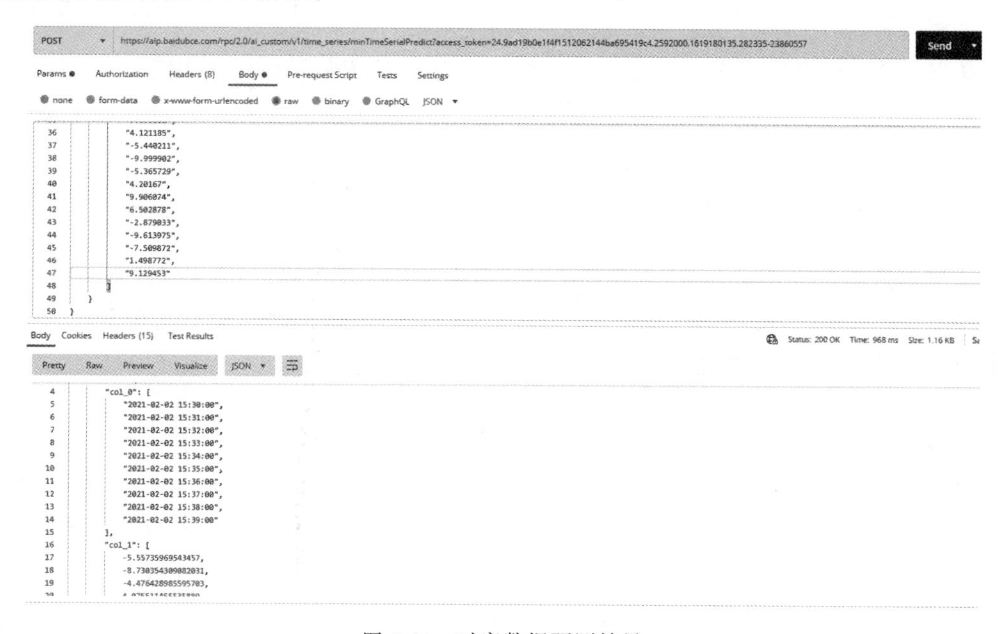

图 5-61　时序数据预测结果

对比申请数据和服务器返回数据，可见请求时序预测服务时，提交的时序数据的时间戳起始值为 2021-02-02 15:00:00，服务器返回预测结果的时间戳起始值为 2021-02-02 15:30:00，两者时间差与训练模型的滑动窗口值 30 一致，返回连续 10 个时间戳的预测结果，与训练模型时设置的预测长度值 10 一致。这说明服务器返回结果从格式角度看，完全符合训练模型设置。

第 6 章

飞桨 EasyDL 语音数据 AI 应用建模

主要内容：

■ EasyDL 中声音分类的建模、训练、校验、部署及测试基本方法；

■ EasyDL 中语音识别的建模、训练、校验、部署及测试基本方法。

微课视频

6.1 声音分类建模

本节在简要介绍 EasyDL 语音中提供的声音分类模型基本概念、适用场景和 AI 应用建模一般流程的基础上，按照创建模型、数据准备、模型训练、模型校验、模型发布、接口测试六大步骤，阐述声音分类模型建模及其应用测试的基本方法。

6.1.1 基本流程

声音分类可以识别出当前声音数据是哪种声音，或者处于什么状态/场景。EasyDL 声音分类模型可以区分出不同物种发出的声音，但是无法区分出属于同一类物种的声音究竟由哪一个对象产生。目前声音分类使用 EasyDL 支持对最长 15s 以内的声音进行处理，如果待分类声音文件时长大于 15s，需要将已有的数据进行分段处理。

声音分类模型建模的基本流程如图 6-1 所示。

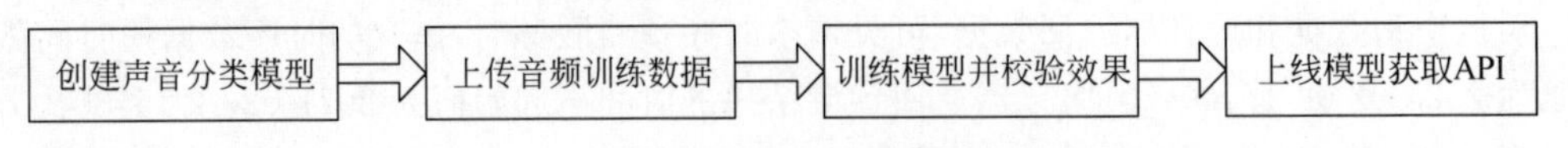

图 6-1　声音分类模型建模的基本流程

声音分类在实践中具有多种应用场景，比如在安防监控场景中，识别几类典型的异常或正常的声音，进而用于突发状况预警。在工业生产场景中，可用来监控是否出现了异常噪声，进而判断设备是否健康运行。

6.1.2 创建模型

这个阶段的主要任务是在百度 EasyDL 中完成声音分类模型创建。打开 EasyDL 平台主页如图 6-2 所示。

图 6-2　EasyDL 平台主页

单击【立即使用】按钮，显示选择模型类型操作界面，如图 6-3 所示。

图 6-3　选择模型类型操作界面

单击【声音分类】，进入声音分类模型中心，如图 6-4 所示。

单击【创建模型】按钮，进入模型创建页面。依次填写模型创建相关的“模型名称”“模型归属”“邮箱地址”“联系方式”“功能描述”等配置信息，完成声音分类建模信息配置，如图 6-5 所示。

单击【下一步】按钮完成模型创建。可在模型列表中查看新建的声音分类模型，如图 6-6 所示。

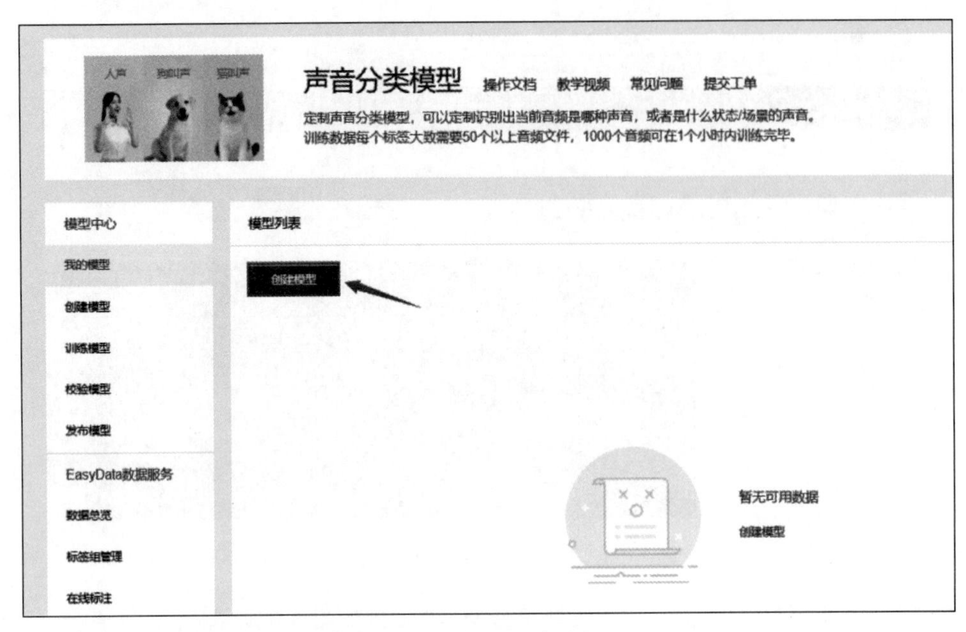

图 6-4　声音分类模型中心

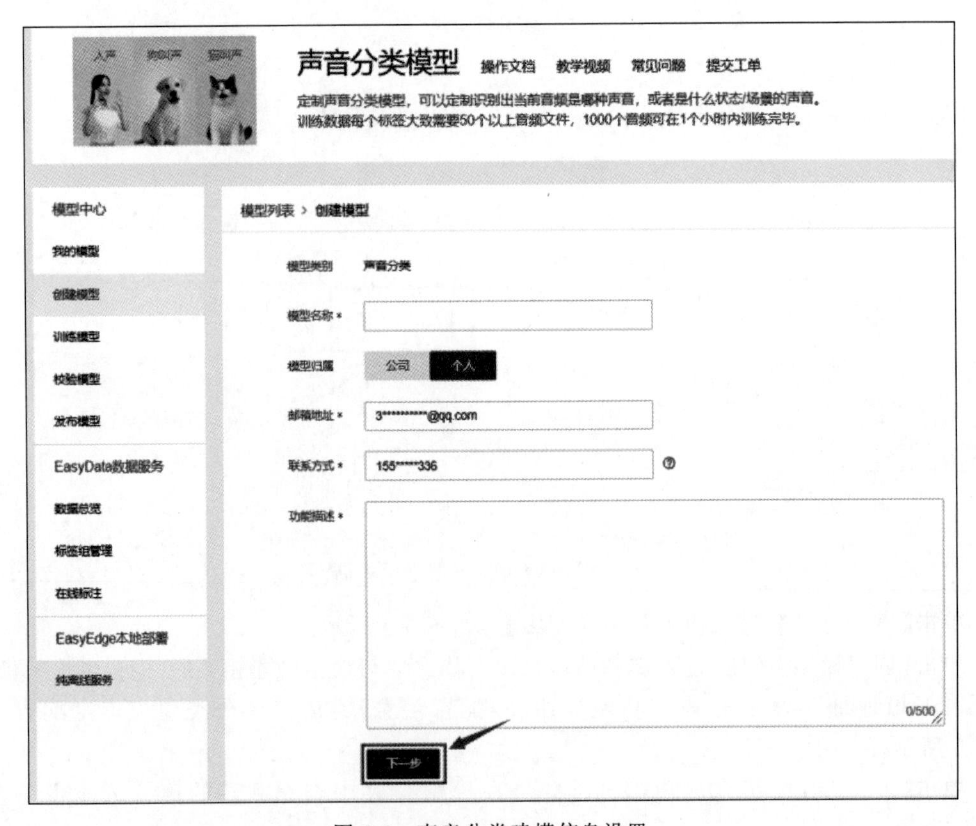

图 6-5　声音分类建模信息设置

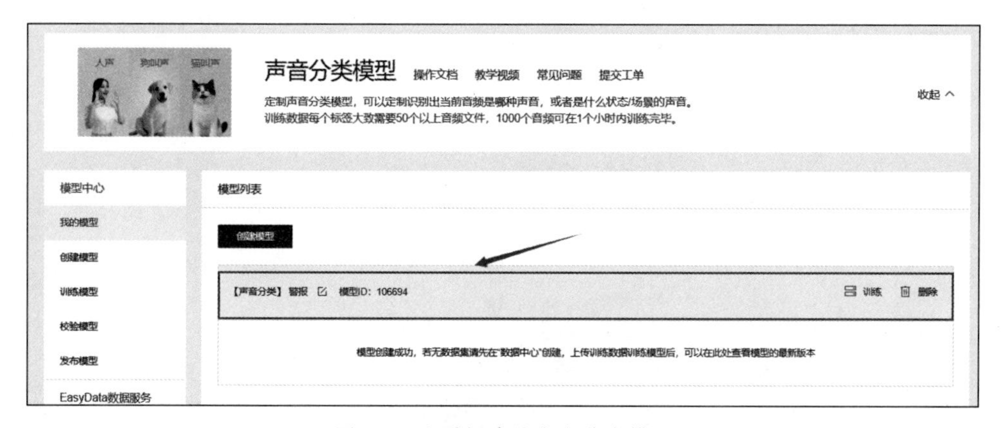

图 6-6　查看新建的声音分类模型

6.1.3　数据准备

这个阶段的主要任务是提供声音分类模型训练所需要的数据集。若模型中心尚无用于模型训练的数据集，首先单击左侧导航栏【模型中心】→【数据总览】，在导航栏右侧显示的【我的数据总览】中，单击【创建数据集】，启动声音分类模型训练数据集的创建，如图 6-7 所示。

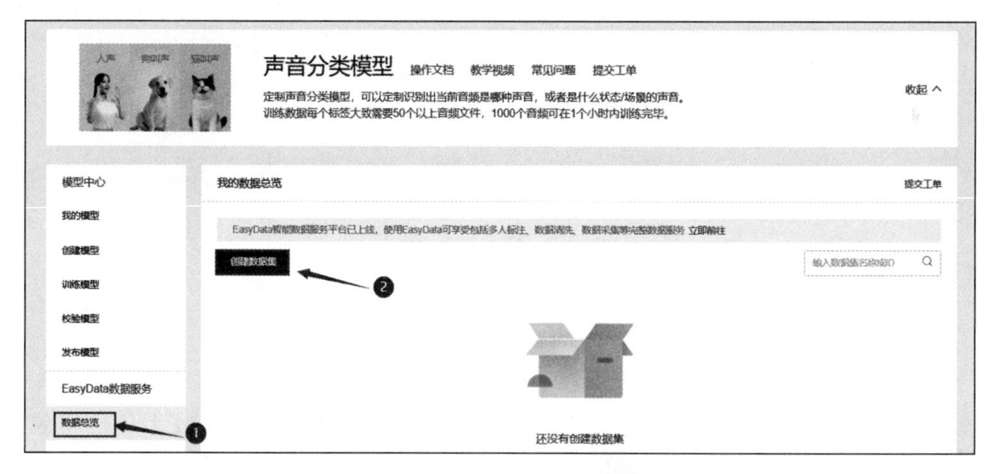

图 6-7　启动声音分类模型训练数据集的创建

在弹出的操作界面中，填写数据集名称，完成声音分类模型训练数据集命名，如图 6-8 所示。

单击 EasyDL 控制台左侧导航栏【模型中心】→【数据总览】，可查看用于声音分类模型的数据集，如图 6-9 所示。

在【我的数据总览】中选择刚创建的数据集，单击【导入】链接，进入如图 6-10 所示的导入声音分类训练数据集方式设置操作界面。

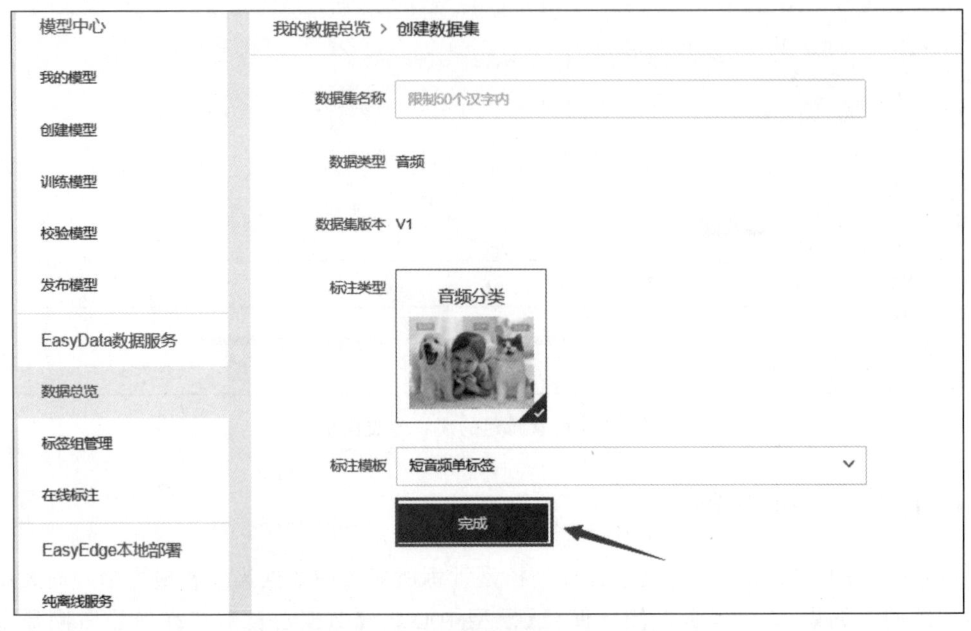

图 6-8　声音分类模型训练数据集命名

我的数据总览　　提交工单

EasyData智能数据服务平台已上线，使用EasyData可享受包括多人标注、数据清洗、数据采集等完整数据服务 立即前往

创建数据集　　输入数据集名称或ID

警报　数据集组ID：163502　　新增版本　全部版本　删除

版本	数据集ID	数据量	最近导入状态	标注类型	标注状态	操作
V1	169362	0	● 已完成	音频分类	0% (0/0)	多人标注 导入 删除

图 6-9　查看用于声音分类模型的数据集

数据标注状态选择【有标注信息】，选择【导入方式】为本地导入，单击【上传压缩包】，弹出如图 6-11 所示的数据集导入提示信息对话框。

单击【已阅读并上传】按钮，在弹出的文件打开对话框中选择所需压缩包。待压缩包上传完毕，单击【确认并返回】按钮，进入【我的数据总览】，可查看训练数据集上传进度，如图 6-12 所示。

当完成训练数据集上传后，【最近导入状态】由“正在导入”变为“已完成”。完成导入的数据集信息如图 6-13 所示。

单击【查看】，可以查看声音分类模型训练数据集详细信息，如图 6-14 所示。

图 6-10　导入声音分类训练数据集方式设置操作界面

上传压缩包　×

请认真阅读上述说明并按照示例压缩包要求的格式上传标注文件，否则标注结果可能无法正确解析。 1. 压缩包内对同一数据集存在多个内容完全一致的音频，将会做去重处理。 2. 为保证模型训练效果，所上传的音频应与实际业务场景的音频（采集设备等）尽可能一致。

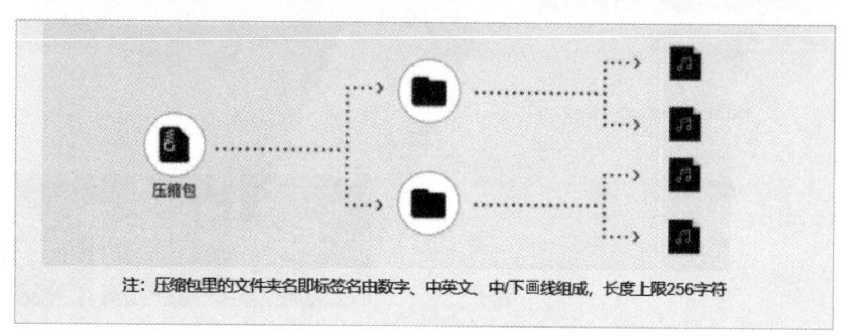

注：压缩包里的文件夹名即标签名由数字、中英文、中/下画线组成，长度上限256字符

1. 上传已标注文件要求格式为ZIP格式压缩包，同时压缩前源文件大小在5GB以内
2. 压缩包内支持一个文件夹的名称作为标签，文件夹下的所有音频文件作为样本
3. 标签由数字、中英文、中/下画线组成，长度上限256字符
3. 单音频文件类型wav/mp3/m4a，单文件大小限制在4MB内，长度限制15s以内
4. 您的账户下数据集数量限制为10万个音频，如果需要提升数据额度，可在平台提交工单

已阅读并上传

图 6-11　数据集导入提示信息对话框

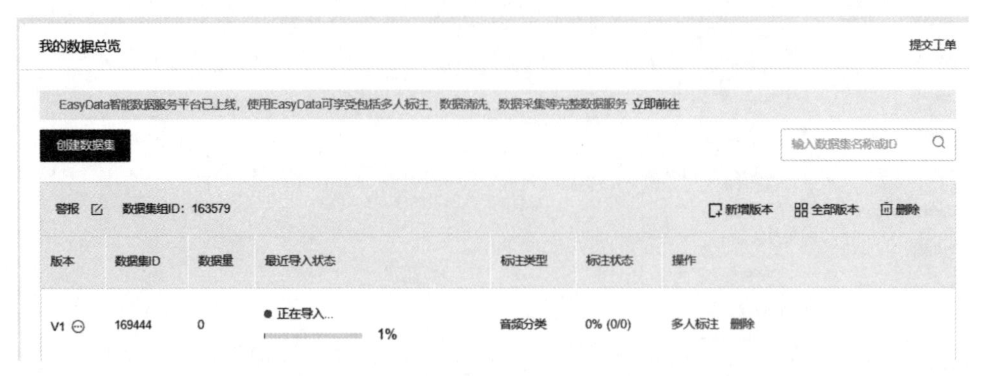

图 6-12　查看训练数据集上传进度

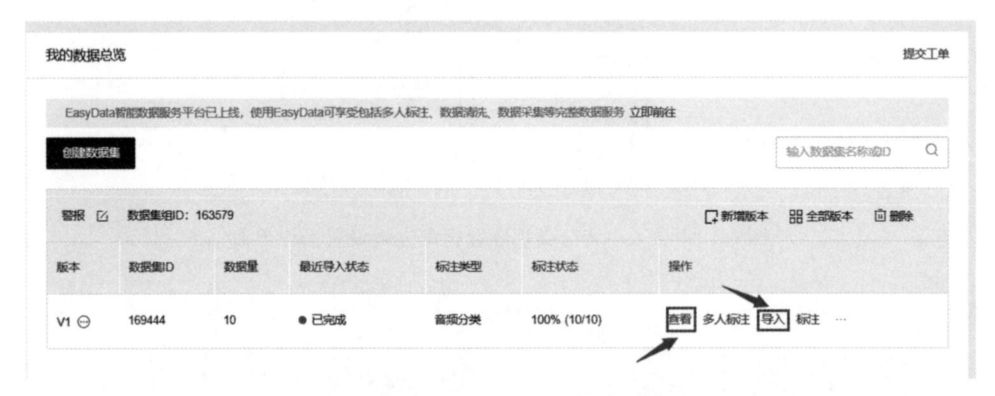

图 6-13　完成导入的数据集信息

图 6-14　查看声音分类模型训练数据集详细信息

训练数据目前支持的声音文件类型有 WAV、MP3、M4A，且声音文件大小限制在 4MB 以内。一个模型的声音总量限制在 10 万个声音文件。训练数据可以是压缩包形式，但是目前仅支持.zip 格式。需要注意的是，训练集声音需要和实际场景要识别的声音环境一致。比如，实际场景要识别的声音都是手机采集的，则训练的声音文件也需要在同样的场景中通过手机采集。另外，压缩包内的声音分类数据需要以文件夹名称区分数据类别，文件夹内为对应类别的训练数据。

6.1.4 模型训练

这一阶段的主要任务就是利用导入的训练数据集训练创建的声音分类模型。单击【模型中心】中的【训练模型】选项，进入训练模型流程。确定拟训练模型，选择模型的部署方式，训练算法为默认，完成声音分类模型的训练配置，如图 6-15 所示。

图 6-15 声音分类模型的训练配置

单击【请选择】，弹出选择分类数据集对话框，如图 6-16 所示。

勾选所有分类后，单击【添加】按钮，返回训练模型页面，单击【开始训练】按钮，启动声音分类模型训练，如图 6-17 所示。

启动训练任务后，当模型“训练状态”显示信息处于“训练完成”状态时，表示模型已完成训练。由于训练时间依赖于数据量的多少及当时训练服务的后端资源情况，训练时长可能需要几十分钟甚至数小时以上。建议绑定手机号后耐心等待，无须持续停留在当前页面关注进度情况。训练中的声音分类模型信息如图 6-18 所示。

当接收到训练完成通知短信后，刷新网页，可以查看声音分类模型训练结果信息，如图 6-19 所示。

图 6-16　选择分类数据集对话框

图 6-17　启动声音分类模型训练

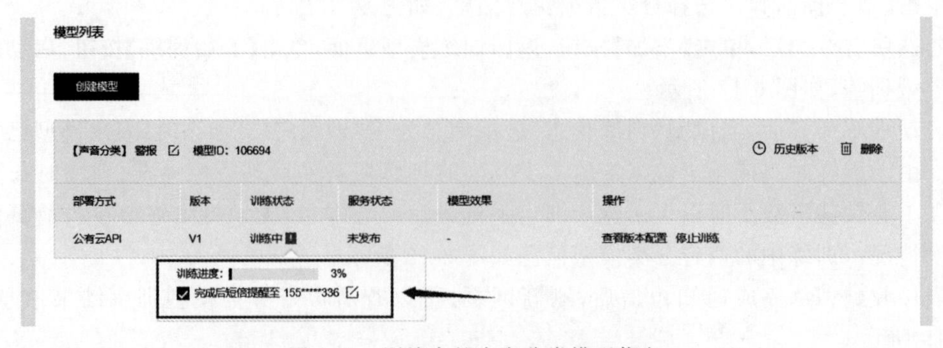

图 6-18　训练中的声音分类模型信息

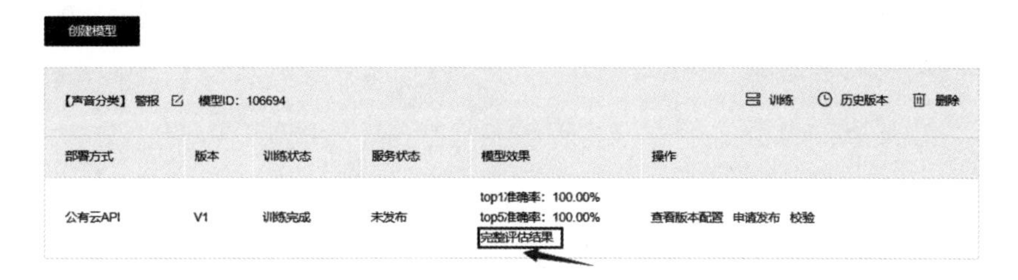

图 6-19　查看声音分类模型训练结果信息

6.1.5　模型校验

这一阶段的主要任务是在线检验训练完毕的声音分类模型。单击左侧导航栏【校验模型】按钮，进入声音分类模型校验页面，选择要校验的模型及其版本。单击【启动模型校验服务】按钮，启动声音分类模型校验，如图 6-20 所示。

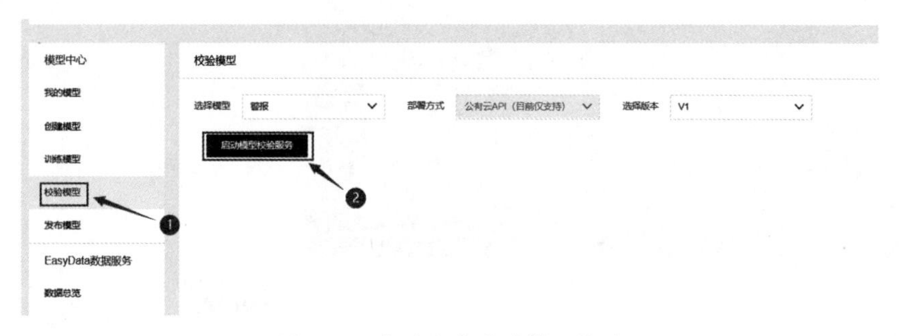

图 6-20　启动声音分类模型校验

在声音分类模型校验页面内，单击【点击添加音频】按钮，添加声音分类模型测试数据，如图 6-21 所示。

图 6-21　添加声音分类模型测试数据

添加完毕声音分类模型测试数据，可以在右侧结果面板中查看声音分类模型的校验结果，如图 6-22 所示。

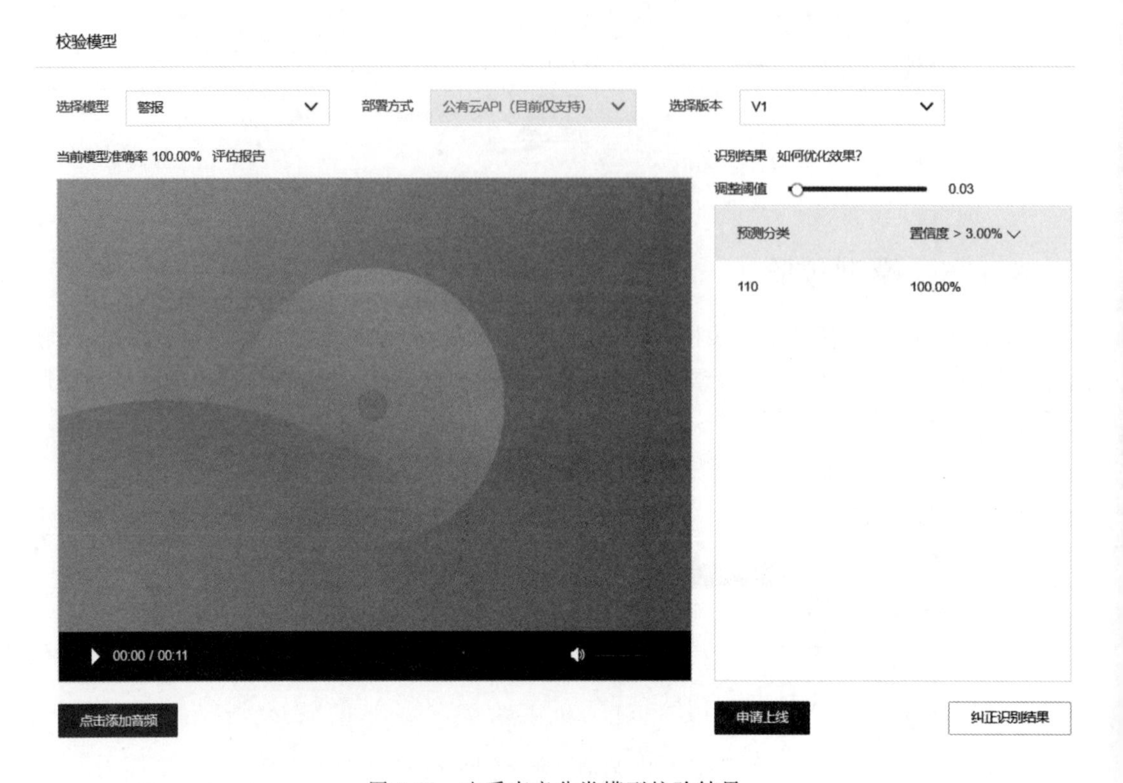

图 6-22　查看声音分类模型校验结果

6.1.6　模型发布

这一阶段的主要任务是部署训练效果满意的声音分类模型。训练完成后，可将声音分类模型部署在公有云服务器、通用小型设备、本地服务器，也可以采用百度 AI 软硬一体方案。初学阶段，一般选择公有云部署方式。

训练完毕后可以在左侧导航栏中找到【发布模型】，依次进行"选择模型(拟部署模型)→选择部署方式(公有云部署)→选择版本(拟发布版本)→自定义服务名称→设置接口地址后缀→提交申请"等操作。设置声音分类模型发布相关信息操作界面如图 6-23 所示。

当声音分类模型信息中显示"服务详情"时，表示已经发布成功。发布成功的声音分类模型信息如图 6-24 所示。

单击【服务详情】，显示如图 6-25 所示的声音分类模型 API 接口地址相关信息。

单击【查看 API 文档】按钮，可以进入声音分类模型 API 使用方法说明文档网页，如图 6-26 所示。

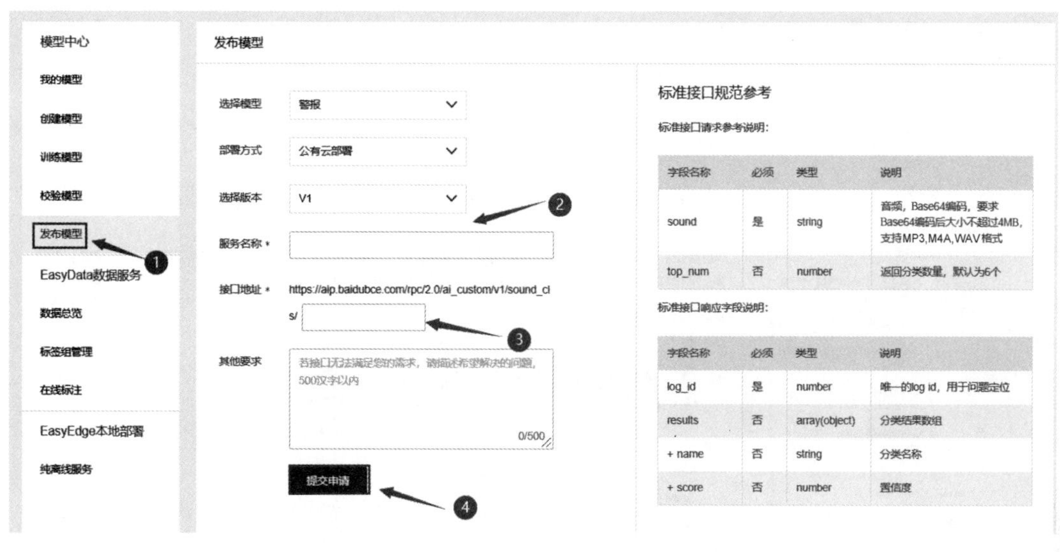

字段名称	必须	类型	说明
sound	是	string	音频，Base64编码，要求Base64编码后大小不超过4MB，支持MP3,M4A,WAV格式
top_num	否	number	返回分类数量，默认为6个

字段名称	必须	类型	说明
log_id	是	number	唯一的log id，用于问题定位
results	否	array(object)	分类结果数组
+ name	否	string	分类名称
+ score	否	number	置信度

图 6-23　设置声音分类模型发布相关信息操作界面

部署方式	版本	训练状态	服务状态	模型效果	操作
公有云API	V1	训练完成	已发布	top1准确率：100.00% top5准确率：100.00% 完整评估结果	查看版本配置 服务详情 校验

图 6-24　发布成功声音分类模型信息

图 6-25　声音分类模型 API 接口地址相关信息

图 6-26 声音分类模型 API 使用方法说明文档

开发者可通过该文档了解声音分类模型 API 使用方法。

6.1.7 接口测试

这一阶段的主要任务是测试云端部署的声音分类模型访问接口。模型调用测试前首先需要创建一个 EasyDL 声音分类应用。进入百度智能云控制台(需要使用自己的账号和密码登录百度智能云)。在产品服务栏中选中【EasyDL 定制化训练平台】，进入到操作页面后依次单击【EasyDL 语音】→【声音分类】，进入 EasyDL 声音分类应用中心，如图 6-27 所示。

图 6-27 EasyDL 声音分类应用中心

在 EasyDL 声音分类应用中心内单击导航栏【公有云部署】下的【应用列表】，在应用管理界面单击【创建应用】，依次填写【应用名称】【接口选择】【应用归属】【应用描述】等相关信息，完成声音分类模型应用配置，结果如图 6-28 所示。

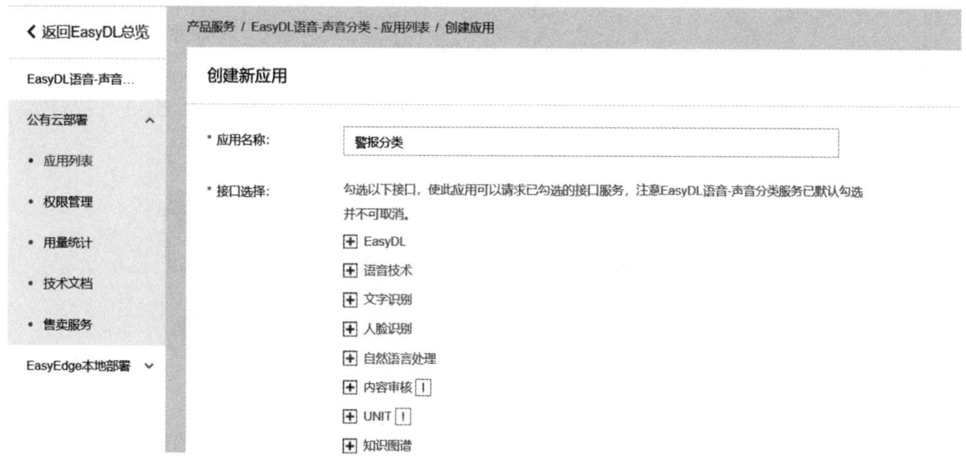

图 6-28　声音分类模型应用配置

单击【立即创建】，应用列表中显示创建的声音分类模型应用 AppID、API Key、Secret Key 等参数，如图 6-29 所示。

应用列表

+ 创建应用

	应用名称	AppID	API Key	Secret Key	创建时间	操作
1	警报分类	23898945	WLEf3kdFkA14K0GQaVVDB316	******* 显示	2021-03-29 22:07:54	报表 管理 删除

图 6-29　声音分类模型应用 AppID、API Key、Secret Key 等参数

公有云部署的声音分类模型 API 使用可以按照如下几个步骤进行。

(1) 鉴权认证获取 API 访问令牌。打开 HTTP 调试工具软件 PostMan，新建一个 Request，完成如下设置。

请求方式：POST。

URL 地址：https://aip.baidubce.com/oauth/2.0/token。

URL 参数：grant_type=client_credentials&client_id=创建应用的 API Key&client_secret=创建应用的 Secret Key。

单击【Send】按钮，如无错误，PostMan 执行 POST 请求及返回信息如图 6-30 所示。

从服务器返回的 JSON 字符串中提取"access_token"键对应的取值，完成云端部署声音分类模型 API 访问令牌的获取。

(2) 获取识别声音的 Base64 编码。选择一款声音文件在线 Base64 编码工具，对声音文件进行 Base64 编码，声音文件在线 Base64 编码结果如图 6-31 所示。

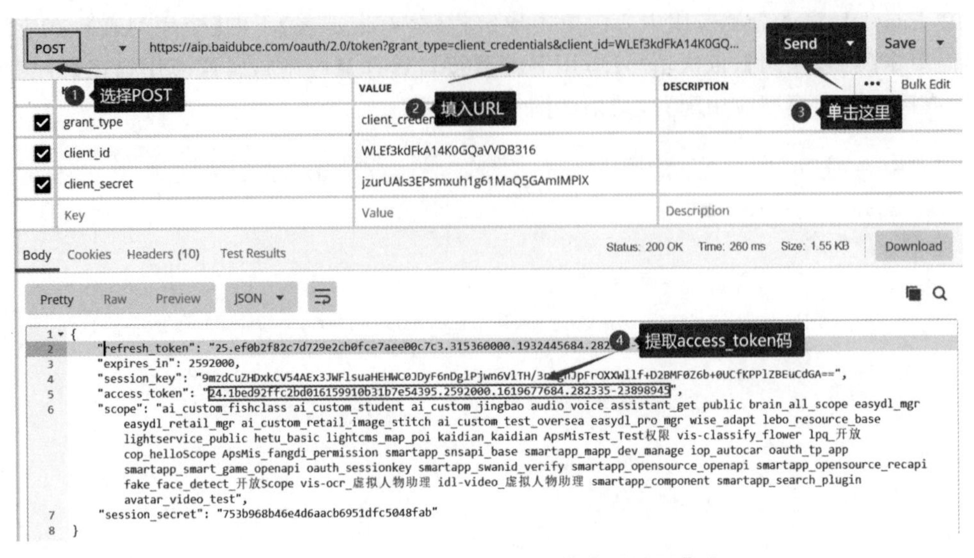

图 6-30　PostMan 执行 POST 请求及返回信息

图 6-31　声音文件在线 Base64 编码结果

删除转换结果中开始的“data:audio/mpeg;base64,”声音文件头，复制转换结果字符串，以备后用。

(3) 使用令牌访问 API 实现声音分类。查看声音分类模式 API 调用文档，需要确认以下几个参数。

HTTP 请求方法：POST。

URL：https://aip.baidubce.com/rpc/2.0/ai_custom/v1/sound_cls/jingbao。

URL 参数：第一步中通过 API Key 和 Secret Key 获取的参数“access_token”取值。

头部参数：设置 Content-Type 参数取值为 application/json。

Body 参数：请求正文，JSON 格式，包含提交云端部署模型进行分类的声音文件

Base64 编码。声音分类模型 API 请求的 Body 参数说明如表 6-1 所示。

表 6-1　声音分类模型 API 请求的 Body 参数说明

参　数	是否必选	类　型	说　　明
Sound	是	string	音频，Base64 编码，要求 Base64 编码后大小不超过 4MB，支持 MP3、M4A、WAV 格式，注意需要去掉编码头后再进行 urlencode
top_num	否	number	返回分类数量，默认为 6 个

Body 参数设置典型示例如下所示。

```
{
    "sound":"< base64 数据>",
    "top_num":6
}
```

返回参数：云端部署声音分类模型 API 访问返回参数亦为 JSON 字符串，如表 6-2 所示。

表 6-2　云端部署声音分类模型 API 访问返回参数

字　　段	是否必选	类　　型	说　　明
log_id	是	number	唯一的 logid，用于问题定位
results	否	array(object)	分类结果数组
+name	否	string	分类名称
+score	否	number	置信度

(4) PostMan 测试。根据上述声音分类模型 API 访问参数设置要求，打开 HTTP 调试助手 PostMan，设置 HTTP 请求方式为 POST，填写声音分类模型 API 接口地址（URL：https://aip.baidubce.com/rpc/2.0/ai_custom/v1/table_infer/spsspredict），设置 URL 参数为 access_token= ***** [先前获取访问令牌]，并在 PostMan【Headers】参数中补充键值对 Content-Type:application/json，设置 POST 请求头部参数如图 6-32 所示。

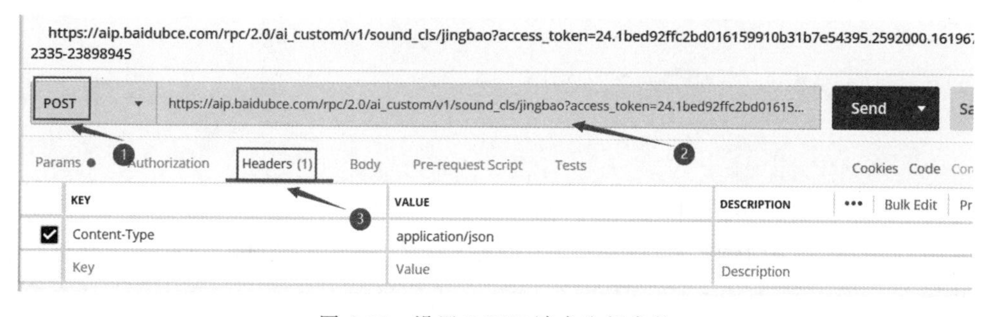

图 6-32　设置 POST 请求头部参数

单击 PostMan 中参数设置的【Body】选项，选择 Body 参数类型为【raw】【JSON】，设置 POST 请求 Body 参数格式如图 6-33 所示。

按照 API 访问文档中 Body 参数设置要求，填写 JSON 格式请求参数，如图 6-34 所示。

单击【Send】按钮，向云端部署的声音分类模型发起服务请求，服务器返回的声音分类结果如图 6-35 所示。

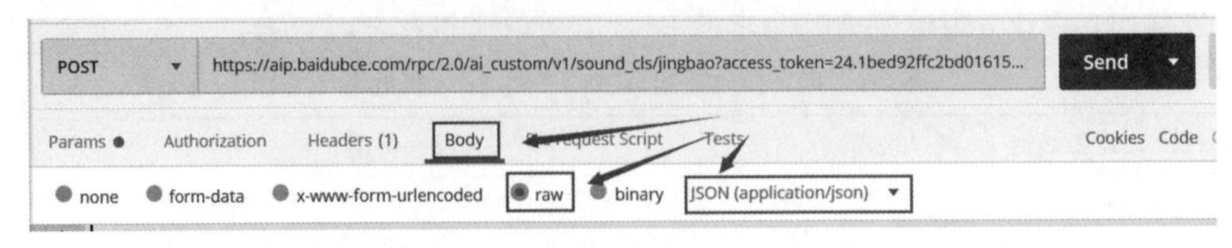

图 6-33　设置 POST 请求 Body 参数格式

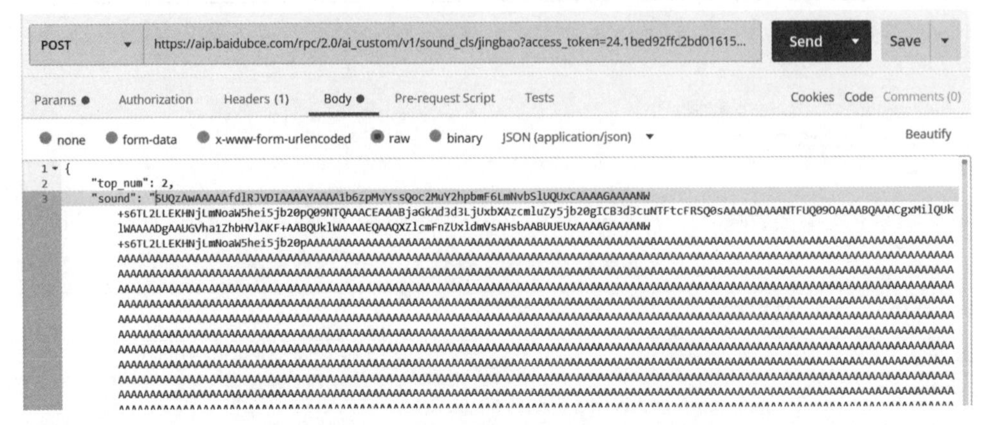

图 6-34　填写 JSON 格式请求参数

```
Body  Cookies  Headers (15)  Test Results
Pretty  Raw  Preview  JSON

1  {
2      "log_id": 7827911414308237558,
3      "results": [
4          {
5              "name": "110",
6              "score": 1
7          },
8          {
9              "name": "120",
10             "score": 8.434660617349104e-18
11         }
12     ]
13 }
```

图 6-35　服务器返回的声音分类结果

返回结果为 JSON 格式，由于请求时设定参数 top_num 为 2，所以返回置信度最高的两个识别结果。图 6-35 中标签“110”的置信度为 1，表示模型以最高置信度认为上传声音文件的类别为“110”。

微课视频

6.2　语音识别建模

本节在简要介绍 EasyDL 语音中提供的语音识别模型基本概念、适用场景和 AI 应用建模一般流程的基础上，按照创建模型、数据准备、模型训练、模型发布、接口测试五大步骤，阐述语音识别模型建模及其应用测试的基本方法。

6.2.1　基本流程

语音识别服务能够将语音识别为文字，可用于手机应用的语音交互、语音内容分析、智能硬件、呼叫中心智能客服等多种场景。EasyDL中的百度语音识别模型并非通用语音识别模型，而是适用于专业词汇、专用词汇比较集中时通用语音识别模型准确率(同音不同字)不满足要求场景的专用语音识别模型。比如，交通领域的“虹桥机场”被通用识别模型识别为“红桥机场”、商业领域的“债券”被识别为“在劝”等。

语音识别服务目前支持训练短语音识别-中文普通话、短语音识别极速版、实时语音识别-中文、呼叫中心语音解决方案接口。语音识别服务建模的基本流程如图6-36所示。

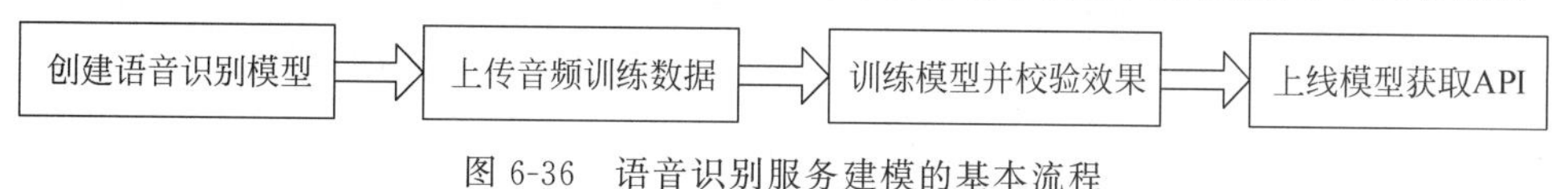

图6-36　语音识别服务建模的基本流程

6.2.2　创建模型

这个阶段的主要任务是在EasyDL中完成语音识别模型创建。打开EasyDL平台主页，如图6-37所示。

图6-37　打开EasyDL平台主页

单击【立即使用】按钮，显示选择模型类型操作界面，如图6-38所示。

单击【语音识别】，进入语音识别模型建模的启动页面，如图6-39所示。

单击【创建模型】按钮，启动语音识别建模工作，进入语音识别模型中心，如图6-40所示。

图 6-38　选择模型类型操作界面

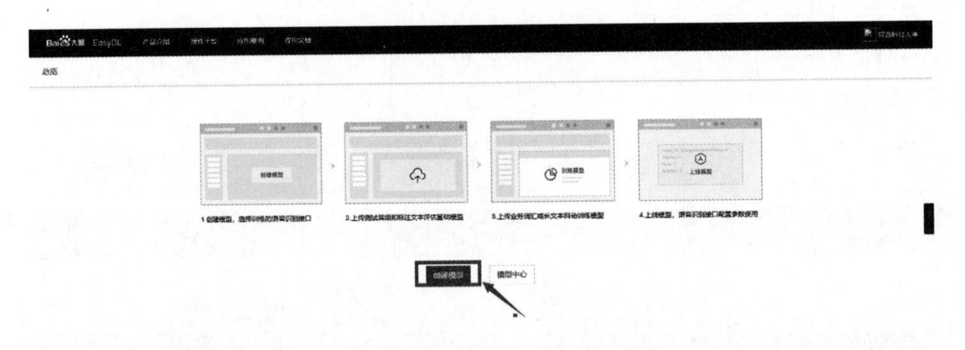

图 6-39　语音识别模型建模启动页面

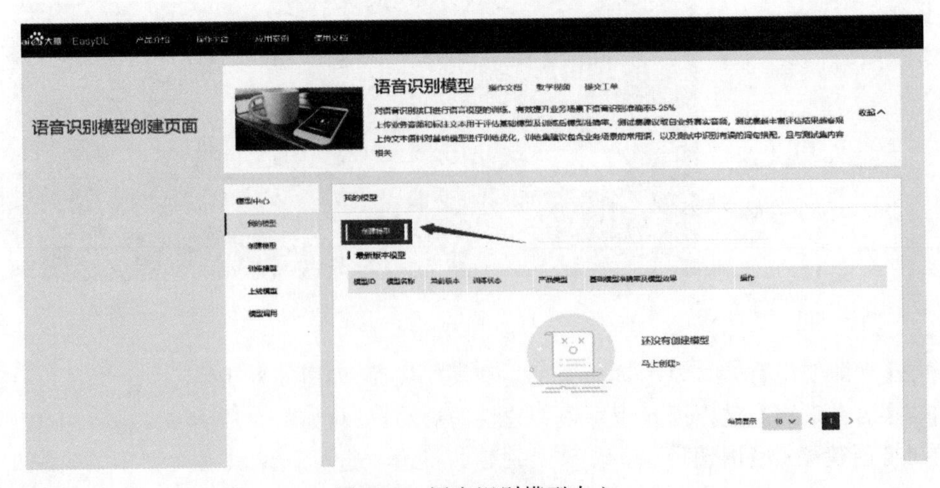

图 6-40　语音识别模型中心

在创建模型页面内完成接口类型选择，填写“模型名称”“联系方式”等基础信息，完成语音识别建模信息配置，如图 6-41 所示。

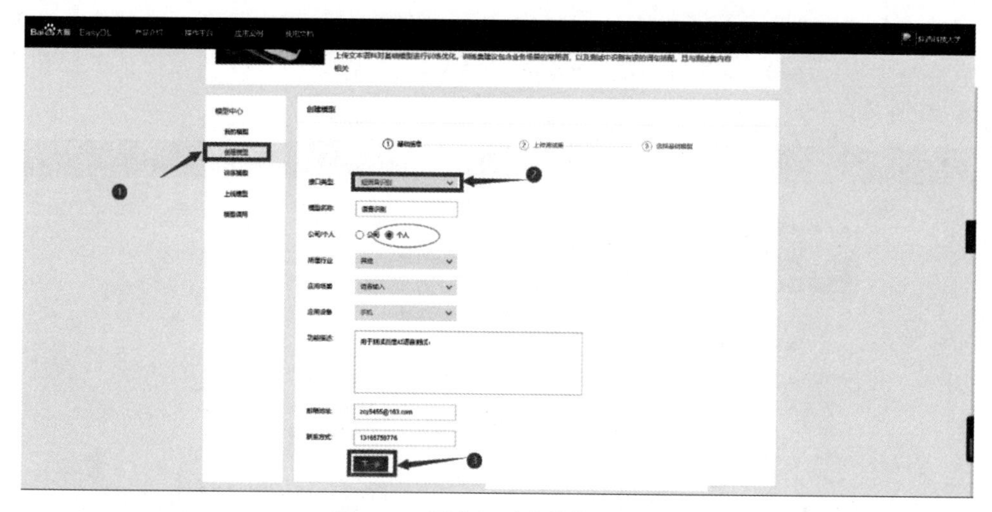

图 6-41　语音识别建模信息配置

单击【下一步】按钮，完成语音识别模型的创建，进入语音识别模型上传数据集阶段。

6.2.3 数据准备

这个阶段的主要任务是提供语音识别模型训练所需要的数据集。该数据集素材主要用来消除专业词汇比较集中的应用场景下识别误差。

训练模型前需要准备业务相关的声音文件及其对应的标注文件，用于评估基础模型及训练后模型准确率。

(1) 声音文件。声音文件一般应取自业务真实声音，其内容越丰富评估结果越客观。语音识别模型允许 16kHz 采样速率的 16bit 单声道 PCM/WAV 文件、8kHz 采样速率的 16bit 单声道 PCM/WAV 文件(客服场景)，所有声音需直接打包压缩为 ZIP 文件格式，而且 ZIP 大小不超过 100MB，解压后单个声音大小不超过 150MB。

(2) 标注文件。标注文件内容应与声音文件相对应的内容一致(单条声音对应文本长度不超过 5000 字)；标注文件格式应为 TXT 格式，GBK 编码；标注 TXT 文本由声音文件名称、标注内容两部分构成，声音文件名称与标注内容用制表位(Tab 键)间隔，带后缀或不带后缀均可。以下为标注文件格式示例。

```
1m-lj_1.pcm	附近的照相馆
1m-lj_2.pcm	如何找附近的银行
1m-lj_3.pcm	公寓在哪里
1m-lj_4.pcm	附近的农商银行在哪
1m-lj_5.pcm	附近有没有加油站
1m-lj_6.pcm	附近的农商银行
```

1m-lj_7.pcm　附近的火车站在哪里

在语音识别模型上传数据集阶段，单击【上传语音文件】【上传标注文件】，按照操作提示分别完成声音文件和标注文件的上传。单击【开始评估】按钮，进入后台评估状态。此时弹出窗口提示评估完毕时间，并自动跳转回【我的模型】。上传数据集并开始评估的操作界面如图 6-42 所示。

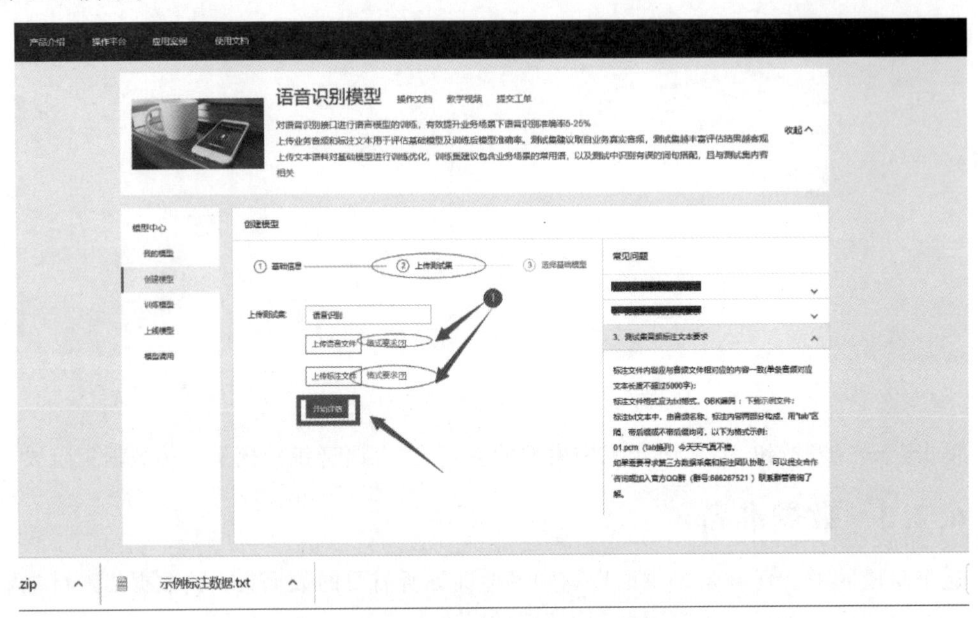

图 6-42　上传数据集并开始评估的操作界面

6.2.4　模型训练

本阶段的主要任务是利用导入的声音文件、标注文件训练创建的语音识别模型。在模型评估中，当识别率超过 50%才会进入“选择基础模型”环节，如图 6-43 所示。

图 6-43　“选择基础模型”环节

单击【选择基础模型】，显示如图 6-44 所示的基础模型选择界面。

图 6-44　基础模型选择界面

单击【开始训练】按钮，启动语音识别模型训练工作。训练完毕后，在【我的模型】列表中也可以查看模型训练结果，如图 6-45 所示。

图 6-45　查看训练结果

6.2.5　模型发布

这一阶段的主要任务是部署训练效果满意的语音识别模型。可以在【我的模型】选择要上线的模型，选择设置模型版本，单击【申请上线】按钮完成上线申请。也可以在语音识别模型中心单击【上线模型】，选择要上线的模型和版本进行上线（只有模型训练成功生成版本号时才可上线），语音识别模型申请上线操作界面如图 6-46 所示。

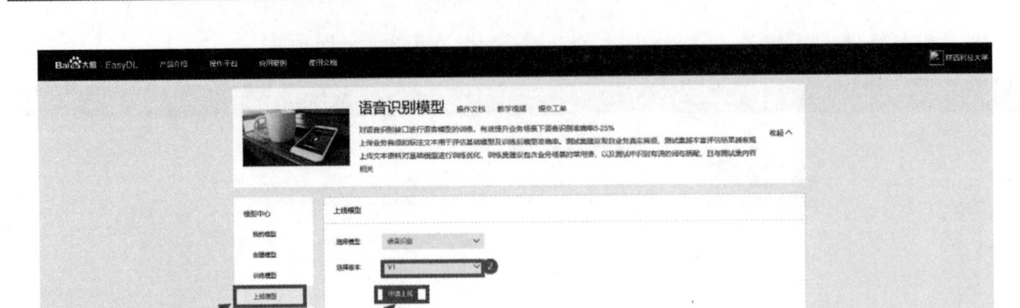

图 6-46　语音识别模型申请上线操作界面

6.2.6　接口测试

这一阶段的主要任务是测试上线语音识别模型的访问接口。模型调用测试前首先需要创建一个语音识别应用。进入百度智能云控制台(需要使用自己的账号和密码登录百度智能云)。在产品服务栏中选中【EasyDL 定制化训练平台】,进入操作页面后选择【EasyDL 语音识别】→【公有云部署】→【应用列表】,单击【创建应用】,启动语音识别模型应用的创建,如图 6-47 所示。

图 6-47　启动语音识别模型应用的创建

在语音识别新应用创建页面中,填写【应用名称】,【接口选择】中勾选对应接口,【应用归属】设置选择“个人”,【应用描述】中简要描述该应用服务的场景、实现的功能等,完成上线语音识别模型应用的基本信息设置,如图 6-48 所示。

单击【立即创建】,完成语音识别应用创建。语音识别应用创建成功后弹出创建结果的操作提示界面,如图 6-49 所示。

单击【查看应用详情】,可查看新建语音识别应用的 AppID、API Key、Secret Key 参数,如图 6-50 所示。

上线语音识别模型 API 的使用,可以按照如下几个步骤进行。

(1) 鉴权认证获取 API 访问令牌。打开 HTTP 调试工具软件 PostMan,新建一个 Request,完成如下设置。

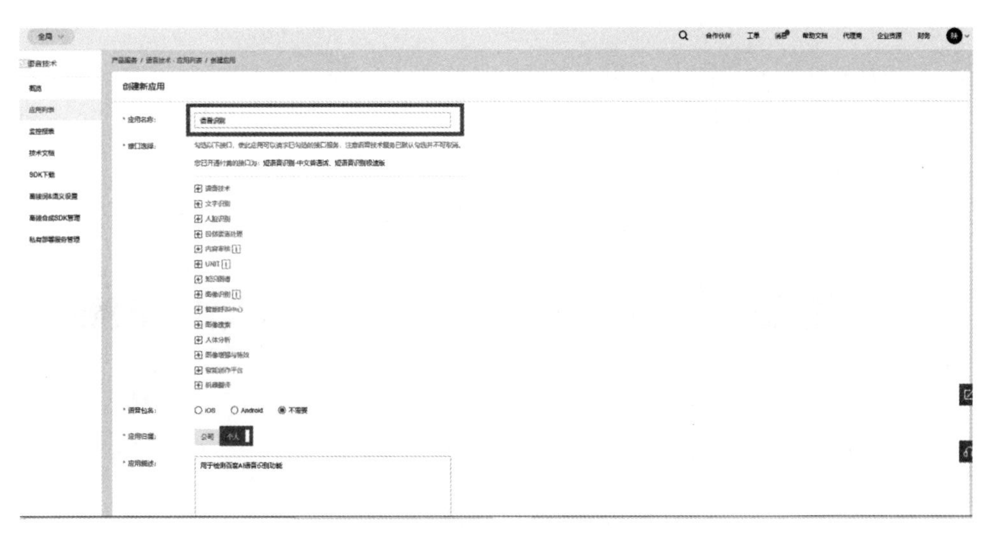

图 6-48　上线语音识别模型应用的基本信息设置

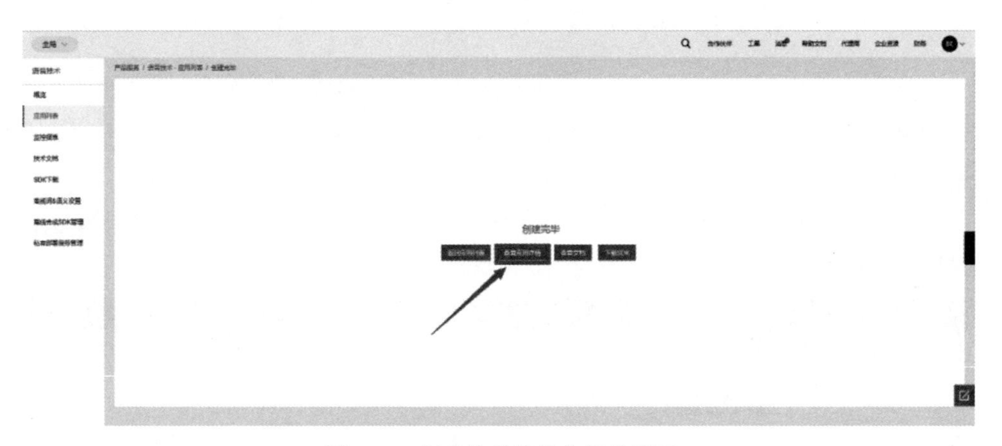

图 6-49　创建结果的操作提示界面

图 6-50　查看新建语音识别应用的 AppID、API Key、Secret Key 参数

请求方式：POST。

URL 地址：https://aip.baidubce.com/oauth/2.0/token。

URL 参数：grant_type=client_credentials&client_id=创建应用的 API Key &client_secret=创建应用的 Secret Key。

单击【Send】按钮，如无错误，PostMan 执行 POST 请求及返回信息如图 6-51 所示。

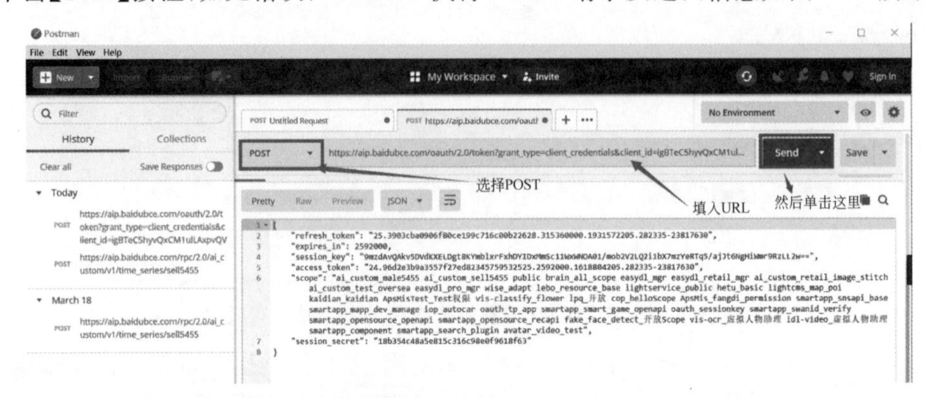

图 6-51 PostMan 执行 POST 请求及返回信息

在服务器返回的 JSON 字符串中，提取“access_token”键对应的取值，完成上线语音识别模型 API 访问令牌的获取。

(2) 获取语音识别专属模型参数。当模型上线成功后，可以在【我的模型】中单击【模型调用】按钮，即可获取语音识别专属模型参数，如图 6-52 所示。

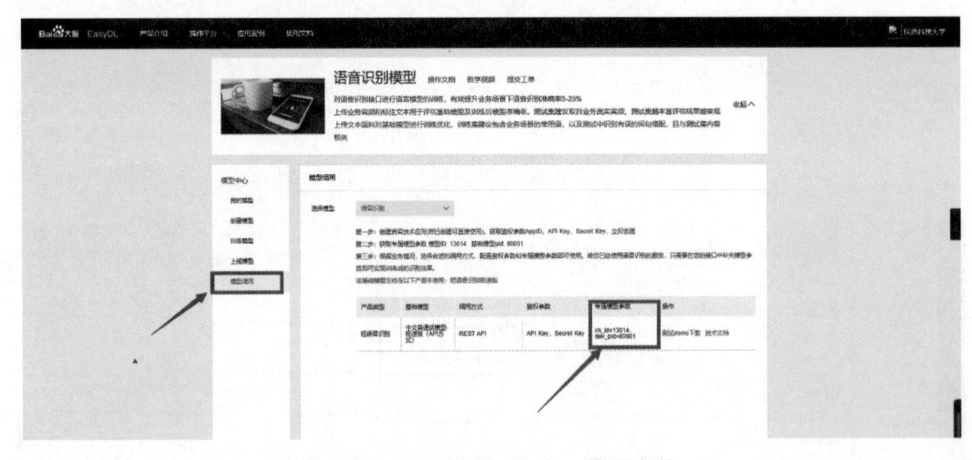

图 6-52 获取语音识别专属模型参数

本案例中语音识别专属模型参数为 im_id=13014，dev-pid=80001。

(3) 获取待识别语音文件的 Base64 编码。选择一款在线 Base64 编码工具，打开网页链接，将语音文件拖拽到编辑栏即可，语音文件在线转换 Base64 编码结果如图 6-53 所示。

(4) 访问语音识别 API 获取识别结果。查看语音识别模型 API 调用文档，需要确认以

data:audio/x-m4a;base64,AAAAHGZ0eXBNNEEgAAAAAE00QSBpc29tbXA0MgAAAFtZ
GF0AAAAAAAB650hIANAaBwhTuL///AH////wIfi81B3TgW1DcowqtNTc0f+j4zq/9nf/x
3p9T/Ih1oG8v8LNATt6YnosPQbiYy5DCTay7wcnxppNWToIWFhYW5YWFhYWFhYWFO9K9x
O2yOpEbsMP+xdVyuHlpHnyU9SvW7z7AB40X1ZsfvDrKJO/3w1R/p1T9JOdqElQlrK7dte
HD8Bf6D8B+AAh1oG8v8OIWwP////g//8jaqGg6EwhDAhCAyGgzKCmPbnPGdwhPORdx/za
VobwY5kGmIFIa26cFA/YyxuvUR/ogmNDlpv1HyLUWBWhjCxiF+RNNlPzTbFAFOzvvHy9l
Wl53Ckpun0RoYbpdjzaQGRLmqzTR2IICizuQAWAilux3bMMO9U+j/wurOAbA73u/VlE2V
OGsJ2PpxfjDedujU/WAOe6Zs9A35l/5/scbeG4CjGQA8hzykQFquqMAPkdUkxmvy40Bsh
QQAACbHU9LGy4CEMD////4AABHWxiQQgwIwgQhGkEqzxp69WXU6C3C/+4JjsNQZEnPJcU
hRyFSWI6Xg15480HVWfr4arwba06kSZaOj1nmbVMKcgci3/V++3/pfD9FtfPfjkBEpTy2
UHdwwvgiT7rc2rFXBCi+Bzp+OkvXz5BOVPEuz+o3oBl+9IOd0zNzcNxZvZYt7wYgS+wj9
v7mchzuCLPHcTM9OauAGMFUHPpMkUShMgDiEMD////4AABJ0exQVRUFiUFxAMiGcFCZz2
2jWSI86W/2ssbYEYd7o9oWMGlfwg8o9ZaSMDRR3FNpF5srFp0zrSrGGwgIOencPK8XrVZ
Zb9f2ZcvpAm4hOvAzewABnViaNVcuzEeLpV0NWi9QIHjKDBHlPbhL/fGjr3jfKh/eQADb
W23n07BodOgn0w/hAGT+g+VH5XT389iwhuhPDniFgrA59BKqVIy8gBwCEMD////4AABJV
FiQExgJUCQEpfZ+aWXF8r9ovif6ItvW8YK7ruaU2baFKEmrlNoR1T5XzL3DKM9oqtcVFz
jxXZuCThAiEsjkQDMRx7xUhmTYlYpksiRhBgfQfAyG4SlYRpCQe8EG7/0f54/RvOy4tG5

图 6-53　语音文件在线转换 Base64 编码结果

下几个参数。

HTTP 请求方法：POST。

URL：http://vop.baidu.com/pro_api，亦可使用 http://vop.baidu.com/server_api。

URL 参数：第一步中通过 API Key 和 Secret Key 获取的参数“access_token”取值。

头部参数：设置 Content-Type 参数取值为 application/json。

Body 参数：请求正文，JSON 格式，包含提交上线模型进行识别语音文件 Base64 编码。语音识别模型 API 请求 Body 参数说明如表 6-3 所示。

表 6-3　语音识别模型 API 请求 Body 参数说明

字段名	类型	可需	描　述
format	string	必填	语音文件的格式，PCM、WAV、AMR、M4A，不区分大小写，推荐 PCM 文件
rate	int	必填	采样率，16000、8000，固定值
channel	int	必填	声道数，仅支持单声道，请填写固定值 1
cuid	string	必填	用户唯一标识，用来区分用户，计算 UV 值。建议填写能区分用户机器的 MAC 地址或 IMEI 码，长度为 60 字符以内
token	string	必填	开放平台获取到的开发者“access_token”
dev_pid	int	选填	不填写 lan 参数生效，都不填写，默认 1537(普通话输入法模型)，dev_pid 参数见本节开头的表格
lm_id	int	选填	自训练平台模型 id，填 dev_pid=8001 或 8002 生效
lan	string	选填	历史兼容参数，已不再使用
speech	string	必填	本地语音文件的二进制语音数据，需要进行 Base64 编码，与 len 参数连一起使用
len	int	必填	本地语音文件的字节数，单位字节

Body 参数设置典型实例如下所示。

```
{
    "format":"pcm",
    "rate":16000,
    "dev_pid":80001,
    "channel":1,
    "token":xxx,
    "cuid":"baidu_workshop",
    "len":4096,
    "speech":"xxx",//xxx 为 base64(FILE_CONTENT)
}
```

返回参数：上线语音识别模型 API 访问返回参数亦为 JSON 字符串，如表 6-4 所示。

表 6-4 上线语音识别模型 API 访问返回参数

字段名	数据类型	可需	描述
err_no	int	必填	错误码
err_msg	string	必填	错误码描述
sn	string	必填	语音数据唯一标识，系统内部产生，如果反馈及 debug 请提供 sn
result	array([string,string,…])	选填	识别结果数组，返回 1 个最优候选结果 UTF8 编码

(5) PostMan 测试。根据上述语音识别模型 API 访问参数设置要求，打开 HTTP 调试助手 PostMan，设置 HTTP 请求方式为 POST，填写上线语音识别模型 API 访问接口地址(URL：https://vop.baidu.com/pro_api)，设置 URL 参数为 access_token= ***** [先前获取访问令牌]，并在 PostMan【Headers】参数中补充键值对 Content-Type：application/json，设置 POST 请求头部参数如图 6-54 所示。

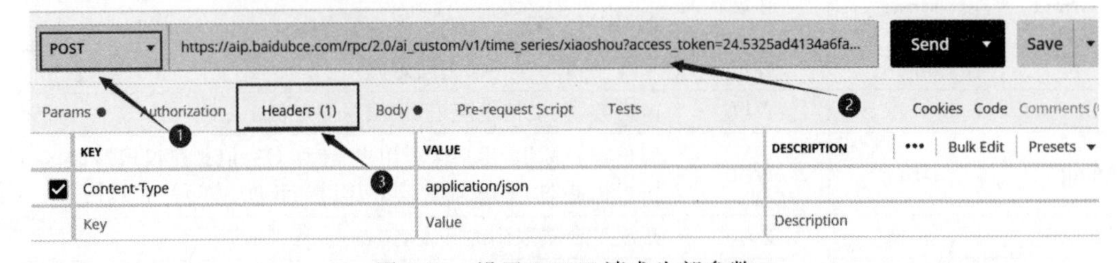

图 6-54 设置 POST 请求头部参数

在 PostMan 中参数设置的【Body】选项，选择 Body 参数类型为【raw】【JSON】，按照 API 访问文档中 Body 参数设置要求，填写 JSON 格式请求参数，如图 6-55 所示。

单击【Send】按钮，向上线的语音识别模型发起服务请求，服务器返回的语音识别结果如图 6-56 所示。

语音识别结果为 JSON 格式字符串，“result”键对应的取值“附近的火车站在哪里”即为语音识别结果。

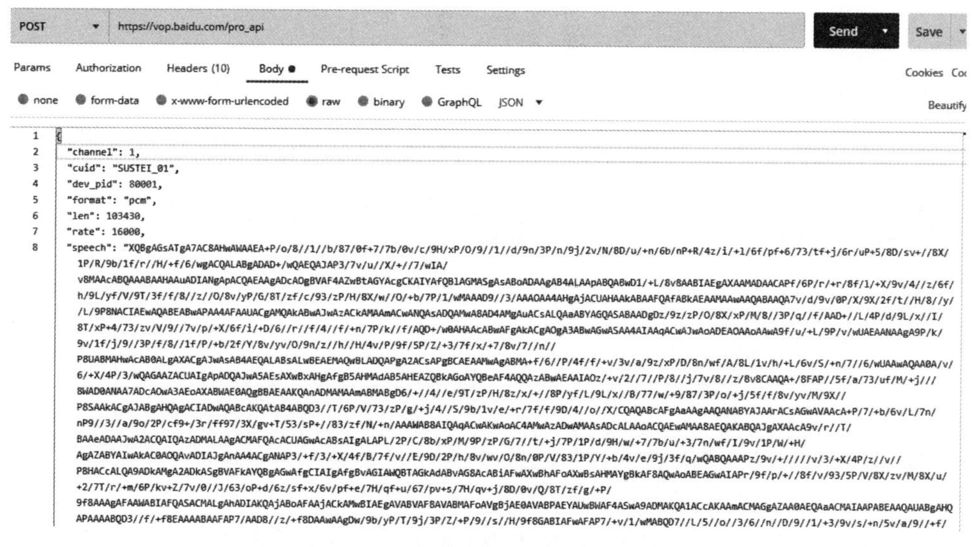

图 6-55　填写 JSON 格式请求参数

Body　Cookies (1)　Headers (6)　Test Results　　Status: 200 OK

Pretty　Raw　Preview　Visualize　JSON


```
1  {
2      "corpus_no": "6955471581872071323",
3      "err_msg": "success.",
4      "err_no": 0,
5      "result": [
6          "附近的火车站在哪里？"
7      ],
8      "sn": "416608434716194469 25"
9  }
```


图 6-56　服务器返回的语音识别结果

第7章

飞桨 EasyDL 图像数据 AI 应用建模

主要内容：

- EasyDL 中图像分类的建模、训练、校验、部署及基本测试方法；
- EasyDL 中物体检测的建模、训练、校验、部署及基本测试方法；
- EasyDL 中图像分割的建模、训练、校验、部署及基本测试方法。

微课视频

7.1 图像分类建模

本节在简要介绍 EasyDL 图像中提供的图像分类模型基本概念、适用场景和 AI 应用建模一般流程的基础上，按照创建模型、数据准备、模型训练、模型校验、模型发布、接口测试六大步骤，阐述图像分类模型建模及其应用测试的基本方法。

7.1.1 基本流程

图像分类用于识别一张图片是否为某类物体、是否处于某种状态、是否属于某种场景，适用于需要确定单一内容图片整体所属类别的应用场合。EasyDL 图像分类模型建模的基本流程如图 7-1 所示。

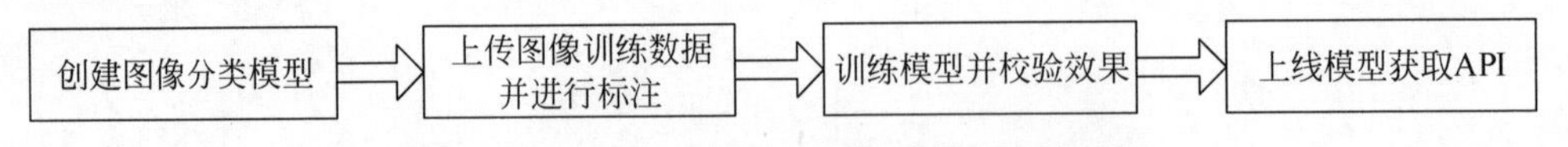

图 7-1　EasyDL 图像分类模型建模的基本流程

图像分类技术应用非常广泛，比如按照某种规则，判断在拍摄到的图片中是否存在某种违规现象；或者识别生产线上各种产品，进行自动分拣或者质检；甚至还可以对医学诊断图像进行识别以便辅助医生诊断。

7.1.2 创建模型

这个阶段的主要任务是在 EasyDL 中完成图像分类模型创建。打开 EasyDL 平台主页，如图 7-2 所示。

图 7-2　EasyDL 平台主页

单击【立即使用】按钮，显示选择模型类型操作界面，如图 7-3 所示。

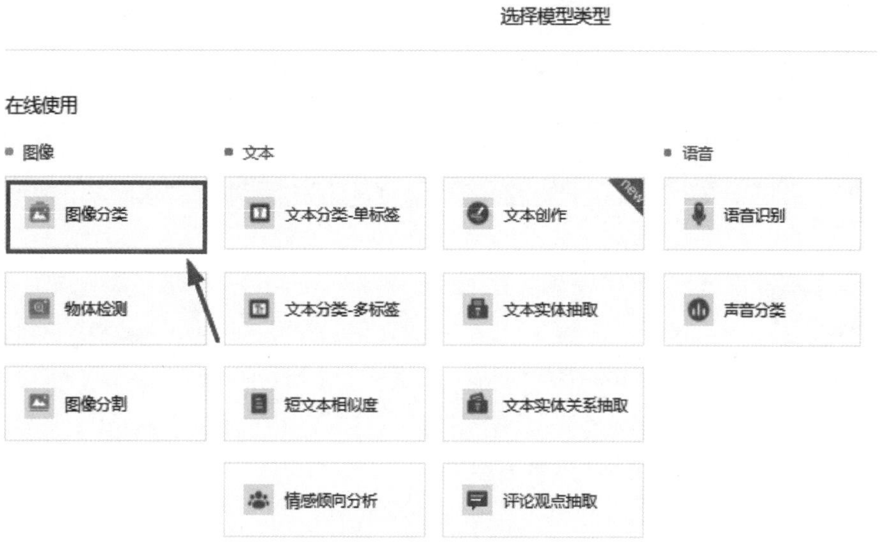

选择模型类型

在线使用

图像：图像分类、物体检测、图像分割

文本：文本分类-单标签、文本创作、文本分类-多标签、文本实体抽取、短文本相似度、文本实体关系抽取、情感倾向分析、评论观点抽取

语音：语音识别、声音分类

图 7-3　选择模型类型操作界面

单击【图像分类】，进入图像分类模型中心，如图 7-4 所示。

单击【创建模型】按钮，进入新建图像分类模型信息填写页面，依次填写模型创建相关的“模型名称”“模型归属”“邮箱地址”“联系方式”“功能描述”等配置信息，完成图像分类建模信息配置，如图 7-5 所示。

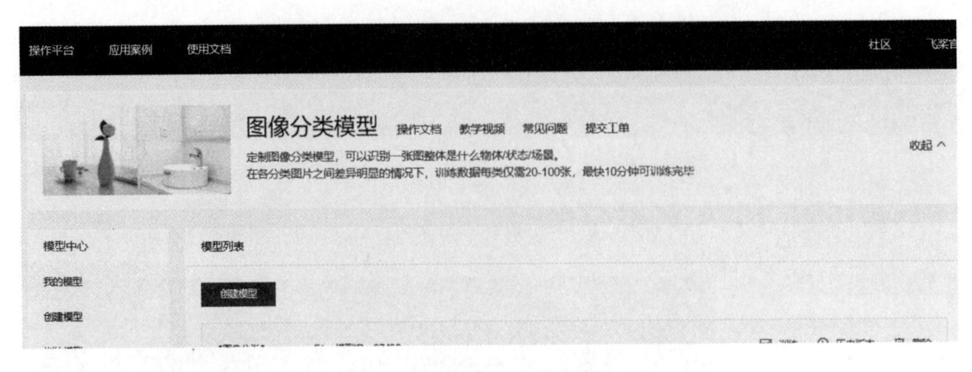

图 7-4 图像分类模型中心

图 7-5 图像分类建模信息配置

单击【下一步】，完成图像分类模型创建。

7.1.3 数据准备

这个阶段的主要任务是提供图像分类模型训练所需要的数据集。单击左侧导航栏【模型中心】→【数据总览】，导航栏右侧显示【我的数据总览】，如图 7-6 所示。

单击【创建数据集】按钮，进入图像分类模型训练数据集信息填写操作界面，填写数据集名称，选择【标注模板】中“单图单标签”，完成图像分类数据集基本信息配置，如图 7-7 所示。

需要注意的是，创建数据集前，需要首先构思分类如何设计。EasyDL 图像分类数据集

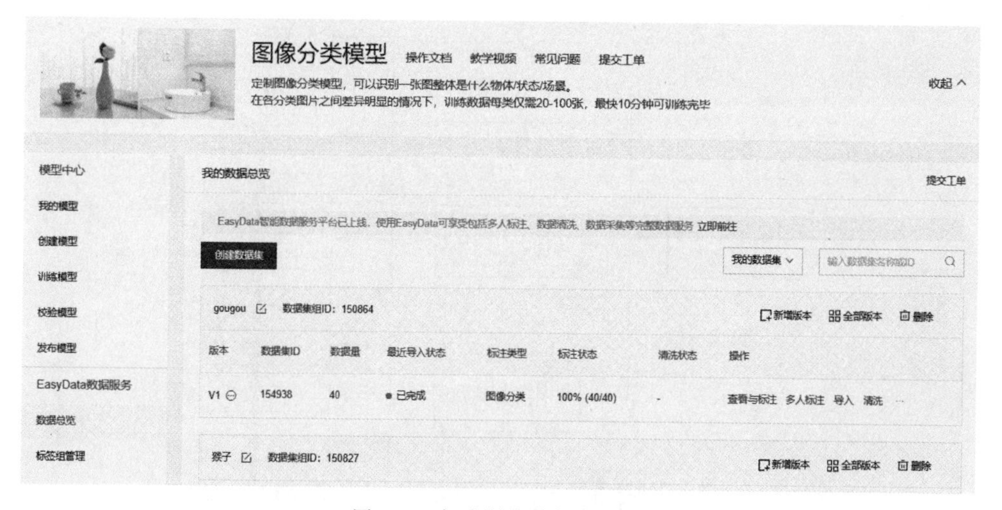

图 7-6　启动训练数据集创建

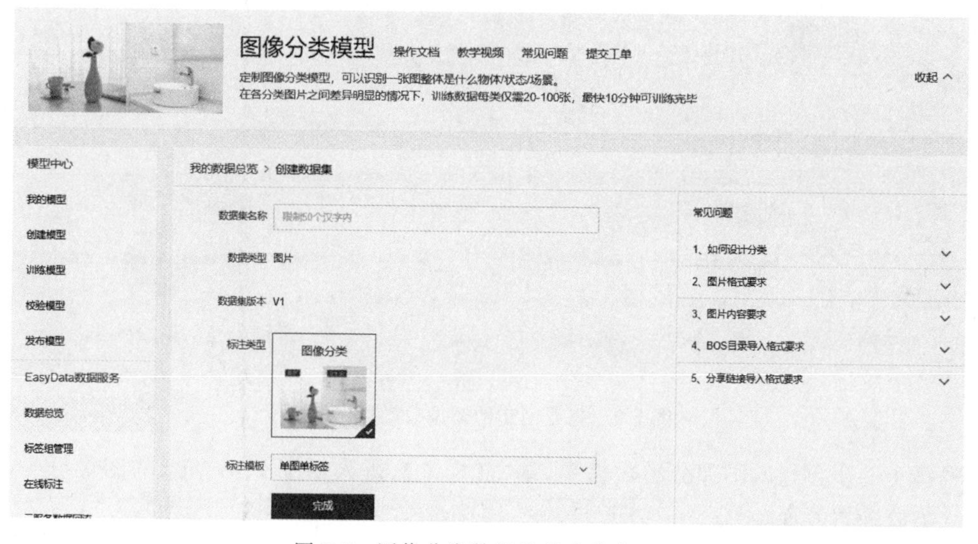

图 7-7　图像分类数据集基本信息配置

准备时，每个分类表示一种识别结果。不同类别的图片按照其类别存储在不同的文件夹中，一个文件夹名称即对应的类别标签。EasyDL 规定图像类别名称就是文件夹名称，该名称需要以文字、数字或者下画线命名。

每个类别的图片文件夹准备完毕后，将所有文件夹压缩，形成图像分类训练数据集。图像分类训练数据集的压缩包文件结构如图 7-8 所示。

图像分类训练数据集对每个类别中的图片数量、支持的图片类型、分辨率等有要求，读者可查看 EasyDL 开发者文档查看详情。

完成训练数据集准备后，单击 EasyDL 控制台左侧导航栏【模型中心】→【数据总览】，可查看创建的图像分类数据集，如图 7-9 所示。

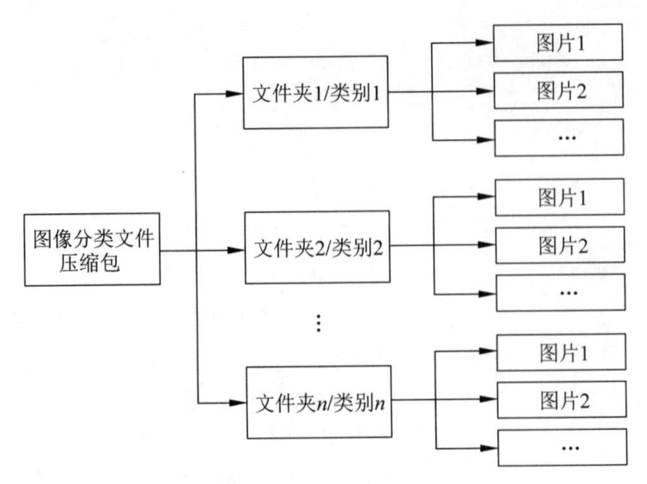

图 7-8　图像分类训练数据集的压缩包文件结构

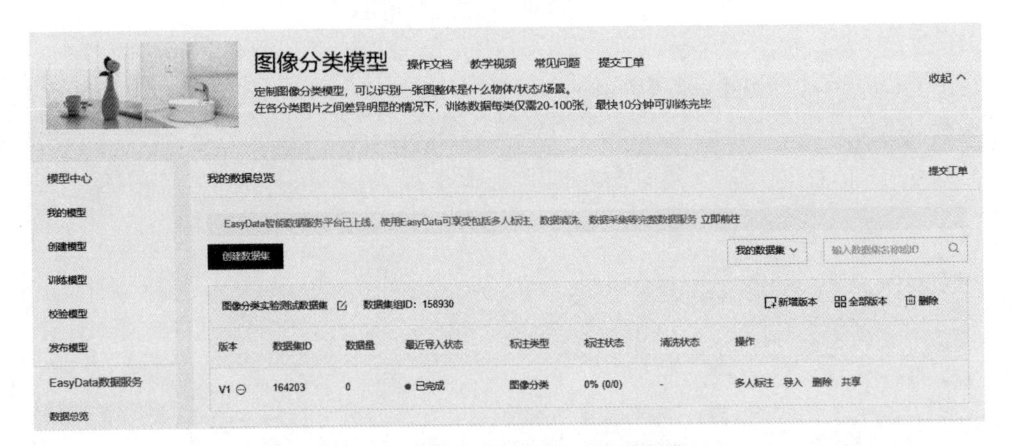

图 7-9　查看创建的图像分类数据集

选择上一步创建的图像分类数据集，单击【导入】，进入如图 7-10 所示的图像分类数据集导入方式配置界面。

选择【数据标注状态】为“有标注信息”，【导入方式】中选择“本地导入”。单击【请选择】，下拉框中选择【上传压缩包】，选择【标注格式】为“以文件夹命名分类”(单击该选项后的“?”可下载数据集样例，以供准备训练数据集参考)，最后单击【上传压缩包】，弹出如图 7-11 所示导入数据集提示信息对话框。

单击【已阅读并上传】按钮，在弹出的文件打开对话框中选择用于图像分类的数据集压缩包。待文件上传完毕，单击【确认并返回】按钮，进入【我的数据总览】，可查看图像分类数据集导入状态，如图 7-12 所示。

当完成训练数据集上传后，【最近导入状态】由“导入中”变为“已完成”，【标注状态】显示 100%数据集标注信息，完成导入的数据集信息如图 7-13 所示。

单击【查看与标注】，可以查看图像分类训练数据集详细信息，如图 7-14 所示。

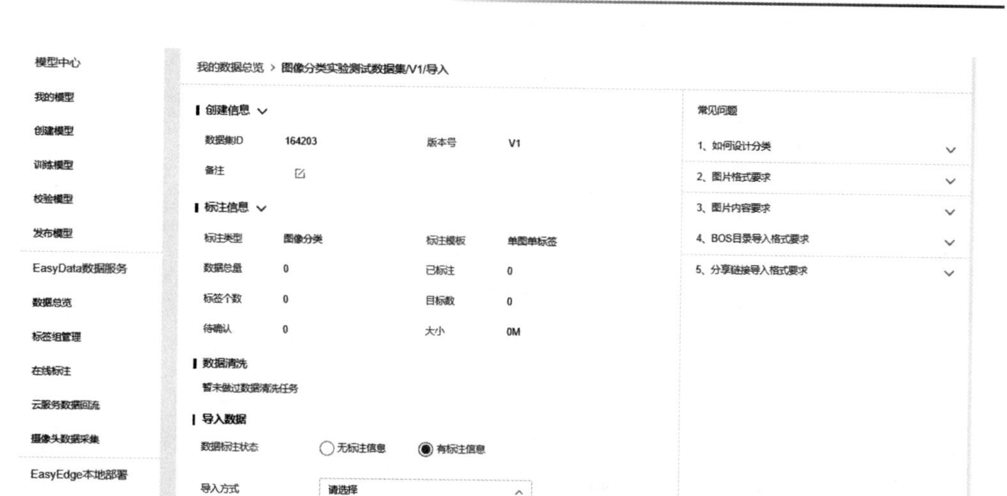

图 7-10 图像分类数据集导入方式配置

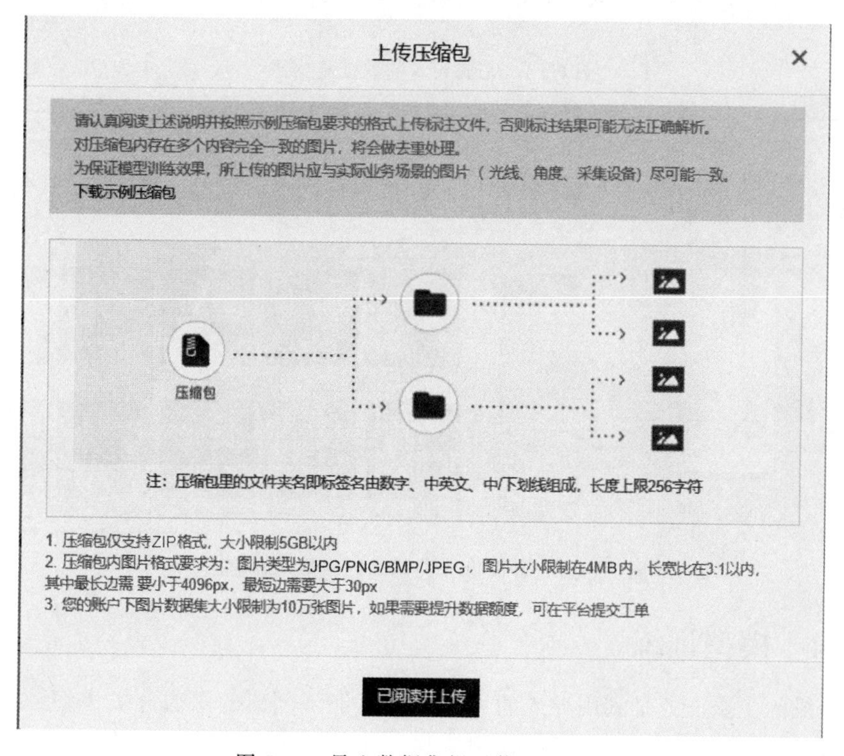

图 7-11 导入数据集提示信息对话框

图 7-14 中显示了全部训练数据集及其类别标签，这里可以看出右侧的标签栏显示训练数据集的 3 个类别及对应的训练图片数量。

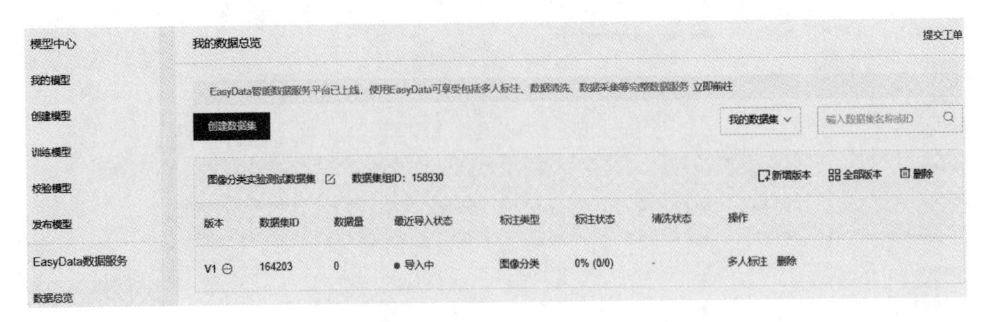

图 7-12　查看图像分类数据集导入状态

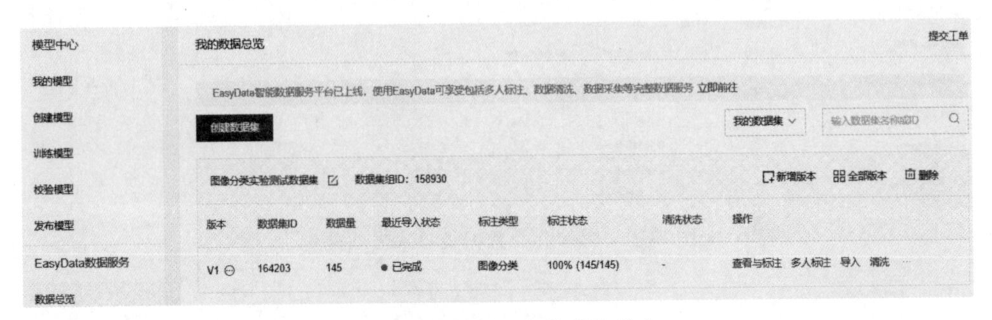

图 7-13　完成导入的数据集信息

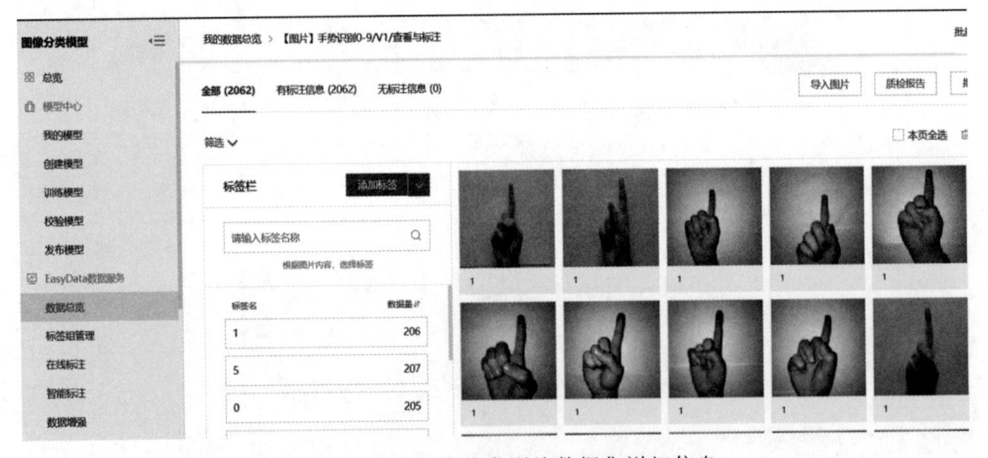

图 7-14　查看图像分类训练数据集详细信息

7.1.4　模型训练

这一阶段的主要任务是利用导入的训练数据集训练创建的图像分类模型。单击【模型中心】中的【训练模型】选项，进入训练模型流程。主要操作包括选择训练模型、配置训练模型、添加训练数据、设置数据增强策略、选择训练环境等。

(1) 选择训练模型。单击【选择模型】右侧下拉框，选择前期创建的拟训练图像分类模型，如图 7-15 所示。这里选择前面创建的模型“我的手势识别”。

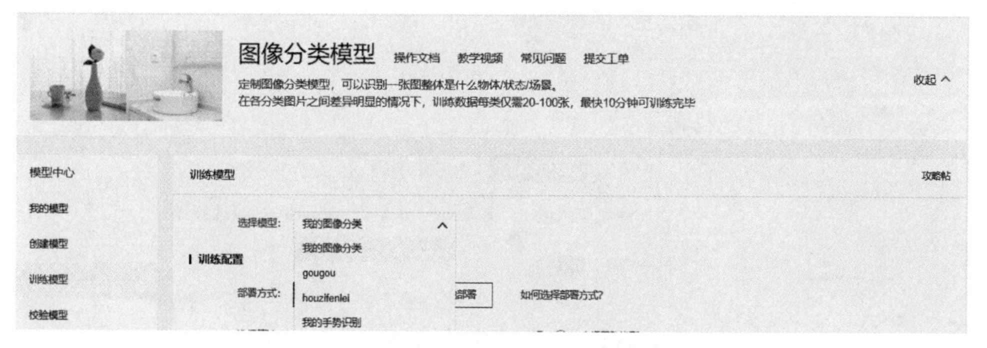

图 7-15 选择前期创建的拟训练图像分类模型

(2) 配置训练模型。配置训练模型包括部署方式配置、选择算法、高级训练配置等环节。

部署方式配置指的是部署方式可在公有云部署和 EasyEdge 本地部署两种方式中选择。这里选择【部署方式】为公有云部署，如图 7-16 所示。

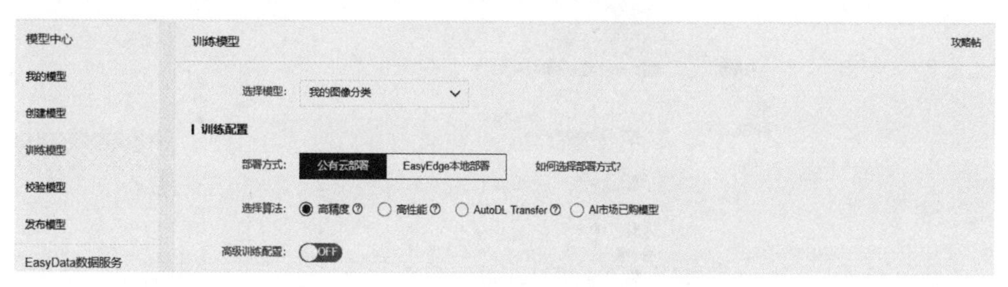

图 7-16 选择【部署方式】为公有云部署

选择算法是指在不同的部署方式下，根据关切的模型性能指标，选择“高精度”“高性能”或“AutoDL Transfer”。一般默认设置【选择算法】为“高精度”。

高级训练配置一般不建议修改，默认为 OFF，如果设置为 ON，则需要进一步设置“输入图片分辨率”(默认为 Auto)、epoch 参数(默认为自动，训练集完整参与训练的次数)，图像分类模型训练配置界面如图 7-17 所示。

如有训练数据集较大、模型训练不充分、模型精度较低的情况，可适当增加 epoch，使模型训练更完整。

(3) 添加训练数据。单击【添加训练数据】右侧“＋请选择”，在弹出的下拉框中选择用于本次训练模型的数据集，并在可选标签列表中勾选“名称分类”(选择全部类别)，亦可分别勾选需要训练的类别数据。完成设置后，单击【添加】按钮，完成图像分类训练数据集的添加，如图 7-18 所示。

(4) 设置数据增强策略。通常来说，通过增加数据的数量和多样性往往能提升模型的效果。当在实践中无法收集到数目庞大的高质量数据时，可以通过配置数据增强策略，对数据本身进行一定程度的扰动从而产生“新”数据。模型通过学习大量的“新”数据，提高泛化能力。

图 7-17　图像分类模型训练配置界面

选择分类数据集

数据集: 图像分类实验测试数据集 V1

可选标签: 分类名称

label-a

label-c

label-b

添加　取消

图 7-18　图像分类训练数据集的添加

可以在“默认配置”“手动配置”两种方式中进行选择，完成数据增强策略的配置。如果不需要特别配置数据增强策略，就可以选择默认配置。后台会根据选择的算法，自动配置必要的数据增强策略。

(5) 选择训练环境。EasyDL 针对不同用户需求，提供了不同类型的训练环境，初学阶段选择默认的 GPU-P4 训练环境，如图 7-19 所示。

单击【开始训练】按钮，启动针对给定数据集的模型训练。训练时间与数据量大小有关，1000 张图片可以在 30min 内训练完成。模型训练过程中，可以设置训练完成的短信提醒并离开页面，这并不影响模型训练过程。训练中的图像分类模型信息如图 7-20 所示。

当接收到训练完成通知短信后，刷新网页，可以查看图像分类模型训练结果信息，如图 7-21 所示。

训练环境：

名称	规格	算力	价格
◉ GPU P4	TeslaGPU_P4_8G显存单卡_12核CPU_40G内存	5.5 TeraFLOPS	免费
○ GPU P40	TeslaGPU_P40_24G显存单卡_12核CPU_40G内存	12 TeraFLOPS	单卡¥0.36/分钟
○ GPU V100	TeslaGPU_V100_16G显存单卡_12核CPU_56G内存	14 TeraFLOPS	单卡¥0.45/分钟

开始训练

图 7-19　选择默认的 GPU-P4 训练环境

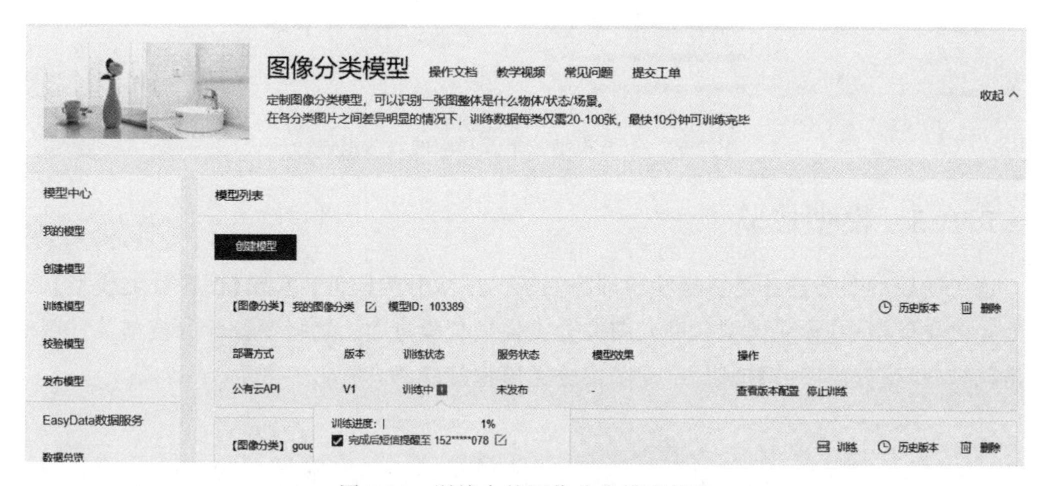

图 7-20　训练中的图像分类模型信息

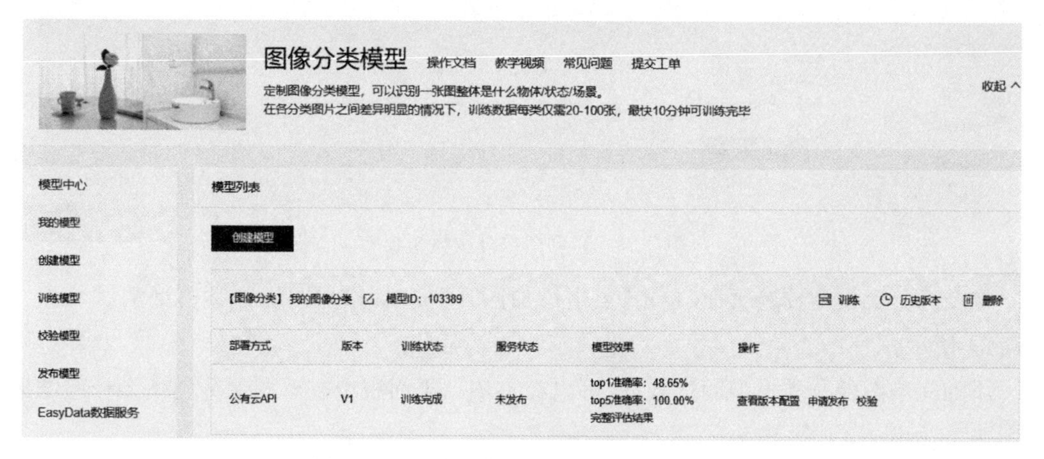

图 7-21　查看图像分类模型训练结果信息

单击【完整评估结果】，可以查看模型效果及详细的评估报告，如图 7-22 所示。

如果模型的分类性能比较差，则需要进一步调整训练数据集、配置训练参数，迭代完善，直至得到满意的训练结果。

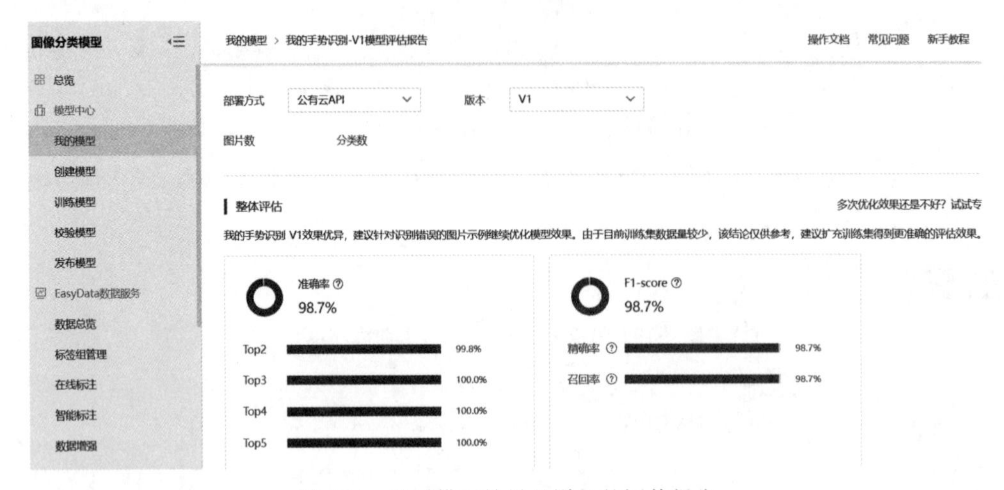

图 7-22　查看模型效果及详细的评估报告

7.1.5　模型校验

这一阶段的主要任务是在线检验训练完毕的图像分类模型。单击【图像分类模型】操作界面左侧导航栏中【校验模型】，进入图像分类模型校验页面。选择要校验的模型及其版本。单击【启动模型校验服务】按钮，启动图像分类模型校验，如图 7-23 所示。

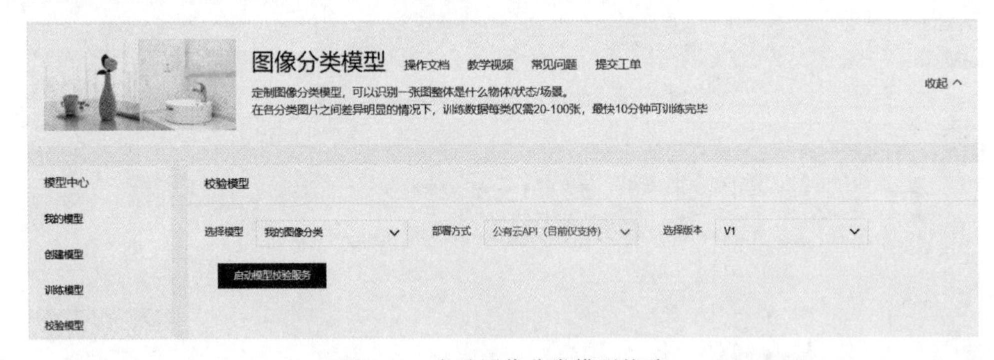

图 7-23　启动图像分类模型校验

在图像分类模型校验页面，单击【点击添加图片】按钮，添加图像分类模型测试数据，如图 7-24 所示。

添加完毕图像分类模型测试数据，可以在右侧结果面板中查看图像分类模型校验结果，如图 7-25 所示。

图 7-25 中显示对上传的图片分类结果及其置信度。如果识别错误，还可以单击右下角【纠正识别结果】按钮，弹出纠正识别结果对话框，如图 7-26 所示。

设置正确识别结果的类别标签，并选择图片对应的数据集，并将其加入模型迭代的训练集，达到不断优化模型效果的目的。

图 7-24 添加图像分类模型测试数据

图 7-25 查看图像分类模型校验结果

纠正识别结果

纠正错误的识别结果并保存在数据集中，方便重新训练模型

当前图片的识别结果应为: 3

当前图片对应数据集应为: 手势识别0-9 V1

提交

图 7-26 纠正识别结果对话框

7.1.6 模型发布

这一阶段的主要任务是部署训练效果满意的图像分类模型。训练完成后，可将图像分

类模型部署在公有云服务器、通用小型设备、本地服务器，也可以采用百度 AI 软硬一体方案。初学阶段，一般选择公有云 API 部署方式。

训练完毕后，单击图像分类模型中心导航栏中【发布模型】，依次进行"选择模型(拟部署模型)→选择部署方式(公有云部署)→选择版本(拟发布版本)→自定义服务名称→设置接口地址后缀→提交申请"等操作，设置图像分类模型发布相关信息的操作界面如图 7-27 所示。

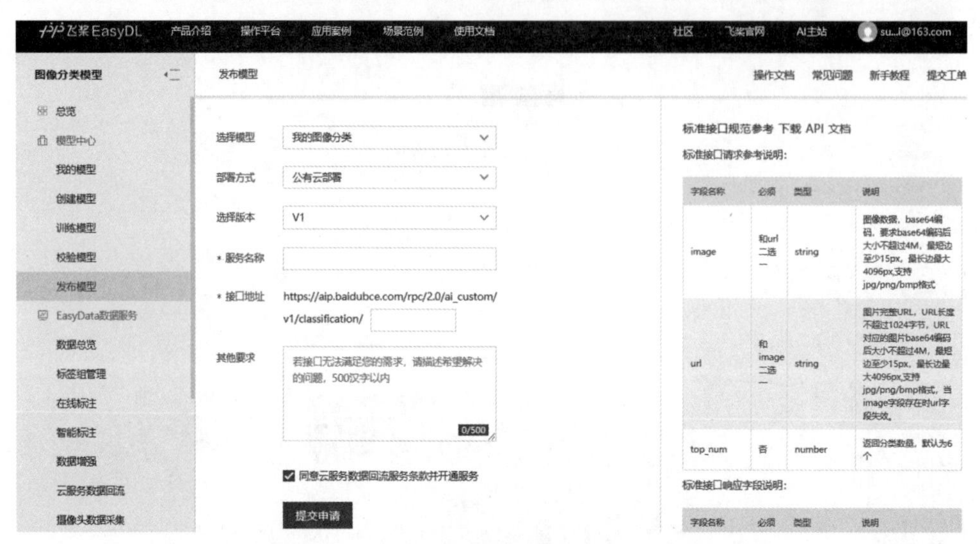

图 7-27　设置图像分类模型发布相关信息

发布成功后，模型列表中当前模型信息中显示【服务详情】操作链接，单击【服务详情】，显示如图 7-28 所示的图像分类模型 API 接口地址相关信息。

图 7-28　图像分类模型 API 接口地址相关信息

单击【查看 API 文档】按钮，可以进入图像分类模型 API 使用方法说明文档网页。

7.1.7　接口测试

这一阶段的主要任务是测试云端部署的图像分类模型访问接口。模型调用测试前首先需要创建一个图像相关的应用。

进入百度智能云控制台，单击左侧导航栏【总览】→【产品服务】→【EasyDL 定制化训练平台】→选择【EasyDL 图像】→【公有云部署】→【应用列表】，选择【创建应用】，进入图像分类模型应用创建信息配置页面，如图 7-29 所示。

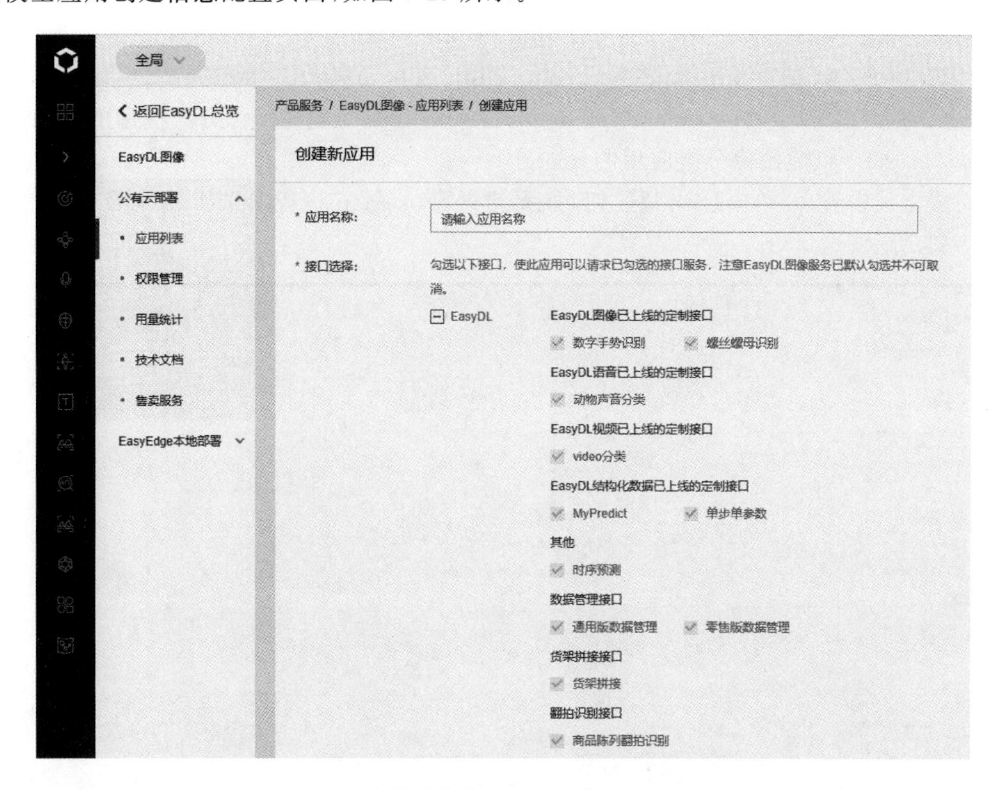

图 7-29　图像分类模型应用创建信息配置页面

在 EasyDL 图像应用中心内填写【应用名称】，【接口选择】中勾选对应接口(多多益善)，【应用归属】设置选择“个人”，【应用描述】中简要描述该应用服务的场景、拟实现的功能等，完成图像分类模型应用的配置。

单击【立即创建】，应用列表中显示创建的图像分类模型应用 AppID、API Key、Secret Key 等参数，如图 7-30 所示。

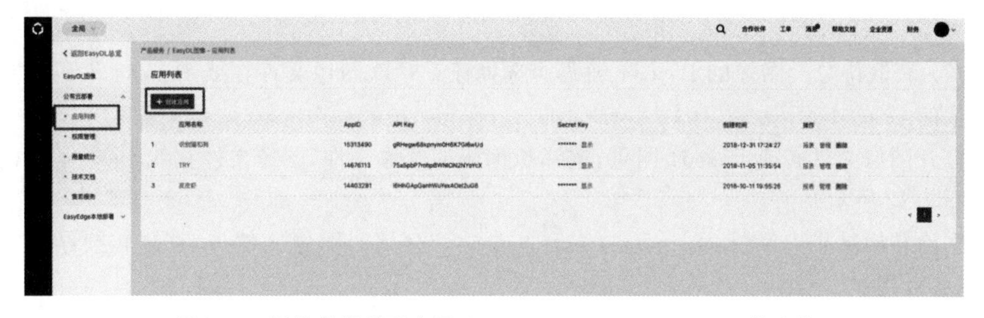

图 7-30　图像分类模型应用 AppID、API Key、Secret Key 等参数

公有云部署的图像分类模型 API 使用,可以按照如下几个步骤进行。

(1) 鉴权认证获取 API 访问令牌。打开 HTTP 调试工具软件 PostMan,新建一个 Request,完成如下设置。

请求方式:POST。

URL 地址:https://aip.baidubce.com/oauth/2.0/token。

URL 参数:grant_type=client_credentials&client_id=创建图像分类应用的 API Key &client_secret=创建图像分类应用的 Secret Key。

完成上述设置后,单击【Send】按钮,如无错误,PostMan 执行 POST 请求及返回信息,如图 7-31 所示。

图 7-31　PostMan 执行 POST 请求及返回信息

在服务器返回的 JSON 字符串中,提取"access_token"键对应的取值,完成云端部署图像分类模型 API 访问令牌的获取。

(2) 获取待分类图像的 Base64 编码。选择任意一款图像文件在线 Base64 编码工具获取图像的 Base64 编码。

打开图像文件转换 Base64 网页,选择拟编码的图像文件,图像文件在线 Base64 编码结果如图 7-32 所示。

删除转换结果中以"data:image/jpeg;base64,"开始的图像文件头,复制转换结果字符串,以备后用。

(3) 使用令牌访问 API 实现图像分类。查看图像分类模型 API 调用文档,需要确认以

转Base64编码

data:image/JPG;base64,/9j/4AAQSkZJRgABAQAASABIAAD/4QKCRXhpZgAATU0AKgAAAAgACAEPAAIAAAAGAAAAbgEQAAIAAAAPAAAAdAESAAMAAAAB
AAEAAAEaAAUAAAABAAAAhAEbAAUAAAABAAAAjAEoAAMAAAABAAIAAAEyAAIAAAAUAAAAlIdpAAQAAAABAAAAqAAAAABDYW5vbgBDYW5vbiBFT1M
gNTUwRAAAAAAASAAAAAEAAABIAAAAATIwMTc6MTI6MTIgMTE6MTI6MDcAAB2CmgAFAAAAAQAAAgqCnQAFAAAAAQAAAhKIIgADAAAAAQACAACIJw
ADAAAAAQGQAACQAAAHAAAABDAyMjGQAwACAAAAFAAAAhqQBAACAAAAFAAAAi6RAQAHAAAABAECAwCSAQAKAAAAAQAAAkKSAgAFAAAAAQAA
AkqSBAAKAAAAAQAAAlKSBQAFAAAAAQAAAlqSBwADAAAAAQAFAACSCQADAAAAAQAJAACSCgAFAAAAAQAAAmKSkAACAAAAAzkzAACSkQACAAAAA
zkzAACSkgACAAAAAzkzAACgAAAHAAAABDAxMDCgAQADAAAAAQABAACgAgAEAAAAAQAAAGSgAwAEAAAAAQAAAGSiDgAFAAAAAQAAAmqiDwAFA
AAAAQAAAnKiEAADAAAAAQACAACkAQADAAAAAQAAAACkAgADAAAAAQAAAACkAwADAAAAAQAAAACkBgADAAAAAQAAAAAAAAAAAAAAAAAAQAAAD

图 7-32　图像文件在线转 Base64 编码结果

下几个参数。

HTTP 请求方法：POST。

URL：https://aip.baidubce.com/rpc/2.0/ai_custom/v1/classification/gesturePR。

URL 参数：模型 API 接口地址需附加“access_token”参数，取值为第一步中通过 API Key 和 Secret Key 获取的 access_token。

Header 参数：设置 Content-Type 参数取值为 application/json。

Body 参数：请求正文，JSON 格式，包含提交云端部署模型进行分类的图像文件 Base64 编码。图像分类模型 API 请求的 Body 参数说明如表 7-1 所示。

表 7-1　图像分类模型 API 请求的 Body 参数说明

参　数	是否必选	类　型	说　明
image	是	string	图像数据，Base64 编码，要求 Base64 编码后大小不超过 4MB，最短边至少 15px，最长边最大 4096px，支持 JPG/PNG/BMP 格式，注意请去掉头部
top_num	否	number	返回分类数量，默认为 6 个

返回参数：云端部署图像分类模型 API 访问返回参数亦为 JSON 字符串，如表 7-2 所示。

表 7-2　图像分类模型 API 访问返回参数

字　段	是否必选	类　型	说　明
log_id	是	number	唯一的 log id，用于问题定位
results	否	array(object)	分类结果数组
+name	否	string	分类名称
+score	否	number	置信度

(4) PostMan 测试。根据上述图像分类模型 API 访问参数设置要求，打开 HTTP 调试助手 PostMan，设置 HTTP 请求方式为 POST，填写图像分类模型 API 接口地址(URL：

https://aip.baidubce.com/rpc/2.0/ai_custom/v1/classification/gesturePR?)，设置 URL 参数为 access_token=*****[先前获取访问令牌]，并在 PostMan【Headers】参数中补充键值对 Content-Type:application/json，设置 POST 请求 Body 数据格式【raw】【JSON】，按照 API 访问文档中 Body 参数格式要求，填写 JSON 格式请求参数，如图 7-33 所示。

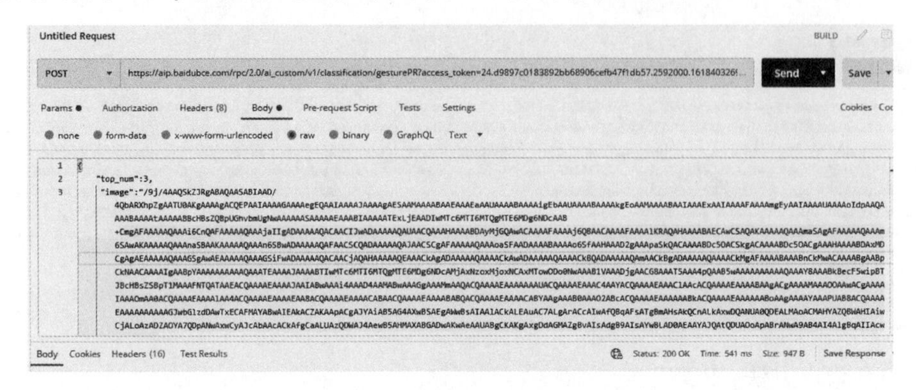

图 7-33 填写 JSON 格式请求参数

单击【Send】按钮，即可观测到图像分类模型服务器端返回的识别结果。

```
{
    "log_id":4300963073922482985,
    "results":[
        {
            "name":"0",
            "score":0.9945439100265503
        },
        {
            "name":"1",
            "score":0.001360243884846568
        },
        {
            "name":"6",
            "score":0.0008859847439453006
        }
    ]
}
```

返回结果为 JSON 格式，由于请求时设定参数 top_num 为 3，所以返回置信度最高的 3 个识别结果。代码中标签“0”的置信度为 0.9945439100265503，表示模型以 0.9945439100265503 的置信度认为上传图片的识别结果为类别“0”。

7.2 物体检测建模

本节在简要介绍 EasyDL 图像中提供的物体检测模型基本概念、适用场景和 AI 应用建模一般流程的基础上，按照创建模型、数据准备、数据标注、模型训练、模型校验、模型发布、接口测试七大步骤，阐述物体检测模型建模及其应用测试的基本方法。

7.2.1　基本流程

物体检测是指检测图中是否存在某种物体，以及每个物体的位置、名称。适合图中有多个主体要识别或要识别主体位置及数量的场景。

物体检测模型建模的基本流程如图 7-34 所示，全程可视化简易操作。在数据已经准备好的情况下，最快几分钟即可获得定制模型。

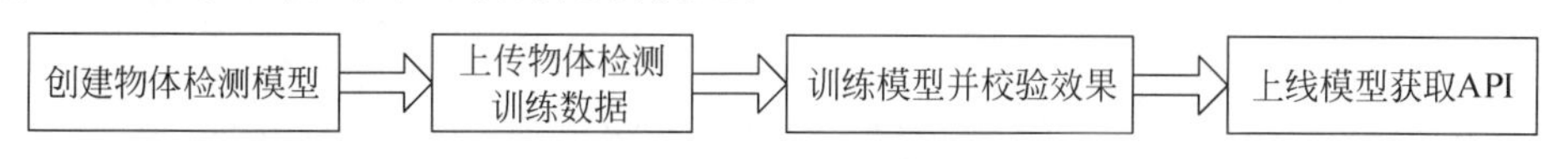

图 7-34　物体检测模型建模的基本流程

物体检测在机器视觉相关应用中具有极其重要的地位和作用，应用范围极广。比如，在视频监控领域检测是否有违规物体、行为出现，在工业领域的质量检测业务中检测图片里微小瑕疵的数量和位置，在医疗诊断中对图像中的医疗细胞计数、对拍摄的中草药图片进行识别等。

7.2.2　创建模型

这个阶段的主要任务是在 EasyDL 中完成物体检测模型创建。打开 EasyDL 平台主页，如图 7-35 所示。

图 7-35　EasyDL 平台主页

单击【立即使用】按钮，显示选择模型类型操作界面，如图 7-36 所示。

单击【物体检测】，进入物体检测模型中心，如图 7-37 所示。

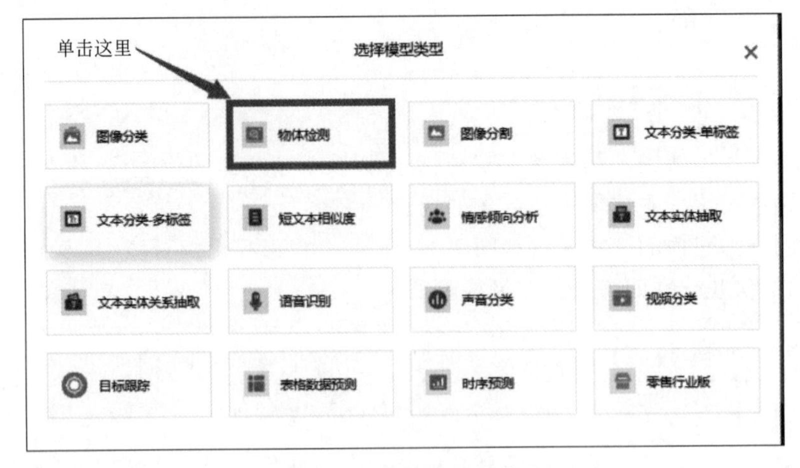

图 7-36　选择模型类型操作界面

图 7-37　物体检测模型中心

在模型列表下单击【创建模型】按钮，进入物体检测模型创建页面。依次填写“模型名称”“模型归属”“邮箱地址”“联系方式”“功能描述”等模型相关配置信息，完成物体检测建模信息配置，如图 7-38 所示。

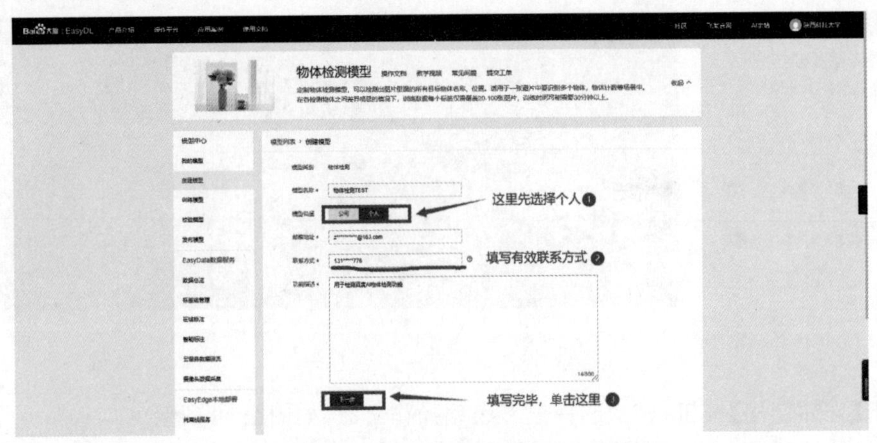

图 7-38　物体检测建模信息配置

填写完毕物体检测模型相关信息，单击【下一步】按钮，完成模型创建。

7.2.3　数据准备

这个阶段的主要任务是提供物体检测模型训练所需要的数据集。单击左侧导航栏【模型中心】→【数据总览】，右侧显示【我的数据总览】，单击【创建数据集】，启动物体检测训练数据集创建，如图 7-39 所示。

图 7-39　启动物体检测训练数据集创建

填写物体检测模型训练数据集名称，选择【标注模板】中“矩形框标注”，完成物体检测模型训练数据集命名，单击【完成】按钮，完成物体检测数据集基本信息配置，如图 7-40 所示。

图 7-40　物体检测数据集基本信息配置

完成数据集创建后，单击 EasyDL 控制台左侧导航栏【模型中心】→【数据总览】，即可查看用于物体检测模型的训练数据集，如图 7-41 所示。

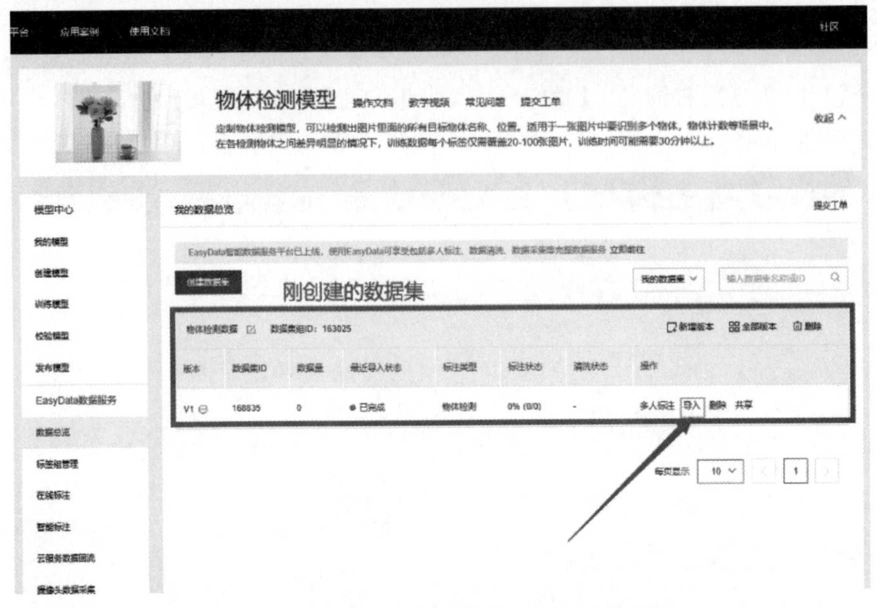

图 7-41　查看用于物体检测模型的训练数据集

单击【导入】，进入数据集导入操作界面，如图 7-42 所示。

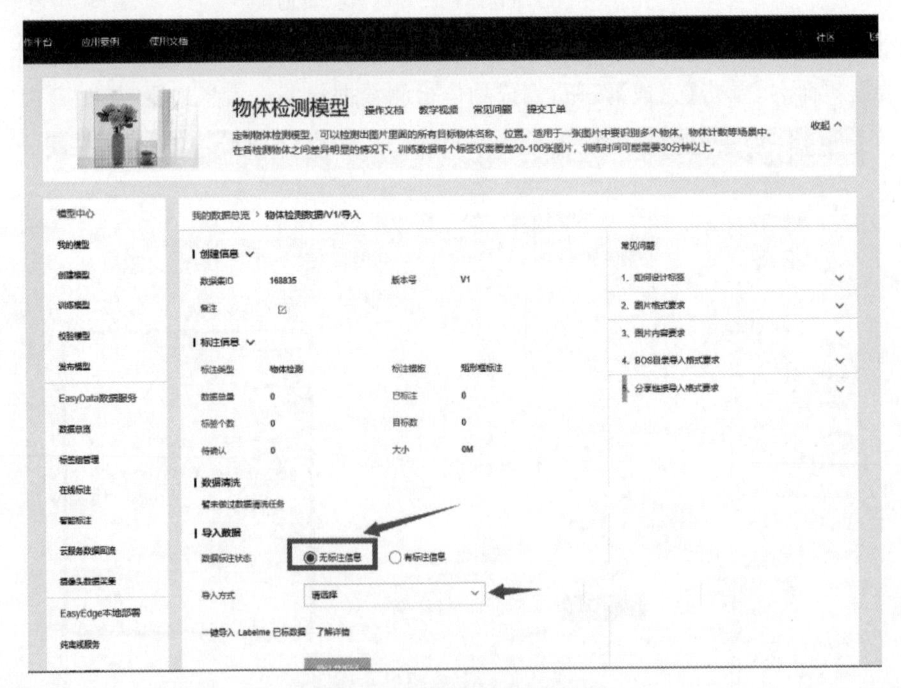

图 7-42　数据集导入操作界面

设置【数据标注状态】为“无标注信息”，设置【导入方式】为“本地导入”，数据集导入的基本配置如图 7-43 所示。

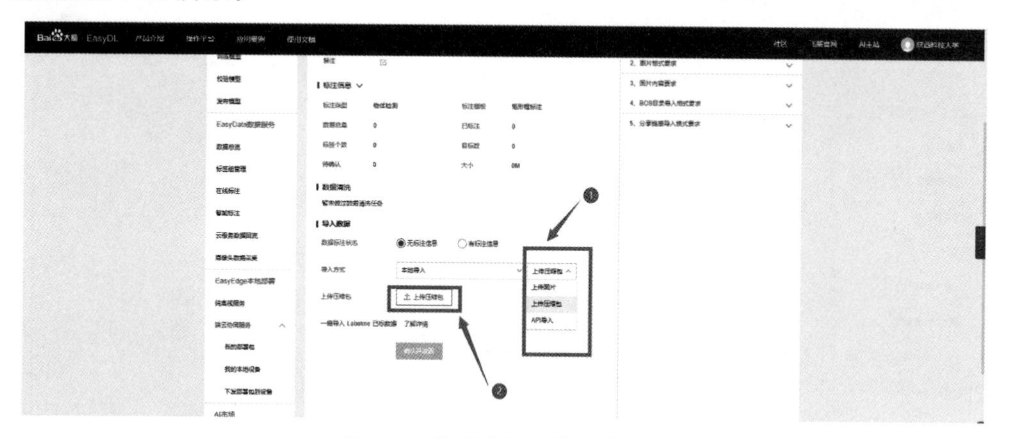

图 7-43 数据集导入的基本配置

单击【上传压缩包】按钮，弹出上传压缩包操作信息提示对话框，如图 7-44 所示。

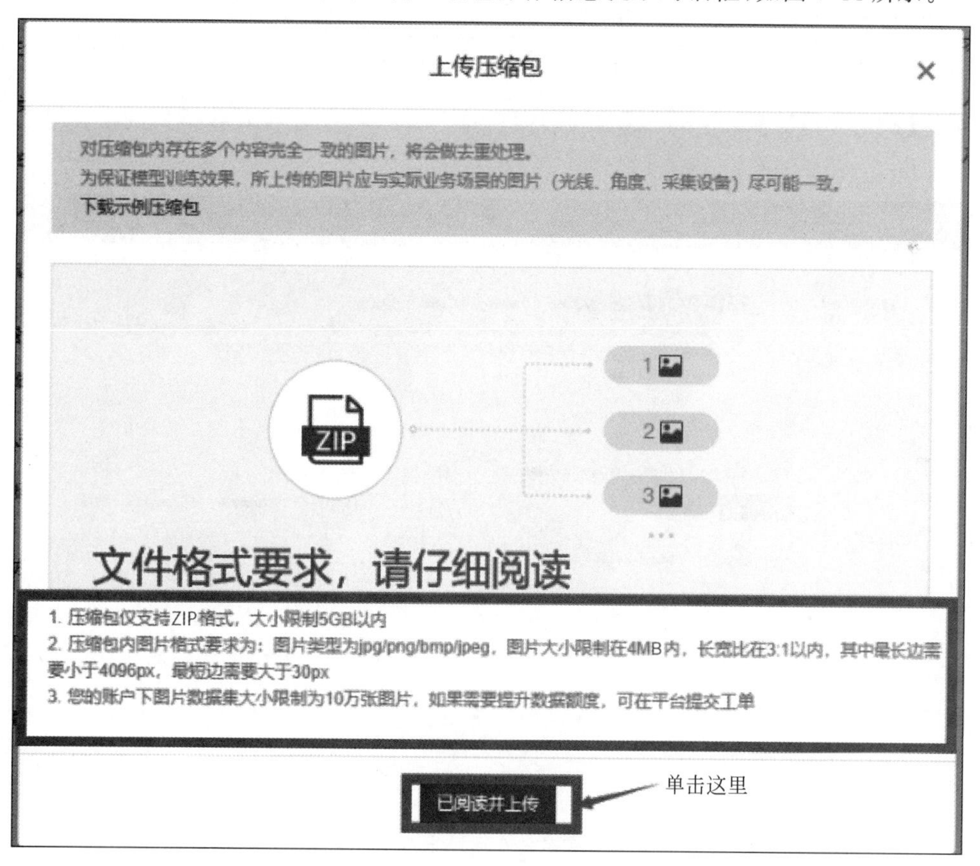

图 7-44 上传压缩包操作信息提示对话框

单击【已阅读并上传】按钮，在弹出的文件打开对话框中选择用于物体检测的图像文件压缩包，上传完毕后，上传完毕的操作界面如图 7-45 所示。

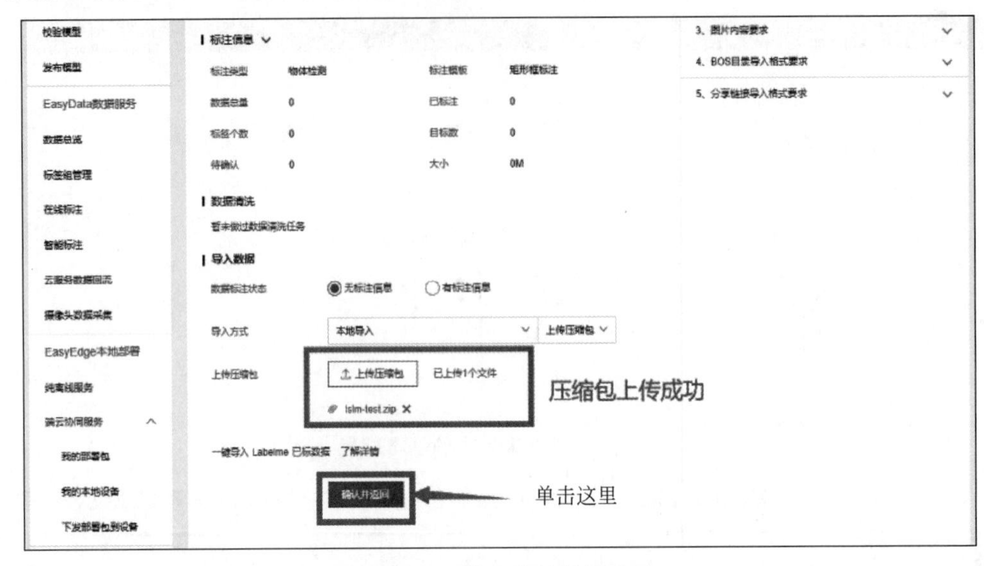

图 7-45 上传完毕的操作界面

单击【确定并返回】按钮，进入【我的数据总览】页面，可查看导入数据集的上传状态，如图 7-46 所示。

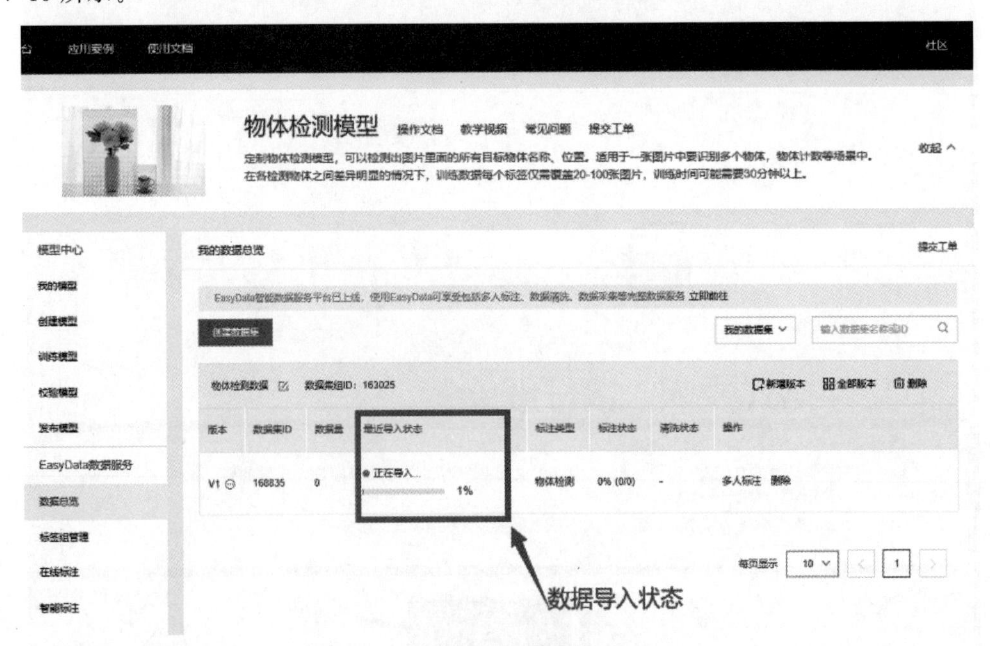

图 7-46 查看导入数据集的上传状态

上传完成后，数据中心显示该数据集“最近导入状态”为“已完成”，完成导入的数据集显示信息如图 7-47 所示。

物体检测数据　数据集组ID：163025　　新增版本　全部版本　删除

版本	数据集ID	数据量	最近导入状态	标注类型	标注状态	清洗状态	操作
V1	168835	10	● 已完成	物体检测	0% (0/10)		查看与标注　多人标注　导入　清洗　…

图 7-47　完成导入的数据集显示信息

由图 7-47 可见，数据集的【标注状态】字段显示信息变更为 0%(0/10)，表示已上传 10 张图片，但是尚未对任何一张图片进行标注。

7.2.4　数据标注

这个阶段的主要任务是对数据集中每张图片中需要检测的物体进行标注。单击数据集【操作】字段中“查看与标注”，进入数据标注操作页面，如图 7-48 所示。

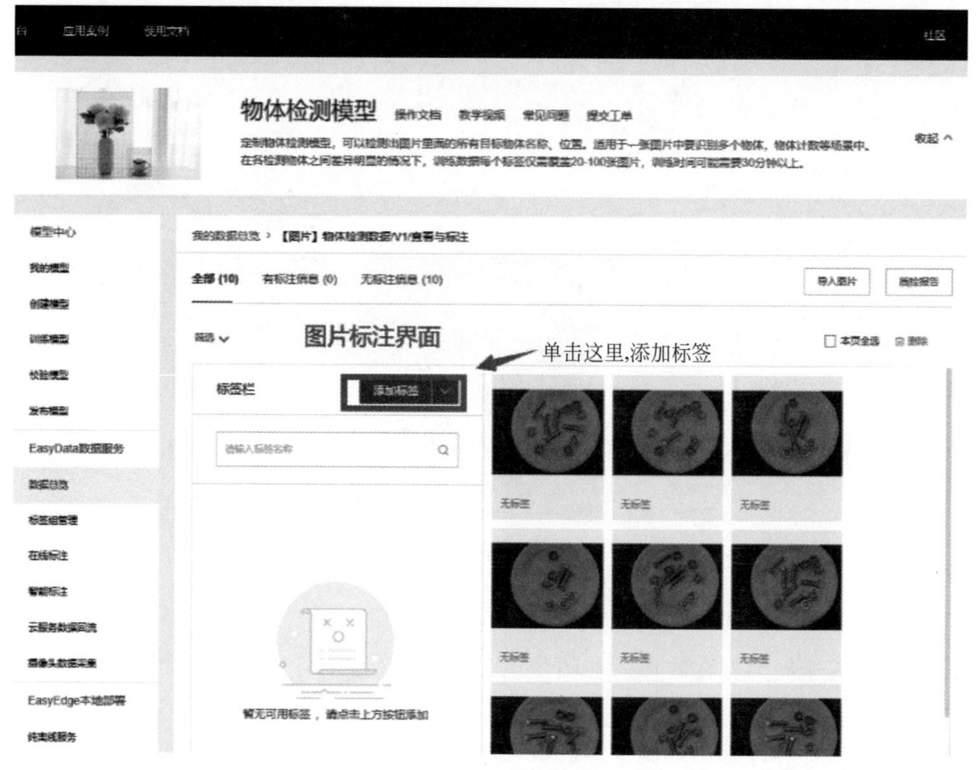

图 7-48　数据标注操作页面

初次使用，单击操作界面中【添加标签】按钮(一个标签对应一个检测物体的目标类别)，在弹出的文本框中填写标签名称(仅支持英文字符的标签名称)，单击【确定】按钮，完成标签添加。如果需要检测多个类别物体，则需要添加多个标签名称。添加标签的操作界面如

图 7-49 所示。

图 7-49 添加标签的操作界面

这里提供的示例中，添加了两个标签(luosi、luomu)，分别表示检测物体中的螺丝、螺母。鼠标悬停当前页面图片集合中任意一张图片的【编辑 icon】上，显示单张图片标注操作提示信息。单击任意图片【编辑 icon】，进入单张图片标注操作界面，如图 7-50 所示。

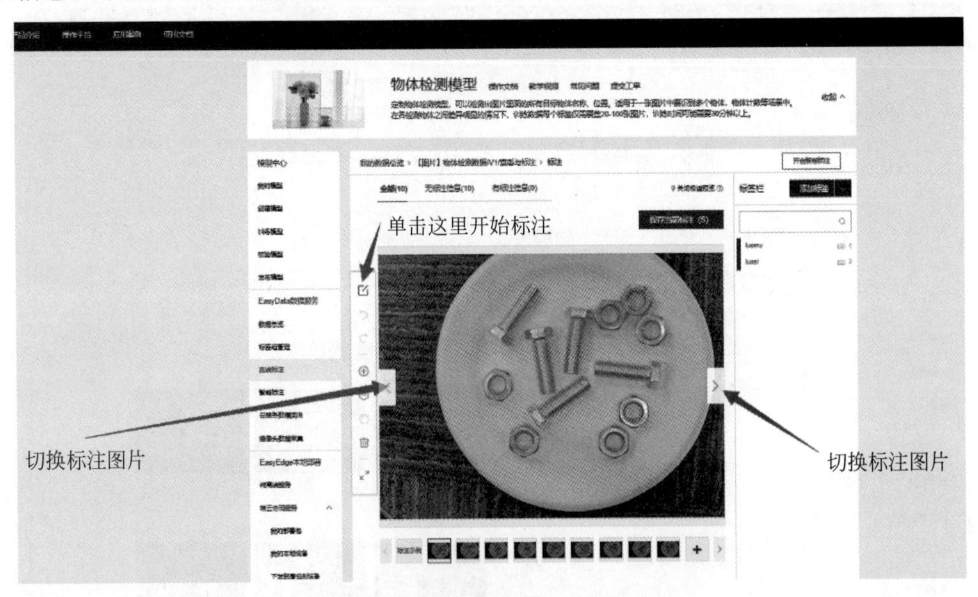

图 7-50 单张图片标注操作界面

操作界面正中间为标注物体所在图像，右侧标注栏显示可用的两类物体标签名称分别是 luomu、luosi。

在图片中目标物体四周绘制矩形区域，并选择标签栏中对应的标签名称，逐一完成图片目标物体的标注，单张图片标注结果如图 7-51 所示。

单击【<】或【>】切换需要标注的图片，当所有图片标注完成以后，可以单击【数据总览】按钮，选择标注的数据集，单击数据集中【查看与标注】按钮，可以查看数据集标注状态详情，如图 7-52 标注情况。

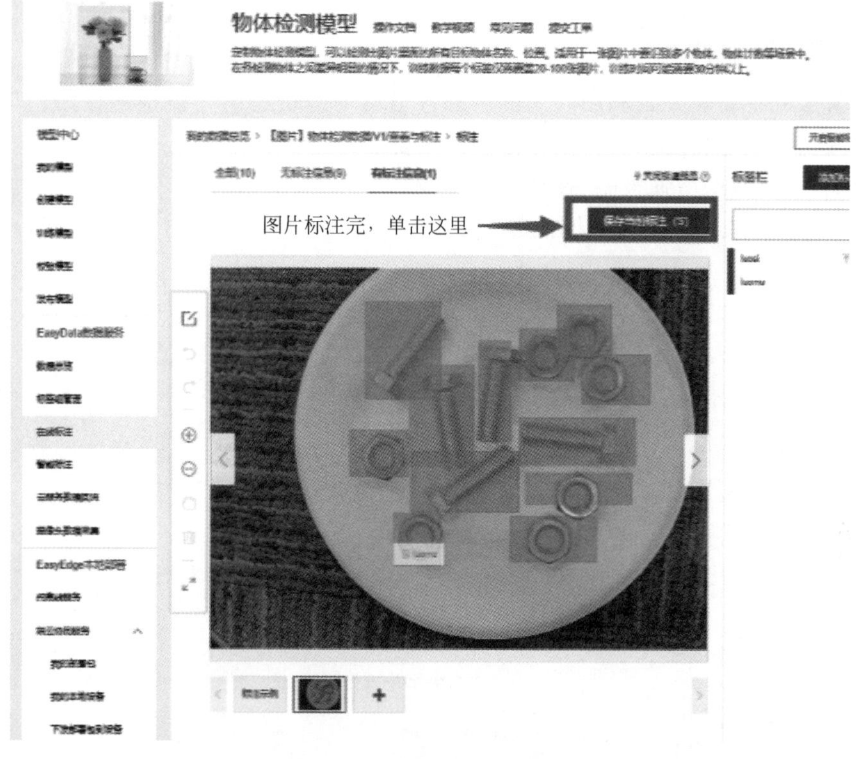

图 7-51　单张图片标注结果

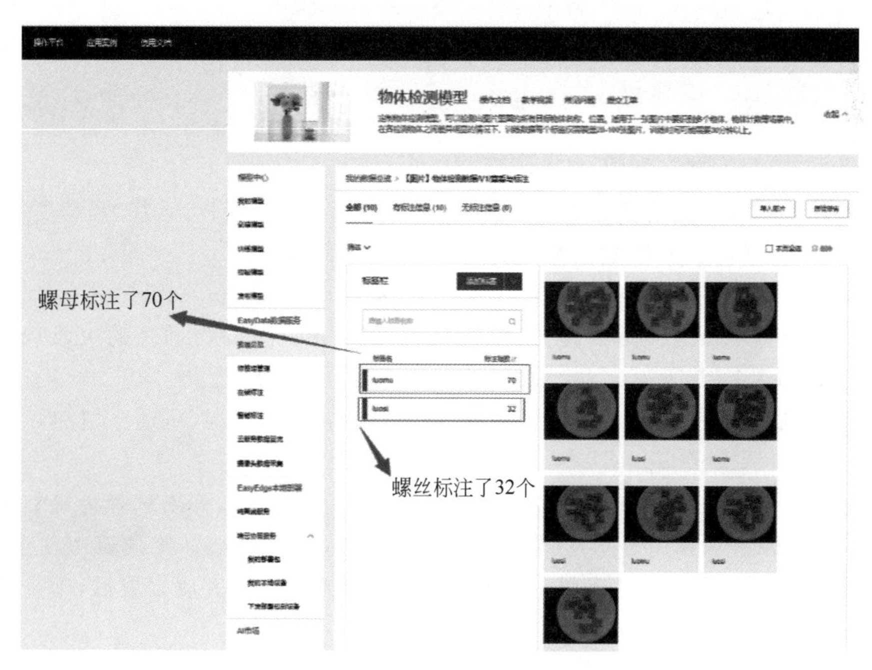

图 7-52　查看数据集标注状态详情

7.2.5 模型训练

这一阶段的主要任务是利用导入的训练数据集训练创建的物体检测模型。单击【模型中心】中的【训练模型】，进入训练模型流程。主要操作包括选择训练模型、配置训练模型、添加训练数据、设置数据增强策略、选择训练环境等。

(1) 选择训练模型。单击【选择模型】右侧下拉框，选择拟训练物体检测模型，如图 7-53 所示。

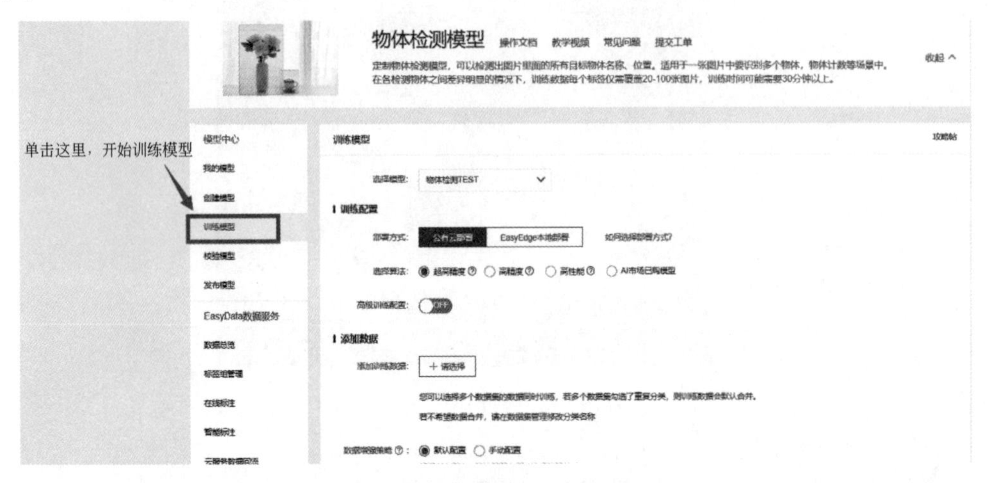

图 7-53 选择拟训练物体检测模型

(2) 配置训练模型。配置训练模型包括部署方式配置、选择算法、高级训练配置等环节。

部署方式配置指的是选择将模型进行公有云部署还是 EasyEdge 本地部署。这里选择部署方式为“公有云部署”，如图 7-54 所示。

选择算法是指在不同的部署方式下，根据关切的模型性能指标，选择“高精度”“高性能”或“AutoDL Transfer”。一般默认设置【选择算法】为“高精度”。

高级训练配置一般不建议修改，默认为 OFF，如果设置为 ON，则需要进一步设置“输入图片分辨率”(默认 Auto)、epoch 参数(默认自动，训练集完整参与训练的次数)，物体检测模型训练配置如图 7-55 所示。

如有训练数据集较大、模型训练不充分、模型精度较低的情况，可适当增加 epoch，使模型训练更完整。

(3) 添加训练数据。单击【添加训练数据】右侧“＋请选择”，弹出选择标签数据集对话框，如图 7-56 所示。选择用于本次训练模型的数据集，并在可选标签列表中勾选“标签名称”(选择全部标签名称)，亦可分别勾选需要训练的标签名称。完成设置后，单击【添加】按钮，完成物体检测训练数据集的添加。

图 7-54　选择部署方式为“公有云部署”

图 7-55　物体检测模型训练配置

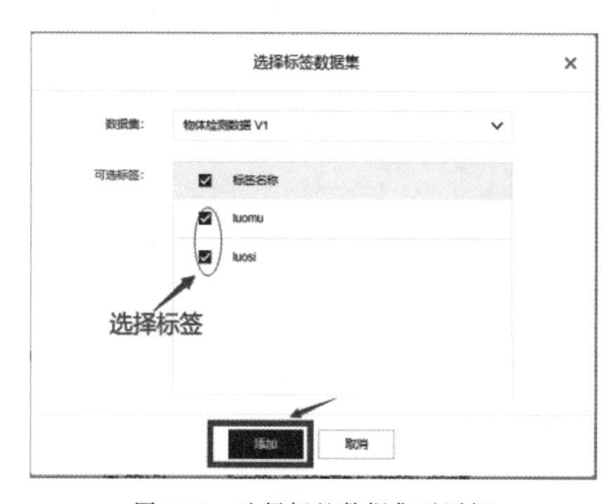

图 7-56　选择标签数据集对话框

(4) 设置数据增强策略。【数据增强策略】可以在“默认配置”“手动配置”两种方式中进行选择，完成数据增强策略的配置。如果不需要特别配置数据增强策略，就可以选择默认配置。后台会根据选择的算法，自动配置必要的数据增强策略。EasyDL 提供了大量的数据增强算子供开发者手动配置，可以通过每个算子右侧的功能说明和效果展示了解不同算子的功能。单击【效果展示】按钮，可查看数据增强算子效果，如图 7-57 所示。

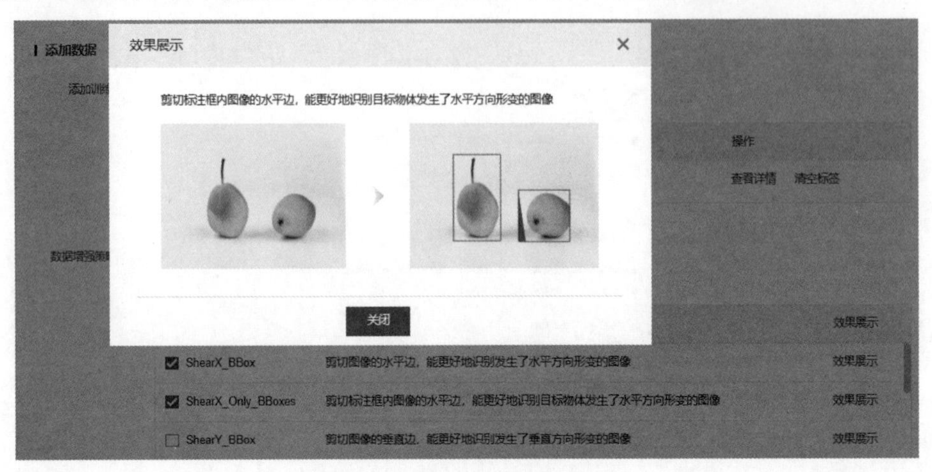

图 7-57　查看数据增强算子效果

(5) 选择训练环境。EasyDL 针对不同用户需求提供了不同类型的训练环境，初学阶段选择默认 GPU-P4 训练环境，如图 7-58 所示。

图 7-58　选择默认 GPU-P4 训练环境

单击【开始训练】按钮，启动针对给定数据集的物体检测模型训练。训练中的物体检测模型信息如图 7-59 所示。

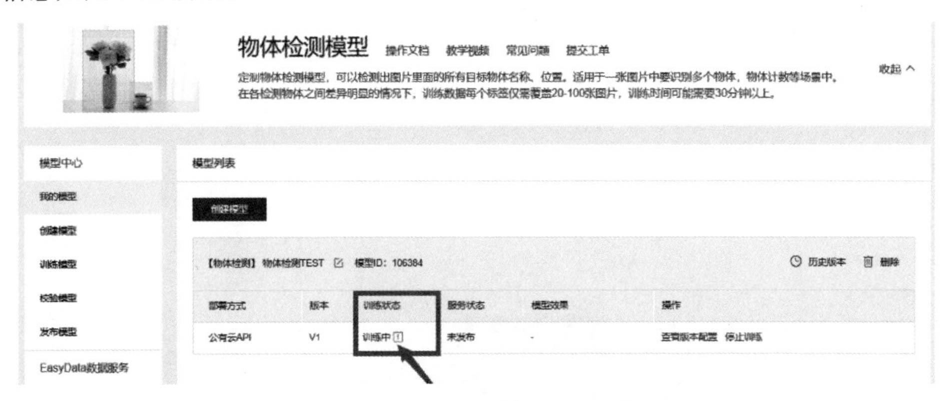

图 7-59　训练中的物体检测模型信息

模型训练结束后，可在【我的模型】中选择对应的物体检测模型，单击【完整评估】按钮，可以查看物体检测模型效果及详细的评估报告。如果物体检测模型的检测性能比较差，则需要进一步调整训练数据集、配置训练参数、重新训练，直至得到满意的训练结果。

7.2.6　模型校验

这一阶段的主要任务是在线检验完成训练的物体检测模型。单击【校验模型】按钮，进入物体检测模型校验初始页面，如图 7-60 所示。

图 7-60　物体检测模型校验初始页面

单击【启动校验服务】按钮，启动物体检测模型校验，如图 7-61 所示。

物体检测模型校验中单击【添加图片】按钮，上传校验图片，物体检测模型测试结果如图 7-62 所示。

图 7-62 中显示对于上传图片的检测结果及其置信度，如果检测错误，还可以单击右下角【纠正识别结果】按钮，进一步设置正确检测结果的类别标签，并选择图片对应的数据集，并将其加入物体检测模型迭代的训练集，不断优化模型效果。

图 7-61 启动物体检测模型校验

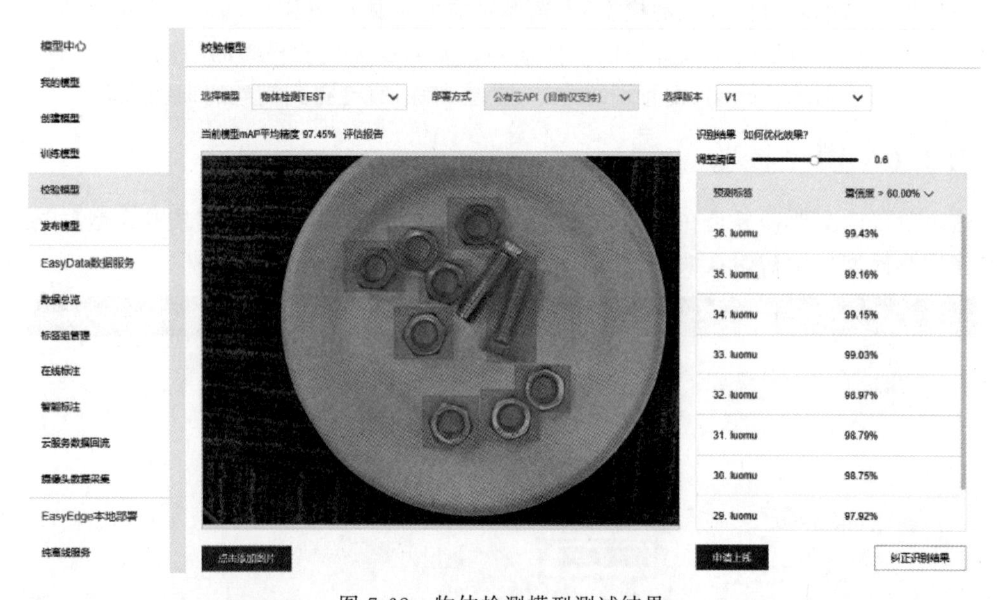

图 7-62 物体检测模型测试结果

7.2.7 模型发布

这一阶段的主要任务是部署训练效果满意的物体检测模型。训练完成后，可将物体检测模型部署在公有云服务器、通用小型设备、本地服务器，也可以采用百度 AI 软硬一体方案。初学阶段一般选择公有云 API 部署方式。

训练完毕后，单击物体检测模型中心导航栏中【发布模型】，依次进行“选择模型（拟部署模型）→选择部署方式（公有云部署）→选择版本（拟发布版本）→自定义服务名称→设置接口地址后缀→提交申请”等操作。设置物体检测模型发布相关信息的操作界面如图 7-63 所示。

图 7-63　设置物体检测模型发布相关信息

提交发布申请后，单击【我的模型】，查看物体检测模型的发布状态，如图 7-64 所示。

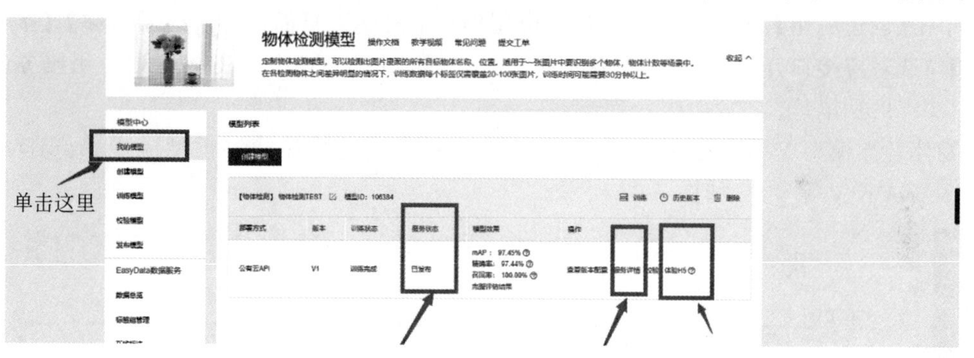

图 7-64　查看物体检测模型的发布状态

当模型信息中显示“服务详情”时，表示已经发布成功。单击【服务详情】，可查看发布的物体检测模型 API 接口地址相关信息，如图 7-65 所示。

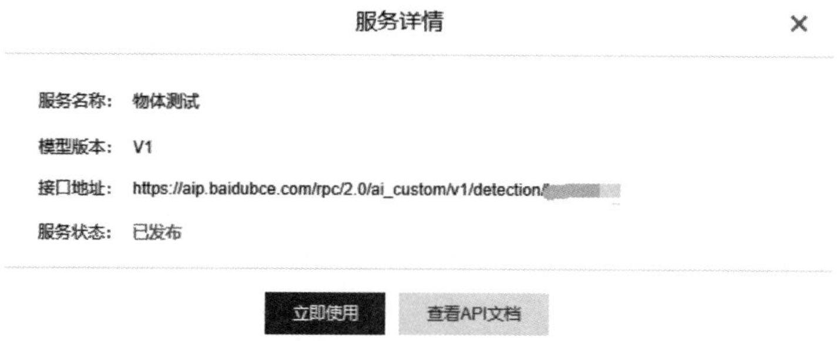

服务详情

服务名称：物体测试

模型版本：V1

接口地址：https://aip.baidubce.com/rpc/2.0/ai_custom/v1/detection/

服务状态：已发布

立即使用　查看API文档

图 7-65　查看发布的物体检测模型 API 接口地址相关信息

单击【查看 API 文档】按钮，可以进入物体检测模型 API 使用方法说明文档网页。

7.2.8 接口测试

这一阶段的主要任务是测试云端部署的物体检测模型访问接口。模型调用测试前首先需要创建一个与图像相关的应用。

进入百度智能云控制台(需要使用自己的账号和密码登录百度智能云)。单击左侧导航栏【总览】→【产品服务】→【EasyDL 定制化训练平台】→选择【EasyDL 图像】→【公有云部署】→【应用列表】，进入 EasyDL 图像应用中心，如图 7-66 所示。

图 7-66 进入 EasyDL 图像应用中心

单击【创建应用】，进入物体检测模型应用创建信息配置页面，填写【应用名称】，【接口选择中】勾选对应接口，【应用归属】设置选择“个人”，【应用描述】中简要描述该应用服务的场景、拟实现的功能等。

物体检测模型应用创建完毕，应用列表中显示创建的物体检测模型应用 AppID、API Key、Secret Key 等参数，如图 7-67 所示。

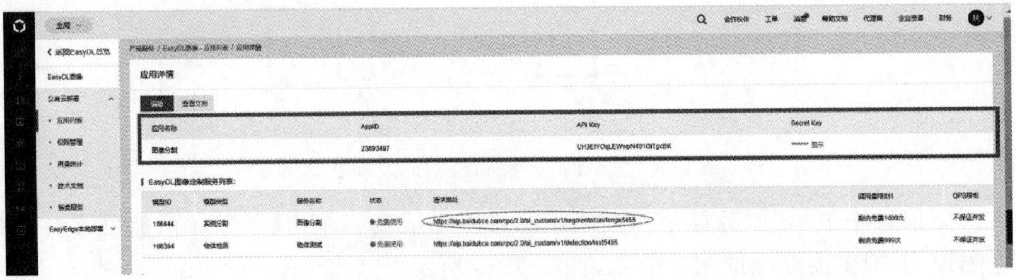

图 7-67 物体检测模型应用 AppID、API Key、Secret Key 等参数

公有云部署的物体检测模型 API 使用，可以按照如下几个步骤进行。

(1) 鉴权认证获取 API 访问令牌。打开 HTTP 调试工具软件 PostMan，新建一个 Request，完成如下设置。

请求方式：POST。

URL 地址：https://aip.baidubce.com/oauth/2.0/token。

URL 参数：grant_type=client_credentials&client_id=创建物体检测应用的 API Key &client_secret=创建物体检测应用的 Secret Key。

完成上述设置后,单击【Send】按钮,如无错误,PostMan执行POST请求及返回信息,如图7-68所示。

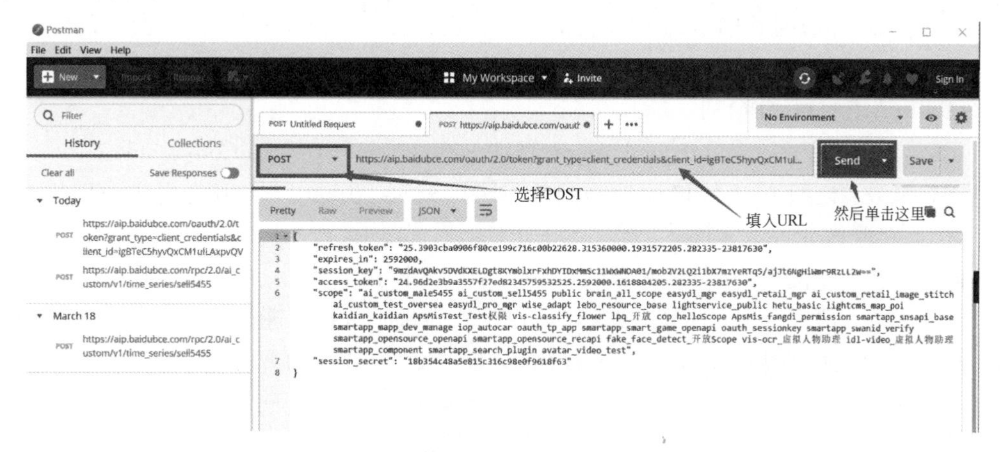

图7-68　物体检测API服务器返回信息

在服务器返回的JSON字符串中,提取"access_token"键对应的取值,完成云端部署物体检测模型API访问令牌的获取。

(2) 获取待检测图像的Base64编码。选择任意一款图像文件在线Base64编码工具获取图像文件的Base64编码。

打开图像文件转换Base64网页,选择拟编码的图像文件,图像文件在线Base64编码结果如图7-69所示。

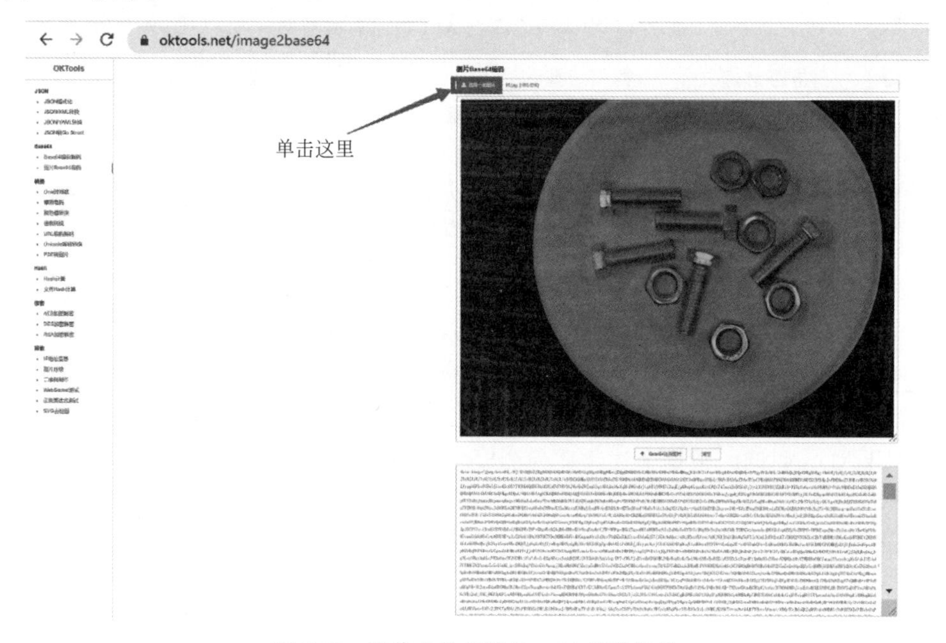

图7-69　图像文件在线Base64编码结果

删除转换结果中以“data:image/jpeg;base64,”为开始标记的图像文件头,复制转换结果字符串,以备后用。

(3) 使用令牌访问 API 实现物体检测。查看物体检测模型 API 调用文档,需要确认以下几个参数。

HTTP 请求方法: POST。

URL: https://aip.baidubce.com/rpc/2.0/ai_custom/v1/detection/test5455。

URL 参数: 模型 API 接口地址需附加参数“access_token”,取值为通过 API Key 和 Secret Key 获取的 access_token。

Header 参数: 设置 Header 参数“Content-Type”取值为 application/json。

Body 参数: 请求正文,JSON 格式,包含提交云端部署模型进行物体检测的图像文件 Base64 编码。物体检测模型 API 请求的 Body 参数说明如表 7-3 所示。

表 7-3 物体检测模型 API 请求的 Body 参数说明

参 数	是否必选	类型	说 明
image	是	string	图像数据,Base64 编码,要求 Base64 编码后大小不超过 4MB,最短边至少 15px,最长边最大 4096px,支持 jpg/png/bmp 格式,注意请去掉头部
threshold	否	number	默认值为推荐阈值,请在我的模型列表—模型效果查看推荐阈值

返回参数: 云端部署物体检测模型 API 访问返回参数亦为 JSON 字符串,如表 7-4 所示。

表 7-4 物体检测模型 API 访问返回参数

字 段	是否必选	类 型	说 明
log_id	是	number	唯一的 log id,用于问题定位
results	否	array(object)	识别结果数组
+name	否	string	分类名称
+score	否	number	置信度
+location	否	—	—
++left	否	number	检测到的目标主体区域到图片左边界的距离
++top	否	number	检测到的目标主体区域到图片上边界的距离
++width	否	number	检测到的目标主体区域的宽度
++height	否	number	检测到的目标主体区域的高度

(4) PostMan 测试。根据上述物体检测模型 API 访问参数设置要求,打开 HTTP 调试助手 PostMan,设置 HTTP 请求方式为 POST,填写物体检测模型 API 接口地址(URL: https://aip.baidubce.com/rpc/2.0/ai_custom/v1/detection/test5455?,设置 URL 参数为 access_token= ***** [先前获取访问令牌],并在 PostMan【Headers】参数中补充键值对 Content-Type:application/json,设置 POST 请求 Body 数据格式【raw】【JSON】,按照 API 访问文档中 Body 参数格式要求,设置 POST 请求 Body 参数如图 7-70 所示。

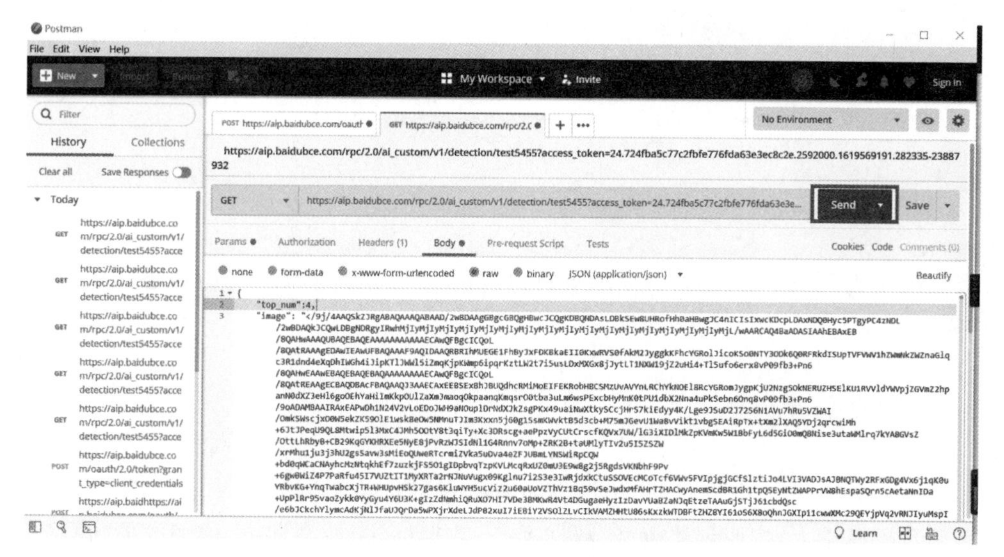

图 7-70 设置 POST 请求 Body 参数

单击【Send】按钮，即可观测到如下物体检测模型服务器端返回的检测结果。


```
{
    "log_id":4970023453137686514,
    "results":[
            {
                "location":{
                "height":149,
                "left":842,
                "top":686,
                "width":176
            },
            "name":"luomu",
            "score":0.9943407773971558
            },
            {
                "location":{
                "height":151,
                "left":583,
                "top":444,
                "width":175
            },
            "name":"luomu",
            "score":0.9915949702262878
            },
            ----------------------------------(篇幅所限，识别结果有所删减)
            {
                "location":{
                "height":309,
                "left":860,
```

```
                "top":296,
                "width":148
            },
            "name":"luosi",
            "score":0.7875256538391113
            }
        ]
}
```


返回结果为 JSON 格式,由返回结果可以看出,云端部署的物体检测模型对于图片中的螺丝、螺母的检测具有较高的准确度。

微课视频

7.3 图像分割建模

本节在简要介绍 EasyDL 图像中提供的图像分割模型基本概念、适用场景和 AI 应用建模一般流程的基础上,按照创建模型、数据准备、数据标注、模型训练、模型校验、模型发布、接口测试七大步骤,阐述图像分割模型建模及其应用测试的基本方法。

7.3.1 基本流程

图像分割就是把图像分成若干个特定的、具有独特性质的区域并提出感兴趣目标的技术和过程。从数学角度来看,图像分割是将数字图像划分成互不相交的区域的过程。图像分割的过程也是一个标记过程,即把属于同一区域的像素赋予相同的编号。相比于物体检测,图像分割支持用多边形标注训练数据,模型可进行像素级目标识别。图像分割技术特别适合图中有多个主体且需识别其位置或轮廓的场景。

EasyDL 中图像分割模型建模的基本流程如图 7-71 所示。

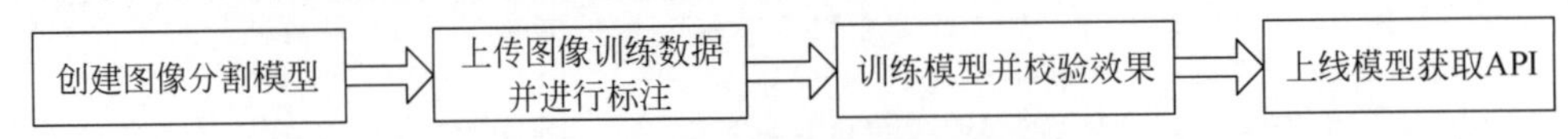

图 7-71 图像分割模型建模的基本流程

EasyDL 中的图像分割模型可用于专业场景的图像分析,比如在卫星图像中识别建筑、道路、森林,或在医学图像中定位病灶、测量面积等。

7.3.2 创建模型

这个阶段的主要任务是在 EasyDL 中完成图像分割模型创建。打开 EasyDL 平台主页,如图 7-72 所示。

单击【立即使用】按钮,显示选择模型类型操作界面,如图 7-73 所示。

单击【图像分割】,进入图像分割模型中心,如图 7-74 所示。

在模型列表下单击【创建模型】按钮,进入图像分割模型信息填写页面。依次填写“模型名称”“模型归属”“邮箱地址”“联系方式”“功能描述”等模型相关配置信息,完成图像分割建模信息配置,如图 7-75 所示。

图 7-72 EasyDL 平台主页

图 7-73 选择模型类型操作界面

图 7-74 图像分割模型中心

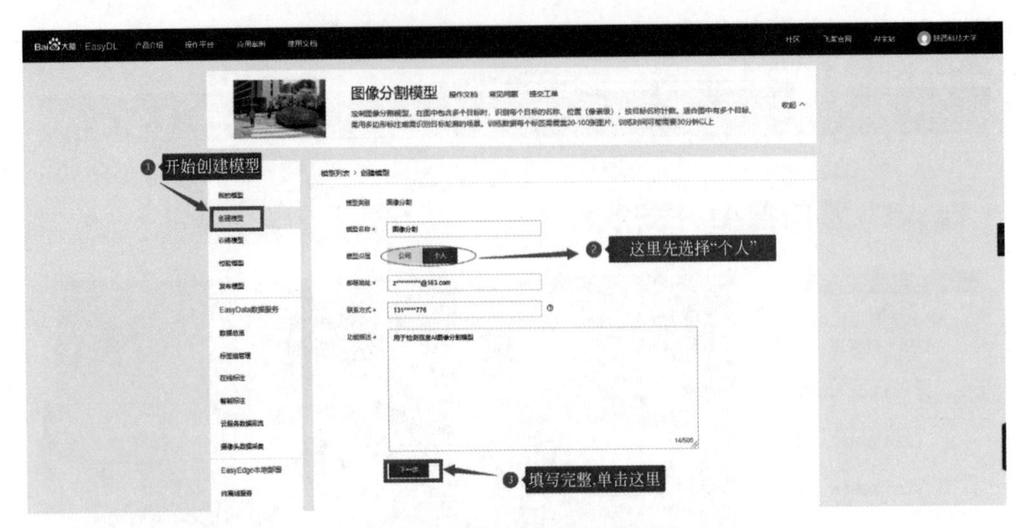

图 7-75　图像分割建模信息配置

填写完毕图像分割模型信息,单击【下一步】按钮,完成模型创建。

7.3.3　数据准备

这个阶段的主要任务是提供图像分割模型训练所需要的数据集。单击左侧导航栏【模型中心】→【数据总览】,右侧显示【我的数据总览】中,单击【创建数据集】按钮,启动图像分割训练数据集创建,如图 7-76 所示。

图 7-76　启动图像分割训练数据集创建

进入图像分割模型训练数据集信息配置操作界面,填写数据集名称,选择【标注模板】中"矩形框标注",完成图像分割数据集基本信息配置,如图 7-77 所示。

完成数据集创建后,单击 EasyDL 控制台左侧导航栏【模型中心】→【数据总览】,即可查看用于图像分割模型的训练数据集,单击模型信息中操作链接【导入】,进入图像分割数据集导入操作界面,如图 7-78 所示。

图 7-77　图像分割数据集基本信息配置

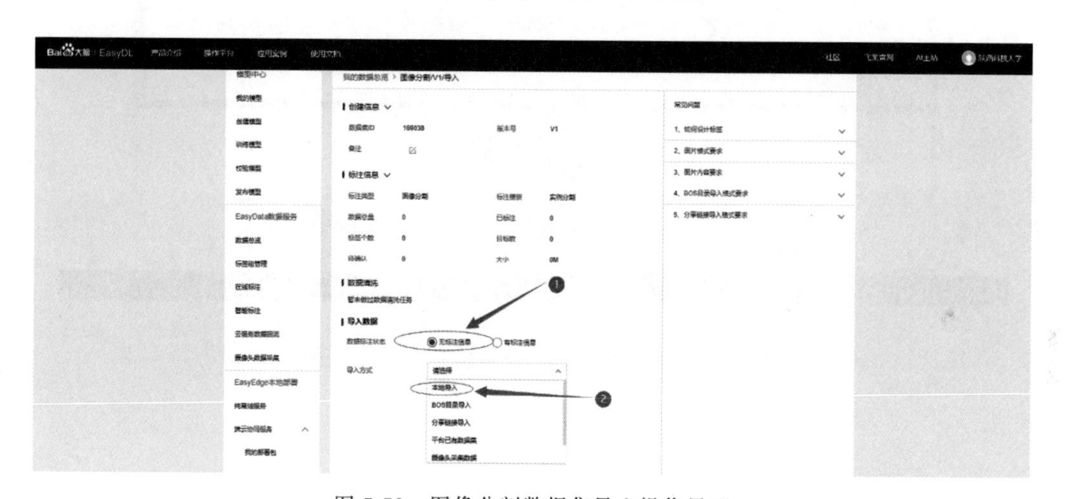

图 7-78　图像分割数据集导入操作界面

设置【数据标注状态】为“无标注信息”,设置【导入方式】为“本地导入”,并在其后扩展显示的【请选择】下拉列表中选择【上传压缩包】,单击【上传压缩包】,弹出上传压缩包操作信息提示对话框,如图 7-79 所示。

单击【已阅读并上传】按钮,弹出文件打开对话框,选择用于图像分割的图片文件压缩包,上传完毕后,单击【确定并返回】,进入【我的数据总览】界面,可查看导入数据集的上传状态,如图 7-80 所示。

完成导入的数据集显示信息如图 7-81 所示。

由图 7-81 可见,数据集的【标注状态】字段显示信息变更为 0%(0/10),表示已上传 10 张图片,但是尚未对任何一张图片进行标注。

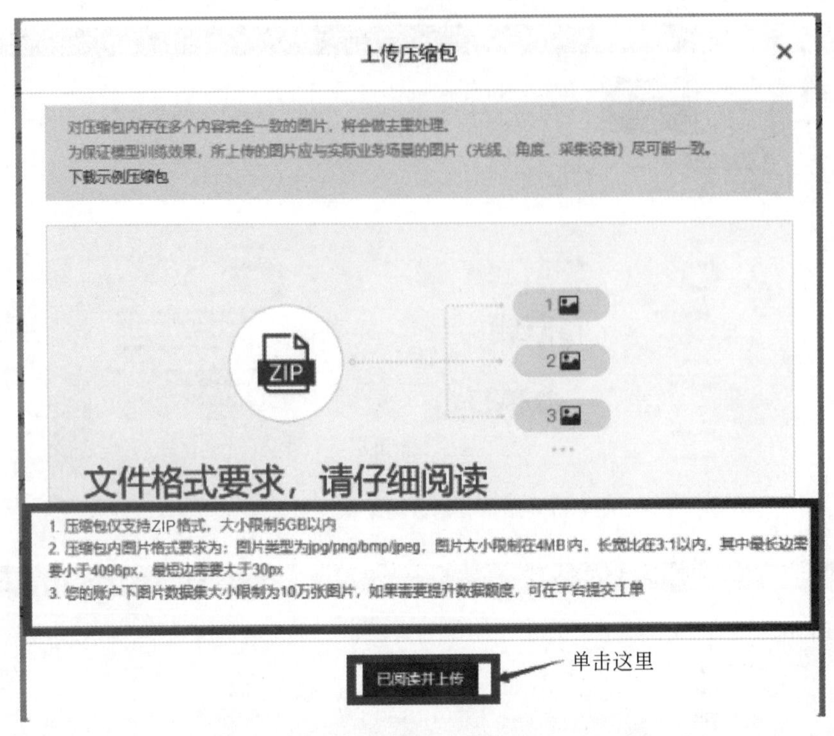

图 7-79　上传压缩包操作信息提示对话框

图 7-80　查看导入数据集的上传状态

图像分割　数据集组ID：163205　　新增版本　全部版本　删除

版本	数据集ID	数据量	最近导入状态	标注类型	标注状态	清洗状态	操作
V1	169038	10	● 已完成	图像分割	0% (0/10)	-	查看与标注　多人标注　导入　清洗　…

图 7-81　完成导入的数据集显示信息

7.3.4 数据标注

这个阶段的主要任务是对数据集的每张图片中需要分割的对象进行标注。单击数据集【操作】字段中“查看与标注”，启动数据集标注操作，如图 7-82 所示。

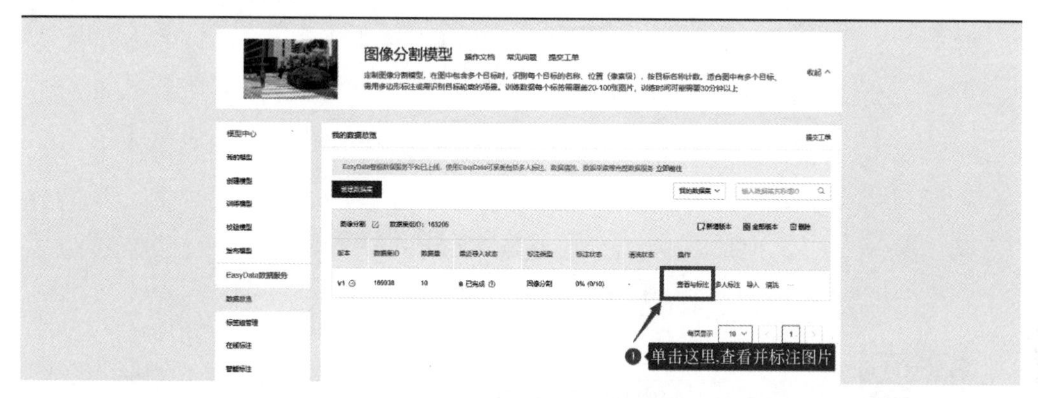

图 7-82　启动数据集标注操作

进入数据集标注操作界面，可见待标注图片集合，如图 7-83 所示。

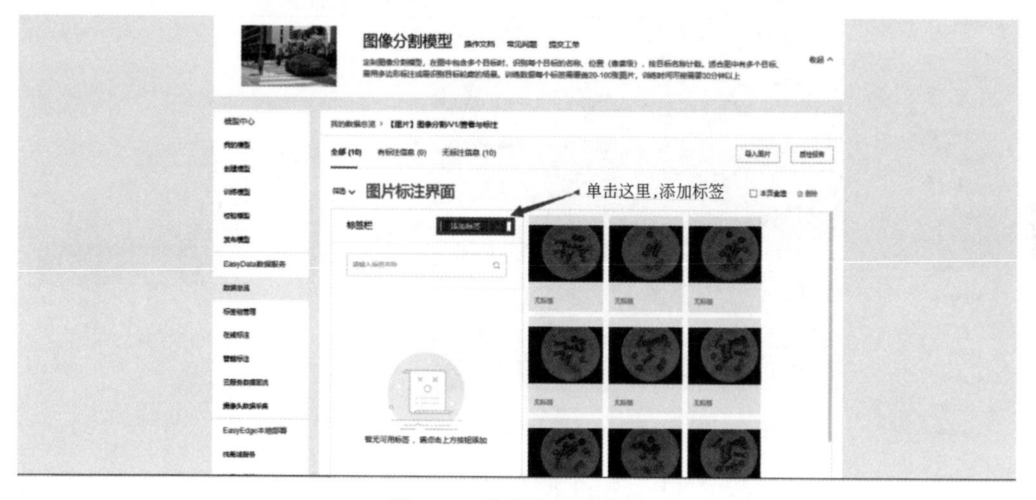

图 7-83　待标注图片集合

初次使用时，单击操作界面中【添加标签】(一个标签对应一个目标物体的类别)，在弹出的文本框中填写标签名称(目前不支持中文，需要填写英文字符的标签名称)，单击【确定】按钮，完成标签添加。如果需要检测多个类别的目标物体，则需要添加多个标签名称。

这里提供的示例中，添加了两个标签，分别表示检测图像中的螺丝、螺母。鼠标悬停当前页面图片集合中任意一张图片的【编辑 icon】上，可以显示标注操作提示信息，如图 7-84 所示。

单击任意图片【编辑 icon】，进入单张图片标注操作界面，如图 7-85 所示。

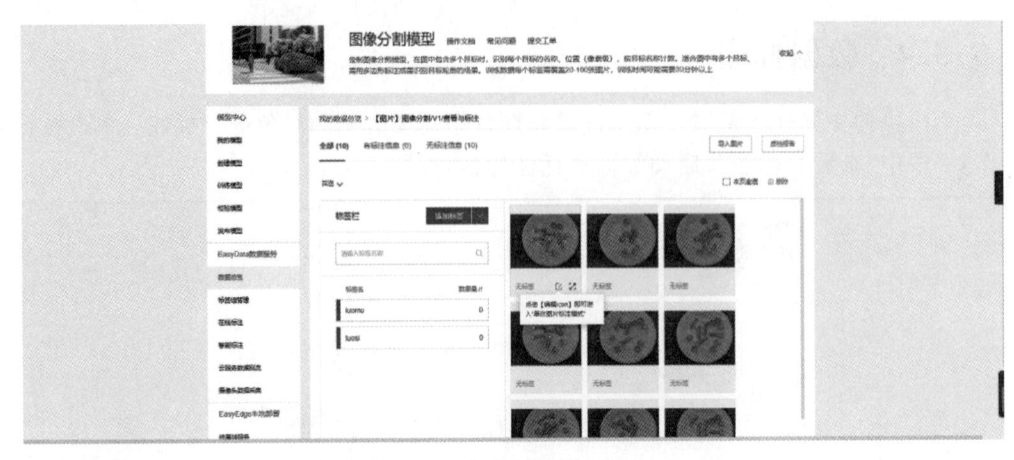

图 7-84　标注操作提示信息

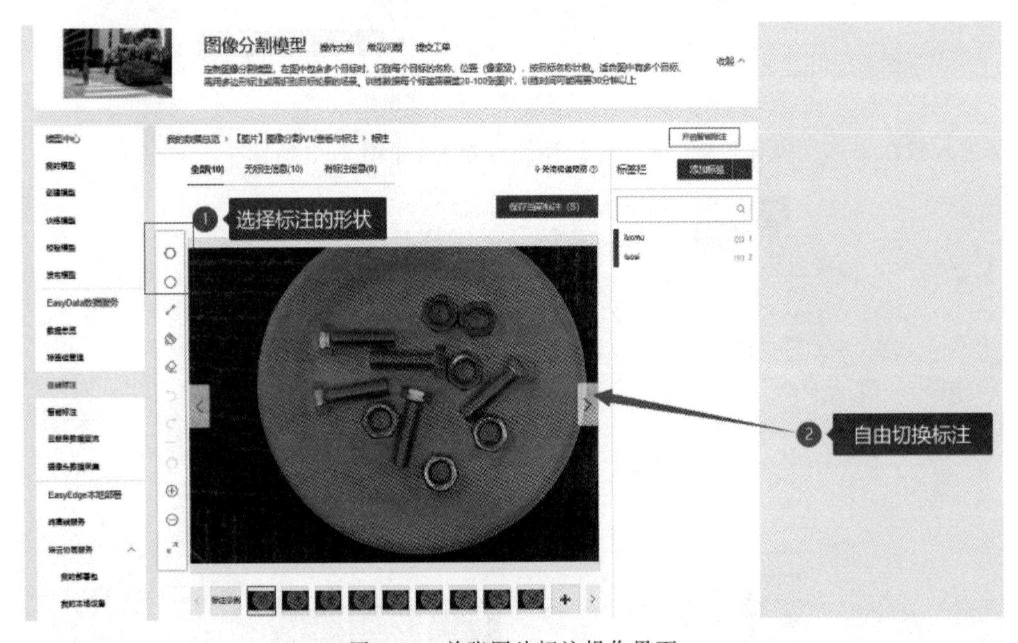

图 7-85　单张图片标注操作界面

操作界面正中间为标注物体图像,右侧标注栏显示可用的两类物体标签名称,分别是luomu、luosi。

在图片中需要分割出的物体四周绘制矩形区域(亦可选择其他分割曲线绘制,如圆、多边形等),并选择标签栏中对应的标签名称,逐一完成图片目标物体的标注。用于图像分割的单张图片标注结果如图 7-86 所示。

当所有图片标注完成以后,可以单击【数据总览】按钮,再次查看数据集情况,可以看到,此时标注状态已经 100%,说明所有图片已经标注。单击数据集中【查看与标注】按钮,可以查看数据集标注状态详情,如图 7-87 所示。

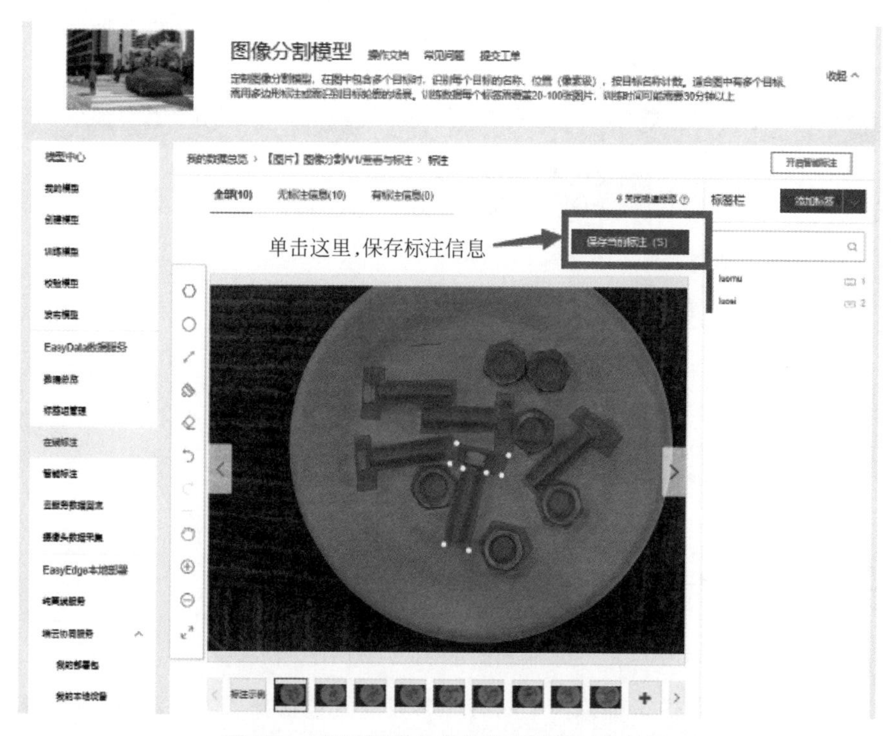

图 7-86 用于图像分割的单张图片标注结果

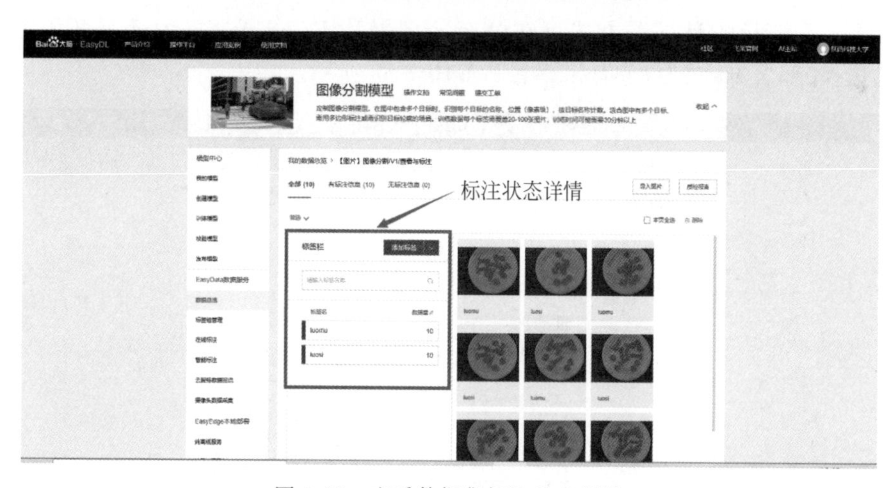

图 7-87 查看数据集标注状态详情

7.3.5 模型训练

这一阶段的主要任务是利用导入的训练数据集训练创建的图像分割模型。单击【模型中心】中的【训练模型】选项,进入训练模型流程。主要操作包括选择训练模型、配置训练模型、添加训练数据、设置数据增强策略、选择训练环境等。

(1) 选择训练模型。单击【选择模型】右侧下拉框，选择前期创建的拟训练图像分割模型，如图 7-88 所示。

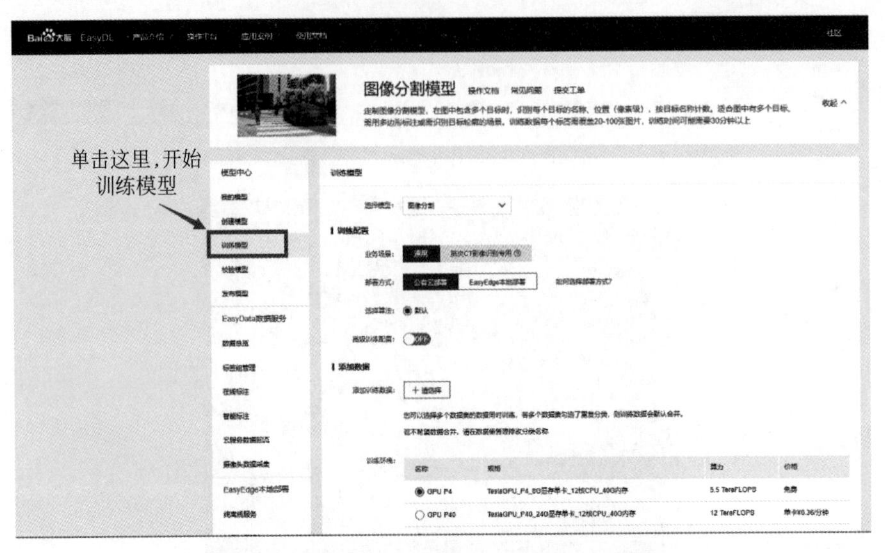

图 7-88　选择前期创建的拟训练图像分割模型

(2) 配置训练模型。进行训练模型的有关参数配置包括部署方式配置、选择算法、高级训练配置等环节。

部署方式配置指的是部署方式可在公有云部署和 EasyEdge 本地部署两种方式中选择。这里选择【部署方式】为“公有云部署”，如图 7-89 所示。

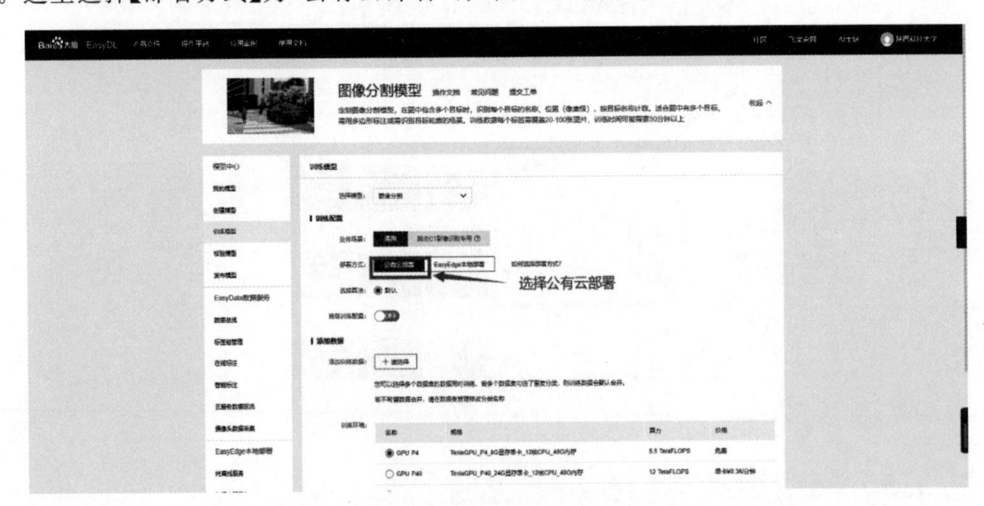

图 7-89　选择【部署方式】为“公有云部署”

选择算法是指在不同的部署方式下，根据关切的模型性能指标，选择“高精度”、“高性能”或“AutoDL Transfer”。一般默认设置【选择算法】为“高精度”。

高级训练配置一般不建议修改，默认为OFF，如果设置为ON，则需要进一步设置“输入图片分辨率”（默认Auto）、epoch参数（默认自动，训练集完整参与训练的次数），图像分割模型训练配置界面如图7-90所示。

模型中心
我的模型
创建模型
训练模型
校验模型
发布模型
EasyData数据服务
数据总览
标签组管理
在线标注
训练模型
攻略帖
选择模型: 物体检测模型测试
训练配置
部署方式: 公有云部署 EasyEdge本地部署 如何选择部署方式?
选择算法: 超高精度 高精度 高性能 AI市场已购模型
高级训练配置: ON
以下高级配置选项一般情况推荐不做更改，如实际任务场景有需求，请根据实际调整
输入图片分辨率 Auto
epoch 自动 手动设置

图7-90　图像分割模型训练配置界面

如有训练数据集较大、模型训练不充分、模型精度较低的情况，可适当增加epoch，使模型训练更完整。

(3) 添加训练数据。单击【添加训练数据】右侧“＋请选择”，弹出选择标签数据集对话框，如图7-91所示。选择用于本次训练模型的数据集，并在可选标签列表中勾选“标签名称”（选择全部标签名称），亦可分别勾选需要训练的标签名称。

图7-91　添加训练数据

完成设置后，单击【添加】按钮，关闭对话框，返回“添加数据”操作界面，显示的数据集及标签信息如图7-92所示。

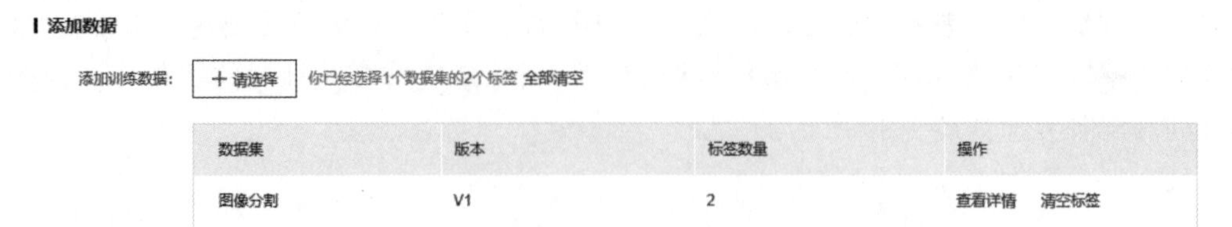

图 7-92 数据集及标签信息

(4) 设置数据增强策略。【数据增强策略】可以在“默认配置”“手动配置”两种方式中进行选择,完成数据增强策略的配置。

(5) 选择训练环境。EasyDL 针对不同用户需求,提供了不同类型的训练环境,初学阶段选择默认 GPU-P4 训练环境,如图 7-93 所示。

图 7-93 选择训练环境

单击【开始训练】按钮,启动针对给定数据集的图像分割模型训练。训练时间与数据量大小有关,1000 张图片可以在几个小时内训练完成。训练中的图像分割模型信息如图 7-94 所示。

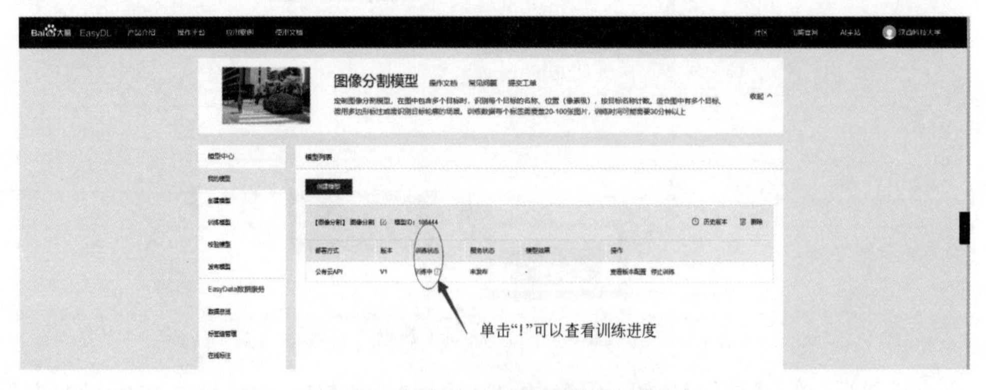

图 7-94 训练中的图像分割模型信息

完成训练后，可在【我的模型】中选择对应的图像分割模型，单击模型信息中的【完整评估】按钮，查看评估结果。如果模型性比较差，则需要进一步调整训练数据集、配置训练参数，直至得到满意的训练结果。

7.3.6 模型校验

这一阶段的主要任务是在线检验完成训练的图像分割模型。单击【校验模型】按钮，进入图像分割模型校验初始页面，如图 7-95 所示。

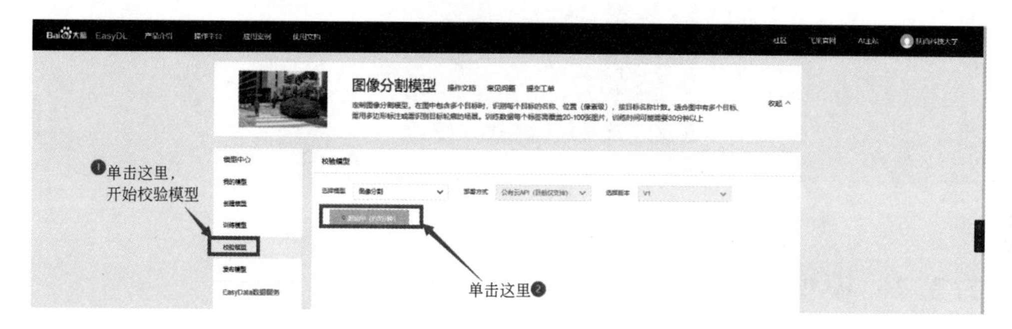

图 7-95　图像分割模型校验初始页面

单击【启动校验服务】按钮，启动图像分割模型校验，如图 7-96 所示。

图 7-96　启动图像分割模型校验

单击【点击添加图片】按钮，上传校验图片，图像分割模型测试结果如图 7-97 所示。

图 7-97 中显示对上传图片的分割结果及其置信度，如果检测错误，还可以单击右下角【纠正识别结果】，进一步设置正确分割结果的类别标签，并选择图片对应的数据集，并将其加入图像分割模型迭代的训练集，不断优化模型效果。

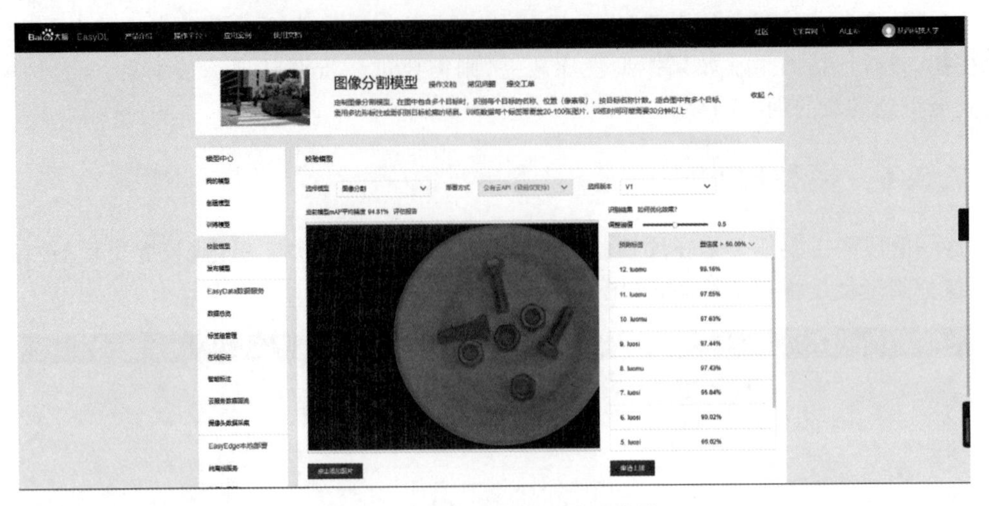

图 7-97 图像分割模型测试结果

7.3.7 模型发布

这一阶段的主要任务是部署训练效果满意的图像分割模型。训练完成后,可将图像分割模型部署在公有云服务器、通用小型设备、本地服务器,也可以采用百度 AI 软硬一体方案。初学阶段一般选择“公有云 API 部署方式”。

训练完毕后,单击图像分割模型中心导航栏中【发布模型】,依次进行“选择模型(拟部署模型)→选择部署方式(公有云部署)→选择版本(拟发布版本)→自定义服务名称→设置接口地址后缀→提交申请”等操作。设置图像分割模型发布相关信息的操作界面如图 7-98 所示。

图 7-98 设置图像分割模型发布相关信息

发布完成后,单击控制台【我的模型】按钮,在模型列表中选择当前发布模型,当模型信息显示“服务详情”时，表示已经发布成功。单击【服务详情】，可查看发布的图像分割模型API接口地址相关信息，如图7-99所示。

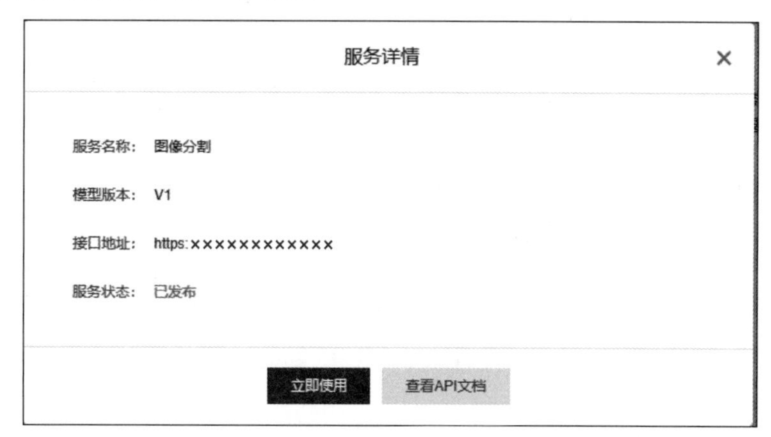

图7-99　查看发布的图像分割模型API接口地址相关信息

单击【查看API文档】按钮，可以进入图像分割模型API使用方法说明文档网页。

7.3.8　接口测试

这一阶段的主要任务是测试云端部署的图像分割模型访问接口。模型调用测试前首先需要创建一个与图像相关的应用。

进入百度智能云控制台，单击左侧导航栏【总览】→【产品服务】→【EasyDL定制化训练平台】→选择【EasyDL图像】→【公有云部署】→【应用列表】，进入EasyDL图像应用中心，如图7-100所示。

图7-100　EasyDL图像应用中心

单击【创建应用】按钮，进入图像分割模型应用创建信息配置页面，填写【应用名称】，【接口选择】中勾选对应接口(多多益善)，【应用归属】设置选择“个人”，【应用描述】中简要描述该应用服务的场景、拟实现的功能等。

图像分割模型应用创建完毕，应用列表中显示创建的图像分割模型应用AppID、API Key、Secret Key等参数，如图7-101所示。

公有云部署的图像分割模型API使用，可以按照如下几个步骤进行。

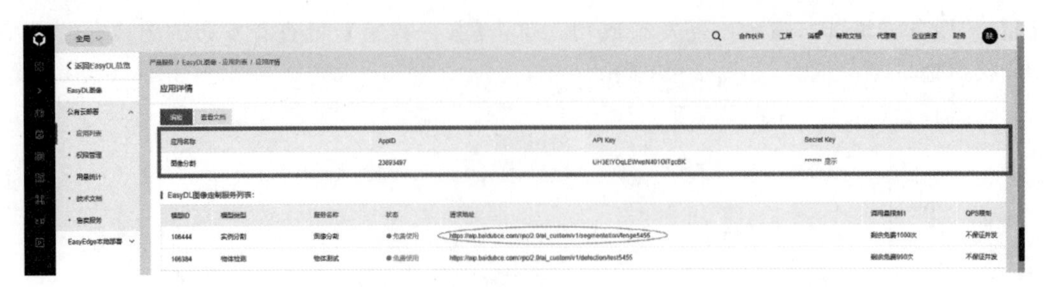

图 7-101　图像分割模型应用 AppID、API Key、Secret Key 等参数

(1) 鉴权认证获取 API 访问令牌。打开 HTTP 调试工具软件 PostMan，新建一个 Request，完成如下设置。

请求方式：POST。

URL 地址：https://aip.baidubce.com/oauth/2.0/token。

URL 参数：grant_type=client_credentials&client_id=创建图像分割应用的 API Key&client_secret=创建图像分割应用的 Secret Key。

完成上述设置后，单击【Send】按钮，如无错误，PostMan 执行 POST 请求及返回信息，如图 7-102 所示。

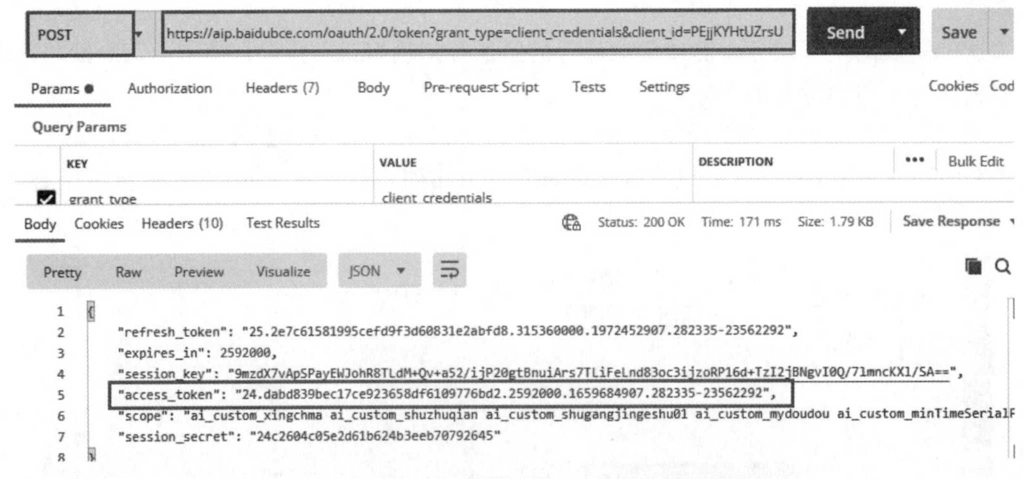

图 7-102　PostMan 执行 POST 请求及返回信息

在服务器返回的 JSON 字符串中，提取"access_token"键对应的取值，完成云端部署图像分割模型 API 访问令牌的获取。

(2) 获取识别图像的 Base64 编码。选择任意一款图像文件在线 Base64 编码工具，获取图像文件的 Base64 编码。

打开图像文件转换 Base64 网页，选择拟编码的图像文件，图像文件在线 Base64 编码结果如图 7-103 所示。

删除转换结果中以"data:image/jpeg;base64,"为开始的图像文件头，复制转换结果字

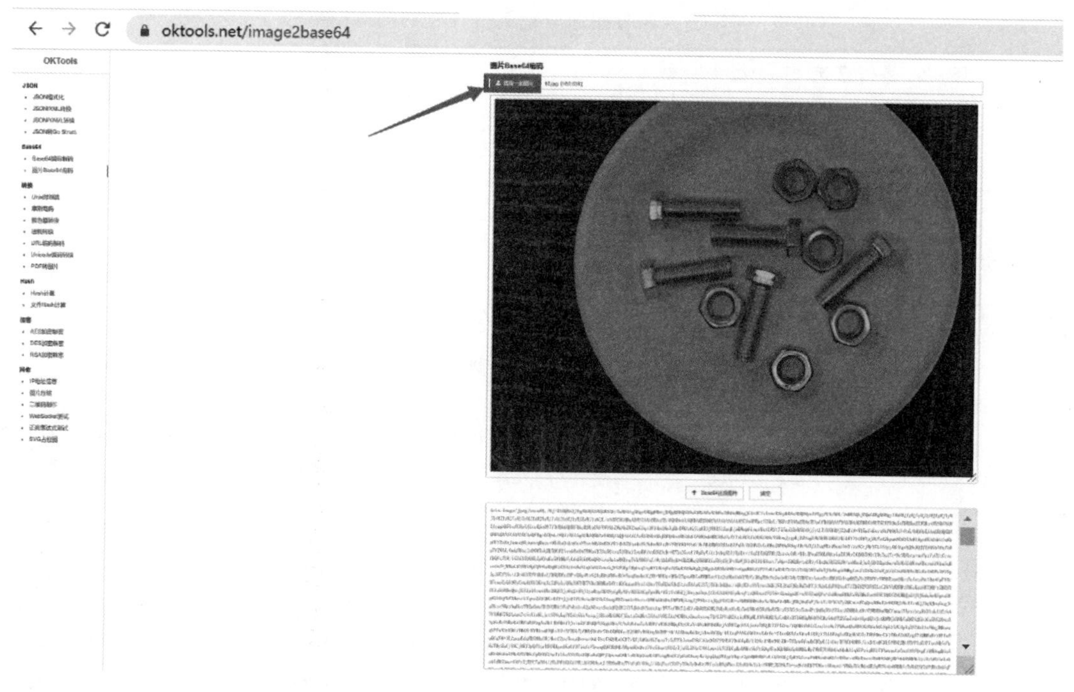

图 7-103　图像文件在线 Base64 编码结果

符串，以备后用。

(3) 使用令牌访问 API 实现图像分割。查看图像分割模型 API 调用文档，需要确认以下几个参数。

HTTP 请求方法：POST。

URL：https://aip.baidubce.com/rpc/2.0/ai_custom/v1/segmentation/splitPic。

URL 参数：模型 API 接口地址需附加参数“access_token”，取值为通过 API Key 和 Secret Key 获取的 access_token。

Header 参数：设置 Header 参数“Content-Type”取值为 application/json。

Body 参数：请求正文，JSON 格式，包含提交云端部署模型进行图像分割的图像文件 Base64 编码。图像分割模型 API 请求的 Body 参数说明如表 7-5 所示。

表 7-5　图像分割模型 API 请求的 Body 参数说明

参　数	是否必选	类　型	说　明
image	是	string	图像数据，Base64 编码，要求 Base64 编码后大小不超过 4MB，最短边至少 15px，最长边最大 4096px，支持 jpg/png/bmp 格式，注意请去掉头部
threshold	否	number	默认值为推荐阈值，可在我的模型列表—模型效果查看推荐阈值

返回参数：云端部署图像分割模型 API 访问返回参数亦为 JSON 字符串，如表 7-6 所示。

表 7-6　云端部署图像分割模型 API 访问返回参数

字　段	是否必选	类　型	说　明
log_id	是	number	唯一的 log id,用于问题定位
results	否	array(object)	识别结果数组
+name	否	string	分类名称
+score	否	number	置信度
+location	否	—	—
++left	否	number	检测到的目标主体区域到图片左边界的距离
++top	否	number	检测到的目标主体区域到图片上边界的距离
++width	否	number	检测到的目标主体区域的宽度
++height	否	number	检测到的目标主体区域的高度
+mask	否	string	基于游程编码的字符串,编码内容为和原图宽高相同的布尔数组:若数组值为 0,代表原图此位置像素点不属于检测目标,若为 1,代表原图此位置像素点属于检测目标

(4) PostMan 测试。根据上述图像分割 API 访问参数设置要求,打开 HTTP 调试助手 PostMan,设置 HTTP 请求方式为 POST,填写图像分割模型 API 访问接口地址(URL:https://aip.baidubce.com/rpc/2.0/ai_custom/v1/segmentation/splitPic),设置 POST 请求 Body 数据格式【raw】【JSON】,按照 API 访问文档中 Body 参数格式,设置 POST 请求相关参数如图 7-104 所示。

图 7-104　设置 POST 请求相关参数

单击按钮【Send】按钮,即可观测到云端部署图像分割模型返回的 JSON 格式分割结果,如图 7-105 所示。

在返回结果的键值对集合中,键"results"取值为数组,数组的每个元素都是检测到物体的 location 参数以及掩码、物体名称、置信度,如下所示。

```
{
    "log_id":372609007299872109,
    "results":[
                {
                    "location":{
```

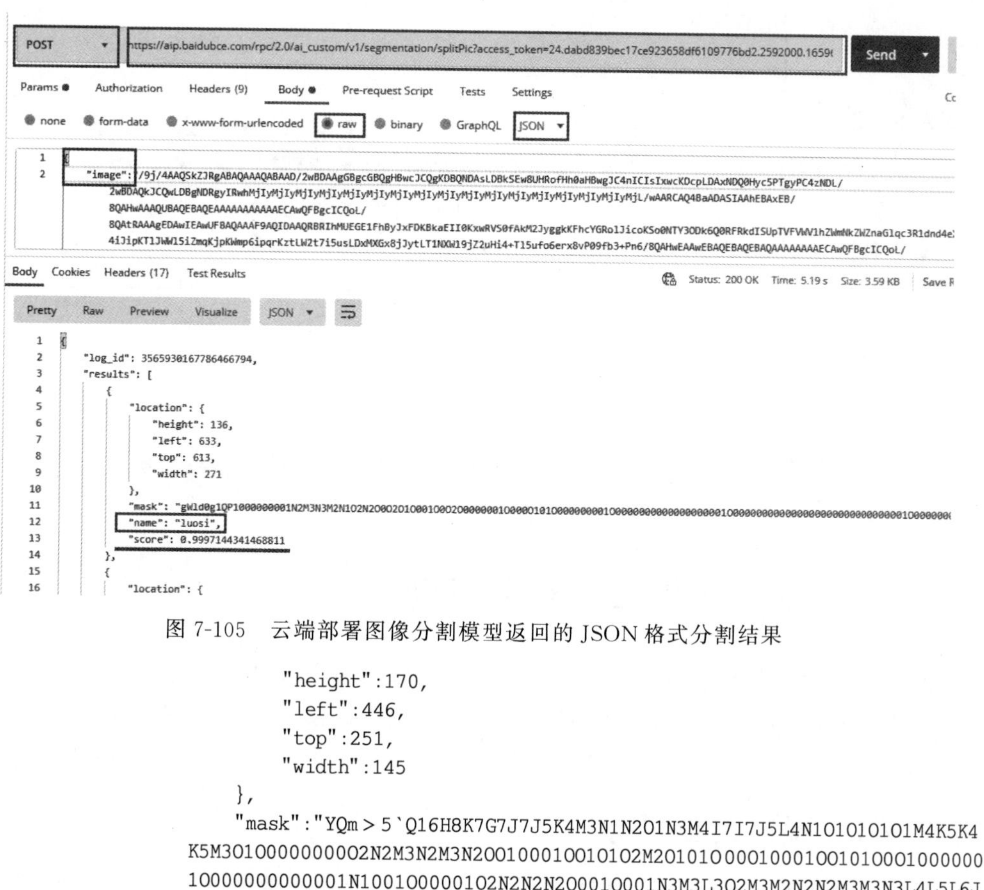

图 7-105　云端部署图像分割模型返回的 JSON 格式分割结果


```
            "height":170,
            "left":446,
            "top":251,
            "width":145
        },
        "mask":"YQm>5`Q16H8K7G7J7J5K4M3N1N2O1N3M4I7I7J5L4N101010101M4K5K4
K5M3O10000000002N2M3N2M3N2O01000100101O2M2O1010000100010010100010000001
0000000000001N10010000102N2N2N200010001N3M3L3O2M3M2N2N2M3M3N3L4L5L6J
3K3000VTok0",
        "name":"luomu",
        "score":0.9867440462112427
    },
    ..................................................................
    {
        "location":{
        "height":292,
        "left":777,
        "top":224,
        "width":199
    },
    "mask":"\\mci0W1aP1000000102N2N102N2M3N2M3N1N3M2N3M3N102N2N102N2N102M2
01N2N3N1N20101N201010100010002N101010101000200000100001N01001010201000N202N
10002N101N20C>L3N20000010PoNCcP1=YoNHgP18UoNKkP1b0000000[SY?",
            "name":"luosi",
            "score":0.9108068943023682
}]}
```


为了压缩篇幅，部分结果被删减。由返回结果可以看出，云端部署的图像分割模型能够正确分离出图片中的螺丝、螺母，并且具有较高的准确度，达到预期结果。

第8章 数值数据采集与智能应用开发

主要内容：

- 基于 EasyDL & LabVIEW 的表格数据预测应用程序设计基本方法；
- 基于 EasyDL & LabVIEW 的时序数据预测应用程序设计基本方法。

微课视频

8.1 表格数据预测应用开发实例

本节按照“程序设计目标”“程序总体结构”“获取服务令牌”“生成请求数据”“发出服务请求”“解析响应数据”“完整程序框图”“运行结果分析”等8个步骤，介绍基于 EasyDL 部署的表格数据预测模型，使用 LabVIEW 开发表格数据预测应用程序的一般流程及实现方法。

8.1.1 程序设计目标

本节案例以用户输入的方式模拟3.2节中数值类型数据采集过程，利用5.1节中所述方法训练公有云部署的表格数据预测模型，在 LabVIEW 数据采集程序实现的基础上，将采集的数据文件封装为表格数据预测模型 API 可识别的 HTTP 请求报文，发出表格数据预测模型服务请求，解析模型服务返回的消息，实现对采集数据进行预测分析的功能。

8.1.2 程序总体结构

由于预测行为一般并非仅仅执行一次，用户更多时候需要根据输入不同数据反复开展预测分析，所以设计事件响应模式的表格数据预测模型验证程序结构，如图8-1所示。

其中事件结构处理以下两种事件。

(1) 用户单击【预测】按钮事件。当该事件发生时，根据用户输入的数据，程序向 EasyDL 中部署的表格数据预测模型发起服务请求，利用云端部署 AI 模型进行预测，并输出显示服务器返回结果。

(2) 用户单击【停止】按钮事件。当该事件发生时，结束程序运行。

由于 EasyDL 中公有云部署模型 API 接口访问的安全机制需要，程序设计前需要提供 EasyDL 中表格数据预测模型相关应用的 API Key、Secret Key 参数信息，以便后续获取服

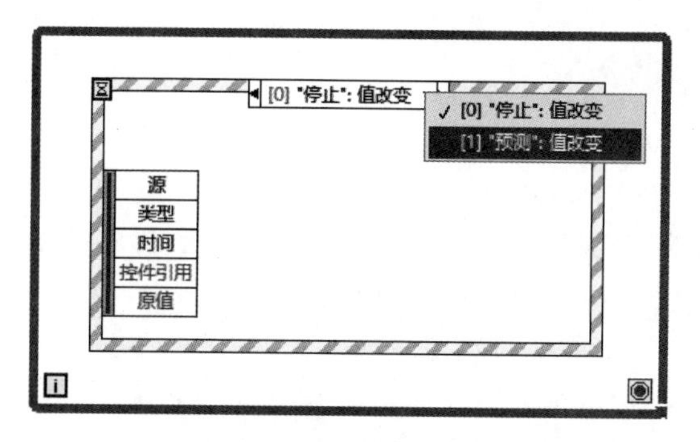

图 8-1 表格数据预测模型验证程序结构

务令牌。根据上述程序总体结构设计思路，设计表格数据预测模型验证程序前面板如图 8-2 所示。

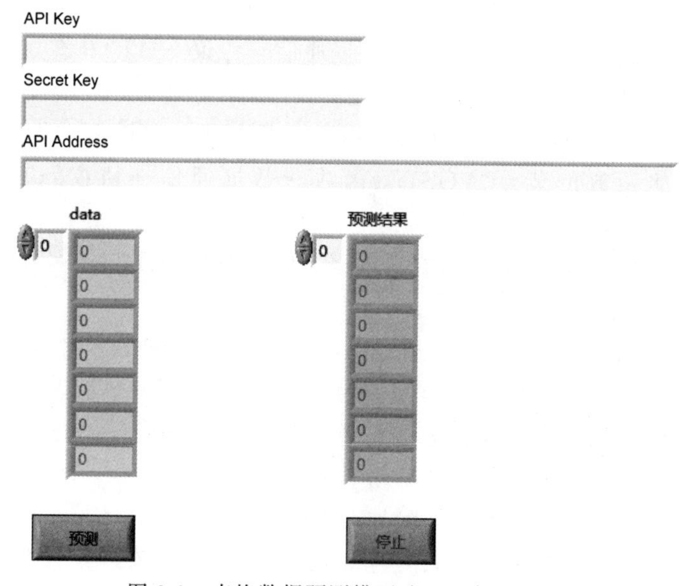

图 8-2 表格数据预测模型验证程序前面板

程序运行时，若用户单击【预测】按钮，程序首先根据输入的 API Key、Secret Key 获取云端部署模型的服务授权，然后创建 HTTP 通信客户端，设置请求头部参数，利用输入的数组数据生成 HTTP 请求 Body 参数，向云端部署的表格数据预测模型 API 接口地址发起 POST 请求，对服务器响应数据进行解析，获取表格数据预测结果，实现程序预期功能。

8.1.3 获取服务令牌

为了确保用户私密信息在 HTTP 协议传输时不被泄露，EasyDL 使用 OAuth2.0 授权调用开放 API，调用 API 时必须在 URL 中附带 access_token(服务令牌)。access_token 的获取方式参见 5.1.7 节，程序向授权服务地址 https://aip.baidubce.com/oauth/2.0/token

发送请求，可获取 JSON 格式的响应数据。如果请求成功，响应数据必然包含 access_token 键值对。

因此，按照“https://aip.baidubce.com/oauth/2.0/token?&参数1=取值&参数2=取值&参数3=取值”方式构造 LabVIEW 中 POST 节点输入参数“url”取值，发起授权服务请求。对于获取的服务器响应消息，利用 JSON API 进行解析，提取键“access_token”取值。

由于获取的 API 服务令牌会在不同的应用中反复调用，因此可进一步将获取 access_token 值封装为子 VI。子 VI 有关设计信息如下。

输入参数 1：字符串(用以传入当前使用模型的 API Key)。

输入参数 2：字符串(用以传入当前使用模型的 Secret Key)。

输出参数：字符串(JSON 格式请求结果，请求正确时包含服务令牌)。

子 VI 文件名称：VI-共性技术-GetToken.vi。

按照如下步骤完成子 VI 设计。

(1) 调用函数节点“打开句柄”(函数→数据通信→协议→HTTP 客户端→打开句柄)，打开 HTTP 客户端句柄。

(2) 调用函数节点“连接字符串”(函数→编程→字符串→连接字符串)构造 POST 请求的“url”参数；调用函数的节点“POST”(函数→数据通信→协议→HTTP 客户端→POST)，发起授权服务请求。

(3) 调用函数节点“关闭句柄”(函数→数据通信→协议→HTTP 客户端→关闭句柄)，终止 HTTP 连接。

(4) 调用函数节点“Set”(函数→附加工具包→JSONAPI→Set)，将函数节点“POST”的输出参数“体部”(服务器响应信息)转换为 JSON 对象，并调用函数节点“Get”(函数→附加工具包→JSONAPI→Get)，设置其多态调用模式为“JSON→pretty String”，实现 JSON 格式的服务器响应信息的带缩进格式输出显示。

(5) 并调用函数节点“Get”(函数→附加工具包→JSONAPI→Get)，设置其多态调用模式为“Text”，设置其输入参数“name”取值为“access_token”(仅有一个数据元素的字符串类型一维数组常量)，如果 JSON 对象解析无错误，子 VI 输出 JSON 格式的请求结果字符串，对应的请求表格数据预测模型服务令牌成功子 VI 程序实现如图 8-3 所示。

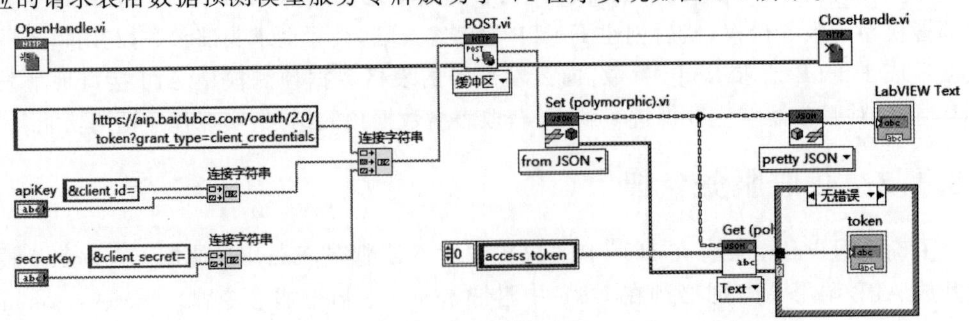

图 8-3 请求表格数据预测模型服务令牌成功子 VI 程序框图

当请求失败时，子 VI 输出空字符串(方便后续调用)，对应的请求表格数据预测模型服务令牌失败子 VI 程序框图如图 8-4 所示。

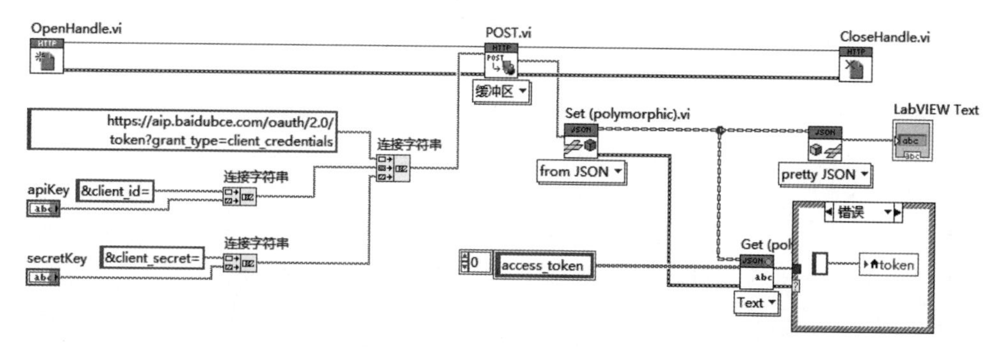

图 8-4　请求表格数据预测模型服务令牌失败子 VI 程序框图

运行子 VI，请求表格数据预测模型服务令牌程序执行结果如图 8-5 所示。

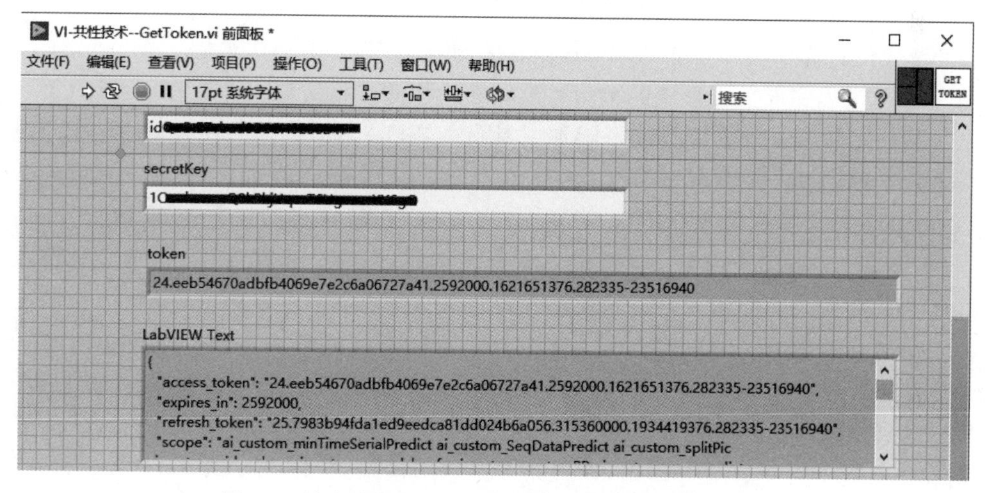

图 8-5　请求表格数据预测模型服务令牌程序执行结果

虽然是子 VI，实际上还是可以单独运行的，输入前期创建的表格数据预测模型应用的 API Key、Secret Key，运行程序，如果请求成功，即可得到服务令牌 access_token 的取值。

8.1.4　生成请求数据

按照 EasyDL 开发者文档中表格数据预测模型 API 调用说明，其 HTTP 请求的 Body 参数为 JSON 字符串，内含两个键值对，其中键“include_req”为 boolean 类型，其取值决定返回结果是否包含特征数据(false，不包含；true，包含；默认为 false)；键“data”为 array 类型，是待预测数据，每条待预测数据是由各个特征及其取值构成的键值对的集合。

本节使用的模型中，对应的 Body 请求参数基本格式如下。

```
{
    "include_req": false,
```

```
    "data": [
                {
                    "x": 1.1
                 },
                {
                    "x":2.2
                 }
              ]
}
```

由于在测试测量中,获取数组形式的测量数据比较容易,所以问题的关键就是如何将需要预测的 LabVIEW 中的数组数据转换为对应的 JSON 格式请求数据。

鉴于数组形式的测量数据转换为 JSON 格式请求参数这一功能具有复用性,因此将其封装为子 VI,对应的子 VI 设计信息如下所示。

输入参数:数值数组(预测用的数据序列)。

输出参数:字符串(JSON 格式请求参数)。

子 VI 文件名称:VI-共性技术-Body4Table.vi。

按照如下过程完成数组形式的测量数据转换为 JSON 格式请求参数程序设计。

(1) 调用函数节点"Set"(函数→附加工具包→JSONAPI→Set),设置其多态调用模式为"Boolean",取值为"逻辑假";调用函数节点"Set"(函数→附加工具包→JSONAPI→Set),设置其多态调用模式为"JSON Object→By name",输入参数"name"取值为"include_req",输入端口"value"连接前一个"Set"节点输出的 JSON 对象引用,完成请求数据中"include_req"键值对的创建。

(2) 待转换的数组数据以索引模式连接 For 循环,For 循环内创建"x"键值对。将创建的"x"键值对以索引模式输出为键值对数组,调用函数节点"Set"(函数→附加工具包→JSONAPI→Set),设置其多态调用模式为"JSON Array",进一步调用函数节点"Set"(函数→附加工具包→JSONAPI→Set),设置其多态调用模式为"JSON Object→By name",输入参数"name"取值为"data",完成请求数据中"data"键值对的创建。

(3) 调用函数节点"Get"(函数→附加工具包→JSONAPI→Get),设置其多态调用模式为"JSON→pretty String",实现 JSON 数据带缩进符的输出显示功能。

测量数据转换为 JSON 格式请求参数的子 VI 完整程序实现如图 8-6 所示。

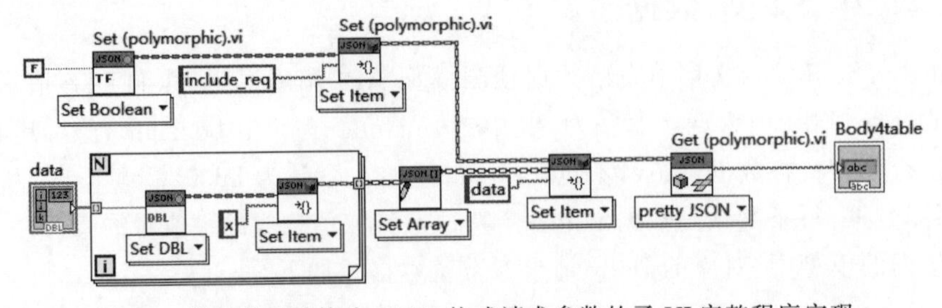

图 8-6 测量数据转换为 JSON 格式请求参数的子 VI 完整程序实现

当指定输入数组内容时，运行子 VI，数组形式的测量数据转换为 JSON 格式请求参数结果，如图 8-7 所示。

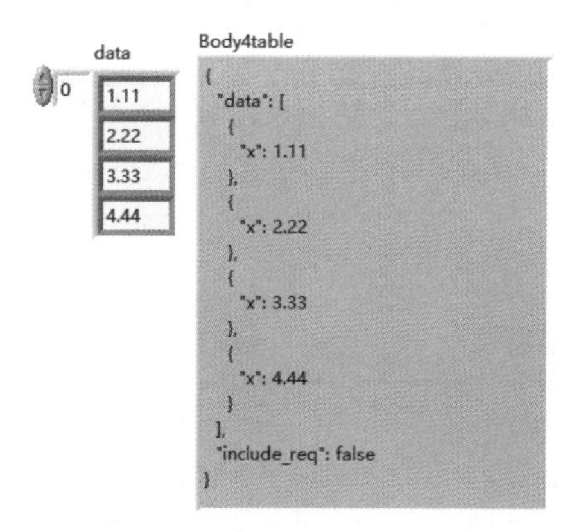

图 8-7 测量数据转换为 JSON 格式请求参数结果

运行结果表明，该子 VI 的转换结果符合表格数据预测 API 调用文档中关于请求数据 Body 参数的格式规范。

8.1.5 发出服务请求

按照"百度智能云→EasyDL 定制训练平台→公有云服务管理→应用列表→应用详情"的功能入口，查阅前期部署的表格数据预测模型信息，获取模型对应的请求地址，本节案例使用作者部署的表格数据预测模型。

本例设计中，当前面板【预测】按钮被单击时，程序向云端部署模型发出服务请求。程序框图中对应的事件处理子框图内，按照如下步骤完成向云端部署的表格数据预测模型发出服务请求。

(1) 调用函数节点"打开句柄"(函数→数据通信→协议→HTTP 客户端→打开句柄)，打开 HTTP 客户端句柄。

(2) 调用函数节点"添加头"(函数→数据通信→协议→HTTP 客户端→头部→添加头)，设置头部参数 Content-Type 取值为 application/json。

(3) 调用子 VI"VI-共性技术-GetToken. vi"，获取云端部署表格数据预测模型 API 访问令牌，并调用函数节点"连接字符串"(函数→编程→字符串→连接字符串)构造 POST 请求的"url"参数；调用子 VI"VI-共性技术-Body4Table. vi"，将数组形式的采集数据封装为 JSON 格式请求参数，并将其作为 POST 请求的"缓冲区"参数；调用函数的节点"POST"(函数→数据通信→协议→HTTP 客户端→POST)，向云端部署的表格数据预测模型发出服务请求。

(4) 调用函数节点"Set"(函数→附加工具包→JSONAPI→Set)，将函数节点"POST"的输出参数"体部"(服务器响应信息)转换为 JSON 对象，并调用函数节点"Get"(函数→附加工具包→JSONAPI→Get)，设置其多态调用模式为"JSON→pretty String"，实现 JSON 格式的服务器响应信息的带缩进格式输出显示。

(5) 关闭 HTTP 客户端句柄。调用函数节点"关闭句柄"(函数→数据通信→协议→HTTP 客户端→关闭句柄),终止 HTTP 连接。

向云端部署的表格数据预测模型发出服务请求的完整程序实现如图 8-8 所示。

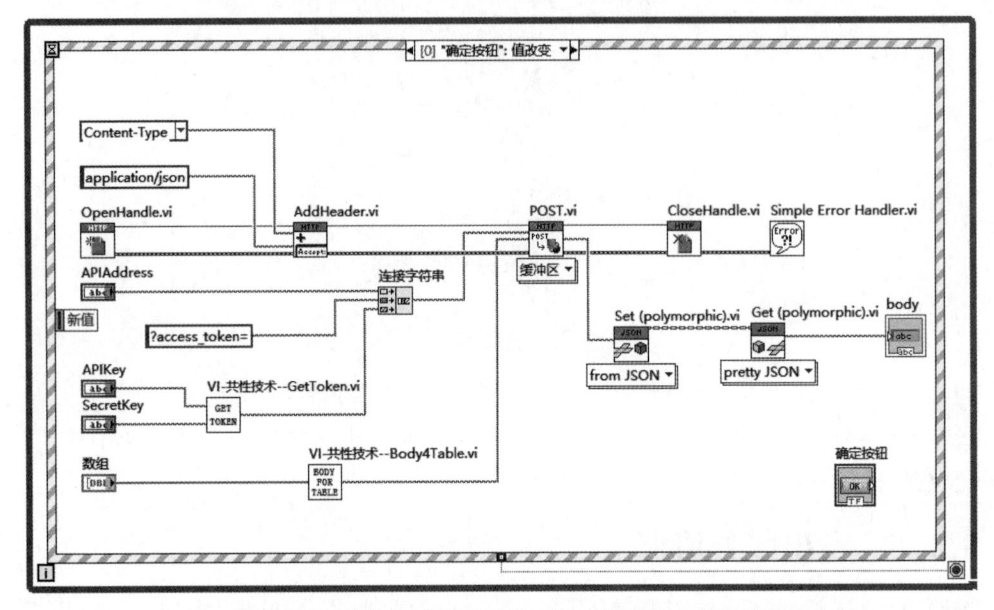

图 8-8 向云端部署的表格数据预测模型发出服务请求的完整程序实现

运行程序,数组中输入模型预测对应的自变量取值,单击【预测】按钮,云端部署表格数据预测模型返回信息如图 8-9 所示。

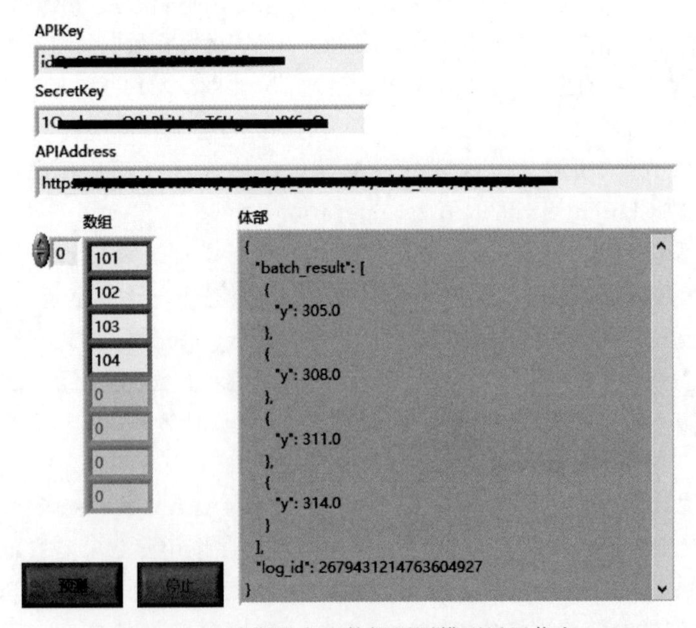

图 8-9 云端部署表格数据预测模型返回信息

服务器响应信息为 JSON 字符串，包括两个键值对。键“batch_result”为 array 类型，其中每个元素亦为键值对，每个键值对与请求数据中的键值对一一对应，是请求数据的预测结果。

如前所述，本节案例使用了仅用于说明方法的一个功能极其简单的 AI 模型，该模型实际上是借助 EasyDL 对于计算式 $y = 3x + 2$ 产生的系列数据进行训练所得。程序预测结果表明，LabVIEW 调用 EasyDL 中开发部署的表格数据预测模型 API 接口，可以快速实现基于深度学习技术的数值预测功能，而且具有令人惊叹的预测精度。

8.1.6　解析响应数据

上述操作虽然可以观测到 EasyDL 中部署模型的预测结果，但是该结果是以 JSON 字符串形式输出的，并非后续进一步分析处理预测结果所需要的数值类型，所以必须对响应信息进行解析，提取预测结果相应的数值。

由于并非每次调用都能成功获取预测结果(网络故障是导致请求失败的主要原因)，因此将解析响应数据功能封装为子 VI，子 VI 设计相关信息如下。

输入参数：字符串(JSON 格式的云端部署表格数据预测模型响应信息)。

输出参数：数值类型数组(预测结果)、布尔数据(请求是否成功)。

子 VI 名称：VI-5-1-1-表格数据预测-服务器响应消息解析.vi。

按照如下步骤完成子 VI 设计。

(1) 调用函数节点“Set”(函数→附加工具包→JSONAPI→Set)，将函数节点“POST”的输出参数“体部”(即服务器响应信息)转换为 JSON 对象，并调用函数节点“Get”(函数→附加工具包→JSONAPI→Get)，设置其多态调用模式为“Array→By name”，设置其输入参数“name”取值为“batch_result”，首先解析出服务器返回的 JSON 格式相应信息中数组数据。同时创建条件结构，连接函数节点“Get”的错误输出。

(2) 如果解析过程无错误，则条件结构中设置布尔控件“请求成功”取值为“逻辑真”，进一步创建 For 循环结构，循环结构内调用函数节点“Get”(函数→附加工具包→JSONAPI→Get)，设置其多态调用模式为“Numeric→DBL”，设置其输入参数“name”取值为“y”(仅有一个数据元素的字符串类型一维数组常量)，借助移位寄存器和函数节点“数组插入”(函数→编程→数组→数组插入)，将 JOSN 格式相应信息中数组的每个数据元素对应的预测值合并成为预测结果的数值数组。解析表格数据预测模型服务器返回信息成功的程序实现如图 8-10 所示。

(3) 如果请求失败，则企图从 JSON 字符串中提取“batch_result”键对应的数组必然出现错误，此时条件结构内设置布尔输出“请求成功”为“逻辑假”，而数组输出内容已经无关紧要，没有使用的价值。解析表格数据预测模型服务器返回信息失败的程序实现如图 8-11 所示。

前面板中填写 PostMan 中测试时捕获的服务器响应消息，运行子 VI，解析表格数据预测模型服务器返回信息结果如图 8-12 所示。

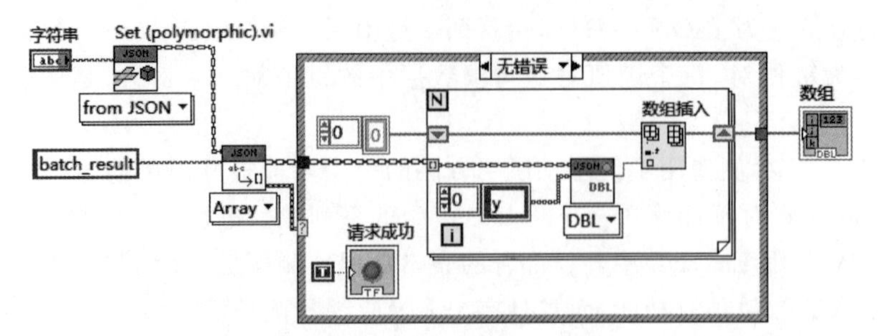

图 8-10　解析表格数据预测模型服务器返回信息成功的程序实现

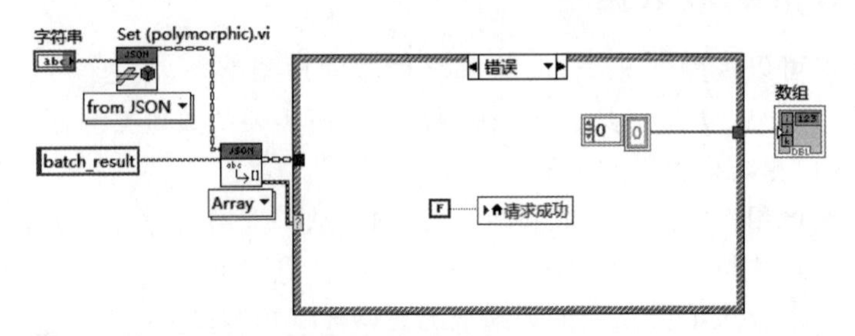

图 8-11　解析表格数据预测模型服务器返回信息失败的程序实现

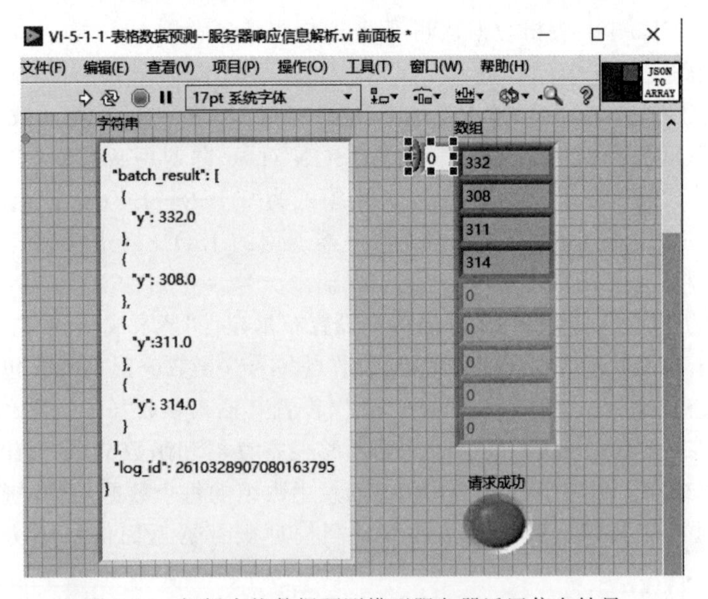

图 8-12　解析表格数据预测模型服务器返回信息结果

8.1.7　完整程序框图

完整的程序实现由两种事件处理程序子框图组成。当用户单击前面板中【预测】按钮时，触发对应的事件处理子程序框图。程序子框图向云端部署的表格数据预测模型发出服务请求，表格数据预测服务请求成功时的完整程序如图 8-13 所示。

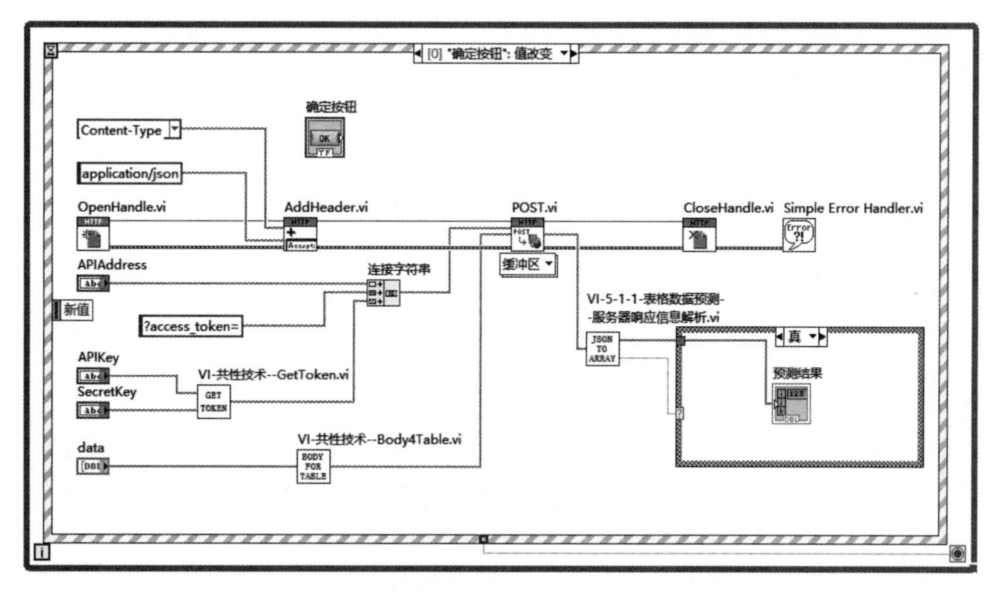

图 8-13 表格数据预测服务请求成功时的完整程序

表格数据预测服务请求失败时的完整程序如图 8-14 所示(解析数组失败,弹出对话框提示用户)。

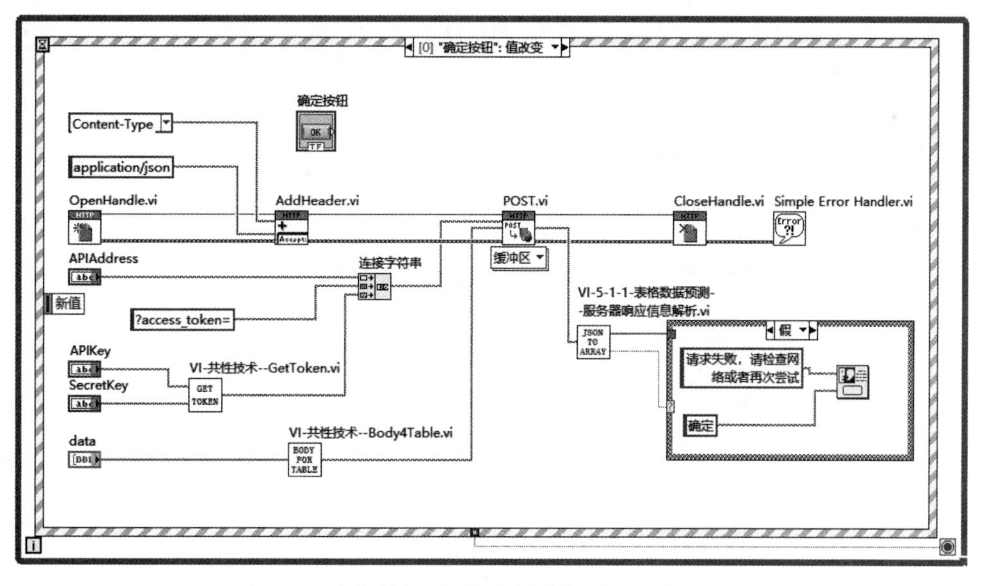

图 8-14 表格数据预测服务请求失败时的完整程序

当用户单击前面板中【停止】按钮时,触发对应的事件处理子程序框图。停止按钮事件处理程序如图 8-15 所示。

由图 8-15 可见,停止按钮事件处理程序极为简单,后续不再赘述。

图 8-15　停止按钮事件处理程序

8.1.8　运行结果分析

单击工具栏中的运行按钮，程序界面中，在 data 数组中填写预测变量取值分别为 101、102、103、104、105。设置 EasyDL 中前期创建表格数据预测模型相关应用的 API Key、Secret Key、云端部署的表格数据预测模型 API 访问的接口地址。

单击【预测】按钮，表格数据预测模型验证程序运行结果如图 8-16 所示。

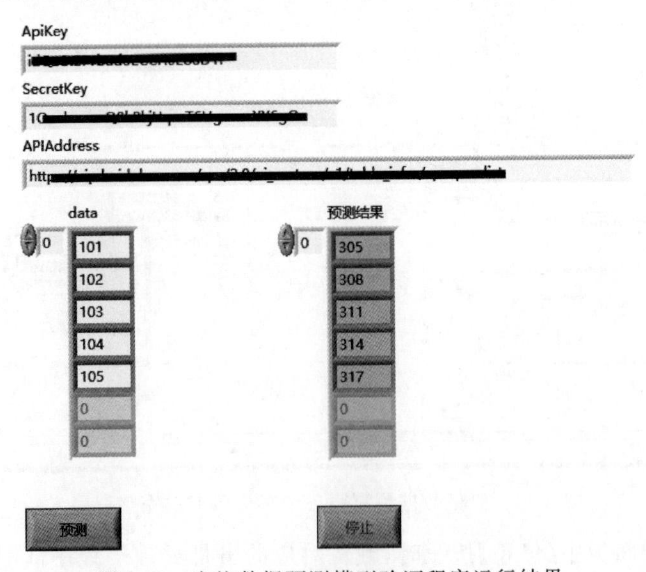

图 8-16　表格数据预测模型验证程序运行结果

由图 8-16 可见，输入数据对应的预测结果分别为 305、308、311、314、317，而训练数据对应的模型恰恰是 $y=3x+2$，预测结果与实际结果(取整)一致。

每次预测完毕，可以在数组中重新输入数据，再次单击【预测】按钮，即可启动新一轮基于 EasyDL 公有云部署的表格数据预测模型进行智能预测。

运行结果表明，基于 EasyDL 前期开发部署的表格数据预测模型，传统的 LabVIEW 数据采集应用程序可以极为方便地改造为"数据采集＋预测分析"的一体化应用程序，实现数据采集应用程序相关功能的进一步提升。

8.2　时序数据预测应用开发实例

微课视频

本节按照"程序设计目标""程序总体结构""获取服务令牌""生成请求数据""发出服务请求""解析响应数据""完整程序框图""运行结果分析"等 8 个步骤，介绍基于 EasyDL 部署的时间序列数据预测模型，使用 LabVIEW 开发时序数据预测应用程序的一般流程。

8.2.1　程序设计目标

本节案例中，程序模拟以"天"为单位进行特定幅度的正弦曲线采样，完成时间序列数据采集，利用 5.2 节中所述方法训练并公有云部署的时间序列数据预测模型，在 LabVIEW 数据采集程序实现的基础上，将采集的数据文件封装为时序数据预测模型 API 可识别的 HTTP 请求报文，发出时序数据预测模型服务请求，解析模型服务返回的消息，实现对采集数据进行序列数据预测分析的功能。

8.2.2　程序总体结构

由于时序预测行为在应用程序执行过程中经常会出现多次执行的情况，即用户输入不同的时序数据反复开展预测分析，检验预测效果。所以设计事件响应模式的时序数据预测模型验证程序结构，如图 8-17 所示。

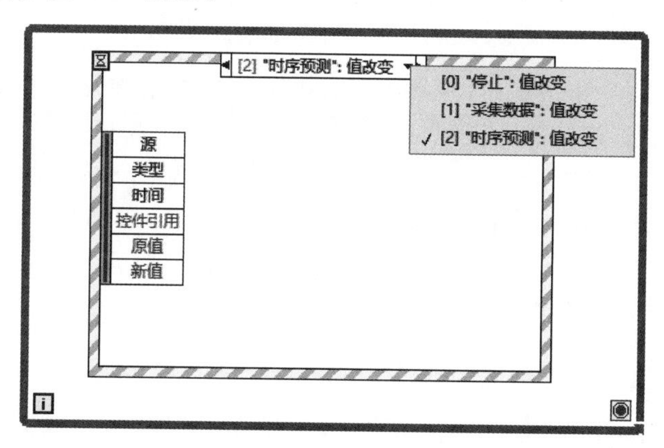

图 8-17　时序数据预测模型验证程序结构

其中事件结构处理以下 3 种事件。

(1) 用户单击【采集数据】按钮事件。当该事件发生时，生成程序运行所需要的时序数据,并将其转换为时序预测模型调用必需的JSON格式请求数据。

(2) 用户单击【时序预测】按钮事件。当该事件发生时,程序向EasyDL中部署的时序数据预测模型发起服务请求,根据前一步生成的请求数据向云端部署AI模型发起时序预测服务请求,在显示服务器响应信息的同时,提取预测结果中数据序列。

(3) 用户单击【停止程序】按钮事件。当该事件发生时,结束程序运行。

由于EasyDL中公有云部署模型API接口访问的安全机制需要,程序设计前需要提供EasyDL中时间序列数据预测模型相关应用的API Key、Secret Key参数信息,以便后续获取服务令牌。根据上述程序设计思路,设计时序预测模型验证程序前面板如图8-18所示。

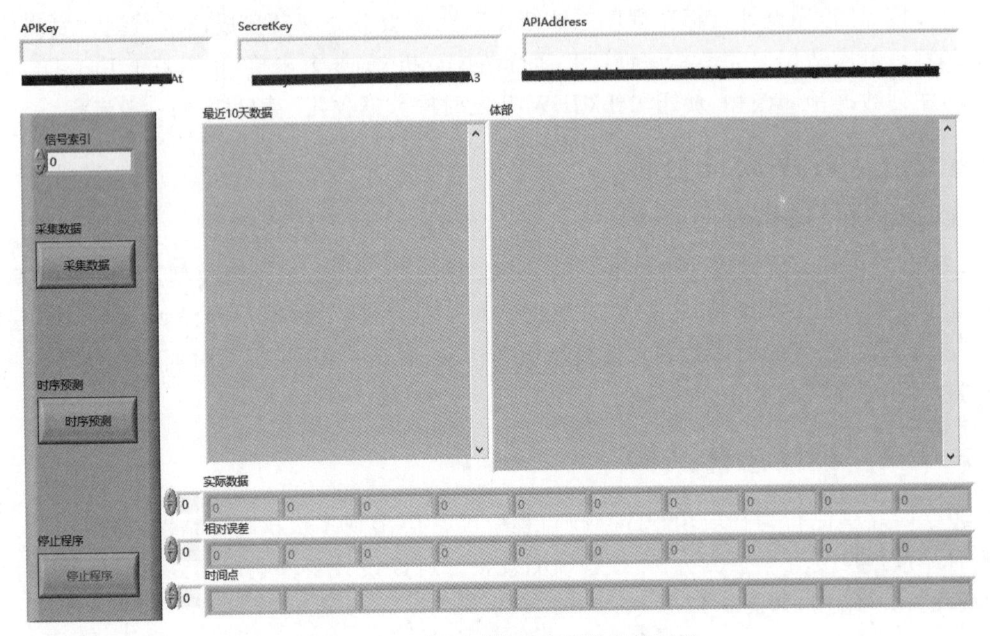

图8-18 时序预测模型验证程序前面板

程序运行时,若用户单击按钮【采集数据】,程序模拟时序数据采集,生成以"天"为单位的最近10天时序数据(正弦波形指定位置开始的连续10个数据模拟);当用户单击【时序预测】按钮时,程序首先根据输入的API key、Secret Key获取云端部署模型的服务授权,然后创建HTTP通信客户端,设置请求头部参数,将最近10天的时序数据转换为成HTTP请求Body参数,向云端部署的时序数据预测模型API接口地址发起服务请求,对服务器响应数据进行解析,获取时序数据预测结果,实现程序预期功能。

8.2.3 获取服务令牌

时序数据预测模型服务令牌的获取同样可以通过调用8.1.3节中创建子VI的方式完成。其中子VI调用所需的参数按照"百度智能云→EasyDL开发平台→EasyDL结构化数据→公有云部署→应用列表"的操作路径,选择5.2节创建的时序数据预测模型相关应用,获取对应的API Key、Secret Key参数信息。

子 VI 调用时，填写时序预测模型应用对应的 API Key、Secret Key，请求时序预测服务令牌子 VI 执行结果如图 8-19 所示。

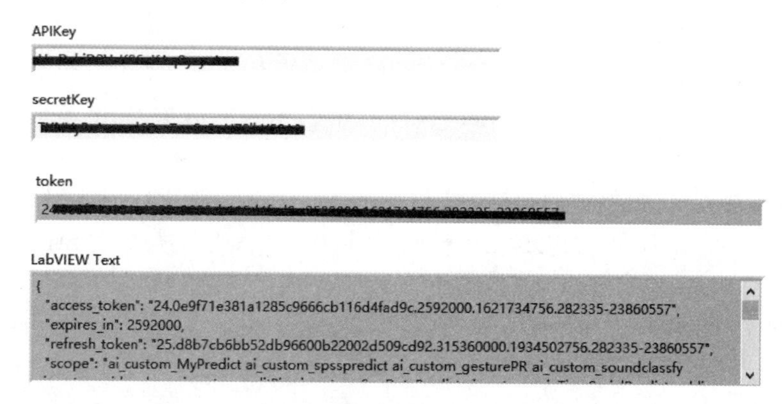

图 8-19　请求时序预测服务令牌子 VI 执行结果

8.2.4　生成请求数据

按照 EasyDL 开发者文档中时序数据预测 API 调用说明，其 HTTP 请求的 Body 参数为 JSON 字符串，内含两个键值对，键"include_req"为 boolean 类型，其取值决定返回结果是否包含特征数据(false，不包含；true，包含；默认为 false)；键"data"为 array 类型，是待预测数据，每条待预测数据是由各个特征及其取值构成的键值对的集合。

开发者文档中给出了一个 Body 参数典型示例，如下所示。

```
{
    "data": {
      "datetime":
        [ "2015 - 09 - 09 15:33:00", "2015 - 09 - 09 15:38:00" , "2015 - 09 - 09 15:43:00"],
     "sales_quantity":
        [ "10", "15" , "20"]
    }
}
```

在实际测试测量程序中，记录、缓存最近时间点及其对应的测试数据并不困难，因此问题的关键是如何将分别表达时间和测量结果的两列数据封装为对应的 JSON 请求数据。这里参考实际数据采集系统中典型的数据存储方案，以数值型数组表达已知的数值序列，以字符串数组表达数据序列对应的时间点序列，程序根据这两个数组生成云端服务请求所需的 Body 参数。

因此，只要将实时采集、文件中读取、数据库读取的时序数据首先转化为两个数组(一个为测量数据序列，另一个为时间点序列)，然后设计子 VI 将两个数组转换为 JSON 字符串，即可达到自动生成请求数据的子 VI 目的。对应的子 VI 设计信息如下所示。

输入参数：测量数据序列(数值类型数组)、时间点序列(字符串类型数组)。

输出参数：字符串(JSON 格式请求数据)。

子 VI 名称：VI-共性技术-Body4Seq. vi。

按照如下步骤完成子 VI 设计。

(1) 调用函数节点“Set”(函数→附加工具包→JSONAPI→Set),设置其多态调用模式为“Boolean”,取值为“逻辑假”;调用函数节点“Set”(函数→附加工具包→JSONAPI→Set),设置其多态调用模式为“JSON Object→By name”,输入参数“name”取值为“include_req”,输入端口“value”连接前一个“Set”节点输出的 JSON 对象引用,完成请求数据中“include_req”键值对的创建。

(2) 时间点序列(字符串类型数组)以索引模式连接 For 循环,For 循环内调用函数节点“Set”(函数→附加工具包→JSONAPI→Set),设置其多态调用模式为“String”,并以索引模式通过 For 循环输出为 JSON 数组;调用函数节点“Set”(函数→附加工具包→JSONAPI→Set),设置其多态调用模式为“JSON Array”;进一步调用函数节点“Set”(函数→附加工具包→JSONAPI→Set),设置其多态调用模式为“JSON Object→By name”,输入参数“name”取值为“datetime”,完成请求数据中“datetime”键值对的创建。

(3) 测量数据序列(数值类型数组)以索引模式连接 For 循环,For 循环内调用函数节点“数值至小数字符串转换”(函数→编程→字符串→数值/字符串转换→数值至小数字符串转换),将 DBL 类型测量数据转换为字符串类型;进一步调用函数节点“Set”(函数→附加工具包→JSONAPI→Set),设置其多态调用模式为“String”,并以索引模式通过 For 循环输出为 JSON 数组;调用函数节点“Set”(函数→附加工具包→JSONAPI→Set),设置其多态调用模式为“JSON Array”;进一步调用函数节点“Set”(函数→附加工具包→JSONAPI→Set),设置其多态调用模式为“JSON Object→By name”,输入参数“name”取值为“value”,完成请求数据中“value”键值对的创建,并连接(2)中输出的 JSON 对象。

(4) 调用函数节点“Set”(函数→附加工具包→JSONAPI→Set),设置其多态调用模式为“JSON Object→By name”,输入参数“name”取值为“data”,并连接(1)和(3)中输出的 JSON 对象,完成“data”键值对的创建,并输出 JSON 对象。

(5) 调用函数节点“Get”(函数→附加工具包→JSONAPI→Get),设置其多态调用模式为“JSON Pretty String”,实现 JSON 字符串带缩进格式的显示输出。

完整的生成时间序列预测服务请求数据程序框图如图 8-20 所示。

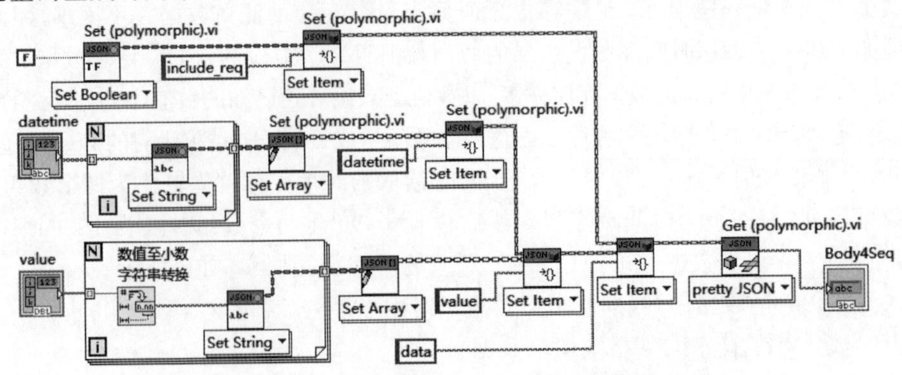

图 8-20 生成时间序列预测服务请求数据程序框图

当指定时间点序列、测量数据序列时,生成时间序列预测服务请求数据子 VI 运行结果如图 8-21 所示。

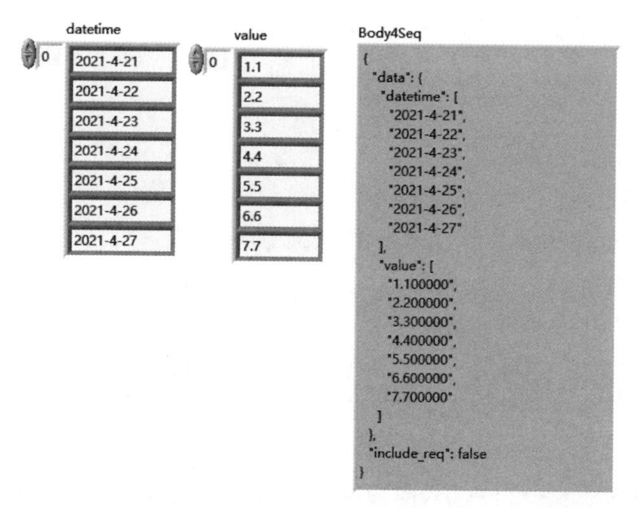

图 8-21　生成时间序列预测服务请求数据子 VI 运行结果

运行结果表明,该子 VI 的转换结果符合时序数据预测 API 调用文档中关于请求数据 Body 参数的格式规范。

本案例中,当前面板【采集数据】按钮被单击时,程序框图中对应的事件处理子框图内,分别创建时间点序列、测量数据序列,调用生成时间序列预测服务请求数据子 VI,生成 JSON 格式的最近 10 天时序数据请求参数,如图 8-22 所示。

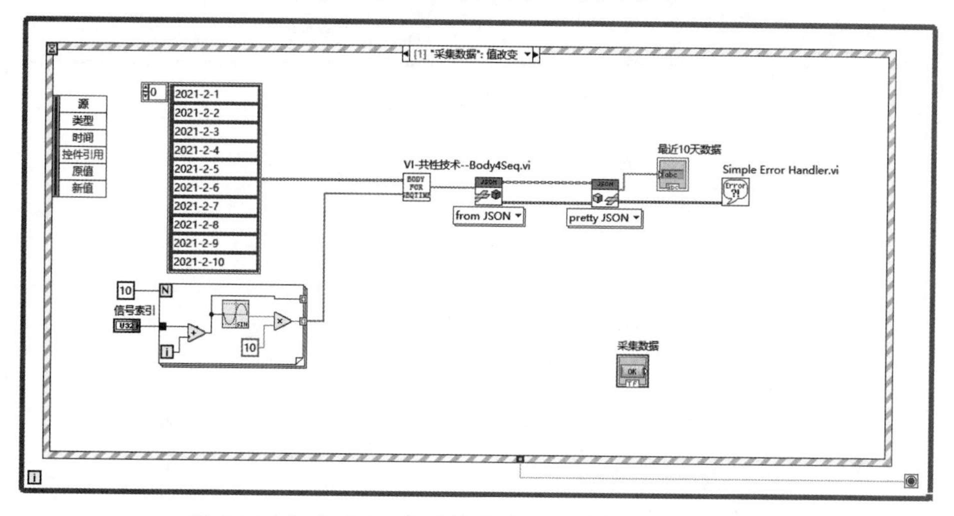

图 8-22　生成 JSON 格式的最近 10 天时序数据请求参数

8.2.5　发出服务请求

按照"百度智能云→EasyDL 定制训练平台→公有云服务管理→应用列表→应用详情"

的功能入口，查阅前期部署的时序数据预测模型信息，获取模型对应的请求地址，本节案例使用作者部署的时序数据预测模型。

本案例设计中，当前面板【时序预测】按钮被单击时，程序向云端部署模型发出服务请求。程序框图中对应的事件处理子框图内，按照如下步骤完成向云端部署的时序数据预测模型发出服务请求。

(1) 调用函数节点“打开句柄”(函数→数据通信→协议→HTTP 客户端→打开句柄)，打开 HTTP 客户端句柄。

(2) 调用函数节点“添加头”(函数→数据通信→协议→HTTP 客户端→头部→添加头)，设置头部参数 Content-Type 取值为 application/json。

(3) 调用子 VI“VI-共性技术-GetToken. vi”，获取云端部署时序数据预测模型 API 访问令牌，并调用函数节点“连接字符串”(函数→编程→字符串→连接字符串)构造 POST 请求的“url”参数；通过局部变量的方式调用【采集数据】按钮事件中生成的最近 10 天时序数据请求参数，作为 POST 请求的“缓冲区”参数；调用函数的节点“POST”(函数→数据通信→协议→HTTP 客户端→POST)，向云端部署的时序数据预测模型发出服务请求。

(4) 调用函数节点“Set”(函数→附加工具包→JSONAPI→Set)，将函数节点“POST”的输出参数“体部”(即服务器响应信息)转换为 JSON 对象，并调用函数节点“Get”(函数→附加工具包→JSONAPI→Get)，设置其多态调用模式为“JSON→pretty String”，实现 JSON 格式的服务器响应信息的带缩进格式输出显示。

(5) 关闭 HTTP 客户端句柄。调用函数节点“关闭句柄”(函数→数据通信→协议→HTTP 客户端→关闭句柄)，终止 HTTP 连接。

向云端部署的时序数据预测模型发出服务请求的完整程序如图 8-23 所示。

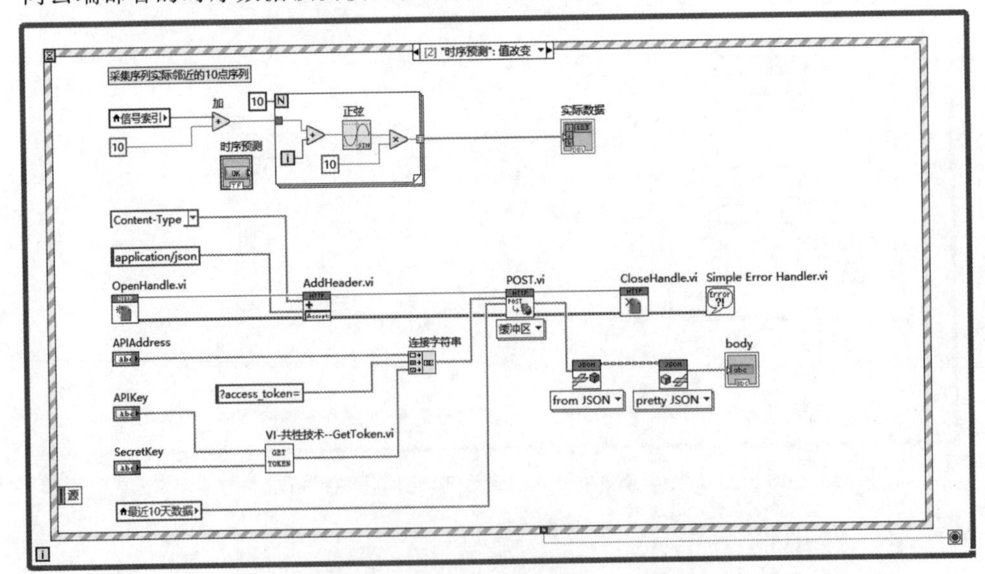

图 8-23 向云端部署的时序数据预测模型发出服务请求的完整程序

运行程序，输入信号索引值，单击【采集数据】按钮，程序自动生成最近10天的测试数据序列，并按照8.2.4节完成的功能，实现最近10天时间序列数据基础上的请求数据生成。单击【时序预测】按钮，云端部署时间序列预测模型返回信息如图8-24所示。

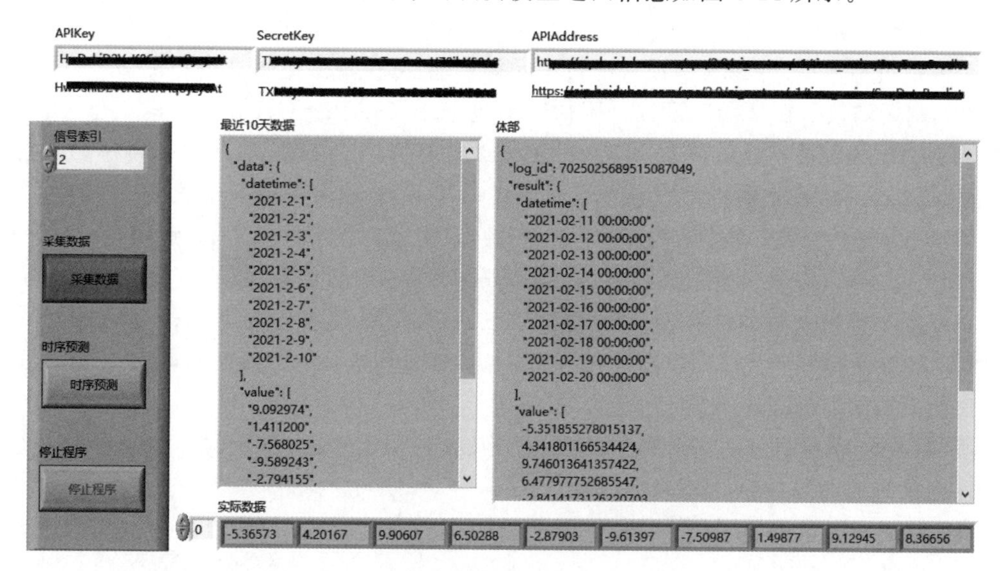

图8-24　云端部署时间序列预测模型返回信息

在JSON格式的返回信息中，键"result"内含两个JSON子对象，分别是数组形式的未来10天的时间数据，对应数组形式的预测结果序列。

8.2.6　解析响应数据

8.2.5节中虽然可以观测到EasyDL中部署的时序数据预测模型返回的预测结果，但是JSON格式的预测结果并非后续进一步分析处理预测结果所需要的时间点序列及与之对应的数据序列，所以必须对响应信息进行解析，提取预测结果中的时间序列(数组)及预测数值序列(数组)。

由于并非每次调用都能成功获取预测结果(网络故障是导致请求失败的主要原因)，因此设计子VI实现这一功能，以便于该功能的复用。子VI设计的相关信息如下。

输入参数：字符串(JSON格式的云端部署时序数据预测模型响应信息)。

输出参数：数值类型数组(预测结果序列)、字符串数组(预测时间点序列)。

子VI名称：VI-5-1-2-解析响应消息.vi。

按照如下步骤完成子VI设计。

(1) 调用函数节点"Set"(函数→附加工具包→JSONAPI→Set)，将函数节点"POST"的输出参数"体部"(服务器响应信息)转换为JSON对象。

(2) 调用函数节点"Get"(函数→附加工具包→JSONAPI→Get)，设置其多态调用模式为"Array→By name"，设置其输入参数"name"取值为两个数据元素的字符串数组常量

(result、value),首先解析出服务器返回信息中名为 value 的数组数据。同时创建条件结构,连接函数节点“Get”的错误输出。在条件结构“无错误”程序子框图内,创建 For 循环,以索引模式连接名为 value 的 JSON 数组对象,在 For 循环内调用函数节点“Get”(函数→附加工具包→JSONAPI→Get),设置其多态调用模式为“Numeric→DBL”,提取 JSON 数组对象的每个数值类型数据,并以索引模式通过 For 循环输出,生成数组形式的预测值。

(3) 调用函数节点“Get”(函数→附加工具包→JSONAPI→Get),设置其多态调用模式为“Array→By name”,设置其输入参数“name”取值为两个数据元素的字符串数组常量(result、datetime),首先解析出服务器返回信息中名为“datetime”的数组数据。

(4) 创建条件结构,连接函数节点“Get”的错误输出。在条件结构“无错误”程序子框图内,创建 For 循环,以索引模式连接名为 datetime 的 JSON 数组对象,在 For 循环内调用函数节点“Get”(函数→附加工具包→JSONAPI→Get),设置其多态调用模式为“Text”,提取 JSON 数组对象的每个字符串类型数据,并以索引模式通过 For 循环输出,生成数组形式的预测值所对应的时间点序列。

子 VI 解析成功则分别输出对应的预测序列和时间点序列,解析时序数据预测模型服务器返回信息成功的程序如图 8-25 所示。

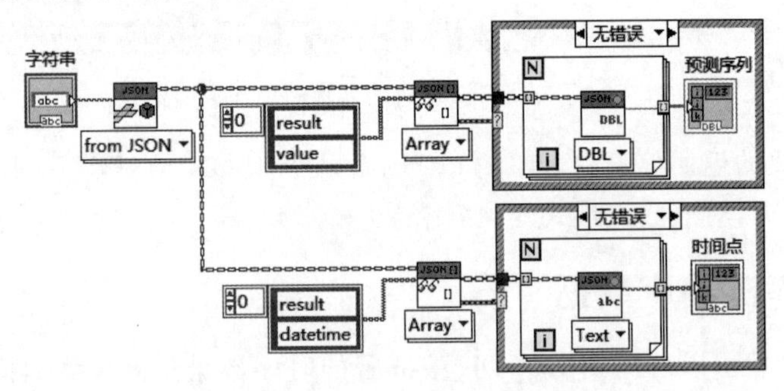

图 8-25 解析时序数据预测模型服务器返回信息成功的程序

如果请求失败,意味着无法从 JSON 字符串中解析“result→datetime”路径下的时间点序列数据或“result→value”路径下的预测结果序列数据,则输出空序列数据,以表示解析失败,解析时序数据预测模型服务器返回信息失败的程序如图 8-26 所示。

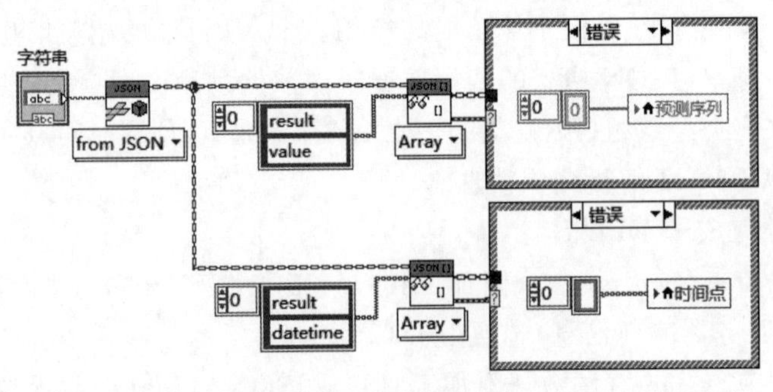

图 8-26 解析时序数据预测模型服务器返回信息失败的程序

在前面板中填写前期测试过程中捕获的服务器响应消息，运行子VI，解析时间序列预测模型服务器返回信息执行结果，如图8-27所示。

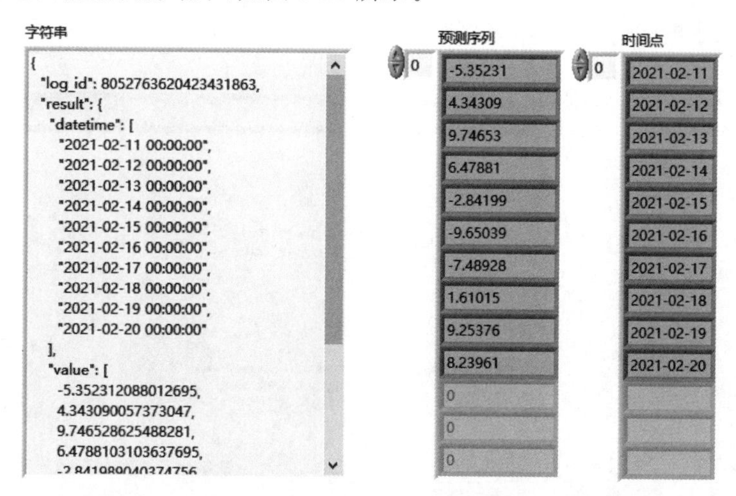

图8-27　解析时间序列预测模型服务器返回信息执行结果

8.2.7　完整程序框图

完整程序框图由3种事件处理程序子框图组成。当用户单击前面板中【采集数据】按钮时，触发对应的事件处理程序子框图。对应的程序实现如图8-22所示，这里不再重复展示。

当用户单击前面板中【时序预测】按钮时，触发对应的事件处理程序子框图。程序子框图向云端服务器发出服务请求，解析服务器响应消息，比对实际数据和预测数据，计算预测的相对误差，用以检验预测精度，对应的时序数据采集与预测程序实现如图8-28所示。

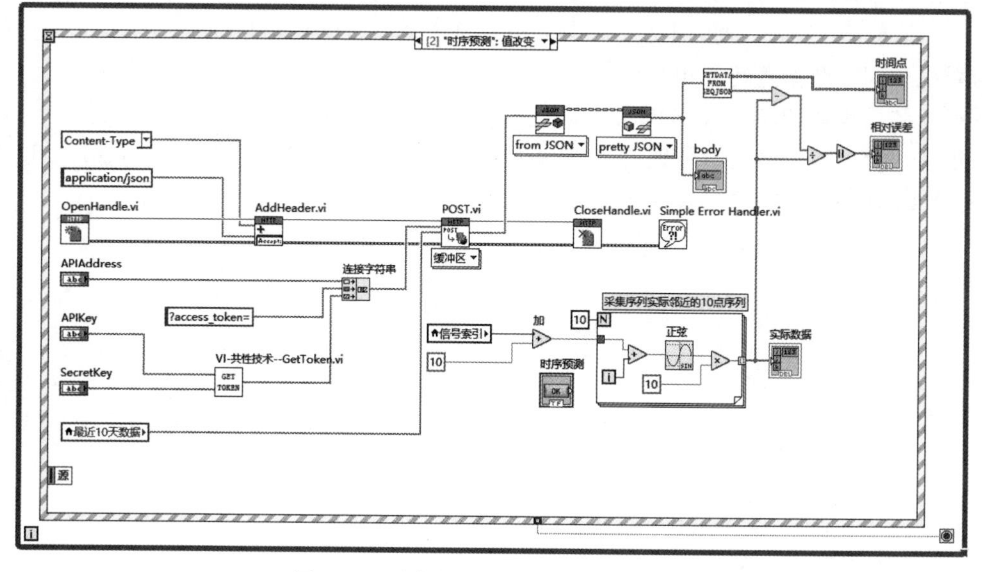

图8-28　时序数据采集与预测程序实现

8.2.8 运行结果分析

单击工具栏中的运行按钮,时序数据预测模型验证程序运行结果如图 8-29 所示。

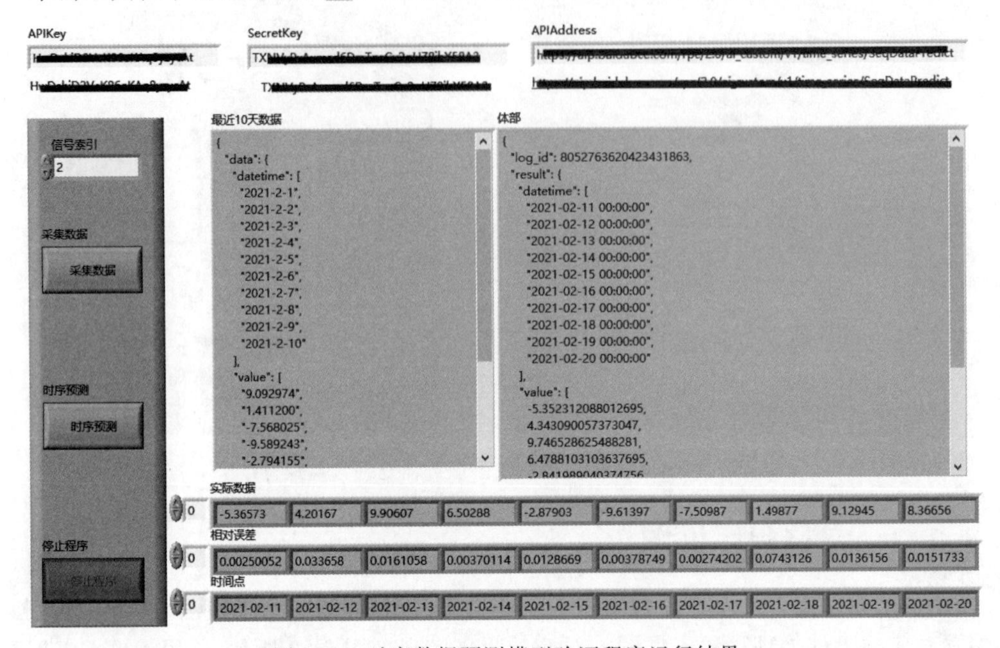

图 8-29 时序数据预测模型验证程序运行结果

程序运行前,设置时序数据预测模型相关应用的 API Key、Secret Key、云端部署的时序数据预测模型 API 访问的接口地址。单击【采集数据】按钮可生成指定时间段的时序数据,并在该数据的基础上生成云端部署模型服务请求数据;单击【时序预测】按钮可观测 EasyDL 训练、部署模型的预测结果。为了检验时序数据预测的精度,程序还计算了预测数据与对应的实际数据之间的相对误差。

运行结果表明,基于 EasyDL 前期开发部署的时序数据预测模型,传统的 LabVIEW 数据采集应用程序可以极为方便地改造为"时序采集+时序预测"的一体化应用程序,实现数据采集应用程序相关功能的进一步提升。

第9章 声音数据采集与智能应用开发

主要内容：

■ 基于 EasyDL & LabVIEW 的声音分类应用程序设计基本方法；

■ 基于 EasyDL & LabVIEW 的语音识别应用程序设计基本方法。

9.1 声音分类应用开发实例

本节按照“程序设计目标”“程序总体结构”“获取服务令牌”“生成请求数据”“发出服务请求”“解析响应数据”“完整程序框图”“运行结果分析”等8个步骤，介绍基于 EasyDL 云端部署的声音分类模型，使用 LabVIEW 开发声音分类应用程序的一般流程。

9.1.1 程序设计目标

本节案例在3.3节声音采集与文件存储程序设计的基础上，利用6.1节所述方法训练并公有云部署的声音分类模型，将采集的声音数据文件封装为声音分类模型 API 可识别的 HTTP 请求报文，发出声音分类服务请求，解析声音分类模型服务返回的消息，实现对采集声音进行分类识别的功能。

9.1.2 程序总体结构

对前期采集的声音文件进行分类，往往需要选择不同的声音文件反复开展声音分类操作，检验分类结果，所以设计事件响应模式的声音分类模型验证程序结构，如图9-1所示。

其中事件结构处理以下3种事件。

(1) 用户单击【采集数据】按钮事件。当该事件发生时，以操作文件打开对话框的形式模拟声音采集过程，获取拟用于分类的声音文件，其中文件对话框设置文件过滤器，仅搜索声音分类模型需要的三种文件格式。

(2) 用户单击【声音分类】按钮事件。当该事件发生时，程序利用前一步获取的声音文件路径与文件名称信息，生成请求数据，向云端部署 AI 模型发起声音分类服务请求，解析服务器响应信息。

(3) 用户单击【停止程序】按钮事件。当该事件发生时，结束程序运行。

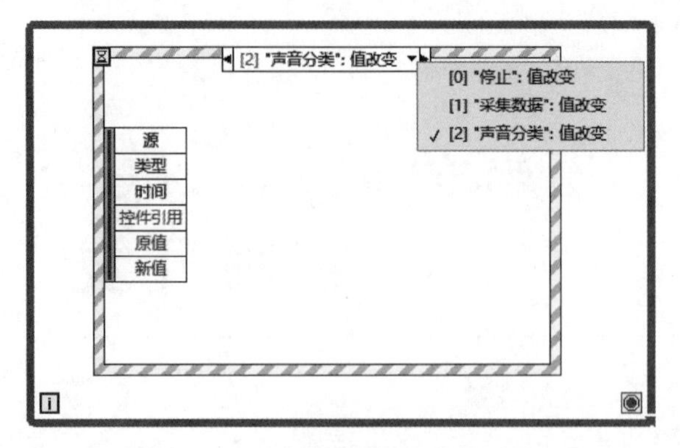

图 9-1 声音分类模型验证程序结构

由于 EasyDL 中公有云部署模型 API 接口访问的安全机制需要，程序设计前需要提供 EasyDL 中声音分类模型相关应用的 API Key、Secret Key 参数信息，以便后续获取服务令牌。根据上述程序设计思路，设计声音分类模型验证程序前面板如图 9-2 所示。

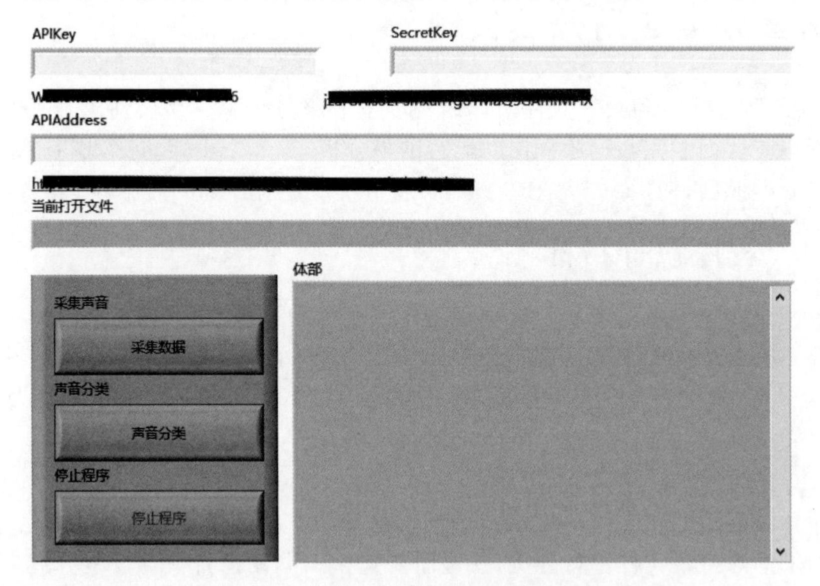

图 9-2 声音分类模型验证程序前面板

程序运行时，若用户单击【采集数据】按钮，程序获取事先采集拟分类的声音文件。若用户单击【声音分类】按钮，程序首先根据输入的 API Key、Secret Key 获取云端部署模型的服务授权，然后创建 HTTP 通信客户端，设置请求头部参数，对采集的声音文件进行编码，生成请求 Body 参数，向云端部署的声音分类模型 API 接口地址发起 POST 请求，对服务器响应数据进行解析，获取分类结果，实现程序预期功能。

9.1.3 获取服务令牌

声音分类模型服务令牌的获取同样可以通过调用 8.1.3 节中创建子 VI 的方式完成。

其中子 VI 调用所需的参数按照“百度智能云→EasyDL 开发平台→EasyDL 声音→公有云部署→应用列表”的操作路径，选择 6.1 节创建的声音分类相关应用，获取对应的 API Key、Secret Key 参数信息。

子 VI 调用时，填写声音分类模型应用对应的 API Key、Secret Key，如果请求成功，返回对应的 access token 取值，如果请求失败，返回的 access token 值为空字符串。

9.1.4 生成请求数据

按照 EasyDL 开发者文档中声音分类模型 API 调用说明，其 HTTP 请求的 Body 参数为 JSON 字符串，内含两个键值对，键“sound”为 String 类型，属于必填参数，为需要分类声音文件的 Base64 编码字符串；键“top_num”为数值类型，属于选填参数，设置服务器返回的分类数量。

因此，生成声音分类请求数据的关键在于将给定声音文件转换为 Base64 编码字符串，然后再封装为 JSON 格式的请求数据。

将指定声音文件转换为 Base64 编码，LabVIEW 中这一问题的解决有两个方法。一是网上查找第三方提供的工具包，利用工具包中提供的 Base64 编码函数；二是借助 LabVIEW 应用程序的 DLL 扩展编程技术，使用字符式编程语言设计 Base64 编码 DLL，LabVIEW 中调用 DLL 实现 Base64 编码。

这里采取第二种方案，即按照 2.2 节所提供方法，创建基于 Visual Studio.NET 语言下“类库”类型的项目，编写 Public 类型函数，实现根据用户指定文件路径及名称条件下输出 Base64 编码的功能，同时顺便完成文件字节数统计的功能，其实现的核心代码如下所示。

```
Public Function SoundToBase64String(ByVal Soundfilename As String) As String
    Dim Bytes = My.Computer.FileSystem.ReadAllBytes(Soundfilename)
    Dim tmpString = Convert.ToBase64String(Bytes)
    Return tmpString
End Function
Public Function SoundFileSize(ByVal filename As String) As Integer
    Dim bytes = My.Computer.FileSystem.ReadAllBytes(filename)
    Return bytes.Length
End Function
```

Visual Studio 开发环境中生成 DLL 后，可在 LabVIEW 调用该 DLL，并可进一步将其封装为子 VI，实现用户选择的声音文件(确认文件路径和文件名称)转换为 Base64 字符串的功能(这里对请求参数 top_num 按照默认值处理)，对应的子 VI 设计信息如下所示。

输入参数：字符串(声音文件的路径和文件名称，含后缀)。

输出参数：字符串(Base64 编码结果字符串)。

子 VI 名称：VI-5-2-2-请求数据.vi。

按照如下步骤完成子 VI 设计。

(1) 调用函数节点“构造器节点”(函数→互联接口→.NET→构造器节点)，选择创建的 DLL 文件，创建.NET 对象的实例。

(2) 调用函数节点“调用节点”(函数→互联接口→.NET→调用节点),其输入参数“引用”连接(1)中创建的.NET对象的实例,单击默认的“方法”列表,选择“SoundFileSize”,设定函数输入参数“filename”取值为用户输入的文件名称,实现对DLL中提供的同名函数的调用。

(3) 调用函数节点“调用节点”(函数→互联接口→.NET→调用节点),其输入参数“引用”连接(1)中创建的.NET对象的实例,单击默认的“方法”列表,选择“SoundToBase64String”,设定函数输入参数“Soundfilename”取值为用户输入的文件名称,实现对DLL中编码函数的调用。

(4) 调用函数节点“字符串至路径转换”(函数→编程→字符串→路径/数组/字符串转换→字符串至路径转换),将用户输入的文件名称转换为文件路径数据类型,并以此作为输入参数调用函数节点“获取文件大小”(函数→编程→文件I/O→高级文件函数→获取文件大小),获取用户输入名称文件的大小,以便和调用DLL获得文件字节数进行比较,用以判断DLL提供函数功能实现的正确性。

基于DLL的声音文件转Base64编码子VI完整实现如图9-3所示。

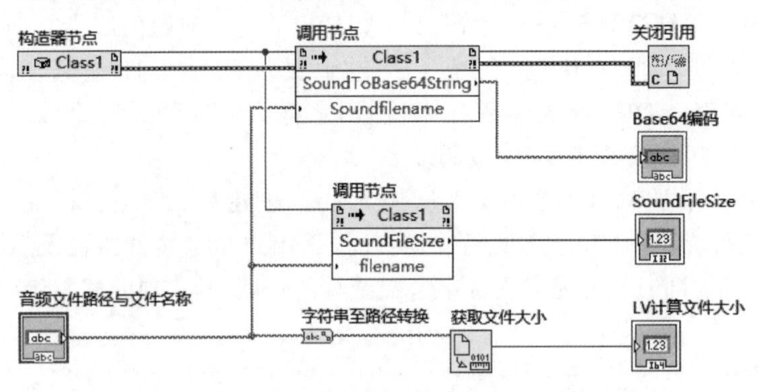

图9-3　基于DLL的声音文件转Base64编码子VI

运行子VI,输入测试声音文件路径及名称,声音文件转Base64编码子VI输出结果如图9-4所示。

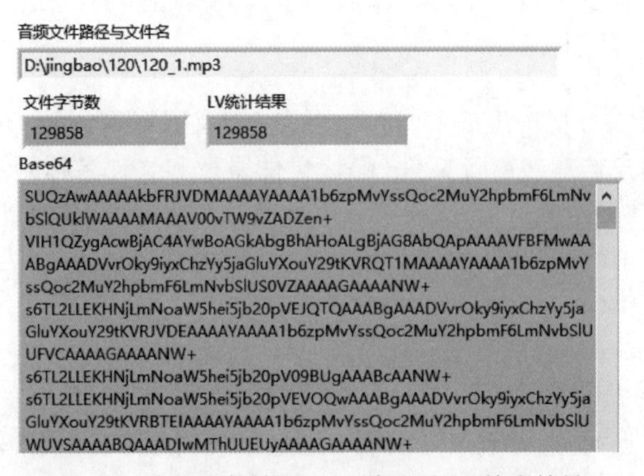

图9-4　声音文件转Base64编码子VI输出结果

子VI运行结果表明，指定的声音文件已经被转换为Base64编码，无论是DLL还是LabVIEW统计的文件字节数完全一致，证明了调用DLL函数实现声音文件Base64编码的正确性。

为了进一步检验Base64编码结果的正确性，编码结果可与任意一种文件Base64转码工具的转换结果进行比对测试，声音文件在线转Base64编码结果如图9-5所示。

图9-5　声音文件在线转Base64编码结果

转换结果与子VI转换结果一致(比对时需删除在线转换工具自动生成的声音文件头信息“data:audio/mpeg;base64,”)，则说明子VI功能实现正确。

进一步地，利用LabVIEW中第三方工具包JSON API，将Base64编码结果封装为JSON格式的服务请求数据。对应的子VI设计相关信息如下。

输入参数：字符串(Base64编码)。

输出参数：字符串(JSON格式请求数据)。

按照如下步骤完成子VI设计。

(1) 调用子VI“VI-5-2-2-Sound2Base64转码”，将用户指定的声音文件转换为Base64编码字符串。

(2) 调用函数节点“Set”(函数→附加工具包→JSONAPI→Set)，设置其多态调用模式为“String”，将声音文件对应的Base64编码字符串转换为JSON对象。

(3) 调用函数节点“Set”(函数→附加工具包→JSONAPI→Set)，设置其多态调用模式为“JSON Object→By name”，输入参数“name”取值为“sound”，完成请求数据中“sound”键值对的创建，并连接(2)中输出的JSON对象。

(4) 调用函数节点“Get”(函数→附加工具包→JSONAPI→Get)，设置其多态调用模式为“JSON Pretty String”，实现JSON字符串带缩进格式的显示输出。

生成声音分类模型服务请求数据的子VI程序如图9-6所示。

前面板“音频文件路径及名称”控件中输入声音文件路径及文件名称，运行子VI，生成声音分类模型服务请求数据子VI运行结果，如图9-7所示。

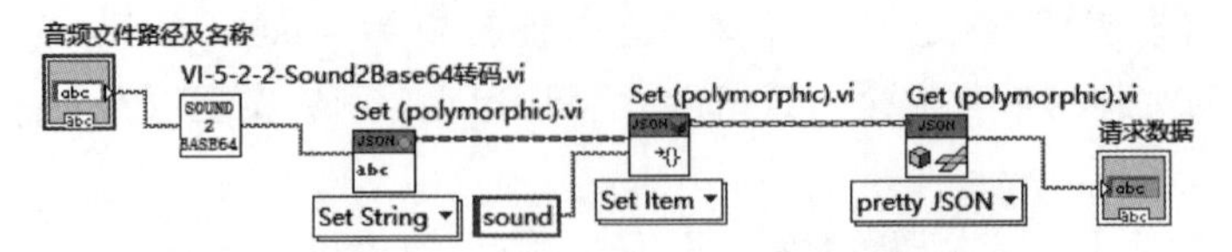

图 9-6 生成声音分类模型服务请求数据的子 VI 程序

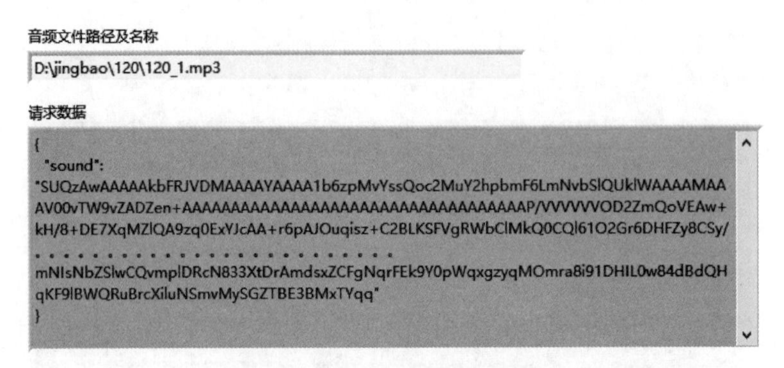

图 9-7 生成声音分类模型服务请求数据子 VI 运行结果

该子 VI 的转换结果符合 EasyDL 平台声音分类 API 调用文档中关于请求数据的 Body 参数格式规范。为了便于查看请求数据总体结构，对运行结果中声音文件的 Base64 编码字符串进行了删减处理。

9.1.5 发出服务请求

按照"百度智能云→EasyDL 定制训练平台→公有云服务管理→应用列表→应用详情"的功能入口，查阅前期部署的声音分类模型信息，获取模型对应的请求地址，本案例使用作者部署的声音分类模型。

本案例设计中，当前面板【声音分类】按钮被单击时，程序向云端部署模型发出服务请求。此时如果选择的声音文件非空，在程序框图中对应的事件处理子框图内，按照如下步骤完成向云端部署的声音分类模型发出服务请求。

(1) 调用函数节点"打开句柄"(函数→数据通信→协议→HTTP 客户端→打开句柄)，打开 HTTP 客户端句柄。

(2) 调用函数节点"添加头"(函数→数据通信→协议→HTTP 客户端→头部→添加头)，设置头部参数 Content-Type 取值为 application/json。

(3) 调用子 VI"VI-共性技术-GetToken. vi"，获取云端部署声音分类模型 API 访问令牌，并调用函数节点"连接字符串"(函数→编程→字符串→连接字符串)构造 POST 请求的"url"参数。

(4) 调用子 VI"VI-5-2-2-Sound2Base64 转码"将打开的声音文件进行 Base64 编码，并生成声音分类模型 API 调用的 JSON 格式请求参数，作为 POST 请求的"缓冲区"参数；调用函数的节点"POST"(函数→数据通信→协议→HTTP 客户端→POST)，向云端部署的声音分类模型发出服务请求。

（5）调用函数节点“Set”（函数→附加工具包→JSONAPI→Set），将函数节点“POST”的输出参数“体部”（服务器响应信息）转换为 JSON 对象，并调用函数节点“Get”（函数→附加工具包→JSONAPI→Get），设置其多态调用模式为“JSON→pretty String”，实现 JSON 格式的服务器响应信息的带缩进格式输出显示。

（6）关闭 HTTP 客户端句柄。调用函数节点“关闭句柄”（函数→数据通信→协议→HTTP 客户端→关闭句柄），终止 HTTP 连接。

向云端部署的声音分类模型发出服务请求的完整程序如图 9-8 所示。

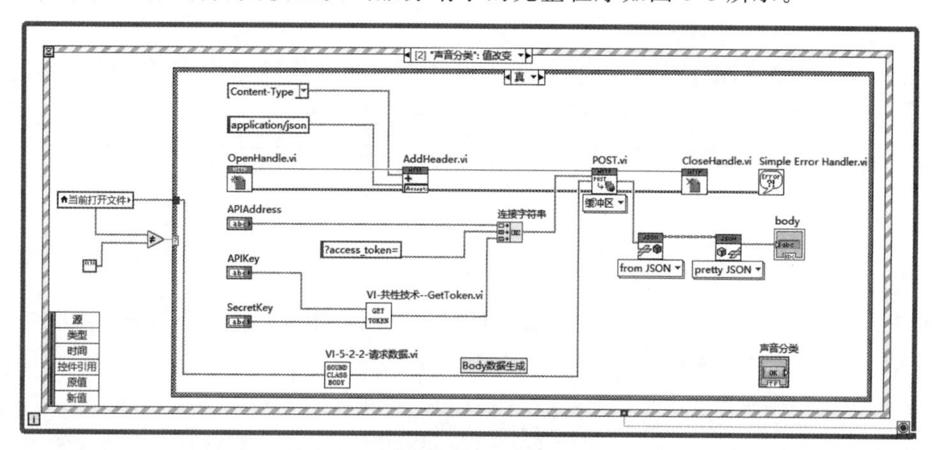

图 9-8　声音分类模型发出服务请求的完整程序

运行程序，单击【采集数据】按钮，打开拟分类的声音文件；单击【声音分类】按钮，进入服务请求事件处理程序子框图，向 EasyDL 部署的声音分类模型发起服务请求，云端部署声音分类模型返回信息如图 9-9 所示。

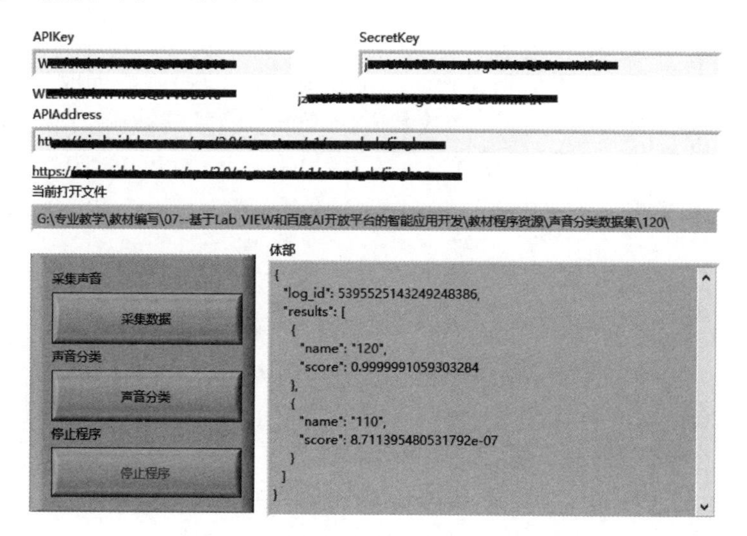

图 9-9　云端部署声音分类模型返回信息

服务器响应信息为JSON字符串，包括两个键值对。其中键“results”为array类型，数组中每个元素亦为JSON对象，其中键“name”取值为分类的类别名称，键“score”为对应结果的置信度。“results”数组中第一个数据元素，就是声音分类模型给出的置信度最高的分类结果，可以直接提取其相关信息作为声音分类的结果。

9.1.6 解析响应数据

虽然可以获取到EasyDL中部署模型的声音分类结果，但是该结果是以JSON字符串的形式输出的，不利于在后续进一步的分析处理中直接使用，所以必须对响应信息进行解析，提取分类结果中类别、置信度等有效数据。

由于并非每次调用都能成功获取声音分类结果(网络故障是导致请求失败的主要原因)，因此设计子VI实现这一目标，子VI设计相关信息如下。

输入参数：字符串(JSON格式百云端部署声音分类模型响应信息)。

输出参数：字符串(分类结果，返回所有分类结果中第一个的类别名称)。

子VI名称：VI-5-2-2-解析响应消息.vi。

按照如下步骤完成子VI设计。

(1) 调用函数节点“Set”(函数→附加工具包→JSONAPI→Set)，将函数节点“POST”的输出参数“体部”(服务器响应信息)转换为JSON对象。

(2) 调用函数节点“Get”(函数→附加工具包→JSONAPI→Get)，设置其多态调用模式为“Array→Convert”，设置其输入参数“Name Array”取值为仅有1个数据元素的字符串数组常量(数据元素取值为results)，首先解析出服务器返回信息中名为results的JSON数组对象。

(3) 创建条件结构，连接函数节点“Get”的错误输出。条件结构“无错误”程序子框图内，调用函数节点“索引数组”(函数→编程→数组→索引数组)，提取JSON数组对象的第一个元素(置信度最高的分类结果)。

(4) 调用函数节点“Get”(函数→附加工具包→JSONAPI→Get)，设置其输入参数“Name Array”取值为仅有1个数据元素的字符串数组常量(数据元素取值为score)，设置其多态调用模式为“Numeric→DBL”，提取数值类型置信度值；调用函数节点“Get”(函数→附加工具包→JSONAPI→Get)，设置其输入参数“Name Array”取值为仅有1个数据元素的字符串数组常量(数据元素取值为name)，设置其多态调用模式为“Text”，提取字符串类型的类别名称。

解析声音分类模型服务器返回信息成功的完整程序如图9-10所示。

(5) 在条件结构“错误”程序子框图内，设置解析的类别结果为空字符串常量，设置置信度结果为0，解析声音分类模型服务器返回信息失败的程序如图9-11所示。

前面板中填写前期建模与测试时捕获的服务器响应消息，运行子VI，解析声音分类模型服务器返回信息结果，如图9-12所示。

可见子VI正确解析出了服务器响应信息“results”键对应数组中的第一个元素的键“name”取值及键“score”取值。

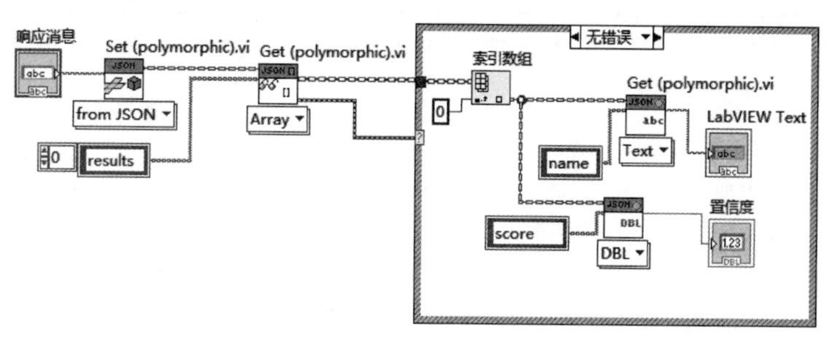

图 9-10　解析声音分类模型服务器返回信息成功的完整程序

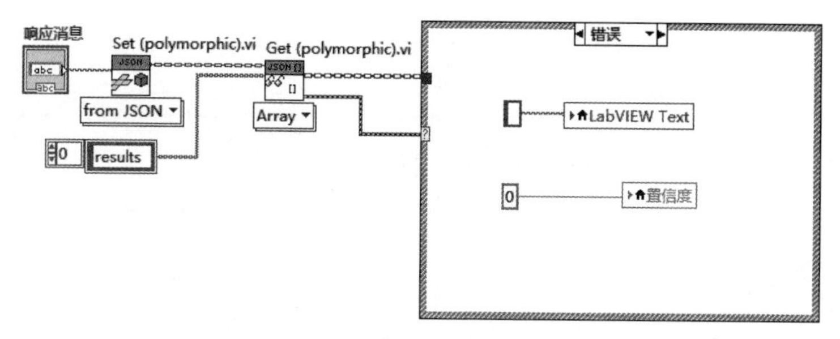

图 9-11　解析声音分类模型服务器返回信息失败的程序

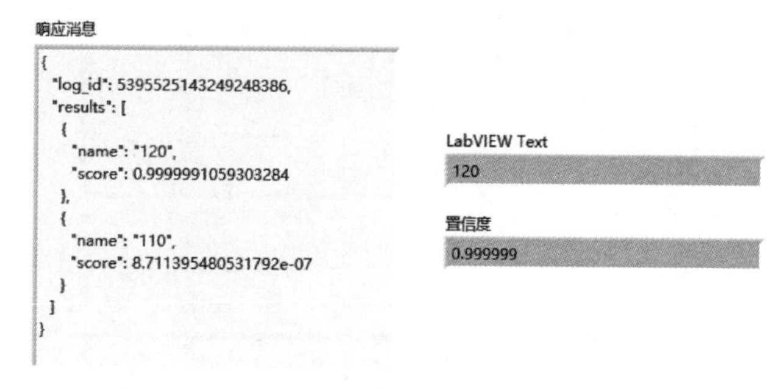

图 9-12　解析声音分类模型服务器返回信息结果

9.1.7　完整程序框图

完整的程序框图由 3 种事件处理程序子框图组成。当用户单击前面板中【采集数据】按钮时，触发对应的事件处理程序子框图。事件处理程序子框图打开文件对话框，确定前期采集的声音文件，获取拟分类的声音文件路径（字符串信息）。打开指定格式声音文件模拟声音采集程序如图 9-13 所示。

如果放弃文件打开，则拟分类文件路径信息设置为空，并提示用户相关信息，对应的声音文件操作异常（放弃打开文件）程序如图 9-14 所示。

当单击【声音分类】按钮时，触发对应的事件处理程序子框图。如果声音文件路径参数非空，则向 EasyDL 部署的声音分类模型发起服务请求，并显示服务器响应消息，对应的声音数据采集与分类程序实现如图 9-15 所示。

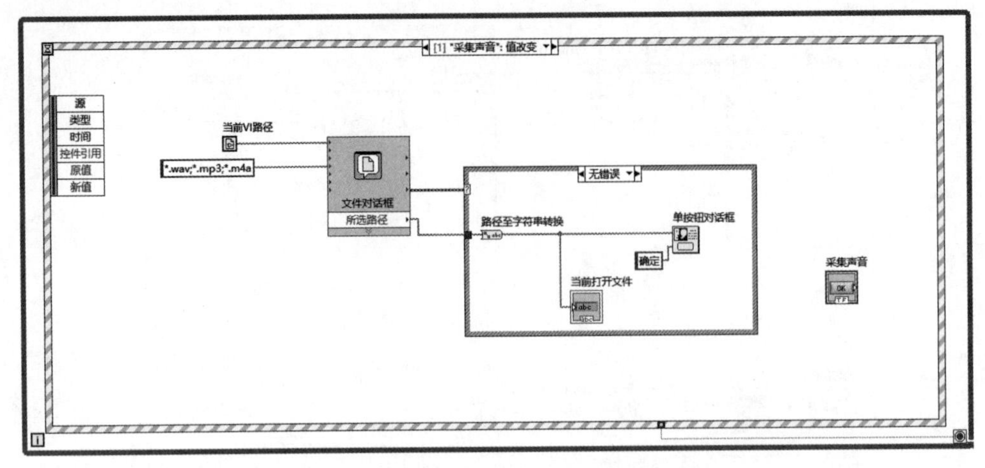

图 9-13　打开指定格式声音文件模拟声音采集程序

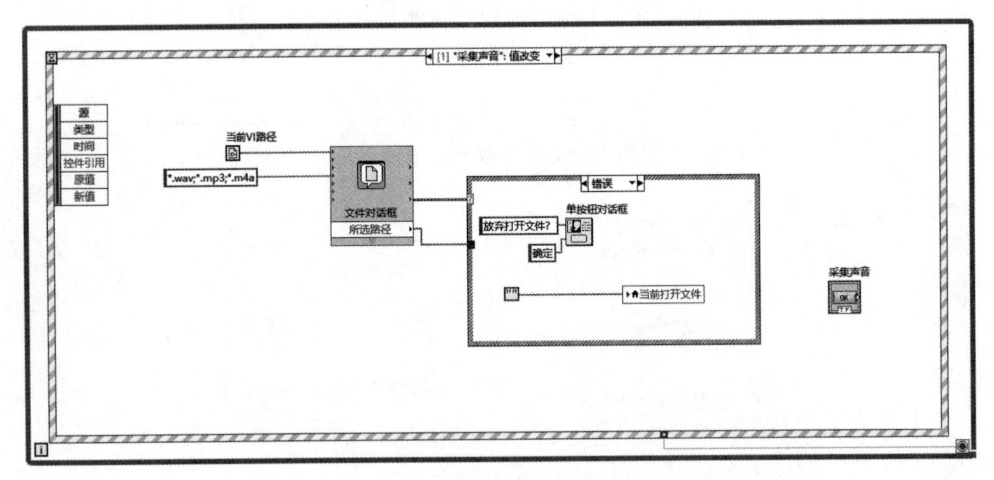

图 9-14　声音文件操作异常(放弃打开文件)程序

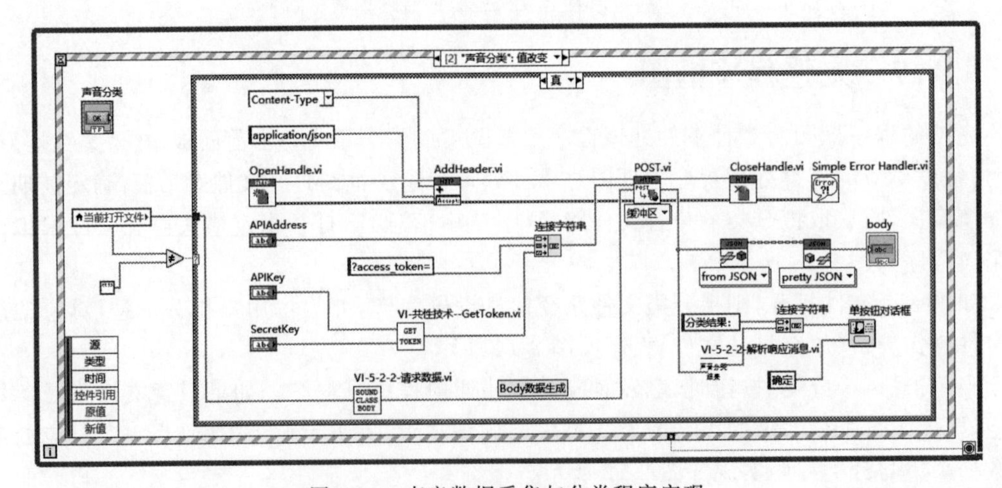

图 9-15　声音数据采集与分类程序实现

9.1.8　运行结果分析

单击工具栏中的运行按钮⇨，声音分类模型验证程序运行结果如图 9-16 所示。

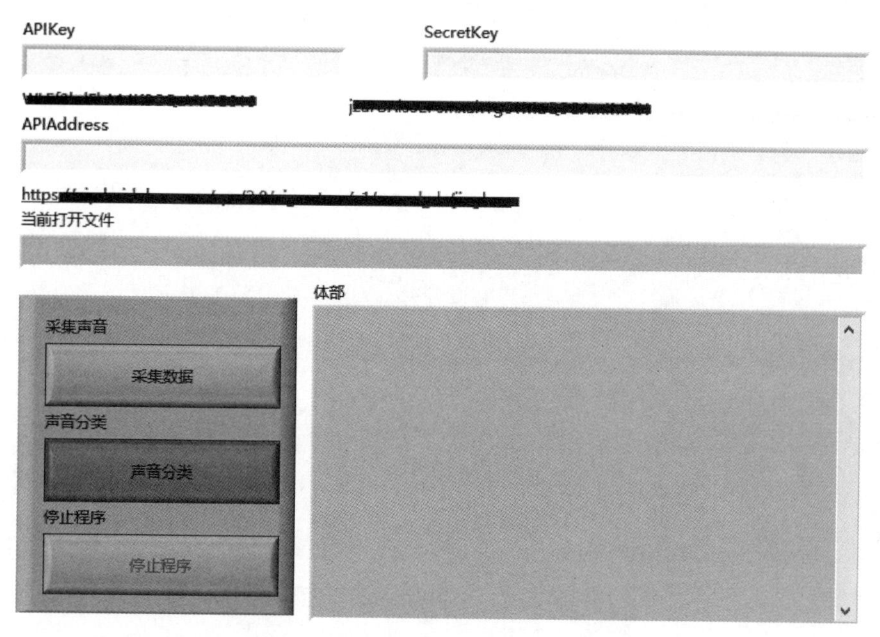

图 9-16　声音分类模型验证程序运行结果

填写程序运行必需的 API Key、Secret Key 及部署模型的 API 接口地址，单击【采集数据】按钮，打开前期采集的、拟用于分类的声音文件，如图 9-17 所示。

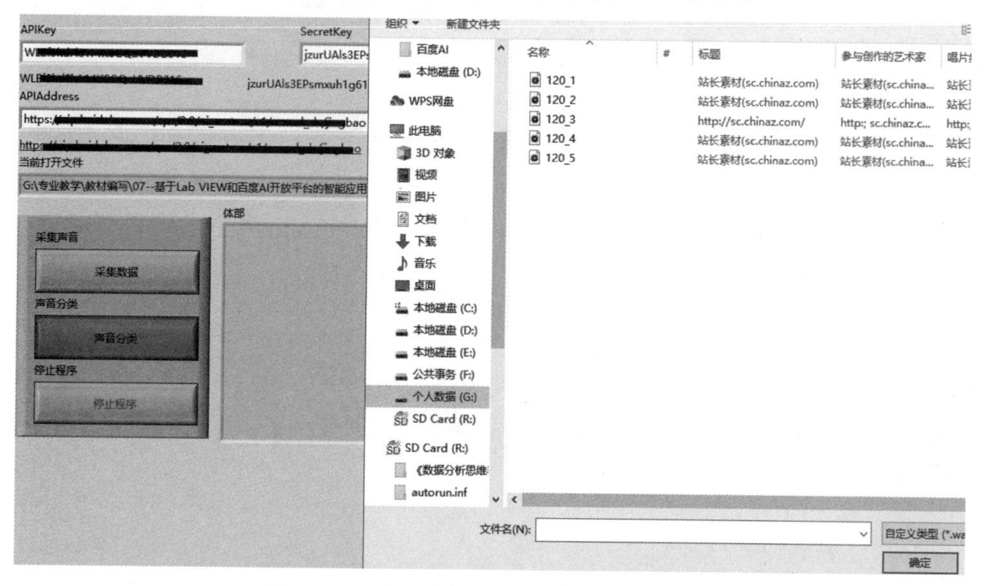

图 9-17　前期采集的、拟用于分类的声音文件

单击【声音分类】按钮，程序在输出 JSON 格式的服务器响应消息基础上，以对话框的形式显示分类结果中置信度最高的类别名称，如图 9-18 所示。

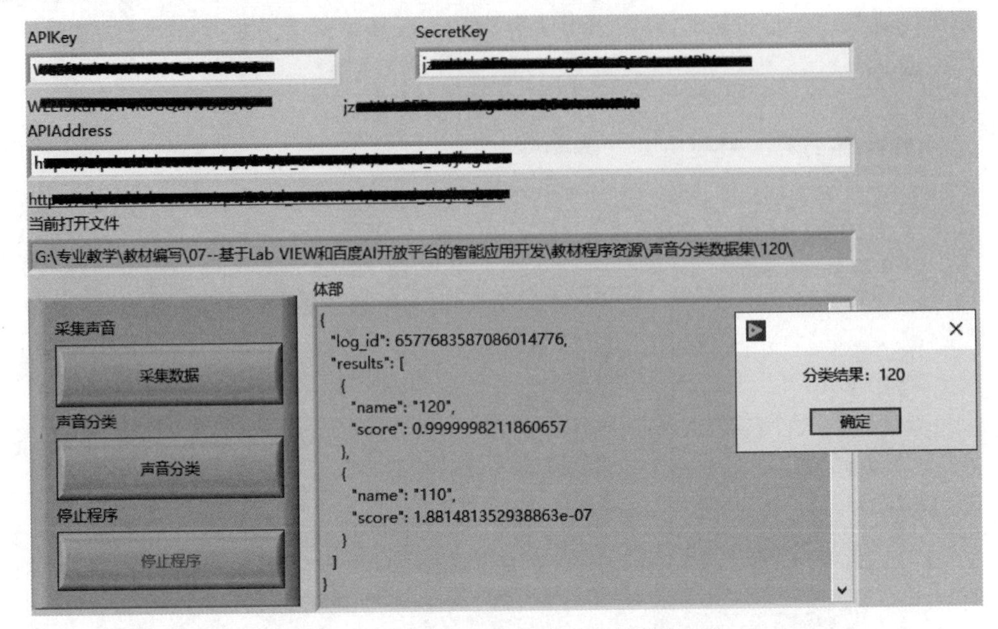

图 9-18　分类结果中置信度最高的类别名称

运行结果表明，基于 EasyDL 前期开发部署的声音分类模型，传统的 LabVIEW 声音采集应用程序可以极为方便地改造为“声音采集＋声音分类”的一体化应用程序，实现声音采集应用程序相关功能的进一步提升。

9.2　语音识别应用开发实例

本节按照“程序设计目标”“程序总体结构”“获取服务令牌”“生成请求数据”“发出服务请求”“解析响应数据”“完整程序框图”“运行结果分析”等 8 个步骤，介绍基于 EasyDL 的上线部署语音识别模型，使用 LabVIEW 开发语音识别应用程序的一般流程及实现方法。

9.2.1　程序设计目标

本节程序在 3.3 节中语音采集与存储程序设计的基础上，利用 6.2 节中所述方法上线的语音识别模型，将采集的声音数据文件封装为语音识别模型 API 可识别的 HTTP 请求报文，发出语音识别服务请求，解析语音识别模型服务返回的消息，实现对采集声音进行语音识别的功能。

9.2.2　程序总体结构

对于前期采集的语音文件进行识别，往往需要选择不同的语音文件反复开展语音识别操作，检验识别结果，所以设计事件响应模式的语音识别模型验证程序结构，如图 9-19 所示。

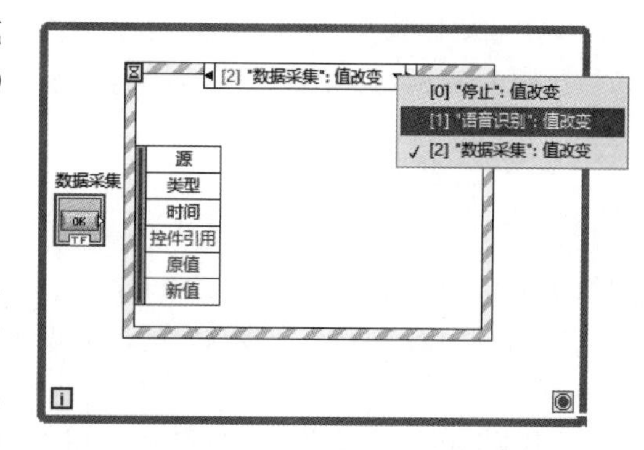

图 9-19　语音识别模型验证程序结构

其中事件结构处理以下 3 种事件。

(1) 用户单击【采集数据】按钮事件。当该事件发生时，以操作文件打开对话框的形式模拟声音采集过程，获取拟用于识别的声音文件。其中文件对话框设置文件过滤器仅搜索语音识别模型需要的四种文件格式(PCM、WAV、AMR、M4A)。

(2) 用户单击【语音识别】按钮事件。当该事件发生时，程序访问语音识别 API，利用获取的语音文件路径与文件名称信息生成的请求数据，发起语音识别服务请求，并在显示服务器响应信息的基础上提取识别结果。

(3) 用户单击【停止程序】按钮事件。当该事件发生时，结束程序运行。

由于 EasyDL 中部署模型 API 接口访问的安全机制需要，程序设计前需要获取语音识别相关应用的 API Key、Secret Key 参数信息，以便后续获取服务令牌。因此，根据上述程序设计思路，设计语音识别模型验证程序前面板，如图 9-20 所示。

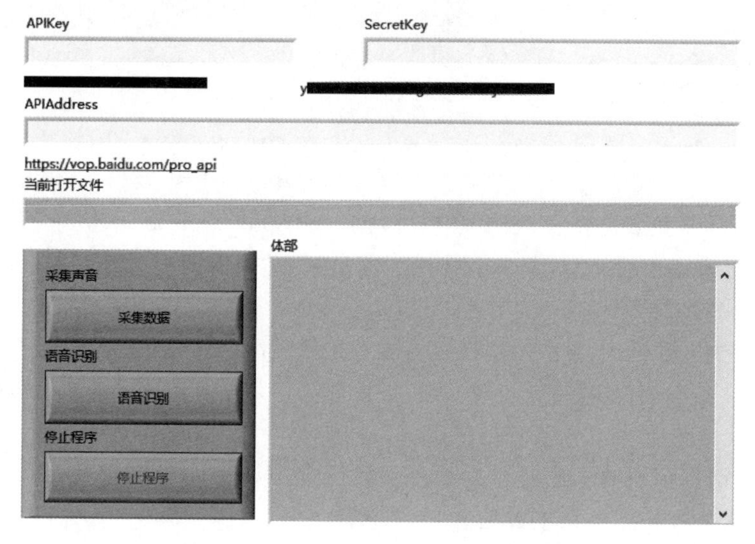

图 9-20　语音识别模型验证程序前面板

程序运行前，首先填写语音识别应用对应的 API Key、Secret Key 及百度 AI 短语音识别接口。

程序运行时，若用户单击【采集数据】按钮，程序获取拟识别的语音文件；若用户单击【语音识别】按钮，程序首先根据输入的 API key、Secret Key 获取云端部署模型的服务授权，然后创建 HTTP 通信客户端，设置请求头部参数，对采集的语音文件进行编码，生成

HTTP 请求 Body 参数,向 EasyDL 语音识别模型 API 接口地址发起 POST 请求,对服务器响应数据进行解析,获取语音识别结果,实现程序预期功能。

9.2.3 获取服务令牌

语音识别服务令牌的获取可以通过调用 8.1.3 节中创建子 VI 的方式完成。其中子 VI 调用所需的参数按照"百度智能云→EasyDL 开发平台→EasyDL 声音→公有云部署→应用列表"的操作路径,选择 6.2 节创建的语音识别相关应用,获取对应的 API Key、Secret Key 参数信息。

子 VI 调用时,填写语音识别模型应用对应的 API Key、Secret Key,如果请求成功,返回对应的 access token 取值,如果请求失败,则返回的 access token 值为空字符串。

9.2.4 生成请求数据

按照 EasyDL 开发者文档中语音识别 API 调用说明,其 HTTP 请求的 Body 参数为 JSON 字符串,典型 Body 参数实例如下所示。

```
{
    "format":"wav",            //语音文件格式
    "rate":16000,              //固定值
    "dev_pid":80001,           //固定值
    "channel":1,               //固定值
    "token":xxx,               //鉴权信息 access_token
    "cuid":"baidu_workshop",
    "len":4096,                //声音文件字节数
    "speech":"xxx",            // xxx 为 base64(FILE_CONTENT)
}
```

语音识别 Body 参数比较多,必填参数中,键"dev_pid""lm_id"取值可在 EasyDL 语音识别模型中心查看已上线模型,单击上线模型信息栏中"模型调用",可获取上线语音识别模型专属参数,如图 9-21 所示。

键"format"为文件格式,可从用户指定的语音文件后缀名提取;键"speech"为需要识别声音文件的 Base64 编码字符串;键"len"为 int 类型的声音文件字节数。虽然 LabVIEW 提供了文件字节数统计功能,但是并不直接提供声音文件转换为 Base64 编码的 VI 或者函数节点。

因此,生成语音识别请求数据的关键在于将给定声音文件转换为 Base64 编码字符串,然后再封装为 JSON 格式的请求数据。

这里选择与 9.1.4 节完全相同的方法,借助.NET 程序设计语言编译生成声音文件转换为 Base64 编码的 DLL 文件,并封装子 VI 实现声音文件编码功能。

进一步地,利用第三方工具包 JSON API,将 Base64 转码结果封装为 JSON 格式的服务请求数据,对应的子 VI 设计相关信息如下。

输入参数:字符串(音频文件路径及名称),字符串(用以传入 API Key),字符串(用以传入 Secret Key)。

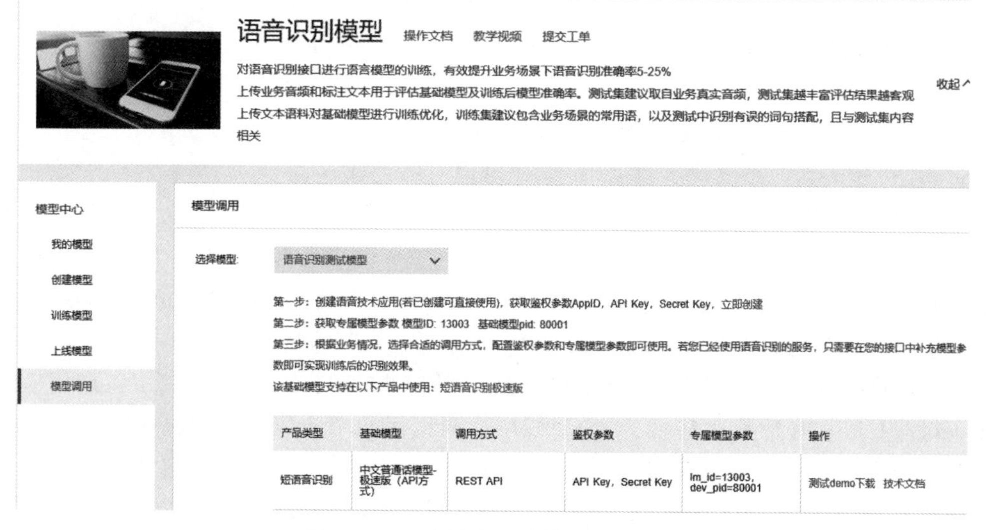

图 9-21　上线语音识别模型专属参数

输出参数：字符串(JSON 格式请求数据)。

子 VI 名称：VI-5-2-1-请求数据. vi。

按照如下步骤完成子 VI 设计。

(1) 调用自定义子 VI“VI-5-2-1Base64 转码与字节数. vi”，由用户指定的语音文件名称获取文件字节数；调用函数节点“Set”(函数→附加工具包→JSONAPI→Set)，设置其多态调用模式为“Numeric→I32”，将语音文件字节数转换为 JSON 对象，调用函数节点“Set”(函数→附加工具包→JSONAPI→Set)，设置其多态调用模式为“JSON Object→By name”，输入参数“name”取值为“len”，完成请求数据中“len”键值对的创建。

(2) 调用自定义子 VI“VI-5-2-1Base64 转码与字节数. vi”，由用户指定的语音文件名称获取文件的 Base64 编码；调用函数节点“Set”(函数→附加工具包→JSONAPI→Set)，设置其多态调用模式为“Text”，将 Base64 编码字符串转换为 JSON 对象，调用函数节点“Set”(函数→附加工具包→JSONAPI→Set)，设置其多态调用模式为“JSON Object→By name”，输入参数“name”取值为“speech”，完成请求数据中“speech”键值对的创建。

(3) 调用自定义子 VI“VI-共性技术-GetToken. vi”，由用户指定的 APIKey、SecretKey 获取服务令牌 access_token，调用函数节点“Set”(函数→附加工具包→JSONAPI→Set)，设置其多态调用模式为“Text”，将 access_token 值转换为 JSON 对象，调用函数节点“Set”(函数→附加工具包→JSONAPI→Set)，设置其多态调用模式为“JSON Object→By name”，输入参数“name”取值为“token”，完成请求数据中“token”键值对的创建。

(4) 调用函数节点“搜索/拆分字符串”(函数→编程→字符串→搜索/拆分字符串)提取用户指定语音文件的后缀，调用函数节点“Set”(函数→附加工具包→JSONAPI→Set)，设置其多态调用模式为“Text”，将文件后缀名转换为 JSON 对象，调用函数节点“Set”(函数→附加工具包→JSONAPI→Set)，设置其多态调用模式为“JSON Object→By name”，输入参数

"name"取值为"format",完成请求数据中"format"键值对的创建。

(5) 调用函数节点"Set"(函数→附加工具包→JSONAPI→Set),设置其多态调用模式为"Numeric→U32",将整数 16000 转换为 JSON 对象,调用函数节点"Set"(函数→附加工具包→JSONAPI→Set),设置其多态调用模式为"JSON Object→By name",输入参数"name"取值为"rate",完成请求数据中"rate"键值对的创建。

(6) 调用函数节点"Set"(函数→附加工具包→JSONAPI→Set),设置其多态调用模式为"Numeric→U32",将整数 80001 转换为 JSON 对象,调用函数节点"Set"(函数→附加工具包→JSONAPI→Set),设置其多态调用模式为"JSON Object→By name",输入参数"name"取值为"dev_pid",完成请求数据中"dev_pid"键值对的创建。

(7) 调用函数节点"Set"(函数→附加工具包→JSONAPI→Set),设置其多态调用模式为"Numeric→U32",将整数 1 转换为 JSON 对象,调用函数节点"Set"(函数→附加工具包→JSONAPI→Set),设置其多态调用模式为"JSON Object→By name",输入参数"name"取值为"channel",完成请求数据中"channel"键值对的创建。

(8) 调用函数节点"Set"(函数→附加工具包→JSONAPI→Set),设置其多态调用模式为"Text",将 zifuchuan "SUSTEI_01"转换为 JSON 对象,调用函数节点"Set"(函数→附加工具包→JSONAPI→Set),设置其多态调用模式为"JSON Object→By name",输入参数"name"取值为"cuid",完成请求数据中"cuid"键值对的创建。

(9) 上述键值对串联,生成完整的 JSON 格式请求数据,并调用函数节点"Get"(函数→附加工具包→JSONAPI→Get),设置其多态调用模式为"JSON Pretty String",实现 JSON 字符串带缩进格式的显示输出。

完整的生成语音识别模型服务请求数据程序框图如图 9-22 所示。

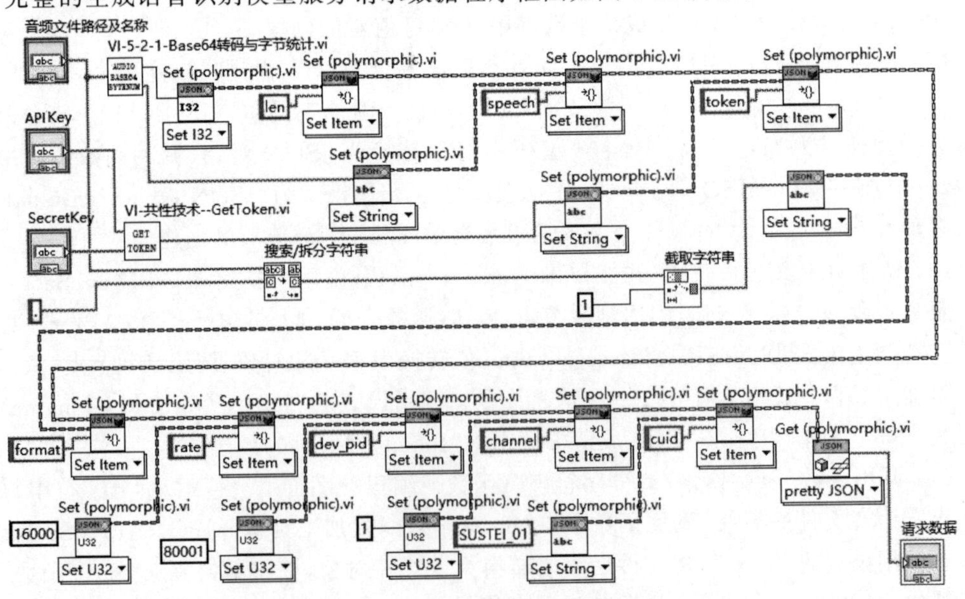

图 9-22　生成语音识别模型服务请求数据程序框图

前面板中输入参数“语音文件路径及名称”，运行子 VI，子 VI 生成的语音识别模型服务请求数据如图 9-23 所示。

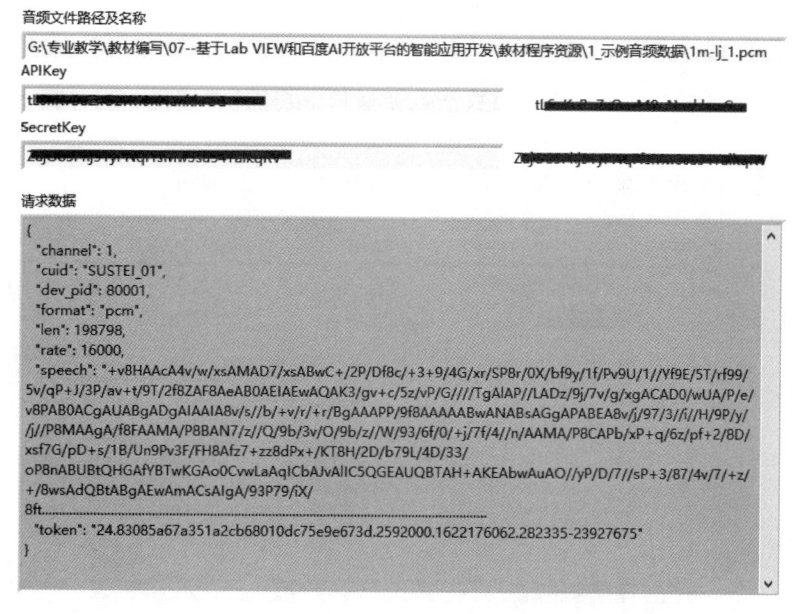

图 9-23　子 VI 生成的语音识别模型服务请求数据

该子 VI 的转换结果符合 EasyDL 平台短语音识别极速版 API 调用文档中关于请求数据的 Body 参数格式规范。为了便于查看请求数据总体结构，对运行结果中语音文件 Base64 编码字符串进行了删减处理。

9.2.5　发出服务请求

EasyDL 中短语音识别模型的调用与百度 AI 中用户训练部署的其他类型的深度学习模型不同，区别不同用户上线模型的仅在于请求数据中的有关数据信息。

本案例设计中，当前面板【语音识别】按钮被单击时，程序向云端部署模型发出服务请求。此时如果选择的语音文件非空，则在程序框图中对应的事件处理子框图内，按照如下步骤完成向上线的语音识别模型发出服务请求。

(1) 调用函数节点“打开句柄”(函数→数据通信→协议→HTTP 客户端→打开句柄)，打开 HTTP 客户端句柄。

(2) 调用函数节点“添加头”(函数→数据通信→协议→HTTP 客户端→头部→添加头)，设置头部参数 Content-Type 取值为 application/json。

(3) 调用子 VI“VI-5-2-1-请求数据. vi”，根据指定的语音文件名称、APIKey、SecretKey 生成请求数据；调用函数的节点“POST”(函数→数据通信→协议→HTTP 客户端→POST)，设定其输入参数“url”值为语音识别 API 接口地址；设定其输入参数“缓冲区”值为子 VI“VI-5-2-1-请求数据. vi”输出的请求数据。

(4) 调用函数节点“Set”(函数→附加工具包→JSONAPI→Set),将函数节点“POST”的输出参数“体部”(服务器响应信息)转换为JSON对象,并调用函数节点“Get”(函数→附加工具包→JSONAPI→Get),设置其多态调用模式为“JSON→pretty String”,实现JSON格式的服务器响应信息的带缩进格式输出显示。

(5) 调用函数节点“关闭句柄”(函数→数据通信→协议→HTTP客户端→关闭句柄),终止HTTP连接。

向上线语音识别模型发出服务请求的完整程序如图9-24所示。

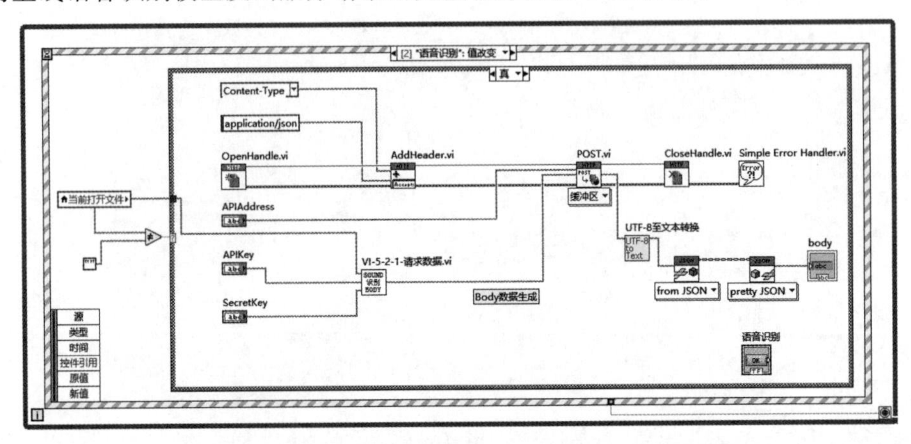

图9-24 向上线语音识别模型发出服务请求的完整程序

运行程序,单击【采集数据】按钮,确认拟识别的语音文件;单击【语音识别】按钮,进入服务请求事件处理程序子框图,向上线的语音识别模型发起服务请求,如无异常,云端上线语音识别模型返回信息如图9-25所示。

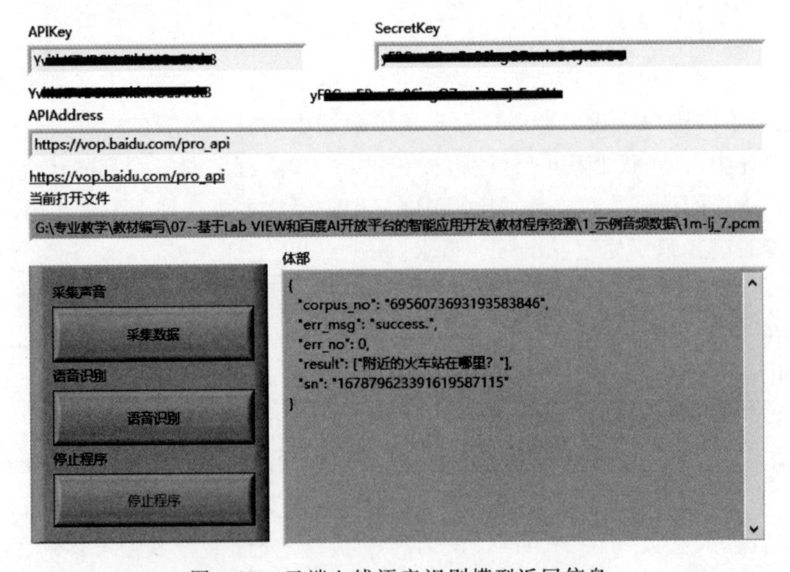

图9-25 云端上线语音识别模型返回信息

返回结果给出了语音文件的正确识别结果。但是令人遗憾的是，EasyDL 的语音识别模型免费使用次数比较有限，没用几次就出现了"request pv too much"的服务器响应信息。

服务器响应信息为 JSON 字符串，其中键“results”为 array 类型，数组中只有一个数据元素，就是语音文件识别结果对应的文本字符串。

9.2.6　解析响应数据

虽然可以观测到 EasyDL 部署模型的语音识别结果，但是该结果是以 JSON 字符串的形式输出的，不利于在后续进一步的分析处理中直接使用，所以必须对响应信息进行解析，提取语音识别结果中的文本数据。

由于并非每次调用都能成功获取识别结果(网络故障是导致请求失败的主要原因)，因此设计子 VI 实现这一功能，以便于后续反复调用该功能。子 VI 设计相关信息如下。

输入参数：字符串(JSON 格式上线语音识别模型响应消息)。

输出参数：字符串(识别结果)。

子 VI 名称：VI-5-2-1-解析响应消息.vi。

按照如下步骤完成子 VI 设计。

(1) 调用函数节点“Set”(函数→附加工具包→JSONAPI→Set)，将字符串类型的响应消息转换为 JSON 对象。

(2) 调用函数节点“Get”(函数→附加工具包→JSONAPI→Get)，设置其多态调用模式为“Array→Convert”，设置其输入参数“Name Array”取值为仅有 1 个数据元素的字符串数组常量(数据元素取值为 results)，首先解析出服务器返回信息中名为 results 的 JSON 数组对象。

(3) 创建条件结构，连接函数节点“Get”的错误输出。在条件结构“无错误”程序子框图内，调用函数节点“索引数组”(函数→编程→数组→索引数组)，提取 JSON 数组对象的第一个元素。

(4) 调用函数节点“Get”(函数→附加工具包→JSONAPI→Get)，设置其多态调用模式为“Text”，解析出 JSON 数组对象中的识别结果字符串。

解析语音识别模型服务器返回信息成功的子 VI 程序如图 9-26 所示。

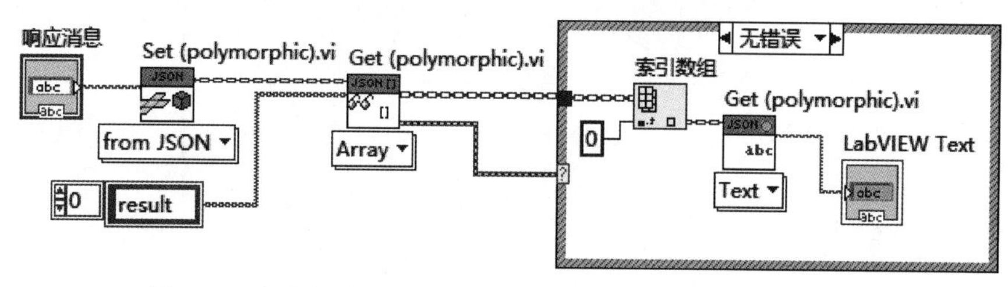

图 9-26　解析语音识别模型服务器返回信息成功的子 VI 程序

否则，设置语音识别结果为空字符串常量，对应的解析语音识别模型服务器返回信息失败程序框图如图 9-27 所示。

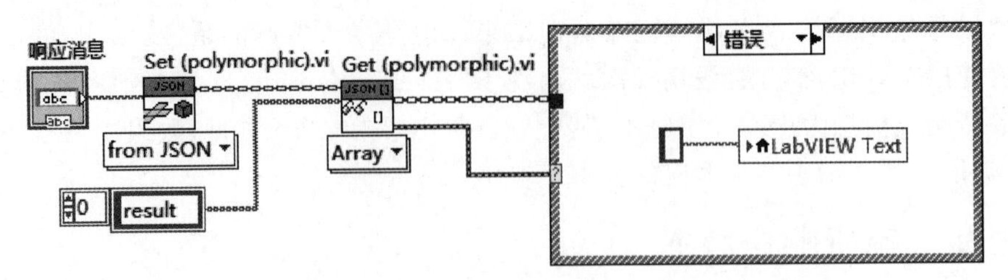

图 9-27　解析语音识别模型服务器返回信息失败程序框图

前面板中填写前期模型测试过程中捕获的服务器响应消息，运行子 VI，解析语音识别模型服务器返回信息结果如图 9-28 所示。

响应消息

{
"corpus_no":
"6956073693193583846",
"err_msg": "success.",
"err_no": 0,
"result": ["附近的火车站在哪里？"],
"sn": "167879623391619587115"
}

LabVIEW Text

附近的火车站在哪里？

图 9-28　解析语音识别模型服务器返回信息结果

9.2.7　完整程序框图

完整的程序框图由 3 种事件处理子程序框图组成。当用户单击前面板中【采集数据】按钮时，触发对应的事件处理程序子框图。程序打开文件对话框，确定前期采集的语音文件，获取拟识别的语音文件路径（字符串信息），如果确认打开文件，对应的打开声音文件模拟声音采集程序如图 9-29 所示。

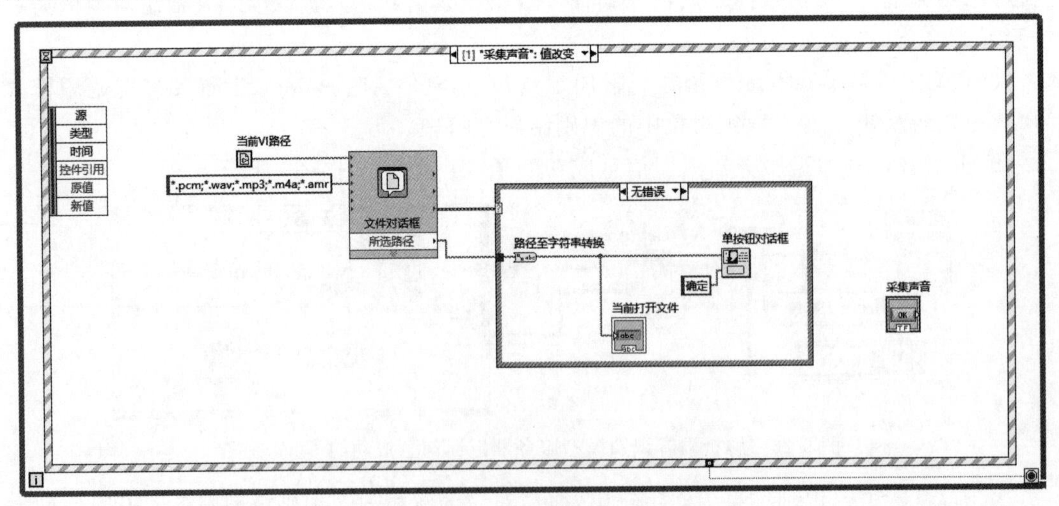

图 9-29　打开声音文件模拟声音采集程序

如果放弃文件打开，则拟分类文件路径信息设置为空，并提示用户相关信息，对应的声音文件打开出现异常(放弃打开文件)程序如图 9-30 所示。

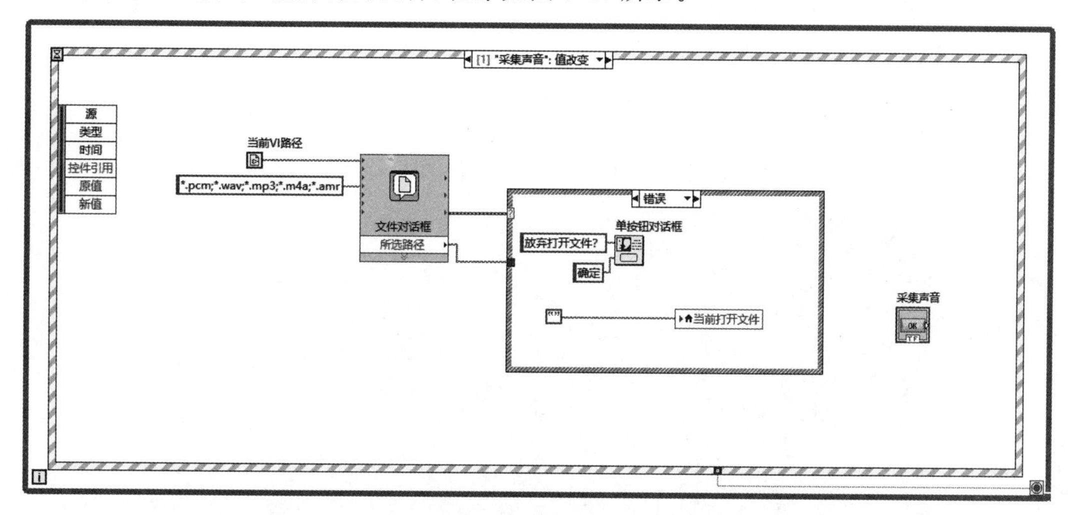

图 9-30　声音文件打开出现异常(放弃打开文件)程序

当单击【语音识别】按钮时，触发对应的事件处理程序子框图。该程序子框图中如果语音文件路径参数非空，则向上线的语音识别模型发起服务请求，显示服务器响应消息，并解析消息提取识别结果。对应的向语音识别模型发出服务请求并解析返回信息的程序如图 9-31 所示。

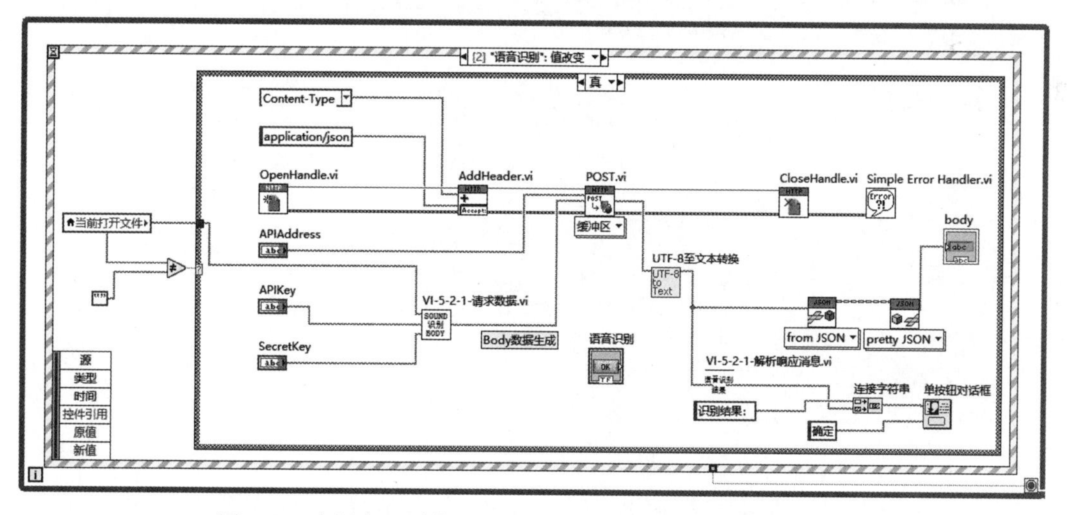

图 9-31　向语音识别模型发出服务请求并解析返回信息的程序

9.2.8　运行结果分析

单击工具栏中的运行按钮，语音识别模型验证程序运行结果如图 9-32 所示。

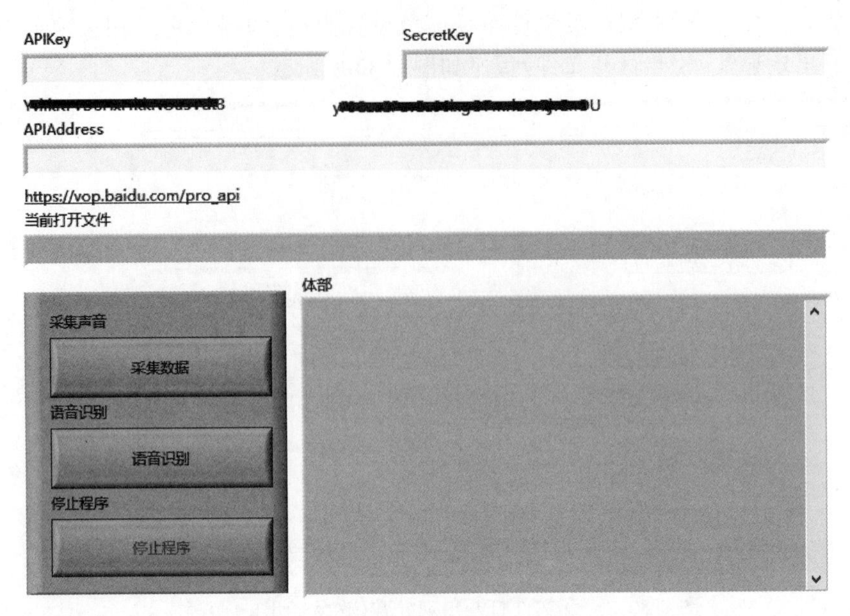

图 9-32　语音识别模型验证程序运行结果

填写程序运行必需的 API Key、Secret Key 及上线语音识别模型的 API 接口地址，单击【采集数据】按钮，打开前期采集的、拟识别的语音文件，如图 9-33 所示。

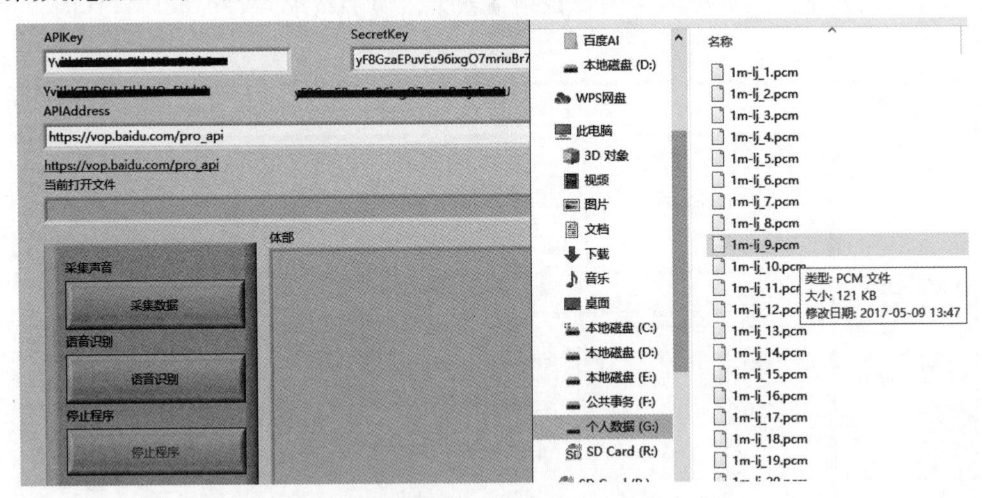

图 9-33　打开前期采集的、拟识别的语音文件

单击【语音识别】按钮，程序在输出 JSON 格式的服务器响应消息基础上，以对话框形式显示语音识别结果，如图 9-34 所示。

运行结果表明，基于 EasyDL 前期开发并上线部署的语音识别模型，传统的 LabVIEW 声音采集应用程序可以极为方便地改造为"声音采集＋语音识别"的一体化应用程序，实现声音数据采集应用程序相关功能的进一步提升。

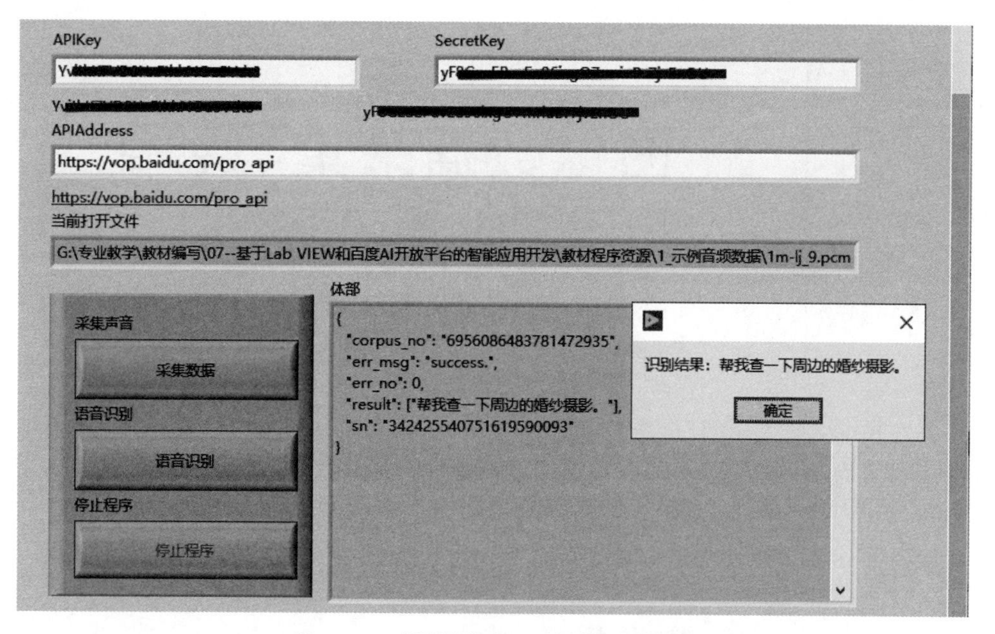

图 9-34 对话框形式显示语音识别结果

第10章　图像数据采集与智能应用开发

主要内容：

- 基于 EasyDL & LabVIEW 的图像分类应用程序设计基本方法；
- 基于 EasyDL & LabVIEW 的物体检测应用程序设计基本方法；
- 基于 EasyDL & LabVIEW 的图像分割应用程序设计基本方法。

微课视频

10.1　图像分类应用开发实例

本节按照"程序设计目标""程序总体结构""获取服务令牌""生成请求数据""发出服务请求""解析响应数据""完整程序框图""运行结果分析"等8个步骤，介绍基于EasyDL云端部署的图像分类模型，使用LabVIEW开发图像分类应用程序的一般流程及实现方法。

10.1.1　程序设计目标

本案例在3.4节图像采集与文件存储程序设计的基础上，利用7.1节中所述方法训练公有云部署的图像分类模型，将采集的图像数据文件封装为图像分类模型API可识别的HTTP请求报文，发出图像分类服务请求，解析图像分类模型服务返回的消息，实现对采集图像进行分类识别的功能。

10.1.2　程序总体结构

对前期采集的图像文件进行分类，往往需要选择不同的图像文件反复开展图像分类操作，检验分类结果，所以设计事件响应模式的图像分类模型验证程序结构，如图10-1所示。

其中事件结构处理以下3种事件。

(1) 用户单击【图像采集】按钮事件。当该事件发生时，以操作文件打开对话框的方式模拟图像采集过程，获取拟用于分类的图像文件。

(2) 用户单击【图像分类】按钮事件。当该事件发生时，程序向EasyDL中部署的图像分类模型发起服务请求，利用前一步获取的图像文件路径与文件名称信息生成的请求数据，向云端部署AI模型发起图像分类服务请求，并在显示服务器响应信息的基础上，提取分类

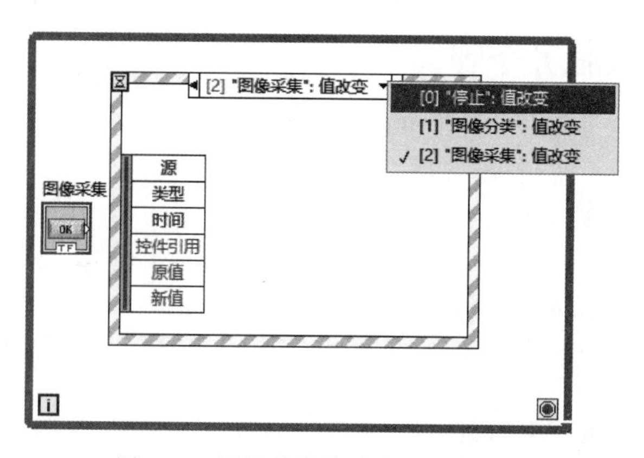

图 10-1 图像分类模型验证程序结构

结果信息。

（3）用户单击【停止程序】按钮事件。当该事件发生时，结束程序运行。

由于 EasyDL 中公有云部署模型 API 接口访问的安全机制需要，程序设计前需要提供 EasyDL 中图像分类模型相关应用的 API Key、Secret Key 参数信息，以便后续获取服务令牌。根据上述程序设计思路，设计图像分类模型验证程序前面板如图 10-2 所示。

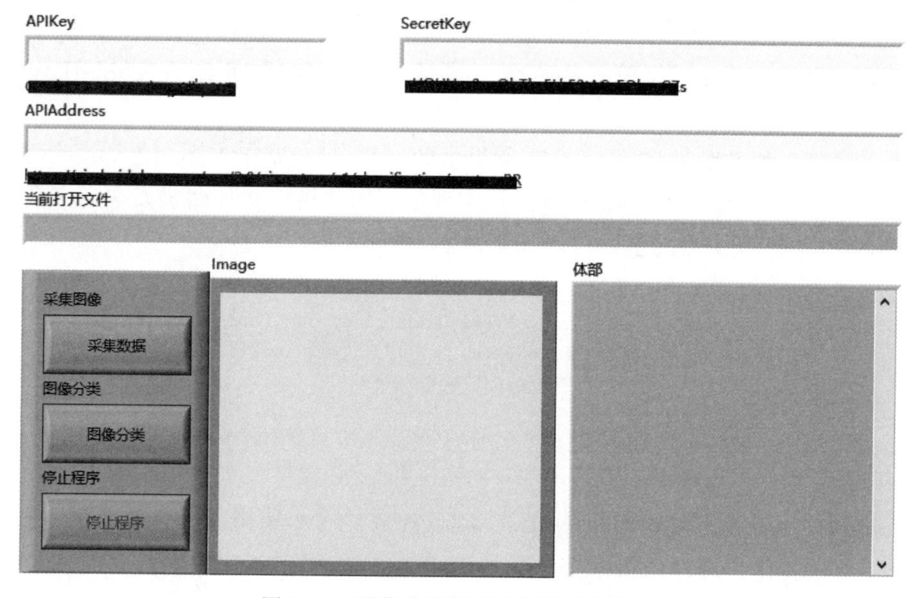

图 10-2 图像分类模型验证程序前面板

程序运行时，若用户单击【采集数据】按钮，程序获取拟分类的图像文件；若用户单击【图像分类】按钮，程序首先根据输入的 API Key、Secret Key 获取云端部署模型的服务授权，然后创建 HTTP 通信客户端，设置请求头部参数，对采集的图像文件进行编码，生成请求 Body 参数，向云端部署的图像分类模型 API 接口地址发起 POST 请求，对服务器响应数据进行解析，获取分类结果，实现程序预期功能。

10.1.3 获取服务令牌

图像分类模型服务令牌的获取可以通过调用8.1.3节中创建子VI的方式完成。其中子VI调用所需的参数按照“百度智能云→EasyDL开发平台→EasyDL图像→公有云部署→应用列表”的操作路径，选择7.1节创建的图像分类相关应用，获取对应的API Key、Secret Key参数信息。

子VI调用时，填写声音分类模型应用对应的API Key、Secret Key，如果请求成功，返回对应的access token取值，如果请求失败，则返回的access token值为空字符串。

10.1.4 生成请求数据

按照EasyDL开发者文档中图像分类模型API调用说明，其HTTP请求的Body参数为JSON字符串，内含两个键值对，键“image”为String类型，属于必填参数，为需要分类图像的Base64编码字符串；键“top_num”为数值类型，属于选填参数。

因此，生成请求数据的关键在于将给定图片转换为Base64编码字符串，然后再封装为JSON格式的请求数据。

遗憾的是，LabVIEW中并不直接提供图片转换为Base64编码的VI或者函数节点。解决这一问题有两个方法。一是网上查找第三方提供的工具包，利用工具包中提供的Base64编码函数；二是使用字符式编程语言设计Base64编码DLL，在LabVIEW中调用DLL实现Base64编码。

这里采取第二种方案，即按照2.2节所提供的方法，创建基于Visual Studio. NET语言下“类库”类型的项目，编写Public类型函数实现根据用户指定文件路径及名称条件下输出Base64编码的功能，其实现的核心代码如下所示。

```
Public Class Class1
    Public Function ImgToBase64String(ByVal Imagefilename As String) As String
        Dim Bytes = My.Computer.FileSystem.ReadAllBytes(Imagefilename)
        Dim tmpString = Convert.ToBase64String(Bytes)
        Return tmpString
    End Function
End Class
```

Visual Studio开发环境中生成DLL后，可在LabVIEW调用该DLL，并进一步将其封装为子VI，实现将用户选择的图像文件转换为Base64编码字符串的功能，对应的子VI设计相关信息如下。

输入参数：字符串(图像文件的路径和文件名称，含后缀)。

输出参数：字符串(Base64编码结果字符串)。

子VI名称：VI-5-3-1-请求数据.vi。

按照如下步骤完成子VI设计。

(1) 调用函数节点“构造器节点”(函数→互联接口→.NET→构造器节点)，选择创建的

DLL 文件，创建.NET 对象的实例。

(2) 调用函数节点“调用节点”(函数→互联接口→.NET→调用节点)，其输入参数“引用”连接(1)中创建的.NET 对象的实例，单击默认的“方法”列表，选择“ImgToBase64String”，设定函数输入参数“Imagefilename”取值为用户输入的文件名称，实现对 DLL 中提供的编码函数的调用。

(3) 调用函数节点“关闭引用”(函数→互联接口→.NET→关闭引用)，释放.NET 对象实例占用的系统资源。

基于 DLL 的图像文件转 Base64 编码子 VI 完整程序如图 10-3 所示。

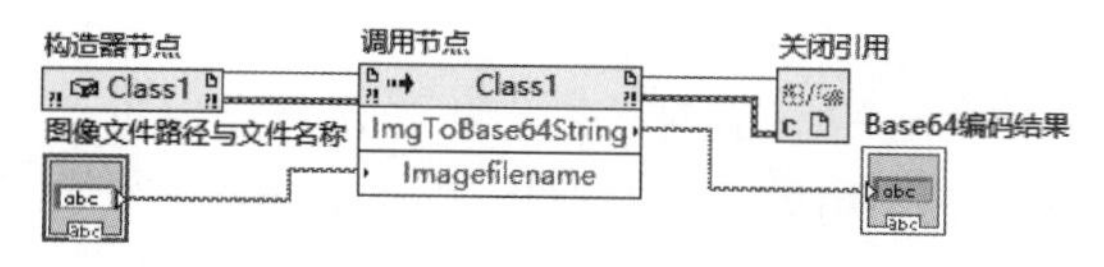

图 10-3　基于 DLL 的图像文件转 Base64 编码子 VI 完整程序

输入测试图像文件路径及名称，运行子 VI，图像文件转 Base64 编码子 VI 输出结果如图 10-4 所示。

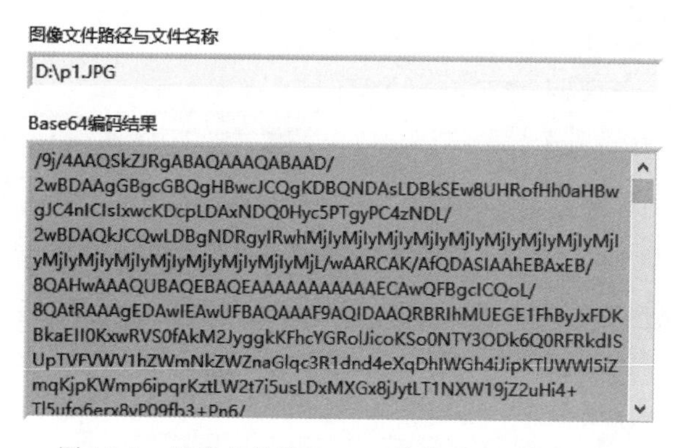

图 10-4　图像文件转 Base64 编码子 VI 输出结果

子 VI 运行结果表明，指定的图像文件已经被转换为 Base64 编码。编码结果可借助图像 Base64 相互转换工具测试，如果编码结果能够正常恢复出编码前图像，则说明子 VI 功能实现正确。

进一步地，利用第三方工具包 JSON API，将 Base64 编码结果及用户期望的分类数量继续封装为 JSON 格式的服务请求数据，对应的子 VI 设计相关信息如下。

输入参数：字符串(图像文件路径及名称就)、数值(返回分类数量)。

输出参数：字符串(JSON 格式请求数据)。

按照如下步骤完成子 VI 设计。

(1) 调用子 VI“VI-5-3-1-base64 转码.vi”，将用户指定名称的图像文件转换为 Base64 编码字符串。

(2) 调用函数节点“Set”(函数→附加工具包→JSONAPI→Set)，设置其多态调用模式为“String”，将图像文件对应的 Base64 编码字符串转换为 JSON 对象。

(3) 调用函数节点“Set”（函数→附加工具包→JSONAPI→Set），设置其多态调用模式为“JSON Object→By name”，输入参数“name”取值为“image”，完成请求数据中“image”键值对的创建。

(4) 调用函数节点“Set”（函数→附加工具包→JSONAPI→Set），设置其多态调用模式为“Numeric→U32”，将用户指定的返回类别数量（整数型）转换为 JSON 对象。

(5) 调用函数节点“Set”（函数→附加工具包→JSONAPI→Set），设置其多态调用模式为“JSON Object→By name”，输入参数“name”取值为“top_num”，完成请求数据中“top_num”键值对的创建。

(6) 串联(3)和(5)中输出的键值对，并调用函数节点“Get”（函数→附加工具包→JSONAPI→Get），设置其多态调用模式为“JSON Pretty String”，实现 JSON 字符串带缩进格式的显示输出。

完整的生成图像分类模型服务请求数据的子 VI 程序如图 10-5 所示。

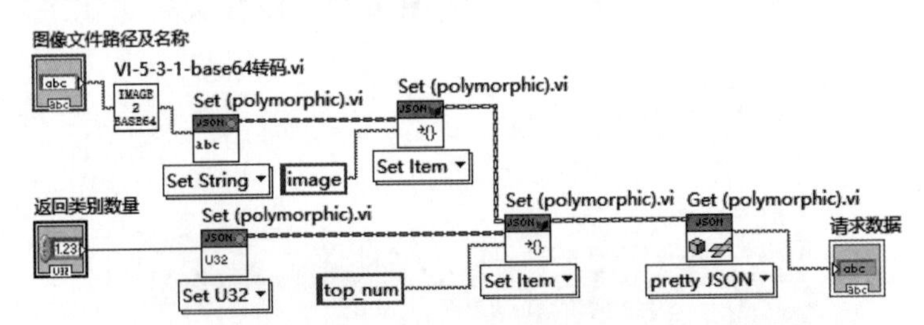

图 10-5　生成图像分类模型服务请求数据的子 VI 程序

前面板中输入参数“图像文件路径及名称”“返回类别数量”，运行程序，生成图像分类模型服务请求数据的子 VI 执行结果，如图 10-6 所示。

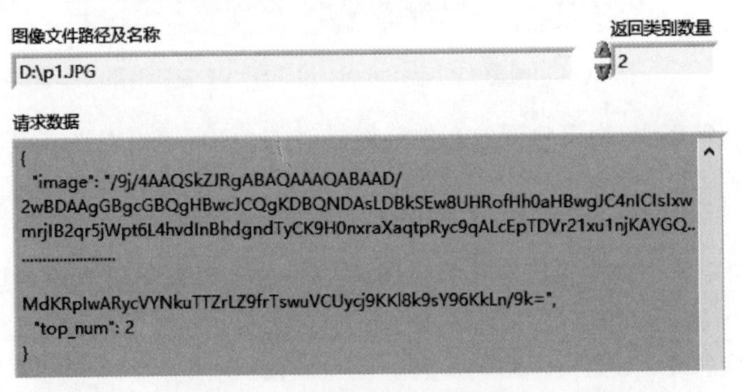

图 10-6　生成图像分类模型服务请求数据的子 VI 执行结果

该子 VI 的转换结果符合 EasyDL 平台图像分类 API 调用文档中关于请求数据的 Body 参数格式规范。为了便于查看请求数据总体结构，对运行结果中图像 Base64 编码字符串进行了删减处理。

10.1.5　发出服务请求

按照“百度智能云→EasyDL 定制训练平台→公有云服务管理→应用列表→应用详情”的功能入口，查阅前期部署的图像分类模型信息，获取模型对应的请求地址，本案例使用作者部署的图像分类模型。

本案例设计中，当前面板【图像分类】按钮被单击时，程序向云端部署模型发出服务请求。此时如果选择的图像文件非空，在程序框图中对应的事件处理子框图内，按照如下步骤完成向云端部署的图像分类模型发出服务请求。

(1) 调用函数节点“打开句柄”(函数→数据通信→协议→HTTP 客户端→打开句柄)，打开 HTTP 客户端句柄。

(2) 调用函数节点“添加头”(函数→数据通信→协议→HTTP 客户端→头部→添加头)，设置头部参数 Content-Type 取值为 application/json。

(3) 调用子 VI“VI-共性技术-GetToken. vi”，获取云端部署图像分类模型 API 访问令牌，并调用函数节点“连接字符串”(函数→编程→字符串→连接字符串)构造 POST 请求的“url”参数。

(4) 调用子 VI“VI-5-3-1-请求数据”，指定其输入参数分别是打开的图像文件和整数 6，生成图像分类模型 API 调用的 JSON 格式请求参数，作为 POST 请求的“缓冲区”参数；调用函数的节点“POST”(函数→数据通信→协议→HTTP 客户端→POST)，向云端部署的图像分类模型发出服务请求。

(5) 调用函数节点“Set”(函数→附加工具包→JSONAPI→Set)，将函数节点“POST”的输出参数“体部”(即服务器响应信息)转换为 JSON 对象，并调用函数节点“Get”(函数→附加工具包→JSONAPI→Get)，设置其多态调用模式为“JSON→pretty String”，实现 JSON 格式的服务器响应信息的带缩进格式输出显示。

(6) 关闭 HTTP 客户端句柄。调用函数节点“关闭句柄”(函数→数据通信→协议→HTTP 客户端→关闭句柄)，终止 HTTP 连接。

向云端部署的图像分类模型发出服务请求的完整程序如图 10-7 所示。

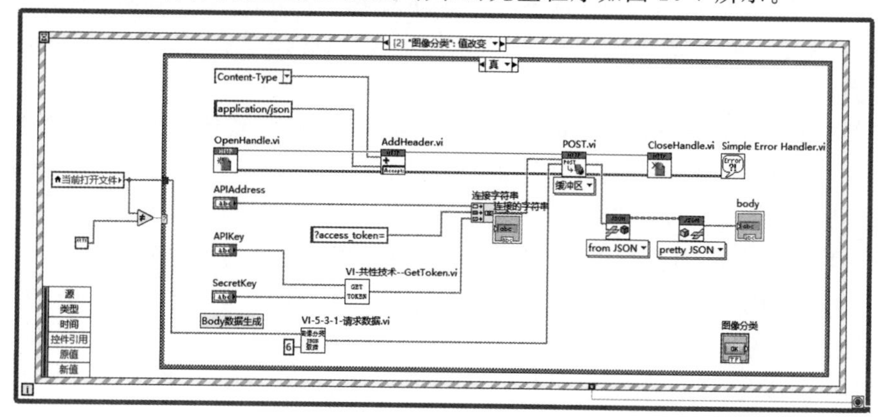

图 10-7　向云端部署的图像分类模型发出服务请求的完整程序

运行程序,单击【采集数据】按钮,确认拟分类的图像文件;单击【图像分类】按钮,进入服务请求事件处理程序子框图,向 EasyDL 部署的图像分类模型发起服务请求,云端部署图像分类模型返回信息如图 10-8 所示。

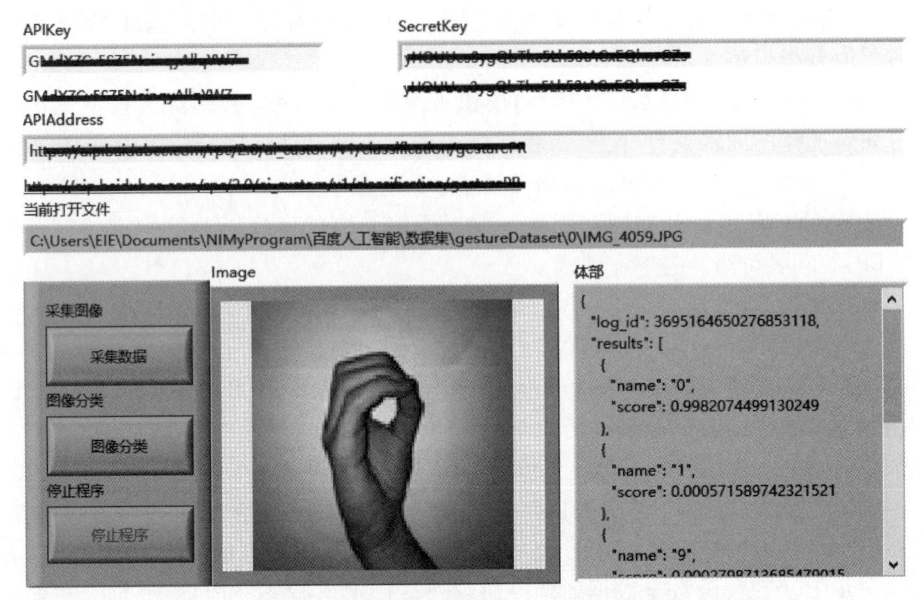

图 10-8 云端部署图像分类模型返回信息

服务器响应信息为 JSON 字符串,键值对中键"results"为 array 类型,其中每个元素亦为 JSON 对象,键"name"取值为分类的类别名称,键"score"为对应分类结果的置信度。

"results"数组包含 6 个数据元素,即云端部署的图像分类模型给出的前 6 个置信度最高的分类结果,可以直接提取第 1 个作为图像分类结果。

10.1.6 解析响应数据

虽然可以观测到 EasyDL 部署模型的图像分类结果,但是该结果是以 JSON 字符串的形式输出的,无法在后续进一步分析处理直接使用,所以必须对响应信息进行解析,提取分类结果中类别、置信度等有效数据。

由于并非每次调用都能成功获取分类结果(网络故障是导致请求失败的主要原因),因此设计子 VI 实现多次调用目标,子 VI 相关信息如下。

输入参数:字符串(JSON 格式的云端部署图像分类模型响应信息)。

输出参数:字符串(分类结果,返回所有分类结果中第一个的类别名称)。

子 VI 名称:VI-5-3-1-解析响应消息.vi。

按照如下步骤完成子 VI 设计。

(1) 调用函数节点"Set"(函数→附加工具包→JSONAPI→Set),将函数节点"POST"的输出参数"体部"(服务器响应信息)转换为 JSON 对象。

(2) 调用函数节点“Get”(函数→附加工具包→JSONAPI→Get),设置其多态调用模式为“Array→Convert”,设置其输入参数“Name Array”取值为仅有1个数据元素的字符串数组常量(取值为results),首先解析出服务器返回信息中名为results的JSON数组对象。

(3) 创建条件结构,连接函数节点“Get”的错误输出。条件结构“无错误”程序子框图内,调用函数节点“索引数组”(函数→编程→数组→索引数组),提取JSON数组对象的第一个元素(置信度最高的分类结果)。

(4) 调用函数节点“Get”(函数→附加工具包→JSONAPI→Get),设置其输入参数“Name Array”取值为仅有1个数据元素的字符串数组常量(取值为score),设置其多态调用模式为“Numeric→DBL”,提取数值类型置信度值。

(5) 调用函数节点“Get”(函数→附加工具包→JSONAPI→Get),设置其输入参数“Name Array”取值为仅有1个数据元素的字符串数组常量(取值为name),设置其多态调用模式为“Text”,提取字符串类型的类别名称。

解析图像分类模型服务器返回信息成功的完整程序如图10-9所示。

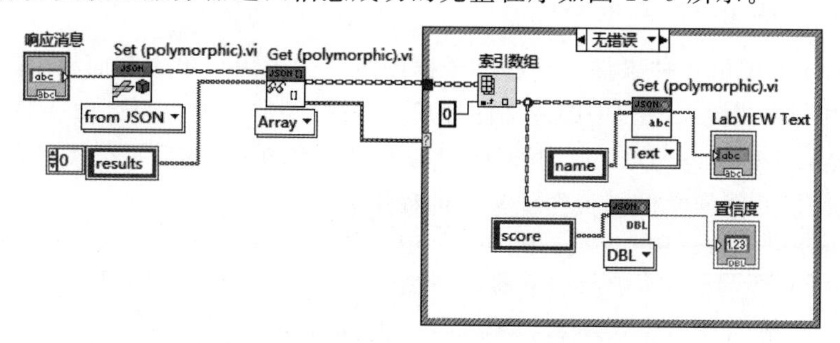

图10-9　解析图像分类模型服务器返回信息成功的完整程序

(6) 在条件结构“错误”程序子框图内,设置解析的类别结果为空字符串常量,设置置信度结果为0,解析图像分类模型服务器返回信息失败的程序如图10-10所示。

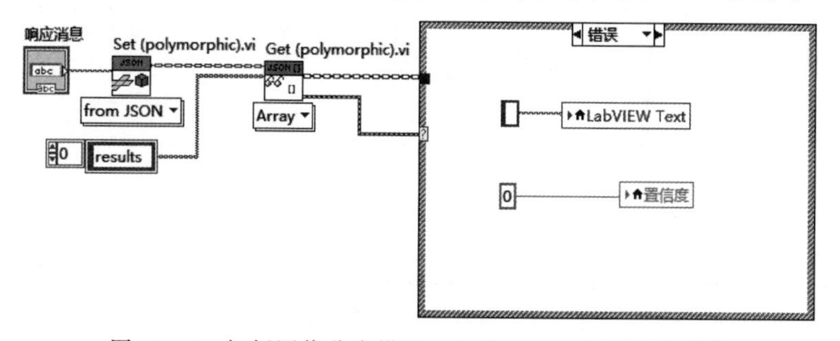

图10-10　解析图像分类模型服务器返回信息失败的程序

前面板中填写前期建模与测试时捕获的服务器响应消息,运行子VI,解析图像分类模型服务器返回信息结果,如图10-11所示。

子VI正确解析出了服务器响应信息“results”键对应数组中的第一个元素的键“name”取值及键“score”取值。

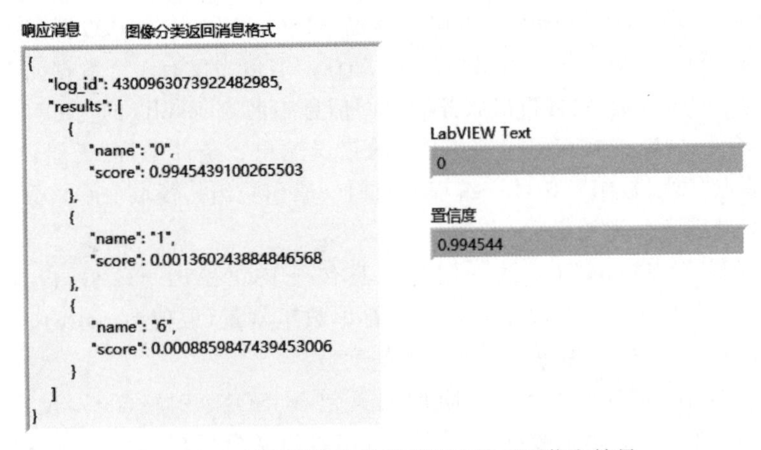

图 10-11　解析图像分类模型服务器返回信息结果

10.1.7　完整程序框图

完整的程序框图由 3 种事件处理程序子框图组成。当用户单击前面板中【采集数据】按钮时，程序调用机器视觉工具包中图像文件打开对话框（函数→视觉与运动→Vision Utility→Files→IMAQ Load Image Dialog），确认前期采集的图像文件，获取拟分类的图像文件路径（字符串信息），打开图像文件模拟图像采集的程序如图 10-12 所示。

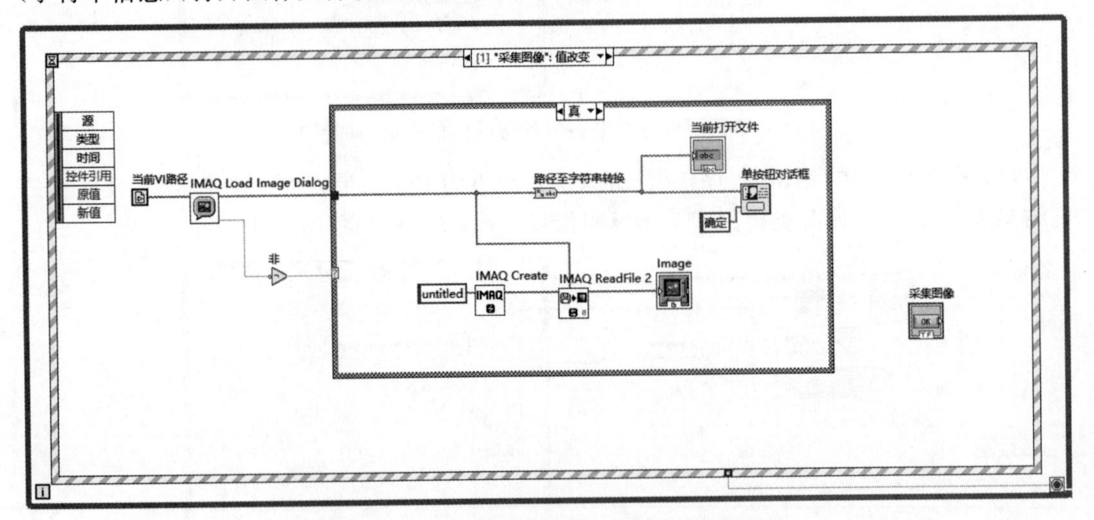

图 10-12　打开图像文件模拟图像采集的程序

如果在图像文件打开对话框中单击【取消】按钮，则提示用户相关警示信息，对应的图像文件操作异常（放弃打开文件）程序如图 10-13 所示。

当单击【图像分类】按钮时，如果图像文件路径参数非空，则向 EasyDL 部署的图像分类模型发起服务请求，显示服务器响应消息，并解析分类结果。向图像分类模型发出服务请求并解析返回信息程序框图如图 10-14 所示。

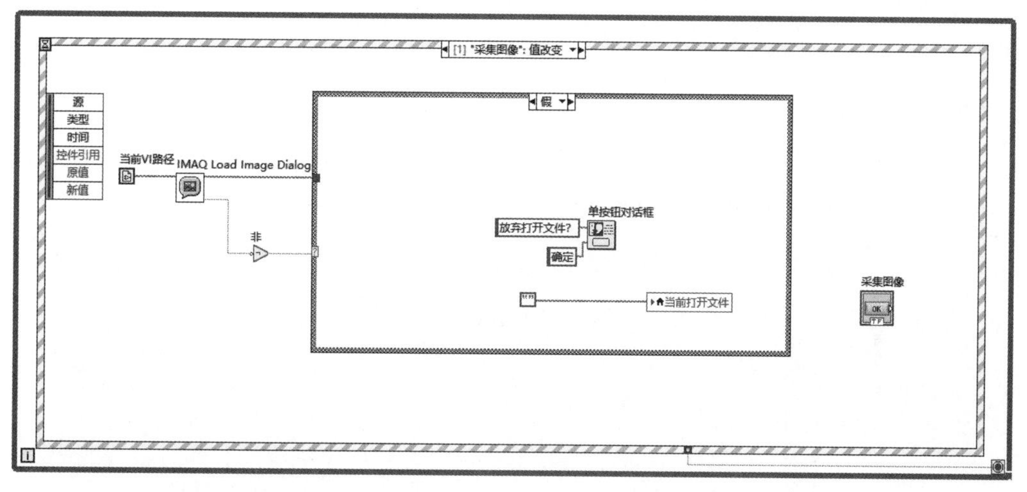

图 10-13　图像文件操作异常(放弃打开文件)程序

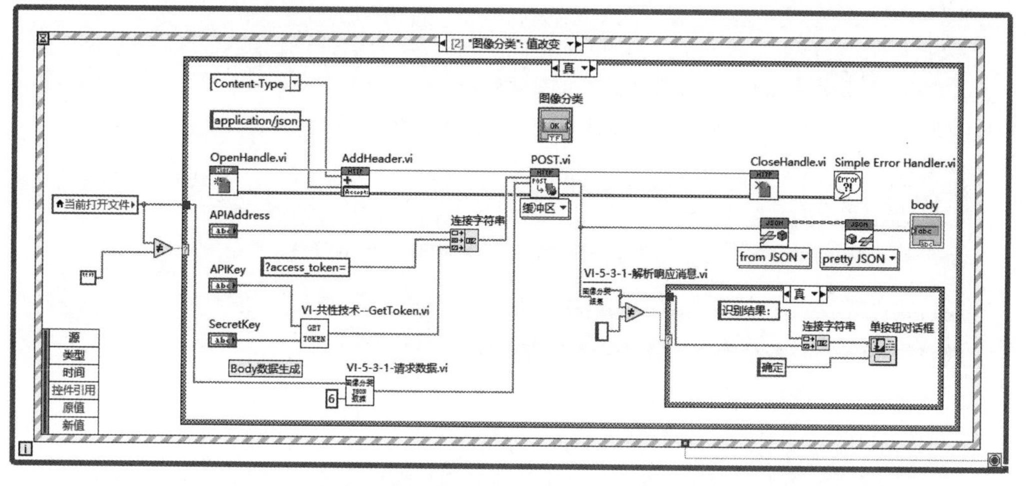

图 10-14　向图像分类模型发出服务请求并解析返回信息程序框图

10.1.8　运行结果分析

单击工具栏中的运行按钮,图像分类模型验证程序运行结果如图 10-15 所示。

填写程序运行必需的 API Key、Secret Key 及部署模型的 API 接口地址,单击【采集数据】按钮,打开前期采集的、拟用于分类的图像文件,如图 10-16 所示。

在程序运行界面中,单击【图像分类】按钮,以对话框形式显示图像分类结果,如图 10-17 所示。

程序运行结果表明,基于 EasyDL 前期开发部署的图像分类模型,传统的 LabVIEW 图像采集程序可以极为方便地改造为“图像采集＋图像分类”一体化应用程序,实现图像采集应用程序相关功能的进一步提升。

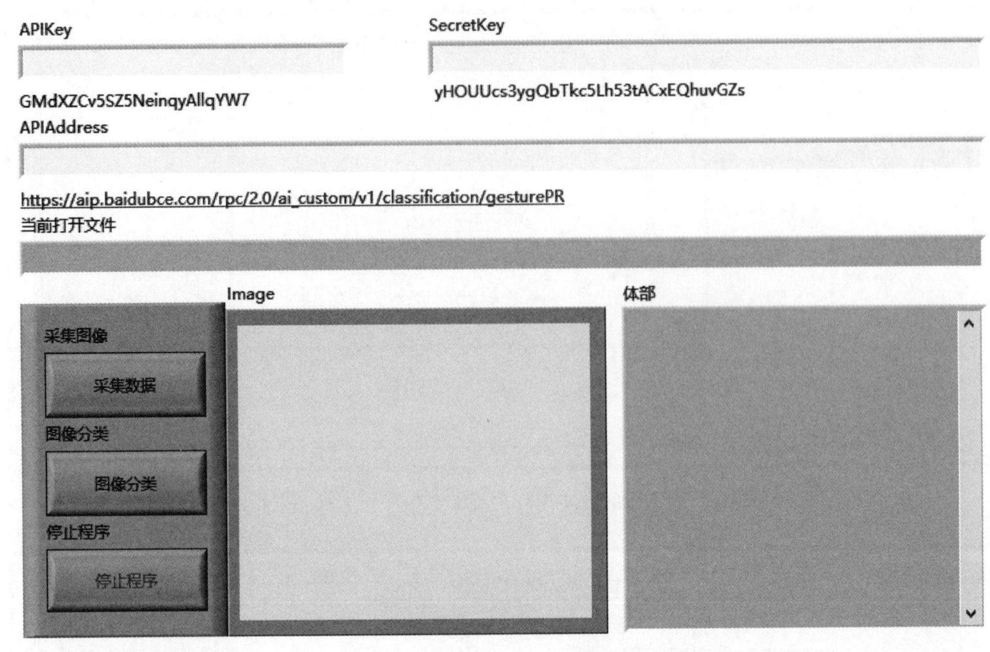

图 10-15　图像分类模型验证程序运行结果

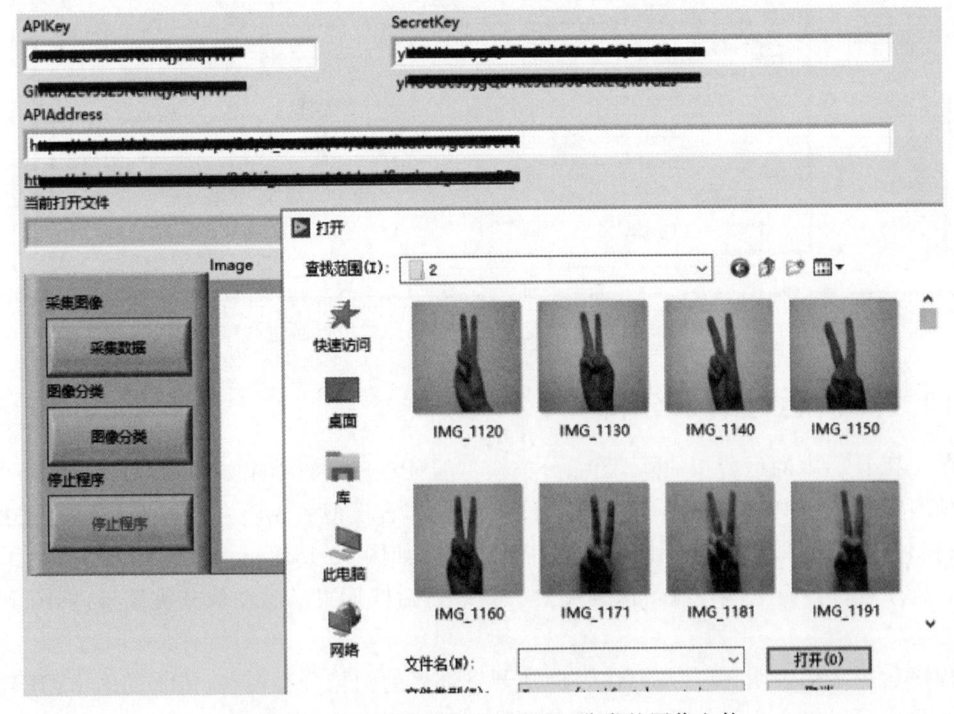

图 10-16　打开前期采集的、拟用于分类的图像文件

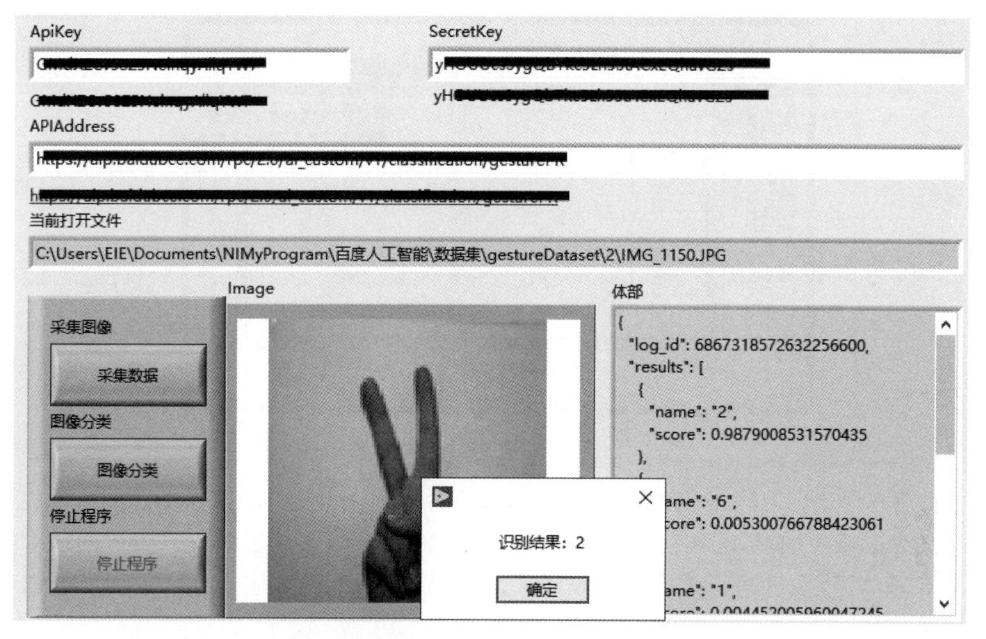

图 10-17　以对话框形式显示图像分类结果

10.2　物体检测应用开发实例

本节按照“程序设计目标”“程序总体结构”“获取服务令牌”“生成请求数据”“发出服务请求”“解析响应数据”“完整程序框图”“运行结果分析”等 8 个步骤，介绍基于 EasyDL 云端部署的物体检测模型，使用 LabVIEW 开发物体检测应用程序的一般流程及实现方法。

10.2.1　程序设计目标

本案例在 3.4 节图像采集与文件存储程序设计的基础上，利用 7.2 节中所述方法训练公有云部署的物体检测模型，将采集的图像数据文件封装为物体检测模型 API 可识别的 HTTP 请求报文，发出物体检测服务请求，解析物体检测模型服务返回的消息，实现对采集图像进行物体检测的功能。

10.2.2　程序总体结构

对前期采集的图像文件进行目标物体的检测分析，往往需要选择不同的图像文件反复开展物体检测操作，检验云端服务器处理结果，所以设计事件响应模式的物体检测模型验证程序结构，如图 10-18 所示。

其中事件结构处理以下 3 种事件。

(1) 用户单击【图像采集】按钮事件。当该事件发生时，以操作文件打开对话框的形式模拟图像采集过程，获取拟用于处理的图像文件。

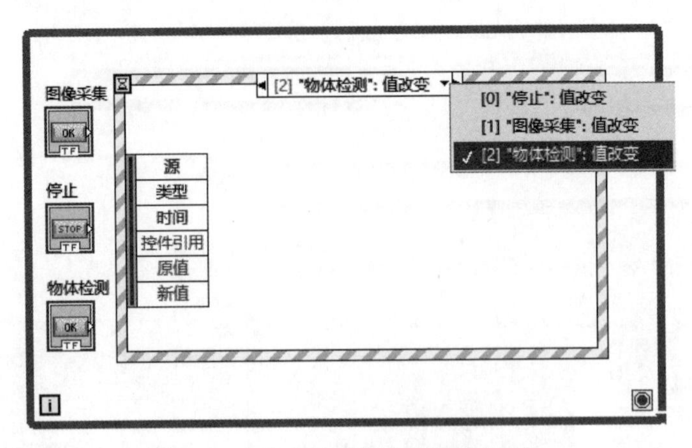

图 10-18　物体检测模型验证程序结构

(2) 用户单击【物体检测】按钮事件。当该事件发生时,程序向 EasyDL 中部署的物体检测模型发起服务请求,利用前一步获取的图像文件路径与文件名称信息生成的请求数据向云端部署 AI 模型发起物体检测服务请求,并在显示服务器响应信息的基础上提取物体检测结果信息。

(3) 用户单击【停止程序】按钮事件。当该事件发生时,结束程序运行。

由于 EasyDL 中公有云部署模型 API 接口访问的安全机制需要,程序设计前需要提供 EasyDL 中物体检测模型相关应用的 API Key、Secret Key 参数信息,以便后续获取服务令牌。根据上述程序设计思路,设计物体检测模型验证程序前面板,如图 10-19 所示。

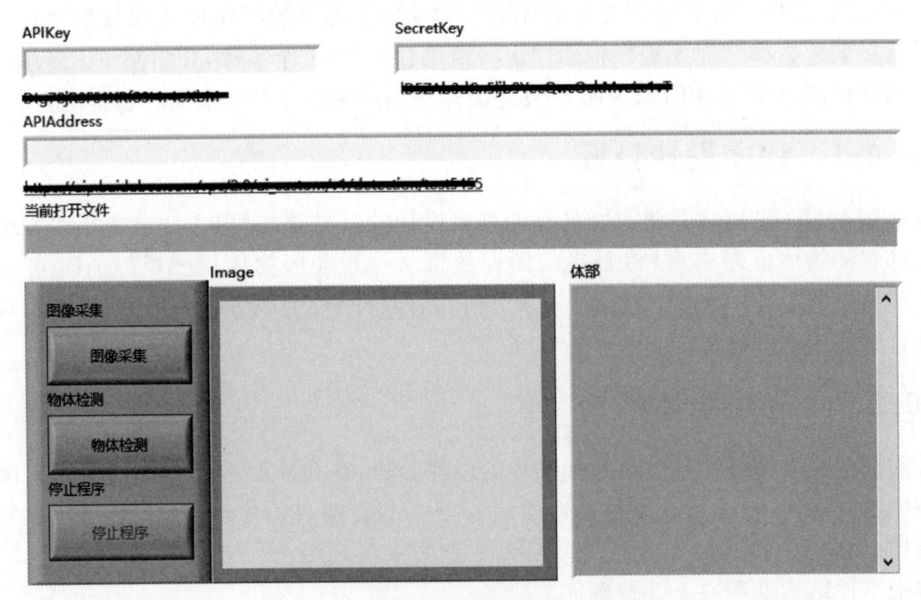

图 10-19　物体检测模型验证程序前面板

程序运行时,若用户单击【采集数据】按钮,程序获取拟用于物体检测的图像文件;若用户单击【物体检测】按钮，程序首先根据输入的 API Key、Secret Key 获取云端部署模型的服务授权，然后创建 HTTP 通信客户端，设置请求头部参数，对采集的图像文件进行编码，生成请求 Body 参数，向云端部署的物体检测模型 API 接口地址发起 POST 请求，对服务器响应数据进行解析，获取物体检测结果，实现程序预期功能。

10.2.3　获取服务令牌

物体检测模型服务令牌的获取可以通过调用 8.1.3 节中创建子 VI 的方式完成。其中子 VI 调用所需的参数按照“百度智能云→EasyDL 开发平台→EasyDL 图像→公有云部署→应用列表”的操作路径，选择 7.2 节中创建的物体检测相关应用，获取对应的 API Key、Secret Key 参数信息。

子 VI 调用时，填写物体检测模型应用对应的 API Key、Secret Key，如果请求成功，返回对应的 access token 取值，如果请求失败，则返回的 access token 值为空字符串。

10.2.4　生成请求数据

按照 EasyDL 开发者文档中物体检测模型 API 调用说明，其 HTTP 请求的 Body 参数为 JSON 字符串，内含两个键值对，键“image”为 String 类型，属于必填参数，为需要检测物体图像的 Base64 编码字符串；键“threshold”为数值类型，属于选填参数，设置物体检测的阈值。因此，生成请求数据的关键在于将给定图片转换为 Base64 编码字符串，然后再封装为 JSON 格式的请求数据。

这里选择与 10.1.4 节完全相同的方法，借助.NET 程序设计语言编译生成图像文件转换 Base64 编码的 DLL 文件，将 LabVIEW 中调用该 DLL 程序封装为子 VI，实现图像文件编码功能。进一步地，利用第三方工具包 JSON API，将 Base64 转码结果继续封装为 JSON 格式的服务请求数据。对应的子 VI 设计相关信息如下。

输入参数：字符串(传入拟编码的图像文件路径及名称)。

输出参数：字符串(输出 JSON 格式请求数据)。

子 VI 名称：VI-5-3-2-请求数据.vi。

按照如下步骤完成子 VI 设计。

(1) 调用子 VI“VI-5-3-1-base64 转码.vi”，将用户指定的图像文件转换为 Base64 编码字符串。

(2) 调用函数节点“Set”(函数→附加工具包→JSONAPI→Set)，设置其多态调用模式为“String”，将图像文件对应的 Base64 编码字符串转换为 JSON 对象。

(3) 调用函数节点“Set”(函数→附加工具包→JSONAPI→Set)，设置其多态调用模式为“JSON Object→By name”，输入参数“name”取值为“image”，完成请求数据中“image”键值对的创建。

(4) 调用函数节点“Get”(函数→附加工具包→JSONAPI→Get)，设置其多态调用模式为“JSON Pretty String”，实现 JSON 字符串带缩进格式的显示输出。

生成物体检测模型服务请求数据的子 VI 程序如图 10-20 所示。

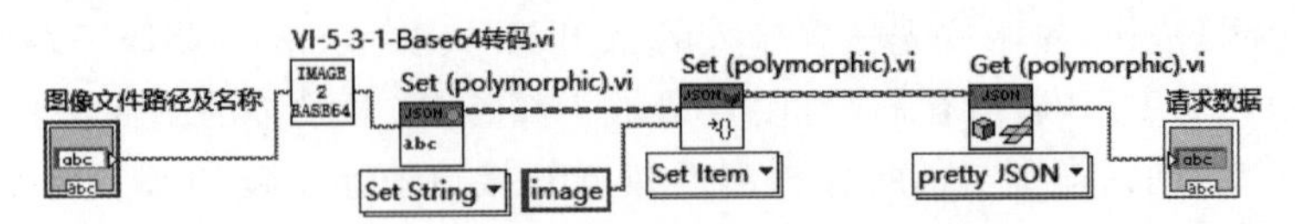

图 10-20　生成物体检测模型服务请求数据的子 VI 程序

前面板中输入参数“图像文件路径及名称”，运行程序，生成物体检测模型服务请求数据的子 VI 执行结果如图 10-21 所示。

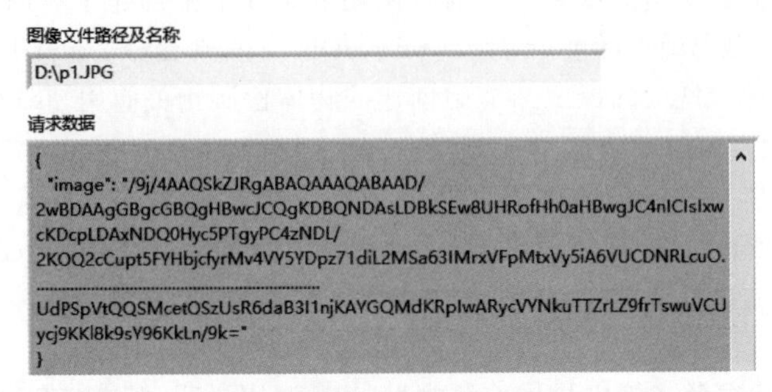

图 10-21　生成物体检测模型服务请求数据的子 VI 执行结果

该子 VI 的转换结果符合 EasyDL 平台提供的物体检测 API 调用文档中关于请求数据的 Body 参数格式规范。为了便于查看请求数据总体结构，对运行结果中图像 Base64 编码字符串进行了删减处理。

10.2.5　发出服务请求

按照“百度智能云→EasyDL 定制训练平台→公有云服务管理→应用列表→应用详情”的功能入口，查阅前期部署的物体检测模型信息，获取模型对应的请求地址，本案例使用作者部署的物体检测模型。

本案例设计中，当前面板【物体检测】按钮被单击时，程序向云端部署模型发出服务请求。此时如果选择的图像文件非空，则程序框图中对应的事件处理子框图内，按照如下步骤完成向云端部署的物体检测模型发出服务请求。

(1) 调用函数节点“打开句柄”(函数→数据通信→协议→HTTP 客户端→打开句柄)，打开 HTTP 客户端句柄。

(2) 调用函数节点“添加头”(函数→数据通信→协议→HTTP 客户端→头部→添加头)，设置头部参数 Content-Type 取值为 application/json。

(3) 调用子 VI“VI-共性技术-GetToken. vi”，获取云端部署物体检测模型 API 访问令牌，并调用函数节点“连接字符串”(函数→编程→字符串→连接字符串)构造 POST 请求的“url”参数。

(4) 调用子 VI“VI-5-3-2-请求数据”，指定其输入参数为打开的图像文件名称，生成物体检测模型 API 调用所需的 JSON 格式请求参数，作为 POST 请求的“缓冲区”参数；调用函数的节点“POST”(函数→数据通信→协议→HTTP 客户端→POST)，向云端部署的物体检测模型发出服务请求。

(5) 调用函数节点“Set”(函数→附加工具包→JSONAPI→Set)，将函数节点“POST”的输出参数“体部”(即服务器响应信息)转换为 JSON 对象，并调用函数节点“Get”(函数→附加工具包→JSONAPI→Get)，设置其多态调用模式为“JSON→pretty String”，实现 JSON 格式的服务器响应信息的带缩进格式输出显示。

(6) 关闭 HTTP 客户端句柄。调用函数节点“关闭句柄”(函数→数据通信→协议→HTTP 客户端→关闭句柄)，终止 HTTP 连接。

向云端部署的物体检测模型发出服务请求的完整程序如图 10-22 所示。

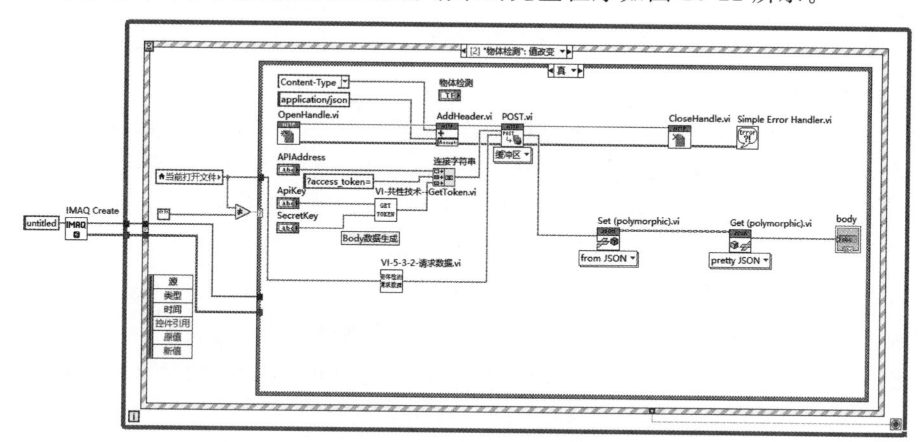

图 10-22　向云端部署的物体检测模型发出服务请求的完整程序

运行程序，单击【图像采集】按钮，确认拟检测的图像文件；单击【物体检测】按钮，进入服务请求事件处理程序子框图，向 EasyDL 部署的模型发起服务请求，云端部署物体检测模型返回信息如图 10-23 所示。

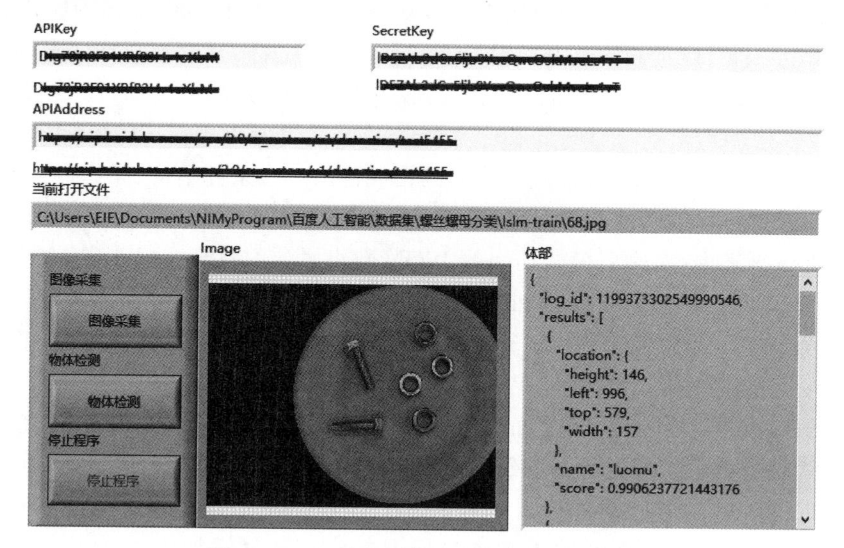

图 10-23　云端部署物体检测模型返回信息

服务器响应信息为JSON字符串,键值对中键“results”为array类型,其中每个元素亦为JSON对象,其中键“name”取值为检测结果的类别名称,键“location”取值为检测结果的位置坐标,键“score”取值为检测结果的置信度。数组中数据元素的个数就是模型检测出物体的个数。

10.2.6 解析响应数据

虽然可以观测到EasyDL部署模型的物体检测结果,但是该结果是以JSON字符串的形式输出的,无法在后续进一步分析处理直接使用,所以必须对响应信息进行解析,提取分割结果中的相关信息。

由于并非每次调用都能成功获取预测结果(网络故障是导致请求失败的主要原因),而且物体检测更加强调图像中每个目标物体的名称、位置。遗憾的是,对于检测的每个目标,EasyDL给出的是左上像素点坐标及目标物体所在区域的宽度和高度,而非图像处理中表达区域时常用的左上角坐标以及右下角坐标模式,因此设计子VI实现多次调用目标,而且能够输出每个目标物体区域顶点坐标(左上坐标、右下坐标),子VI相关信息如下。

输入参数:字符串(JSON格式的云端部署物体检测模型响应信息)。

输出参数:字符串数组(所有检测到物体的名称)、二维数值类型数组(每个物体所在区域信息)。

子VI名称:VI-5-3-2-解析响应消息.vi。

按照如下步骤完成子VI设计。

(1) 调用函数节点“Set”(函数→附加工具包→JSONAPI→Set),将字符串类型的响应消息转换为JSON对象。

(2) 调用函数节点“Get”(函数→附加工具包→JSONAPI→Get),设置其多态调用模式为“Array→Convert”,设置其输入参数“Name Array”取值为仅有1个数据元素的字符串数组常量(数组常量取值为results),首先解析出服务器返回信息中名为“results”的JSON数组对象。

(3) 创建条件结构,连接函数节点“Get”的错误输出。在条件结构“无错误”程序子框图内,创建For循环结构,JSON数组对象results以索引模式连接For循环。

(4) 在For循环内,对索引模式访问的JSON数组对象的每个数据元素进行如下处理。

调用函数节点“Get”(函数→附加工具包→JSONAPI→Get),设置其输入参数“Name Array”取值为仅有1个数据元素的字符串数组常量(数组常量取值为name),设置其多态调用模式为“Text”,提取目标物体类别名称。

调用函数节点“Get”(函数→附加工具包→JSONAPI→Get),设置其输入参数“Name Array”取值为仅有两个数据元素的字符串数组常量(location,left),设置其多态调用模式为“Numeric→U32”,提取目标物体位置的左上顶点坐标left取值。同样方法,解析出top、width、height值。假设目标物体左上顶点坐标为(x1,y1),目标物体右下顶点坐标为(x2,y2),则存在如下换算关系。

x1＝left，　y1＝top，　x2＝left＋width，　y2＝top＋height

将换算所得 x1、y1、x2、y2 封装为数组，表示检测到物体的坐标位置，以便后续处理。

检测物体的类别名称、坐标位置以索引模式通过 For 循环输出，可得一维数组存储的全部目标物体类别名称，以及二维数组存储的每个目标物体的坐标参数。

解析物体检测模型服务器返回信息成功的完整程序如图 10-24 所示。

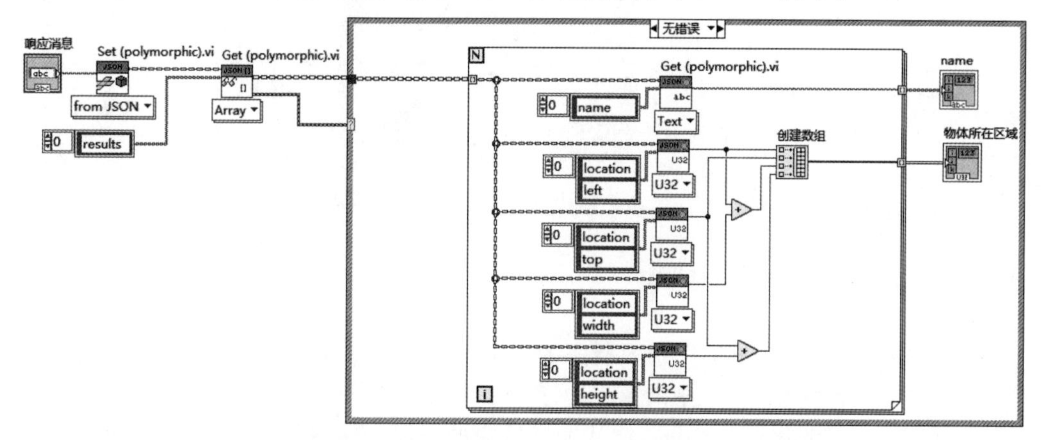

图 10-24　解析物体检测模型服务器返回信息成功的完整程序

(5) 在条件结构"错误"程序子框图内，设置解析的类别结果为空字符串数组常量，设置表示物体坐标位置的二维数组为空，解析物体检测模型服务器返回信息失败的完整程序如图 10-25 所示。

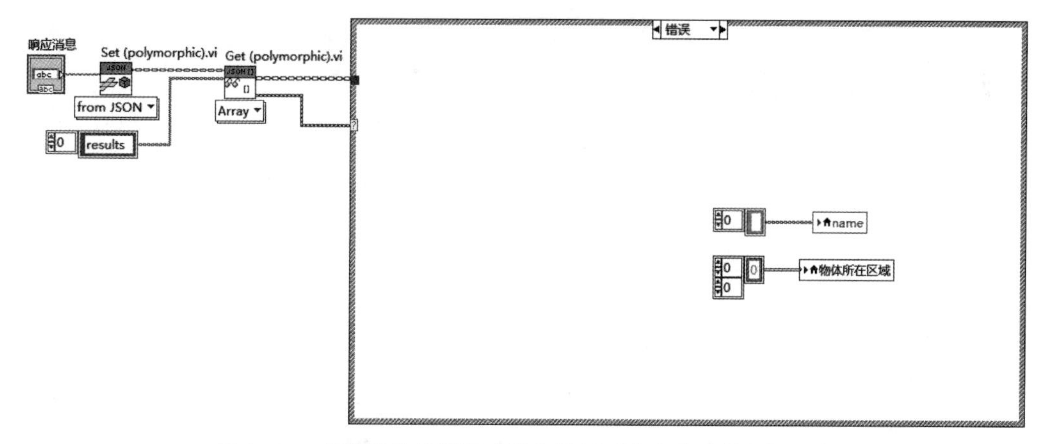

图 10-25　解析物体检测模型服务器返回信息失败的完整程序

在前面板中填写前期建模与测试时捕获的服务器响应消息，运行子 VI，解析物体检测模型服务器返回信息结果，如图 10-26 所示。

子 VI 正确解析出了服务器响应信息"results"键对应数组中的全部目标名称及目标所在区域的顶点坐标。

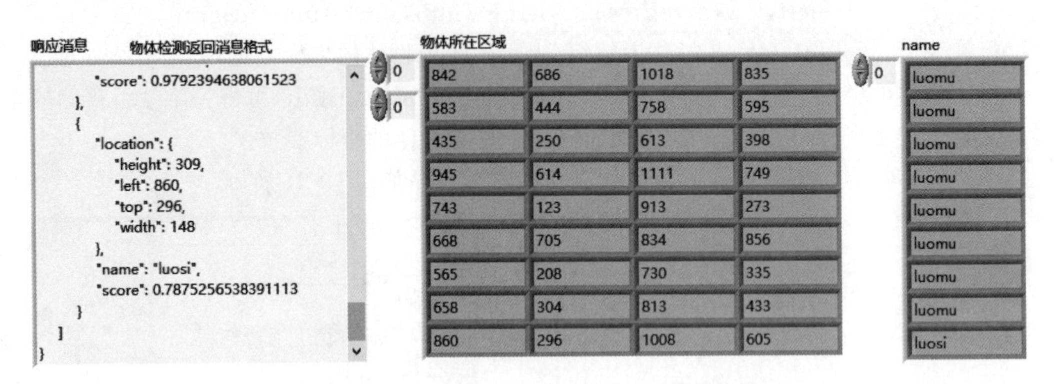

图 10-26　解析物体检测模型服务器返回信息结果

10.2.7　完整程序框图

完整的程序框图由 3 种事件处理程序子框图组成。当用户单击前面板中【图像采集】按钮时，程序调用机器视觉工具包中图像文件打开对话框（函数→视觉与运动→Vision Utility→Files→IMAQ Load Image Dialog），确认前期采集的图像文件，获取拟进行物体检测的图像文件路径（字符串信息），如果确认打开文件，对应的打开图像文件模拟图像采集的程序如图 10-27 所示。

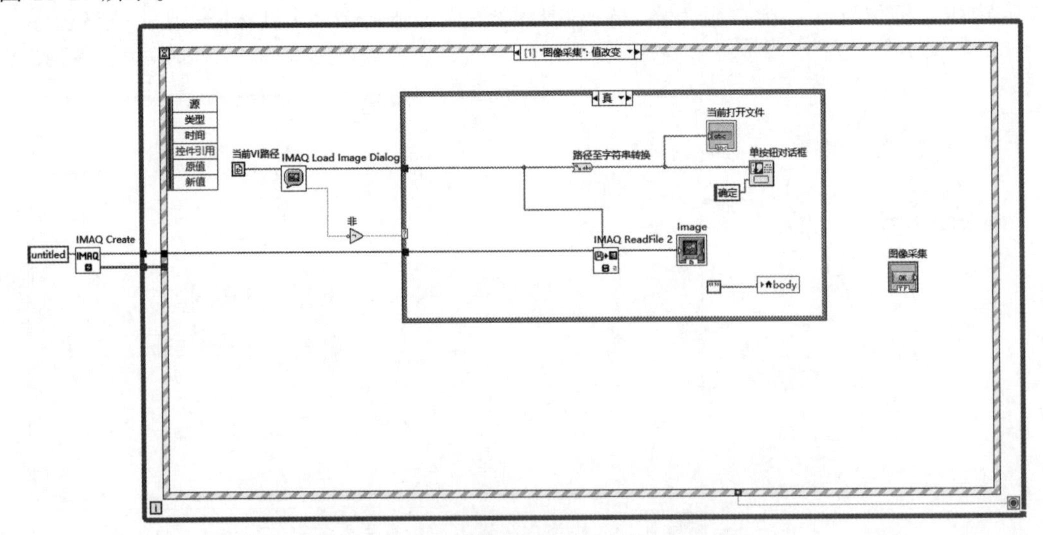

图 10-27　打开图像文件模拟图像采集的程序

如果放弃文件打开，则拟处理文件路径信息设置为空，并提示用户相关信息，对应的图像文件操作异常（放弃打开文件）程序如图 10-28 所示。

当单击【物体检测】按钮时，如果图像文件路径参数非空，则向 EasyDL 部署的物体检测模型发起服务请求，并显示服务器响应消息。程序解析服务器响应消息，获取服务器响应

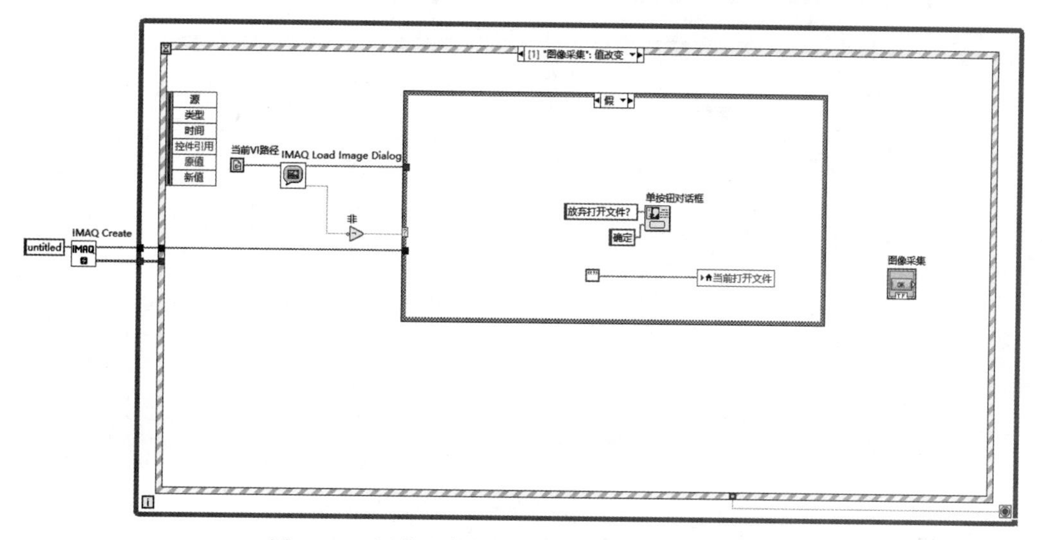

图 10-28　图像文件操作异常(放弃打开文件)程序

消息中检测到的每个目标物体的名称、所在矩形区域的左上及右下两个顶点坐标,并对目标物体添加边框用以标识检测结果。本案例中,如果目标物体是“luomu”,则红色边框包围目标所在区域,并显示对应位置处物体名称,对应的物体检测及螺母检测标注程序框图如图 10-29 所示。

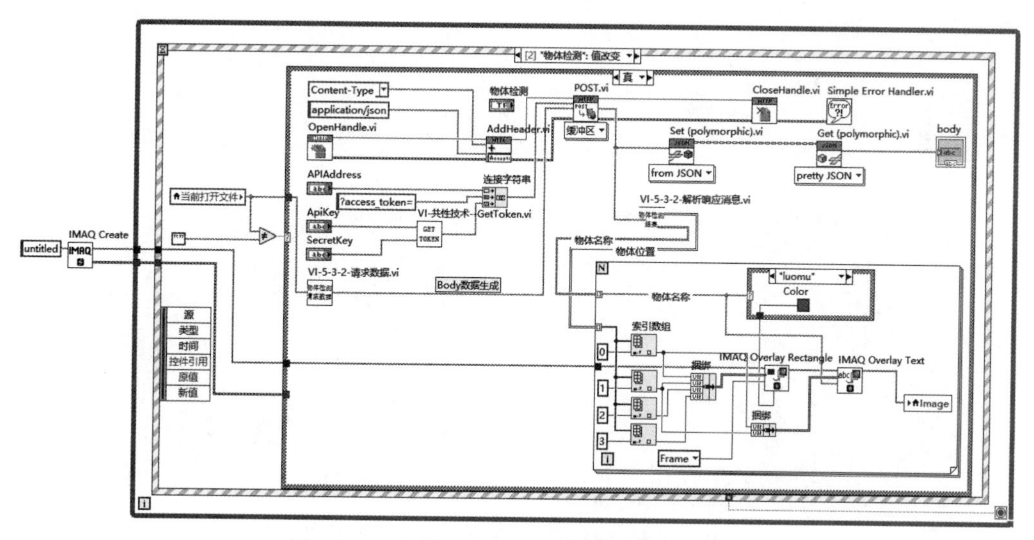

图 10-29　物体检测及螺母检测标注程序框图

如果目标物体是“luosi”,则蓝色边框包围目标所在区域,并显示对应位置处物体名称,对应的物体检测及螺丝检测标注程序框图如图 10-30 所示。

当单击【停止程序】按钮时,销毁图像占用内存空间,退出程序。

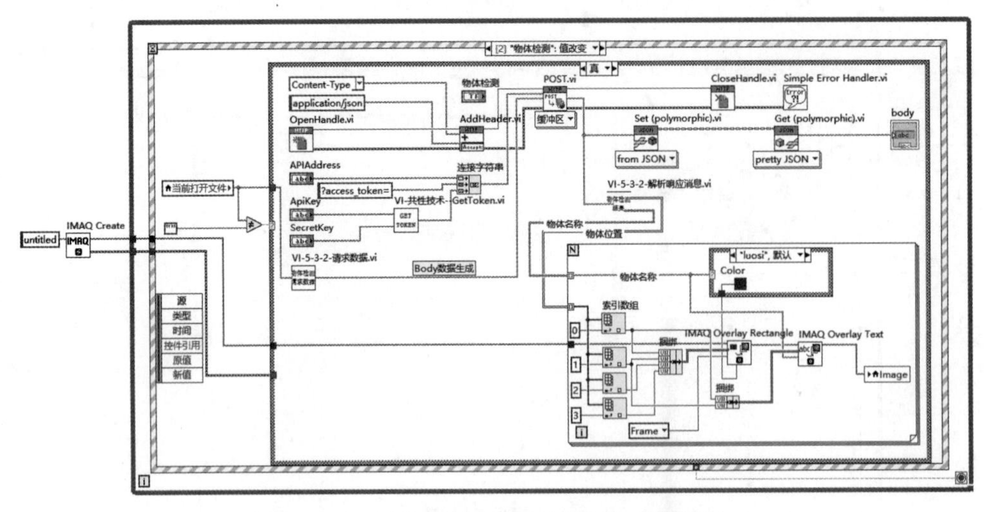

图 10-30 物体检测及螺丝检测标注程序框图

10.2.8 运行结果分析

单击工具栏中的运行按钮，物体检测模型验证程序运行初始界面如图 10-31 所示。

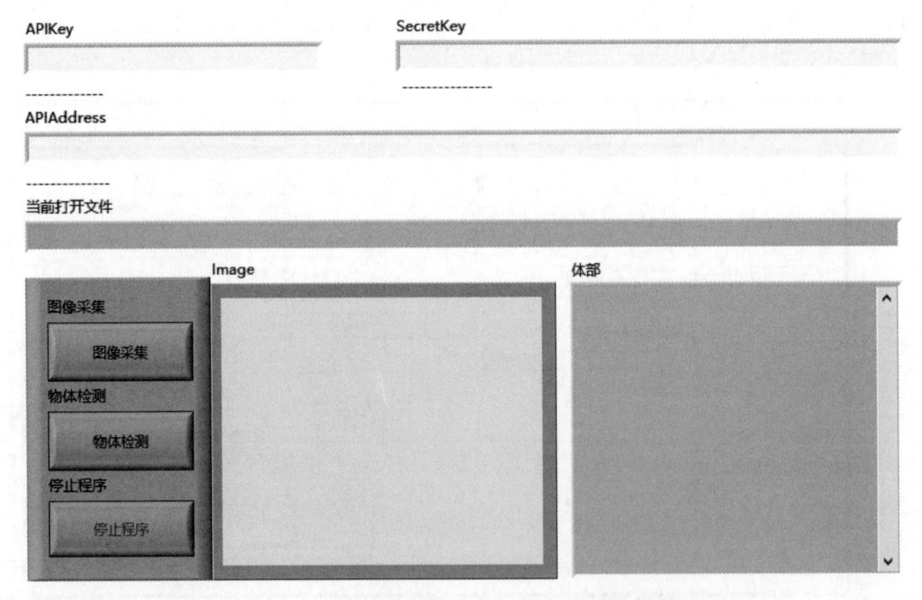

图 10-31 物体检测模型验证程序运行初始界面

填写程序运行必需的 API Key、Secret Key 及部署模型的 API 接口地址，单击【图像采集】按钮，打开前期采集的、拟检测图中物体的图像文件，单击【物体检测】按钮，程序显示物体检测结果并对不同类别物体进行标注，如图 10-32 所示。

程序运行结果表明，基于 EasyDL 平台前期开发部署的物体检测模型，传统的 LabVIEW

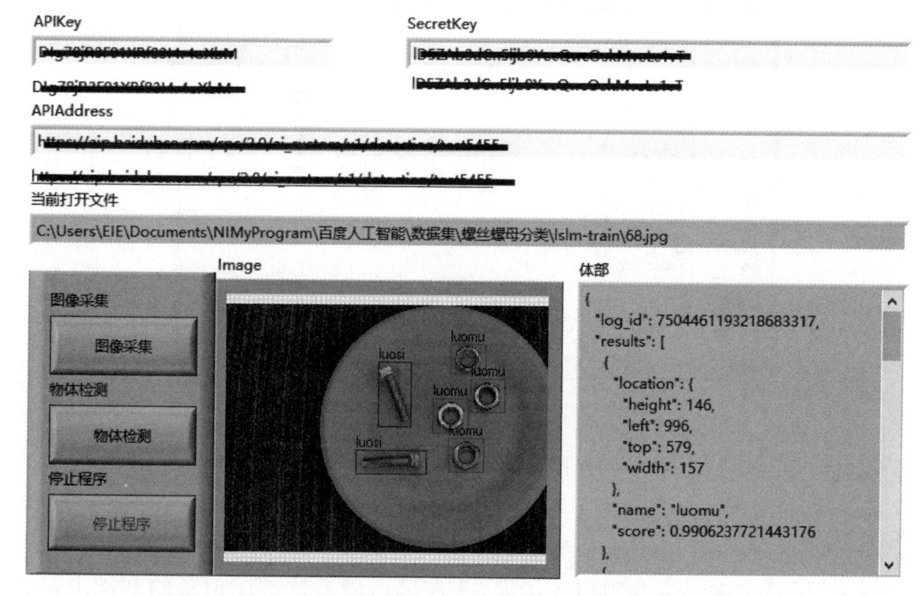

图 10-32　程序显示物体检测结果并对不同类别物体进行标注

图像采集应用程序可以极为方便地改造为"图像采集＋物体检测"一体化应用程序，实现图像采集应用程序相关功能的进一步提升。

10.3　图像分割应用开发实例

本节按照"程序设计目标""程序总体结构""获取服务令牌""生成请求数据""发出服务请求""解析响应数据""完整程序框图""运行结果分析"等 8 个步骤，介绍基于 EasyDL 云端部署的图像分割模型，使用 LabVIEW 开发图像分割应用程序的一般流程。

10.3.1　程序设计目标

本案例在 3.4 节中图像采集与文件存储程序设计的基础上，利用 7.3 节所述方法训练公有云部署的图像分割模型，将采集的图像数据文件封装为图像分割模型 API 可识别的 HTTP 请求报文，发出图像分割服务请求，解析图像分割模型服务返回的消息，实现对采集图像进行图像分割的功能。

10.3.2　程序总体结构

对前期采集的图像文件进行分割，往往需要选择不同的图像文件反复开展图像分割操作，检验分割结果，所以设计事件响应模式的图像分割模型验证程序结构，如图 10-33 所示。

其中事件结构处理以下 3 种事件。

(1) 用户单击【图像采集】按钮事件。当该事件发生时，以操作文件打开对话框的形式

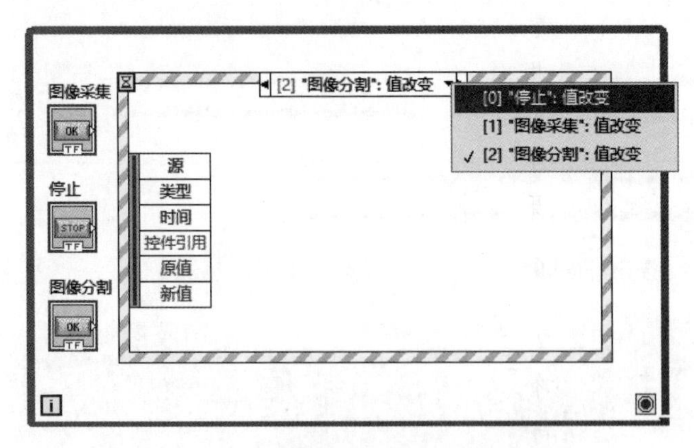

图 10-33 图像分割模型验证程序结构

模拟图像采集过程，获取拟用于分割的图像文件。

(2) 用户单击【图像分割】按钮事件。当该事件发生时，程序向 EasyDL 中部署的图像分割模型发起服务请求，利用前一步获取的图像文件路径与文件名称信息生成的请求数据向云端部署 AI 模型发起图像分割服务请求，并在显示服务器响应信息的基础上，对其进行解析，提取分割结果相关信息。

(3) 用户单击【停止程序】按钮事件。当该事件发生时，结束程序运行。

由于 EasyDL 中公有云部署模型 API 接口访问的安全机制需要，程序设计前需要提供 EasyDL 中图像分割模型相关应用的 API Key、Secret Key 参数信息，以便后续获取服务令牌。根据上述程序设计思路，设计图像分割模型验证程序前面板如图 10-34 所示。

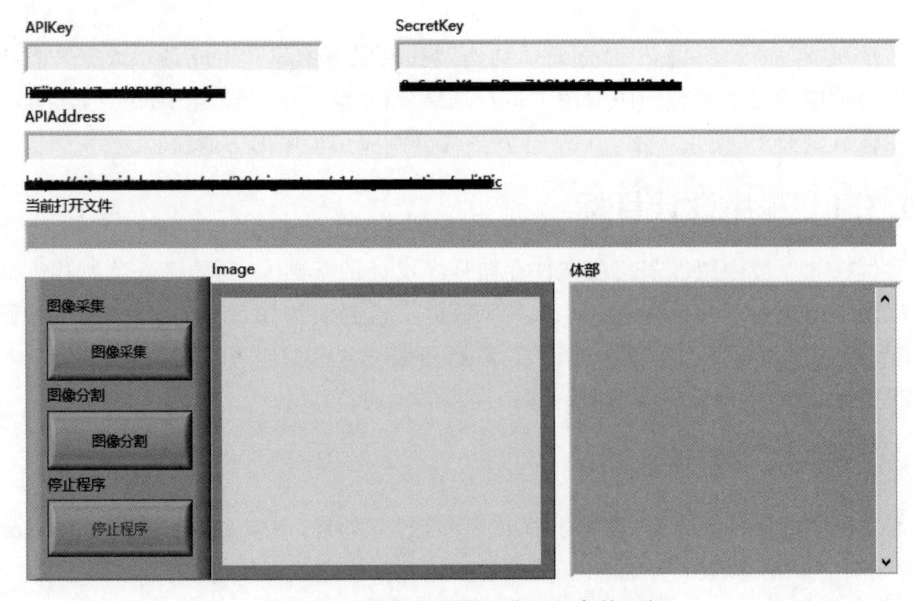

图 10-34 图像分割模型验证程序前面板

程序运行时，若用户单击【图像采集】按钮，程序获取拟用于图像分割的图像文件；若用户单击【图像分割】按钮，程序首先根据输入的API Key、Secret Key获取云端部署模型的服务授权，然后创建HTTP通信客户端，设置请求头部参数，对采集的图像文件进行编码，生成请求Body参数，向云端部署的图像分割模型API接口地址发起POST请求，对服务器响应数据进行解析，获取图像分割结果，实现程序预期功能。

10.3.3 获取服务令牌

图像分割模型服务令牌的获取可以通过调用8.1.3节中创建子VI的方式完成。其中子VI调用所需的参数按照“百度智能云→EasyDL开发平台→EasyDL图像→公有云部署→应用列表”的操作路径，选择7.3节中创建的图像分割相关应用，获取对应的API Key、Secret Key参数信息。

子VI调用时，填写图像分割模型应用对应的API Key、Secret Key，如果请求成功，返回对应的access token取值，如果请求失败，则返回的access token值为空字符串。

10.3.4 生成请求数据

按照EasyDL开发者文档中图像分割模型API调用说明，其HTTP请求的Body参数为JSON字符串，内含两个键值对，键“image”为String类型，属于必填参数，为需要分割图像的Base64编码字符串；键“threshold”为数值类型，属于选填参数，设置图像分割的阈值。

因此，生成请求数据的关键在于将给定图片转换为Base64编码字符串，然后再封装为JSON格式的请求数据。这里选择与10.1.4节中完全相同的方法，借助.NET程序设计语言编译生成图像文件转Base64编码的DLL文件，并封装子VI实现图像文件编码功能。进一步地，利用第三方工具包JSON API，将Base64转码结果封装为JSON格式的服务请求数据，对应的子VI设计相关信息如下。

输入参数：字符串(用以传入图像文件路径及名称)。

输出参数：字符串(输出JSON格式请求数据)。

子VI名称：VI-5-3-3-请求数据.vi。

按照如下步骤完成子VI设计。

(1) 调用子VI“VI-5-3-1-base64转码.vi”，将用户指定的名称为图像文件转换为Base64编码字符串。

(2) 调用函数节点“Set”(函数→附加工具包→JSONAPI→Set)，设置其多态调用模式为“String”，将图像文件对应的Base64编码字符串转换为JSON对象。

(3) 调用函数节点“Set”(函数→附加工具包→JSONAPI→Set)，设置其多态调用模式为“JSON Object→By name”，输入参数“name”取值为“image”，完成请求数据中“image”键值对的创建。

(4) 调用函数节点“Get”(函数→附加工具包→JSONAPI→Get)，设置其多态调用模式为“JSON Pretty String”，实现JSON字符串带缩进格式的显示输出。

完整的生成图像分割模型服务请求数据的子 VI 程序如图 10-35 所示。

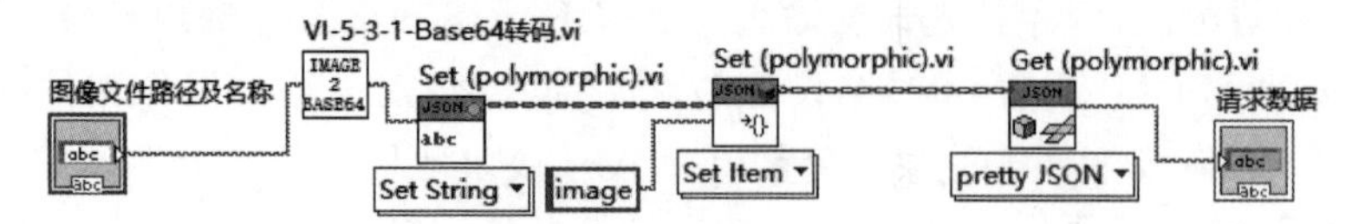

图 10-35　生成图像分割模型服务请求数据的子 VI 程序

前面板中输入参数“图像文件路径及名称”，运行程序，生成图像分割模型服务请求数据的子 VI 执行结果，如图 10-36 所示。

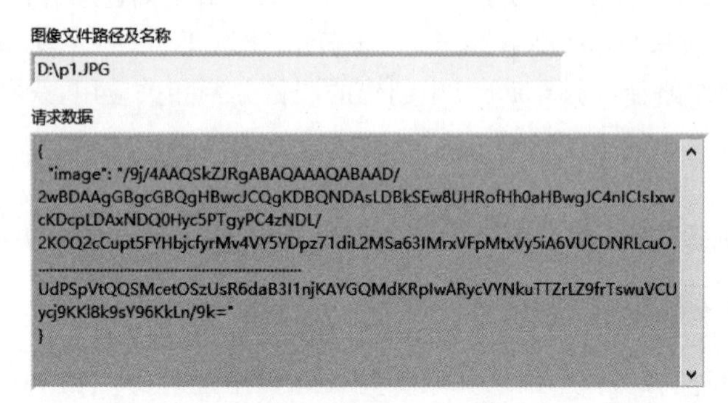

图 10-36　图像分割模型服务请求数据的子 VI 执行结果

该子 VI 的转换结果符合百度 EasyDL 平台提供的图像分割 API 调用文档中关于请求数据的 Body 参数格式规范。为了便于查看请求数据总体结构，对运行结果中图像 Base64 编码字符串进行了删减处理。

10.3.5　发出服务请求

按照“百度智能云→EasyDL 定制训练平台→公有云服务管理→应用列表→应用详情”的功能入口，查阅前期部署的图像分割模型信息，获取模型对应的请求地址，本案例使用图像分割模型。

本案例设计中，当前面板【图像分割】按钮被单击时，程序向云端部署模型发出服务请求。此时如果选择的图像文件非空，则在程序框图中对应的事件处理子框图内，按照如下步骤完成向云端部署的图像分割模型发出服务请求。

（1）调用函数节点“打开句柄”（函数→数据通信→协议→HTTP 客户端→打开句柄），打开 HTTP 客户端句柄。

（2）调用函数节点“添加头”（函数→数据通信→协议→HTTP 客户端→头部→添加头），设置头部参数 Content-Type 取值为 application/json。

（3）调用子 VI“VI-共性技术-GetToken. vi”，获取云端部署图像分割模型 API 访问令牌，并调用函数节点“连接字符串”（函数→编程→字符串→连接字符串）构造 POST 请求的“url”参数。

（4）调用子 VI“VI-5-3-3-请求数据”，指定其输入参数为打开的图像文件名称，生成图像分类模型 API 调用所需的 JSON 格式请求参数，作为 POST 请求的“缓冲区”参数；调用函数的节点“POST”(函数→数据通信→协议→HTTP 客户端→POST)，向云端部署的图像分割模型发出服务请求。

(5) 调用函数节点“Set”(函数→附加工具包→JSONAPI→Set)，将函数节点“POST”的输出参数“体部”(服务器响应信息)转换为 JSON 对象，并调用函数节点“Get”(函数→附加工具包→JSONAPI→Get)，设置其多态调用模式为“JSON→pretty String”，实现 JSON 格式的服务器响应信息的带缩进格式输出显示。

(6) 关闭 HTTP 客户端句柄。调用函数节点“关闭句柄”(函数→数据通信→协议→HTTP 客户端→关闭句柄)，终止 HTTP 连接。

向云端部署的图像分割模型发出服务请求的完整程序如图 10-37 所示。

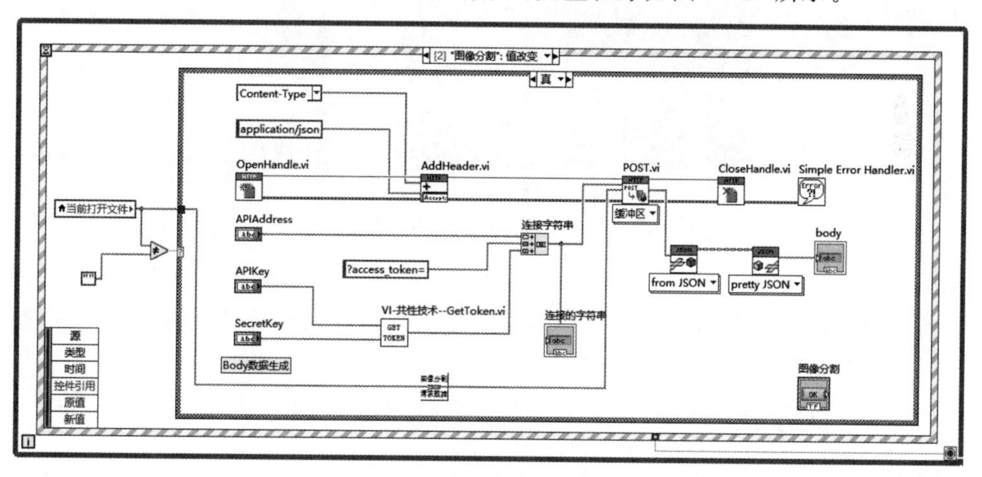

图 10-37　图像分割模型发出服务请求的完整程序

运行程序，填写 EasyDL 服务必需的 API Key、Secret Key、API 接口地址，单击【采集数据】按钮，确认拟分割处理的图像文件；单击【图像分割】按钮，进入服务请求事件处理程序子框图，向 EasyDL 部署的图像分割模型发起服务请求，云端部署图像分割模型返回信息如图 10-38 所示。

服务器响应信息为 JSON 字符串，键值对中键“results”为 array 类型，其中每个元素亦为 JSON 对象，其中键“name”取值为分割结果的类别名称，键“location”取值为检测结果的位置坐标，键“score”取值为分割结果的置信度。数组中数据元素的个数就是模型分割出物体的个数。

10.3.6　解析响应数据

虽然可以观测到 EasyDL 平台中部署模型的分割结果，但是该结果是以 JSON 字符串的形式输出的，不利于后续进一步分析处理直接使用，所以必须对响应信息进行解析，提取分割结果中的相关信息。

由于并非每次调用都能成功获取图像分割结果(网络故障是导致请求失败的主要原

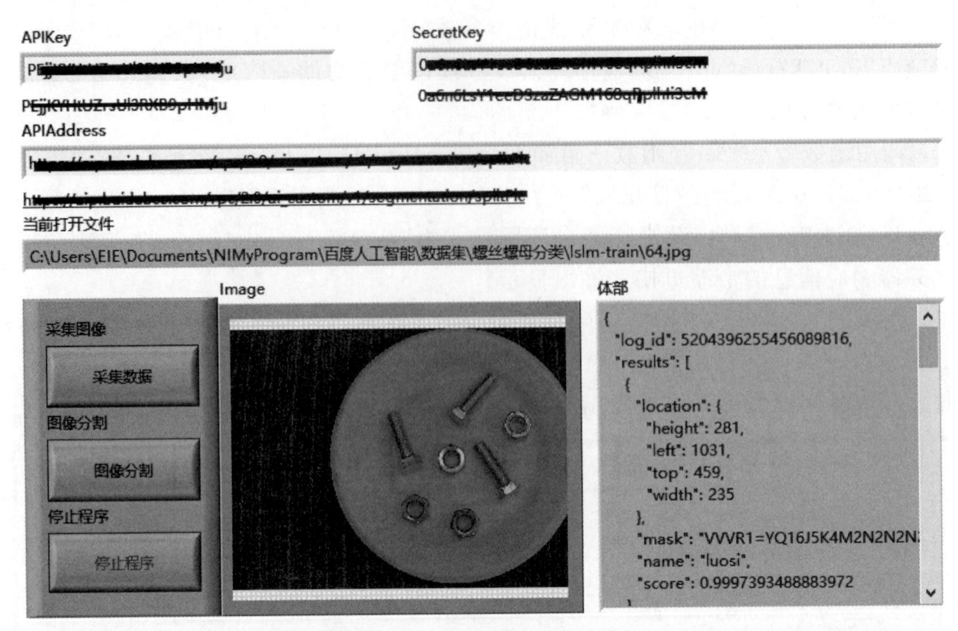

图 10-38　云端部署图像分割模型返回信息

因)，而且图像分割更加强调图像中每个目标物体的名称、所占区域的顶点坐标。遗憾的是，对于图像分割出的每个目标，EasyDL 给出的是左上像素点坐标及目标物体所在区域的宽度和高度，而非图像处理中表达区域时常用的左上角坐标及右下角坐标模式，因此设计子 VI 实现多次调用目标，而且能够输出每个目标物体区域顶点坐标(左上坐标、右下坐标)，子 VI 相关信息如下。

输入参数：字符串(传入 JSON 格式 EasyDL 服务器响应信息)。

输出参数：字符串数组(分割目标物体名称)、数值类型二维数组(分割目标所在区域顶点坐标数组，每个目标的顶点坐标为 4 个元素的一维数组，分别表示目标物体左上坐标 x1、y1，以及目标物体右下坐标 x2、y2)。

子 VI 名称：VI-5-3-3-解析响应消息. vi。

子 VI 的目的是对服务器响应信息进行解析，如果请求成功，则以名称数组、所在区域顶点坐标数组形式输出分割图像结果中所有目标物体信息。

按照如下步骤完成子 VI 设计。

(1) 调用函数节点“Set”(函数→附加工具包→JSONAPI→Set)，将字符串类型的响应消息转换为 JSON 对象。

(2) 调用函数节点“Get”(函数→附加工具包→JSONAPI→Get)，设置其多态调用模式为“Array→Convert”，设置其输入参数“Name Array”取值为仅有 1 个数据元素的字符串数组常量(数组常量取值为 results)，解析出服务器返回信息中名为 results 的 JSON 数组对象。

(3) 创建条件结构，连接函数节点“Get”的错误输出。在条件结构“无错误”程序子框图内，创建 For 循环结构，JSON 数组对象 results 以索引模式连接 For 循环。

(4) 在 For 循环内，对于索引模式访问的 JSON 数组对象的每个数据元素，进行如下处理。

调用函数节点“Get”(函数→附加工具包→JSONAPI→Get)，设置其输入参数“Name Array”取值为仅有 1 个数据元素的字符串数组常量(数组常量取值为 name)，设置其多态调用模式为“Text”，提取目标物体类别名称。

调用函数节点“Get”(函数→附加工具包→JSONAPI→Get)，设置其输入参数“Name Array”取值为仅有 2 个数据元素的字符串数组常量(location，left)，设置其多态调用模式为“Numeric→U32”，提取目标物体位置的左上顶点坐标 left 取值。同样方法，解析出 top、width、height 值。

假设目标物体左上顶点坐标为(x1，y1)，目标物体右下顶点坐标为(x2，y2)，则存在如下换算关系。

$$x1=left,\quad y1=top,\quad x2=left+width,\quad y2=top+height$$

将换算所得 x1、y1、x2、y2 封装为数组，表示检测到物体的坐标位置，以便后续处理。

检测物体的类别名称、坐标位置以索引模式通过 For 循环输出，可得一维数组存储的全部目标物体类别名称，以及二维数组存储的每个目标物体的坐标参数。

解析图像分割模型服务器返回信息成功的完整程序如图 10-39 所示。

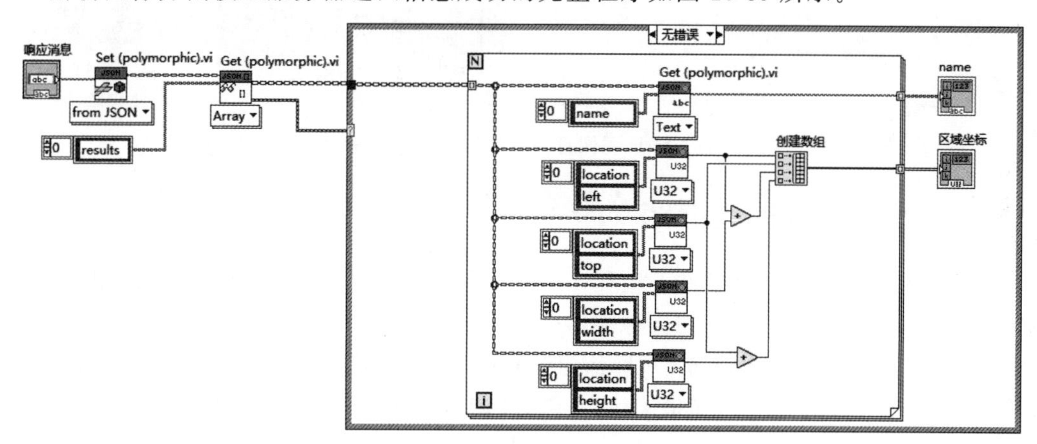

图 10-39　解析图像分割模型服务器返回信息成功的完整程序

(5) 在条件结构“错误”程序子框图内，设置解析的类别结果为空字符串数组常量，设置表示物体坐标位置的二维数组为空，解析图像分割模型服务器返回信息失败的完整程序如图 10-40 所示。

在前面板中填写前期建模与测试时捕获的服务器响应消息，运行子 VI，解析图像分割模型服务器返回信息结果，如图 10-41 所示。

子 VI 正确解析出了服务器响应信息“results”键对应数组中的全部目标物体类别名称及目标所在区域的顶点坐标。

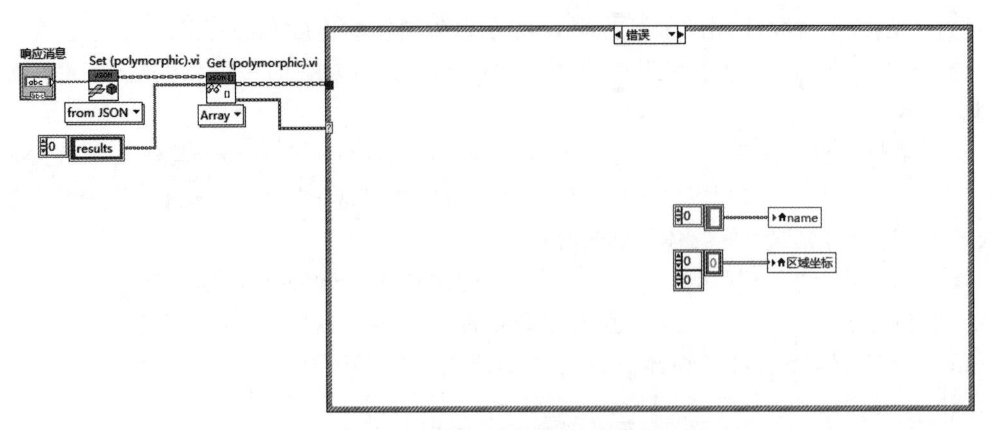

图 10-40　解析图像分割模型服务器返回信息失败的完整程序

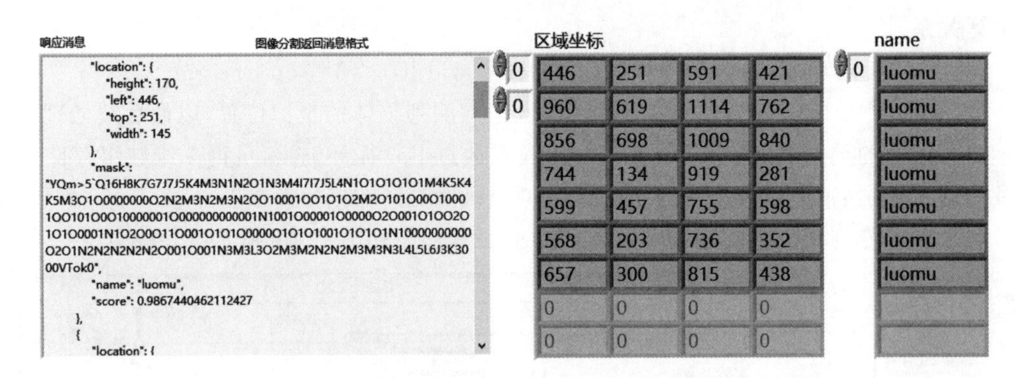

图 10-41　解析图像分割模型服务器返回信息结果

10.3.7　完整程序框图

完整的程序框图由 3 种事件处理程序子框图组成。当用户单击前面板中【采集数据】按钮时，程序调用机器视觉工具包中图像文件打开对话框（函数→视觉与运动→Vision Utility→Files→IMAQ Load Image Dialog），确认前期采集的图像文件，获取拟进行图像分割处理的图像文件路径（字符串信息），如果确认打开文件，对应的打开图像文件模拟图像采集的程序如图 10-42 所示。

如果放弃文件打开，则拟进行图像分割处理的文件路径信息设置为空，并提示用户相关信息，对应的图像文件操作异常（放弃打开文件）程序如图 10-43 所示。

当单击【图像分割】按钮时，如果图像文件路径参数非空，则向 EasyDL 部署的图像分割模型发起服务请求，并显示服务器响应消息。程序解析服务器响应消息，获取服务器响应消息中每个目标物体的名称、所在矩形区域的左上及右下两个顶点坐标，并对目标物体添加边框用以标识图像分割结果。

本案例中，如果目标物体是“luomu”，则红色边框包围目标所在区域，并显示对应位置处物体名称，对应的图像分割及螺母检测结果标注程序框图如图 10-44 所示。

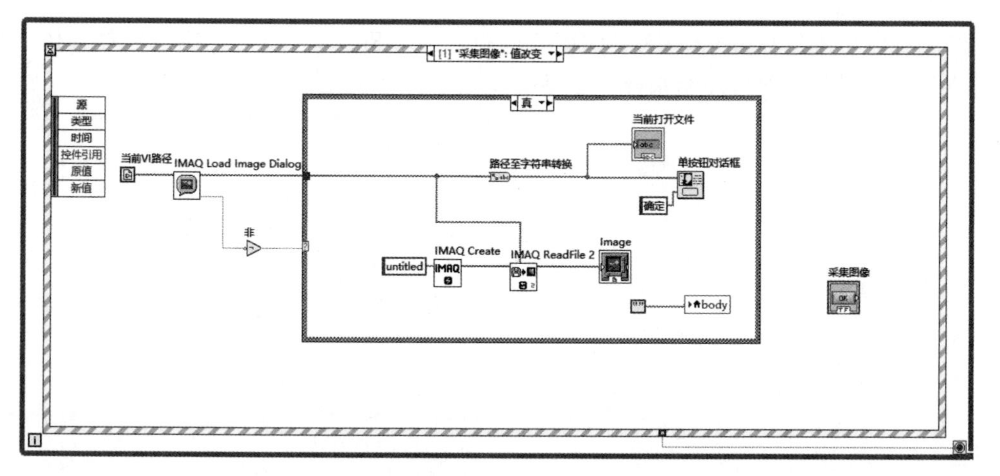

图 10-42　打开图像文件模拟图像采集的程序

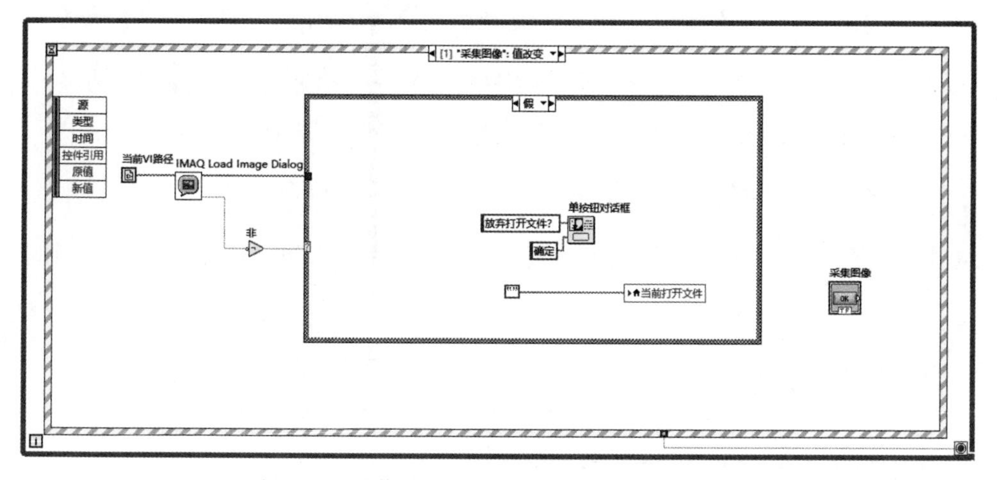

图 10-43　图像文件操作异常(放弃打开文件)程序

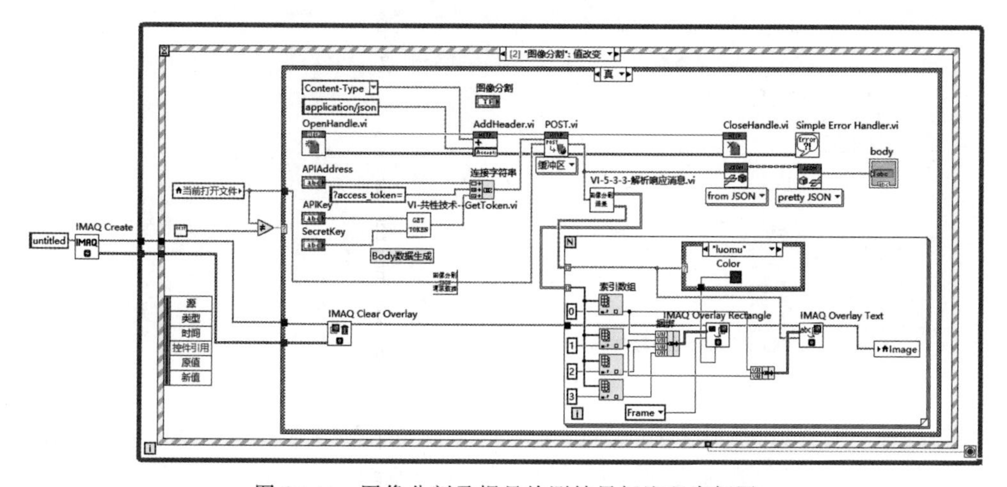

图 10-44　图像分割及螺母检测结果标注程序框图

如果目标物体是“luosi”，则蓝色边框包围目标所在区域，并显示对应位置处物体名称，对应的图像分割及螺丝检测结果标注程序框图如图 10-45 所示。

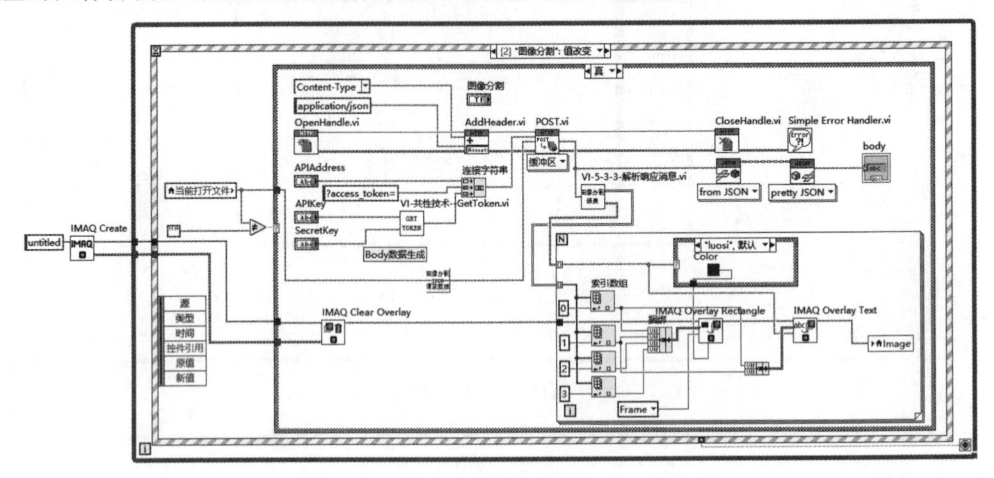

图 10-45 图像分割及螺丝检测结果标注程序框图

当单击【停止程序】按钮时，销毁图像占用内存空间，退出程序。

10.3.8 运行结果分析

单击工具栏中的运行按钮，图像分割模型验证程序运行初始界面如图 10-46 所示。

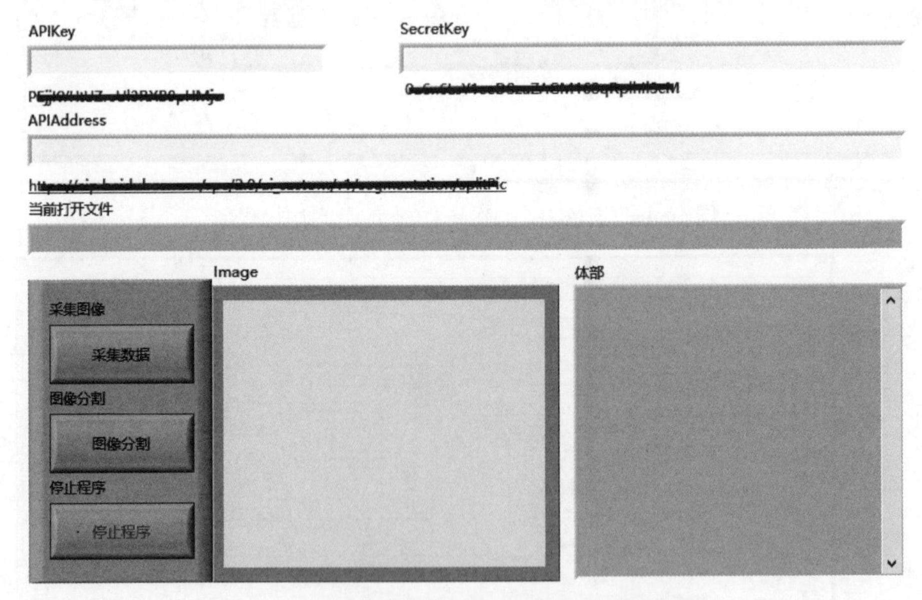

图 10-46 图像分割模型验证程序运行初始界面

填写程序运行必需的 API Key、Secret Key 及部署模型的 API 接口地址，单击【采集数据】按钮，打开文件对话框，选择前期采集的、拟用于分割的图像文件，如图 10-47 所示。

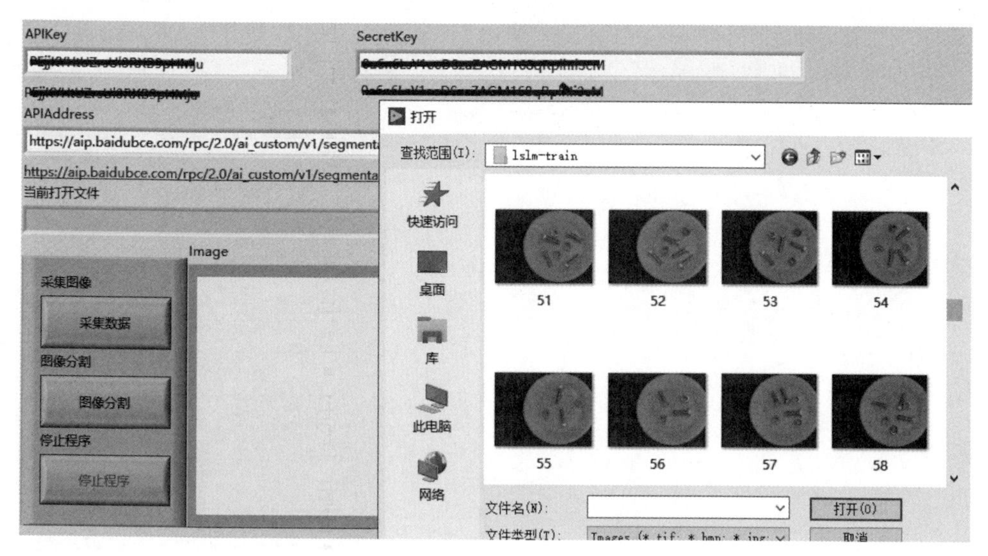

图 10-47　选择前期采集的、拟分割的图像文件

单击【图像分割】按钮，程序在输出 JSON 格式的服务器响应消息基础上，在 image 图像显示框中以矩形边框标识出不同物体所在位置，图像分割模型验证程序执行结果如图 10-48 所示。

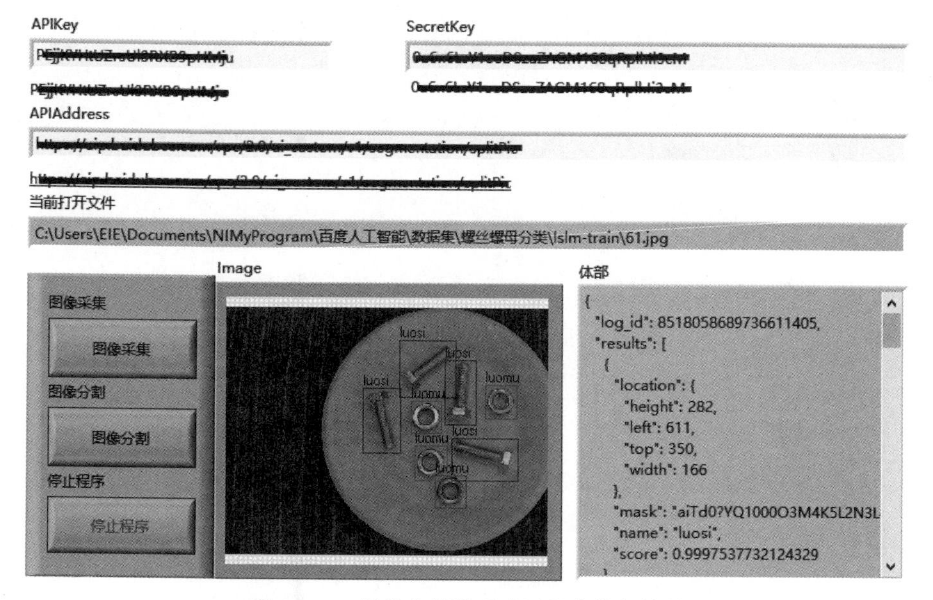

图 10-48　图像分割模型验证程序执行结果

程序运行结果表明，基于 EasyDL 平台前期开发部署的图像分割模型，可以将传统的 LabVIEW 图像采集应用程序极为方便地改造为“图像采集＋图像分割”一体化应用程序，实现图像采集应用程序相关功能的进一步提升。